# MOTIVATIONAL INTERVIEWING IN THE TREATMENT OF PSYCHOLOGICAL PROBLEMS

# 动机式访谈：
# 理论与实践

## （原书第二版）

[美] 哈尔·阿克维茨 (Hal Arkowitz)

[美] 威廉·R.米勒 (William R. Miller)

[英] 斯蒂芬·罗尔尼克 (Stephen Rollnick) —— 主编

唐苏勤　向振东　夏明慧 —————— 译

重庆大学出版社

彼得·C.布里顿（Peter C. Britton），博士，卡南代瓜VA医疗中心，卓越中心，纽约州卡南代瓜市

斯蒂芬妮·C.凯辛（Stephanie C. Cassin），博士，临床心理学家，莱里森大学心理学系，加拿大安大略省多伦多市

苏珊娜·M.科尔比（Suzanne M. Colby），博士，布朗大学酒精和成瘾研究中心，罗得岛州普罗维登斯市

凯瑟琳·M.迪斯金（Katherine M. Diskin），博士，注册心理学家，加拿大军队卫生服务中心，加拿大不列颠哥伦比亚省维多利亚市

米歇尔·L.德雷普金（Michelle L. Drapkin），博士，宾夕法尼亚大学心理学系，宾夕法尼亚州费城市

海泽·弗林（Heather Flynn），博士，罗里达州立大学医学人文与社会科学系，佛罗里达州塔拉哈西市

乔西·盖勒（Josie Geller），博士，注册心理学家，圣保罗医院饮食障碍项目，加拿大不列颠哥伦比亚省温哥华市

南茜·K.格罗特（Nancy K. Grote），博士，华盛顿大学社会工作学院，华盛顿州西雅图市

大卫·C.霍金斯（David C. Hodgins），博士，卡尔加里大学心理学系，加拿大阿尔伯塔省卡尔加里市

罗伯特·路易斯-费尔南德斯（Roberto Lewis-Fernández），医学博士，哥伦比亚大学医学中心精神病学系，以及纽约州纽约市纽约州文化能力和拉美裔治疗计划卓越中心和纽约州精神病学研究所

威廉·R.米勒（William R. Miller），博士，新墨西哥大学心理学和精神病学系，新墨西哥州阿尔伯克基市

特里萨·B.莫耶斯（Theresa B. Moyers），博士，新墨西哥大学酗酒、物质滥用和成瘾研究中心，新墨西哥州阿尔伯克基市

西维亚·纳尔（Sylvie Naar），博士，韦恩州立大学儿科预防研

# 前言

　　动机式访谈最初是由威廉·米勒以及斯蒂芬·罗尔尼克开发的一种帮助人们做出改变的方法。在美国以及其他许多国家，动机式访谈已经对物质使用障碍领域以及健康相关问题的科研和实践产生了重大影响。

　　动机式访谈引人关注有以下几方面原因。第一，动机式访谈可以直接解决所有疗法普遍出现的一个重要问题：来访者对改变的矛盾心理。动机式访谈的首要目标是帮助来访者解决这种矛盾心理并且提升来访者改变的内在动机。第二，动机式访谈具有灵活性，它既可以作为一种独立的疗法使用，也可以作为一种预处理的技术，用于其他疗法之前，又可以作为其他疗法的辅助技术。动机式访谈技术既可以被看作一种鼓励有心理治疗需求的人主动寻求治疗的方法，也可以作为一个整体架构并在其中使用其他疗法。第三，已经有大量的研究证据表明动机式访谈在物质使用障碍以及健康相关问题上的有效性。第四，研究证明动机式访谈可以在相对较少次数的咨询中达到显著的治疗效果。正是由于这些具有吸引力的特性，动机式访谈可以在心理治疗领域发挥许多作用。

在第一版的序言中，我们写道："……令人意外的是，动机式访谈极少在物质使用障碍以及健康相关问题以外的领域中被使用或研究。"而我们在这本书中会提到，现在这一情况已经有了非常巨大的改变，动机式访谈已经被应用到了许多其他类型的问题上。例如在这一版中包含了动机式访谈在有自杀倾向、亲密伴侣的暴力问题、情绪障碍等问题的患者中的应用。当第一版出版时，动机式访谈在这些领域中应用情况的研究还极少。然而，现在有了很多使用严格的设计对其疗效进行研究的出版物。研究动机式访谈在心理问题中应用的范围拓宽了，研究的数量也增长了。因为动机式访谈有促使来访者提升动机并增强临床效果的能力，它在心理治疗领域不断发展，我们出版第二版的目标也正是进一步推广动机式访谈。

本书介绍了动机式访谈在研究和实践中的进展。每一章都描述了常规治疗、动机式访谈在临床上的应用，针对特定的问题和人群如何做出适应和调整，以及详细的临床案例和对相关研究的总结。

在近期对动机式访谈文献的搜索中，我们发现一些相关临床问题并没有在本书中提及，下面列出了这些问题。由于这些文献发表的时间较晚，因此我们无法邀请这些作者将他们的研究写入本书。

● 恐惧症：阿布兰斯基（Abramsky,2013）

● 性犯罪者：马修尔与奥布莱恩（Marshall,O'Brien,2014）

● 睡眠问题：维尔格罗特、基克希弗、沃德与伦茨（Willgerodt,

Kieckhefer，Ward，Lentz，2014）

● 引导年轻精神分裂症患者的父母使用动机式访谈：斯米尔迪克
（Smeerdijk et al.，2014）

要将动机式访谈应用到更多临床问题中，并使用严谨的研究设计评估该方法的有效性，任重而道远。这一版的目标是进一步鼓励同行对动机式访谈这种心理治疗方式进行研究和实践。

这本书反映了数位联合主编在共同协作中所付出的努力。威廉·米勒和斯蒂芬·罗尔尼克对动机式访谈在有物质使用障碍以及健康相关问题的患者中的应用做了相当多的科研以及临床实践；哈尔·阿克维茨对动机式访谈技术在有抑郁症和焦虑症等问题的患者中的应用做了很多科研以及临床实践。

不同领域的临床实践者都可以通过本书找到如何应用动机式访谈的丰富信息，其中包括了许多案例以及小故事。而临床研究者可以在本书中找到许多有待验证的理论假设，并可以通过研究来验证这些与动机式访谈相关的治疗实践的有效性、效率以及工作机制的理论假设。临床心理学、心理咨询、康复心理学以及社会工作专业的研究生也会对本书感兴趣。在我们看来，动机式访谈是一项可以与其他心理治疗和干预相结合的临床技术，而并不一定需要完全替代其他的技术和疗法。我们期待在今后的科研以及实践中看到更多的这种结合。

本书主编之一（哈尔·阿克维茨）已经在亚利桑那大学面向心理学研究生教授动机式访谈的临床实践课程好多年。这门课的口碑相当不错，大多数学生在课程结束时表示，他们会将动机式访谈应用到他们今后的临床工作中，有些则表示会应用到未来的科研中。之后再次与这些学生交流发现，他们中的大多数人也的确在工作中使用了动机式访谈。在新墨西哥大学的临床心理学博士项目中，另一位主编（威廉·R.米勒）开设了一门将动机式访谈作为心理咨询基础技术，并结合其他临床干预技术的实习课程，这门课已经开设了20年之久。我们也希望将来会有其他大学开设关于动机式访谈的课程和实践课。如果开设这类课程，可以把这本书当成教材，或者当成研讨会和实习课的补充阅读材料。

# 参考文献

Abramsky, L. (2013). *Therapist self disclosure and motivational interviewing statements on treatment seeking of aviophobics*. Unpublished doctoral dissertation, Hofstra University, Hempstead, New York.

Marshall, W. L., & O'Brien, M. D. (2014). Balancing clients'strengths and deficits in sexual offender treatment: The Rockwood treatment approach. In R. C. Tafrate & D. Mitchell (Eds.), *Forensic CBT: A handbook for clinical practice* (pp. 281-301). Hoboken, NJ: Wiley-Blackwell.

Smeerdijk, M., Keet, R., de Haan, L., Barrowclaw, C., Linszen, D., & chippers, G. (2014). Feasibility of teaching motivational interviewing to parents of young adults with recent onset schizophrenia and cooccurring caanbis use. *Journal of Substance Abuse Treatment*, 46, 340-345.

Willgerodt, M., Kieckhefer, G. M., Ward, T. M., & Lentz, M. J. (2014). Feasibility of using actigraphy and motivational-based interviewing to improve sleep among school-age children and their parents. *Journal of School Nursing*, 30, 136-148.

# 目录

## 第三章　提升暴露与反应阻断疗法在强迫症治疗中的效果

## 第四章　整合动机式访谈与焦虑治疗

## 第五章　增强创伤后应激障碍共病物质使用障碍个体的动机

## 第六章　作为抑郁女性心理治疗预处理的动机式访谈

## 第七章　动机式访谈与抑郁症治疗

## 第八章　利用动机式访谈处理自杀意念

## 第九章　动机性药物治疗：结合动机式访谈与抗抑郁治疗以改善治疗效果

## 第十章　利用动机式访谈治疗成瘾

## 第十四章　使用动机式访谈治疗进食障碍

## 第十五章　结论和未来方向

第一章

动机式访谈的学习、
应用与拓展

威廉·R.米勒

哈尔·阿克维茨

自从创立动机式访谈以来（Miller, 1983），各类研究和临床应用如雨后春笋般层出不穷。除了最初在酒精使用障碍问题上的应用之外，现在的动机式访谈已经被应用到了很多其他领域，例如健康促进、社会工作、心理治疗、教练技术、药物治疗、牙周病学以及教育领域。在本章中，我们将概述动机式访谈以及现有的临床实践方法，随后我们也将提到动机式访谈的实证依据、动机式访谈何以有用以及临床实践者要如何学习它。

## 临床实践和研究中的动机概念

动机这个概念在心理学历史中扮演了举足轻重的角色（Cofer & Apley, 1964; Myers, 2011; Petri & Govern, 2012），然而这类科学知识却很少被应用在心理治疗中。当来访者"卡住"时，动机就显得尤其关键。传统的治疗方法认为，"卡住"代表对改变的阻抗。有阻抗性的、对立的或者是在"否认期"的，这些贬义词有时会被用来暗示来访者的病态，以及对治疗师善意努力的故意阻碍（即使来访者是无意识的）。各个心理治疗流派对于阻抗的本质和来源以及如何与阻抗工作已经有了各不相同的观点。把注意力放在动机的心理动力学上，可以唤起更积极的对于如何以及为什么人们会改变和治疗师如何协助改变的重视（Engle & Arkowitz, 2006; Miller, 1985）。

社会心理学家库尔特·勒温（Lewin, 1935）描述了几种不同的动机矛盾（例如趋避冲突），由此人们可能会因为矛盾心理而维持原状。矛盾心理并不是一种病态的现象，而是一种正常且常见的情形：人们同时感受到想要和不想要去做某件事。来寻求治疗的来访者对改变的态度往往是矛盾的，他们的动机在治疗过程中可能会如同涨潮退潮一般波动。动机式访谈是一种帮助来访者摆脱困境、矛盾心理并促进积极改变的一种方法。

在改变的跨理论模型中，矛盾心理是改变道路上的一个正常的过程（Prochaska & Norcross, 2013）。实际上，矛盾心理（意向阶段）是从更早的、根本没有考虑要改变的前意向阶段向前迈进了一步。许多疗法与治疗师只是在帮助已经跨过前两阶段，到了行动阶段的来访者——那么对于那些还没有准备好做出改变的来访者呢？在成瘾治疗中，还没有到行动阶段的来访者曾一度被劝退直到他们有改变动机之后再回来接受治疗。帮助人们克服矛盾心理以及为改变做准备是一项重要的治疗技巧，这个技巧可以使治疗师为更广范围的来访者工作，而不仅仅是那些已经有足够多"动机"的来访者。

现在思考以下人际动力场景：一个对改变持矛盾心理的来访者坐下来与一个想要促进改变的治疗师交谈。米勒和罗尔尼克（2013）描述了专业的帮助者去教育、劝导并建议来访者改变的一种自然的"翻正反射"。这样做抓住了来访者矛盾心理中倾向于改变的一面。一个可预测的结果是这个来访者会使用矛盾心理的另一面来回应："是的，但是……"如果治疗师用反驳的论点来回应来访者，那么实际上治疗师已经把来访者的矛盾心理外化了，治疗师提倡改变而来访者反对改变。理论和经验都认为这样的模式是需要被关注的，因为这样的模式对治疗是起反作用的，并且实际上会减少来访者对改变的投入。

社会心理学家达里尔·贝姆（Daryl Bem, 1967）从概念视角提出人们是通过听别人说的话来决定相信什么的。如果在一个非强制的场景下（例如逆态度角色扮演）让人们来为一个特定的立场辩护，他们会对这个立场更坚定。贝姆的自我认知理论为大量关于认知失调的文献提供了另一种解释（Festinger, 1957）。另外显而易见的是，外部的压力也会削弱来访者改变的意愿。布雷姆等（Brehm & Brehm, 1981）提出当人们感受到自己的行为自由受到威胁时，就会产生一种带有厌恶状态的阻抗。一种动机性的回应是强化个人的态度和行为以对抗劝说或者胁迫。

对动机式访谈心理语言过程的研究为上述观点提供了经验证据。在自然话语中，来访者的矛盾心理表现为改变话语（说出倾向于改变的话语）和维持话语（说出倾向于维持现状的话语）的权衡。在治疗过程中提到的愿意改变的话语和维持现状的话语的占比可以预测今后做出行为改变的可能性（Moyers, Martin, Houck, Christopher, & Tonigan, 2009）。这一发现与其他类似研究的结果是相似的，跨理论模型提到从意向阶段到行动阶段的一个信号就是来访者越来越多地提及改变的积极方面，而非消极方面（Prochaska, 19940）。相关性研究（Bertholet, Faouzi, Gmel, Gaume, & Daeppen, 2010; Daeppen, Bertholet, Gmel, & Gaume, 2007; Gaume, Bertholet, Faouzi, Gmel, & Daeppen, 2010; Moyers & Martin, 2006; Moyers et al., 2009）和实验研究（Glynn & Moyers, 2010; Miller, Benefield, & Tonigan, 1993; Patterson & Forgatch, 1985）都发现，如果来访者的改变话语和维持话语或是阻抗没有被治疗师的回应强烈影响的话，来访者对改变的积极以及消极方面的思考可能只是稍感兴趣（"有动机的人才是那些会改变的人"）。因此，如果治疗师在咨询时更多用一种唤起来访者维持现状的话语或是"阻抗"的方法的话，来访者做出改变的希望就会更小。相比之下，差异性地唤起来访者改变话语可以促进来访者的改变。

从决策权衡的社会心理学文献中也可以找到相关的研究。就像之前提到的，一个人对改变的积极方面和消极方面的权衡（决策权衡的消极性测量）可以反映出这个人对做出改变的准备程度以及做出改变的可能性。然而，临床工作中的决策权衡是指主动唤起并探索改变的积极和消极的所有方面，让来访者既说出改变话语，又说出维持话语。临床研究发现，这样做只会维持而不会化解来访者的矛盾心理，从而降低他们做出改变的可能性（Milletr & Rose, 2015）。

# 动机式访谈是什么

动机式访谈是一种关于改变的对话的特殊交流方式，它让来访者而不是治疗师说出改变的理由（Miller，1983; Miller & Rollnick, 2013）。动机式访谈深深扎根于卡尔·罗杰斯（Rogers, 1951, 1959, 1980）以人为中心的疗法，它强调理解来访者内部参考系和关切。在动机式访谈和以人为中心疗法中，治疗师通过传达接纳的态度以及准确的共情来为来访者提供成长和改变的环境。

动机式访谈可以被认为是以人为中心疗法的一个改进疗法。与经典的"非指导性"方法不同的是：动机式访谈有一个或者多个结果导向的目标，治疗师会使用系统性的策略来朝着这些目标前进。在治疗中往往是来访者提出改变的目标，不过在一些特定情境中（例如成瘾治疗或罪犯缓刑期中），也可以由治疗师提出改变目标，即使来访者不一定与治疗师有相同的目标，至少在治疗开始时会这样。

## 动机式访谈的四个步骤

动机式访谈现在往往被描述为包含四个步骤。第一步是参与（engaging），建立一种促进合作的工作联盟。以人为中心疗法的咨询技巧从一开始就非常重要。第二步是"聚焦"（focus），明确咨询的目标和方向。第三步是"唤起"（evoking），包含引出来访者自己改变的动机。在这里，治疗师会特别关注来访者的改变话语，试图去唤起、理解、反映、探索以及总结来访者的改变话语。当来访者看起来已经为改变做好了充分准备时，动机式访谈就会发展到第四步"计划"（planning）。虽然这四步听起来是线性的，实际上却是可以循环的。如果一个来访者的动机减弱了，就会从"计划"回到"唤起"。咨询焦点的改变是很常见的，有时候强化来访者的参与度也是很重要的。虽然以人为中心疗法的咨询技巧为整个动机式访谈奠定了基础，但每一步会涉及不同的技巧。

## 动机式访谈的基本理念

以人为中心取向和动机式访谈的联合开发者所描述的该方法的基本理念有许多共通之处（Miller & Rollnick, 2013; Rollnick & Miller, 1995）。在实践中，如果没有这种一般意义上的思维模式和"心态模式"的话，动机式访谈会被混淆并简化为一套咨询技巧。精准共情从一开始就是动机式访谈的一个关键要素（Miller, 1983），并且影响治疗的效果（Moyers & Miller, 2013）。动机式访谈基本理念有四大原则。第一个原则是接纳（acceptance），而共情是接纳的核心。"接纳"包含了尊重来访者的自主性、肯定他们的优势以及尊重来访者作为一个人的绝对价值。第二个原则是"合作"（partnership），这是治疗师的专业知识与来访者关于自己的知识之间的合作。第三个原则是"共情"，它的目的是优先考虑来访者自己的福祉、成长以及最佳利益。第四个原则是"唤起"，这一原则旨在唤起来访者自己的智慧、价值观、想法和规划的思维模式。唤起与缺陷模型的理念相反，缺陷模型认为治疗师需要给予来访者一些他们本身缺乏的东西。而在动机式访谈中，传达的不是"我有一些你需要的东西，我会给你"，而是"你有你需要的东西，而我们会一起找到它"这一潜在信息。

## 与其他方法的兼容性

动机式访谈从未打算成为一个全面的心理治疗方法。它只是解决关于是否做出改变的矛盾心理这一普遍问题的治疗工具。米勒（1983）一开始将动机式访谈概念化为治疗的前奏或者准备，而在早期的研究中意外地发现在使用了动机式访谈之后，来访者常常会自己改变饮酒习惯，而不需要再寻求进一步的治疗了（Miller et al., 1993; Miller, Sovereign, & Krege, 1988）。因此，动机式访谈有时候会被当作一个单独的治疗方法，而且往往是一种简短的投机的干预方式。更常见的是将动机式访谈与其他治疗方法结合，比如认知行为疗法（Longabaugh, Zweben, LoCastro, & Miller, 2005）。一项元分析发现，动机式访谈与另一种有效的治疗方法结合使用时疗效最持久（Hettema, Steele, & Miller, 2005）。

在常见的动机增强疗法（MET）中，来访者会收到基于标准评估方法的结果得到的个人反馈（Ball, Todd, et al., 2007; Miller, Zweben, Diclemente, & Rychtarik, 1992; Stephen, Babor, Kadden, & Miller, 2002）。这个反馈是以动机式访谈的风格传达的，它关注来访者与常模相比在目标症状上的严重程度。动机增强疗法可能对处在"前意向阶段"的来访者尤其有用，这个阶段的来访者几乎还没有找到做出改变的理由（Miller & Rollnick, 2013）。

# 动机式访谈基本参与技巧

由以人为中心疗法衍生而来的四种临床微技巧都会在动机式访谈中使用到，这四种技巧按首字母缩写成OARS，便于记忆。

O（open）是指提开放式问题，让来访者有自由回答的空间。通常接案面谈都是由一长串封闭式、简答型的问题组成的，这会让来访者相当被动："我问问题，你给我需要的信息。"卡尔·罗杰斯略带嘲讽地质疑道，这种评估方法用处不大，因为来访者早已知道这些答案！除了一问一答带来的不对称的权力关系，这一方法还暗示了一旦治疗师获得了足够多的信息，就会得到答案。动机式访谈一般会避免"专家"角色，即假装比来访者更了解他们自己。如果来访者想要将改变融入日常生活中，他们对于自己的了解是至关重要的资源。动机式访谈中也有一些不成文的规定来限制治疗师问问题，比如不要连续问三个以上问题（即使是开放式问题）。

A（affirming）代表了肯定。在动机式访谈中，治疗师关注并肯定来访者的优势和能力。在正确的方向上跨出的每一步，不论大小，都会被认可和肯定。在访谈中，来访者经常会描述他们自己的优势，这是一种"自我肯定"的过程，往往可以加强工作联盟关系并减少来访者的防御性。治疗师不会将重点放在病理表现或者评价来访者的缺点上，而是"抓住来访者做得对的事情"。肯定优势的努力，与对来访者表达积极关注是一致的。有一些简单的肯定的例子，比如"这样做是需要勇气的"以及"那是一个非常好的想法"。

或许在动机式访谈中最常用的一个微技巧就是"反映"（reflection），也就是OARS中的R，反映是用来体会并传达准确共情的重要方法。简单的反映可以重复来访者说的全部或者部分话语。虽然有些时候也有用，但这样做的效果很有限，也会显得不自然。通过一些更复杂的反映可以推进治疗，而复杂的反映会猜测来访者想表达的但又没有通过言语完全说出来的内容。理解复杂反映的一种方式是把它看成"续写段落"——不是重复来访者刚刚说过的话，而是将可能要说的下一个词或者句子说出来。这样做的目的是让治疗师清晰地理解来访者体验现实的方式，并将这份理解反映给来访者以鼓励他们继续体验。

许多治疗师会在早期的基本访谈技巧训练中学习反映式倾听这个技巧，但熟练的共情反映的难度往往被治疗师低估。高质量的反映式倾听是动机式访谈，乃至更广泛的以人为中心疗法中的一个核心技巧。一个熟练使用动机式访谈的治疗师对来访者的大多数回应应该是对其话语含义的反映式猜测。不论是新手治疗师还是经验丰富的治疗师，主要依赖共情反映而不是询问、给建议、以强加一个外部参照系的其他方式进行关联，都可能是一项挑战。

最后，OARS中的S是提醒治疗师做总结（summerize）。做总结在以人为中心疗法中扮演着重要的角色，在动机式访谈中也有特别的用途。做总结不仅仅是展现治疗师的确在聆听来访者说的内容，有效的总结也会将相关的材料联系起来并指出一些需要重点关注的地方。

除了OARS，动机式访谈也包括在适当时候给来访者提供信息和建议的一些特定方法。最基本的指导方针就是在来访者同意的情况下给来访者提供信息或建议，并且不要和来访者说他们已知的内容。一个来访者可能会问你要建议（"你认为我应该怎么做呢"），你可以直接询问来访者是否同意接受意见（"如果我告诉你一些其他人做过并且有效的方法，你觉得会有帮助吗"）。在动机式访谈中这样提供建议后往往还会跟随一些鼓励自主性的话语，比如"你可以选择同意或者不同意"或者"我不知道你是否会考虑这个建议——这完全随你"。治疗师不会连珠炮般将信息一股脑提供给来访者，而是会分成小块，不断观察来访者的反应和理解，这一过程罗尔尼克称为"引导-提供-引导"（Rollnick, Miller, & Butler, 2008）。

# 聚　焦

有时候，聚焦改变的话题受情境的影响，一个进入戒烟诊所的来访者不需要思考这次谈话的主题是什么。在更广泛的健康和社会服务咨询中，通常是来访者提出当前要解决的问题。有时候，治疗师与来访者的关注点或问题是不同的，简短的机会性干预往往是这样的：一个病人来到诊所希望可以减缓咳嗽和喉咙痛的症状，而医生则希望谈论一下吸烟的问题。缓刑官和监察官经常需要与不那么热心的参与者谈论改变的问题。很多来访者被法庭或者亲属要求参与到成瘾治疗中，而一开始他们的大部分谈话内容只是维持话语。动机式访谈可以在以上任何情境中使用，以达到确定的目标。聚焦这个过程就是要让治疗师和来访者确定一个互相认可的目标。当改变的目标是由情境设定，或者来访者本身比较矛盾，那么找到来访者自身向这个目标靠近的动机是一个挑战。而这就是唤起的过程。

# 唤　起

唤起是动机式访谈中最独特的一个过程。在确定了关于改变的明确话题后，治疗师继续引导对话，以找到和探究来访者自己的改变动机。这个过程涉及了三套相关技巧，分别是识别（recognizing）、引发（eliciting）和回应（responding）改变谈话。这并不是说维持现状的谈话就被忽略或轻视。当来访者说到维持现状的谈话时，就像大多数有矛盾心理的来访者自然会说的那样，治疗师会聆听并反映来访者的谈话。有趣的是，当治疗师对维持现状谈话进行反映时，来访者有时会用矛盾心理的另一面来回应。思考下面这个真实的对话：

> **来访者**：我真的不认为饮酒对我来说是一个问题。
>
> **治疗师**：看来喝酒没有对你造成任何影响。
>
> **来访者**：实际上，也有影响。像我一样喝这么多酒的人肯定会有些问题。

然而，使用动机式访谈的治疗师尤其喜欢寻找和探索改变话语，通常不会寻找维持话语（类似决策权衡干预中的做法）。首先，这一侧重点需要治疗师在听到改变话语时能够识别出来；其次，治疗师需要意识到，来访者说的所有话中，改变话语很重要，因为它能预测来访者未来的变化。

### 识别改变话语

那么，什么是改变话语呢？广义而言，它是指来访者说的任何朝向改变或拥抱改变的话。治疗师作为社会的一员已经了解了不少这样的信号。当你请某人做事时，你会尤其注意这个人如何回应你的请求，因为这个人说的话预示着他有多大可能会答应你：

> "我今天下午做。"
>
> "我会尽量做的。"
>
> "我可能可以。"
>
> "可以的话我会做。"

关于改变话语，每种文化都有它的自然语言。对于如何澄清和判断动机式访谈中不同类型的改变话语，心理语言学家保罗·阿姆赖因的观点非常有用（Amrhein, 1992; Amrhein, Miller, Yahne, Palmer, & Fulcher, 2003; Moyers et al., 2007）。

一些改变话语被称为准备性的，因为来访者发出了愿意改变的信号但还没有做出承诺。四种准备性的改变话语按首字母缩写为DARN：渴望（desire）、能力（ability）、理由（reasons）以及需求（need）。

地球上的每一种语言都有说"我想要"的方式（Goddard & Wierzbicka, 1994）。渴望的陈述暗示着趋近动机：我想要、喜欢、希望、更喜欢，等等。

> "我想要不这么焦虑。"
> "我希望减少体重。"
> "我希望和人谈话时可以更加自在。"

能力的陈述暗示着改变的可能性：

> "我知道我可以对我的妻子更好一些。"
> "我有时候可以抵挡诱惑的。"
> "我可以选择闭嘴。"

理由的陈述具有"如果-那么"的性质，它表达的是"如果发生改变那么就会有渴望的结果，而如果没有改变那么就会有不希望看到的结果"的意思。

> "如果我再次被捕，那么就会丢掉工作。"

"如果我没有这么严厉地批评我的孩子，那么他们就开心了。"

"如果我按时吃药，那么我就可以集中精力工作。"

最后，需求的陈述具有必须、不得不、需要等命令性质，但不一定会说出做的理由：

"我们的关系中有一些东西必须改变。"

"我必须克服我的表演焦虑。"

"我需要和我孩子的关系更好。"

另外有一些改变话语被称为行动性的，因为它们发出了朝向改变的信号。用英文词首字母缩写为CATs：承诺（commitment）、激活（activation）以及采取行动（taking steps）。

承诺的陈述是指我们如何做出承诺和达成协议。从某种程度上来说，最有力的承诺往往是最简单的：我会，我同意，我保证。同时也有无数修饰词来预示意愿度的高低。

"我可能会做的。"

"我想我可以承诺。"

"我保证我会做的。"

激活的陈述不等于做出承诺，但也预示着意愿度。

"我会考虑的。"

"我愿意去做。"

"我可能会。"

采取行动的陈述是指来访者已经做出了朝向改变的一些行动。这些话可能会在来访者下一次咨询时说到：

> "我这周买了一双跑步鞋（目标是要做更多的运动）。"
>
> "我把你给我的处方药买了。"
>
> "我写了你让我写的日记。"
>
> "我这周有两天没有抽烟。"

改变话语很重要，因为它预示着改变。它实际上就是来访者说服自己做出改变（Miller & Rollnick, 2004）。好消息是，在咨询初期来访者的改变话语和维持话语的数量并不会预示改变（或不改变）；可以预示改变的是来访者在接近动机式访谈咨询尾声时的话语和整个咨询过程中呈现出来的话语模式（Amrhein et al., 2003）。在一个成功的动机式访谈中，改变话语和维持话语之间的平衡会逐渐变化。在一个实验研究中，治疗师在动机式访谈和指导性更强的方法之间来回转换，这一平衡也会跟着上升或下降（Glynn & Moyers, 2010）。

维持话语与改变话语完全相反。它的陈述反映了朝向现状和远离改变。如果话题是想不想接受基于暴露疗法的创伤后应激障碍（PTSD）的治疗，来访者可能会说：

> "我真的不想要做这个！"（渴望）
>
> "我做不了。"（能力）
>
> "这会让我再次回忆起那些事情。"（理由）
>
> "我不需要这么做。"（需求）
>
> "我不会做的，就这样。"（承诺）
>
> "我还没准备好。"（激活）
>
> "我取消了我的预约。"（采取行动）

对于那些矛盾的人，即使在同一句话中听到改变话语和维持话语也是很正常的，而且经常在中间使用"但是"。

"我想要（改变话语），但是我觉得我做不了（维持话语）。"

"我对于改变不是很开心（维持话语），但我需要改变（改变话语）。"

"这不是我想要做的（维持话语），但我会去做（改变话语）。"

识别改变话语的关键是用心去听，一旦听到，你可以马上识别。

## 引发改变话语

治疗师不必等待改变话语的发生（尽管对于有矛盾心理的来访者你很可能还是会听到它）。治疗师有唤起技巧来邀请来访者表达改变话语。

引发改变话语的最简单和最常见的方式是提开放式问题。这要求治疗师比来访者多思考一步：如果我问这个问题，来访者可能会回答什么？思考这些开放式问题的预期答案：

"你可以为改变找一些什么好的理由呢？"（改变话语）

"你为什么还没有做？"（维持话语）

"要是你知道自己在做什么，你怎么还能这么做呢？"（改变话语）

"你对于现状感觉怎么样?"（维持话语）

问可以得到改变话语的开放式问题，你就能得到更多改变话语。

引发改变话语的第二种方式是往前看，询问来访者做出改变的好处以及如果他们继续维持现状可能会发生什么。探索希望和价值观也是有用的。

"你希望一年后的生活和现在有什么不一样？"

"如果保持现状，最坏的结果会是什么？"

"你最在乎的是什么？你希望如何被别人记住呢？"

一个简单的问题就是问"在0到10的范围内，0代表一点都不重要，10代表你生活中最重要的东西，你认为_____对你有多重要？"来访者提供一个数字，比如4。哪一个延伸问题更好？

"为什么你选了4而不是0或者1？"

"为什么你选了4而不是6或者7？"

对前者的回答很可能是改变话语，而对后者的回应可能是维持话语。

这些只是举出唤起改变话语的几个例子。有数百种方法可以做到这一点，治疗师可以立即获得来访者的反馈信息，确定自己是否做得好。

## 回应改变话语

当你听到改变话语时，不要干坐着。如果你以特殊的方式回应，你可能会听到更多的改变话语。对于这四种方法，还有另一个缩写：EARS。

实际上EARS只是将OARS的第一个字母变成了E，因为它是一个特定类型的开放式问题——要求详细说明（elaboration）或举例（example）。如果来访者想说"如果我多做运动，会感觉更好"，E的回应可能是：

"怎么个好法？"

"你什么时候在运动后感觉更好？给我举个例子。"

"你觉得多做运动在哪些方面可以帮助你感觉更好？"

所有这些都鼓励来访者不断探索刚刚提供的改变话语的主题。以好奇心和渴望更好地理解这个人的意思去问这些问题。

A是代表了肯定（affirm）。你可以用赞赏或鼓励的话语来回应改变话语：

"很好！"

"听起来是个好主意！"

"你真的想要保持健康。"

也许对改变话语最自然的反应是反映（reflect）它。这再次鼓励人们继续探索和详细阐述改变话语。

**来访者**：我们从来不聊天。我们不沟通。

**治疗师**：你希望更好地沟通。[简单的反映]

**来访者**：是的！有时候我们在家好几小时都不说话。

**治疗师**：听起来有些孤独。[复杂的反映]

**来访者**：哎，是的。我觉得他把我当成理所当然的存在了。

**治疗师**：你希望可以感觉更亲近和被在乎。[复杂的反映，继续对话]

**来访者**：这不就是婚姻的全部意义吗？

**治疗师**：这对你来说很重要，重要到你愿意努力去维护它。[尝试进一步地引导来访者说出改变话语]

**来访者**：是的，我愿意。

在一般的共情倾听培训中，通常很少有关于反映来访者所说的内容的指导。在动机式访谈中，聆听和反映来访者的改变话语尤为重要。

同样地，虽然总结（summarizing）经常作为一种基本的咨询技巧被教授，但通常很少有关于在总结中包含什么的指导。在动机式访谈中，人们首先要倾听，然后唤起改变话语，在改变话语出现时予以反映。随着改变话语出现得越来越多，治疗师会把这些改变话语整合起来给予总结。每一句改变话语就像一朵花，而治疗师则在利用它们制作花束。听到两三朵"改变话语"，治疗师可以反馈一个小的总结：

> "到目前为止，你说过你希望在关系中可以更好地沟通，并且希望花更多时间一起做有趣的事，而不仅仅是例行公事。你认为你还能通过什么方式加强你们之间的关系呢？"

这个开放式问题会引出更多的"花朵"，"花束"也会因此变得更大。当你感觉到你已经收集到了所有可用的改变话语时，你可以提供一个概括性的总结，将它们汇集在一起。因此，来访者首先会听到自己表达改变话语，在你反映时再次听到它，最后在总结时连带其他改变话语再次听到。这是一条走出矛盾心理的道路，来访者一个人是很难走出来的，他的自我对话只会在互相否定的改变话语和维持话语之间来回摇摆。

# 计　划

动机式访谈的第四个步骤是计划，为如何实施改变或迈出第一步制订具体计划。来访者通常会通过表达更多行动性的改变话语，减少维持话语来告诉治疗师，他们已经做好开始计划步骤的准备。你可以测试来访者，提供改变话语的概括性总结，询问一个关键问题：

"接下来呢?"

"考虑到你目前为止说到的内容,你认为现在应该做些什么呢?"

"所以,你现在对如何继续进行有何想法?"

"如果你想朝这个方向前进的话,你觉得第一步应该怎么做比较适合你呢?"

或许对动机式访谈计划这一步最重要的点是,你仍然需要利用来访者的知识来唤起他们自身的计划。动机式访谈风格鼓励主要来自来访者而不是治疗师的改变计划。在这一步转换成指导模式可能会破坏在动机上取得的进展。如前所述,经来访者允许,治疗师可以提供一些信息或建议,但要小心不请自来的建议。来访者准备做、愿意做、能够做什么呢?治疗师可以鼓励来访者用"你觉得自己如何做到呢"这类问题来思考改变。有时候,来访者可能有改变动机,但不知道怎么做才能实现改变(例如,减少恐慌发作)。在这个时候,治疗师的专业知识是治疗中的一个有用和必要的部分。问题不在于是否提供意见和建议,而在于如何以及何时提供意见和建议。在动机式访谈中,这些意见和建议是由担任指导或改变顾问角色的治疗师提供的。一份指南并不能决定你何时动身去哪里,但它可以帮助你到达想要去的地方。如果来访者愿意,治疗师可以提出各种可能的方案建议,并且相信来访者会选择当下最适合他们的方案。例如,治疗师可能会向准备好改变但不知道如何去做的来访者说:"我有一些对其他有类似问题的人有帮助的方法。你有兴趣了解一下吗?"通过这种方式,治疗师既可以帮助来访者了解为改变做哪些准备,又可以传达相信来访者有选择最适合自己方案的能力。

我们应该注意到,在一次咨询当中或不同咨询之间,来访者的动机水平和矛盾心理经常发生变化。正如马奥尼(Mahoney, 2001)所建议的那样，改变最好被描述为一个摇摆的过程。它很少是线性或单维的。大多数寻求治疗的人都有不止一种困扰，或者对改变有不同程度的看法——例如，抑郁症常常伴随着关系问题和物质滥用。不同问题领域改变动机的强度不同。此外，阿克维茨和伯克（2008）、朱科夫、斯沃茨和格罗特（本书第六章）区分了改变整体问题的动机（例如焦虑）和参与完成改变所需行动的动机。一个人可能有强烈的动机减轻自身的压力，但他可能不愿意为此采取特定的行动。来访者在其中一个动机，甚至两个动机上都有可能存在问题。

治疗中有多个目标也是正常的。被诊断为焦虑症或抑郁症的人中，有一半以上符合至少另外一种焦虑症或抑郁症的诊断标准（Brown, Campbell, Lehman, Grisham, & Mancill, 2001）。对于物质使用障碍和其他诸多障碍，并发症似乎也是普遍现象而非例外（Miller, Forcehimes, & Zweben, 2011）。来访者在每个问题领域准备做出改变的程度不尽相同。来访者可能有强烈的动机改变自己的焦虑障碍，但不愿改变物质滥用问题。幸运的是，对一个问题的治疗往往可以改善其他问题（Newman, Przeworski, Fisher, & Borkovec, 2010）。

# 阻　抗

在《动机式访谈》前两版（Miller & Rollnick, 1991, 2002）中，阻抗的概念非常重要。事实上，在最初的十年、二十年里，治疗师寻求动机式访谈培训的一个共同动机是一个还未获得答案的问题："怎样才能应对最有阻抗和最困难的来访者？"

《动机式访谈》第三版（Miller & Rollnick, 2013）标志着一个重要的转变，阻抗的概念转变了，正如前面所指出的那样，阻抗有些贬义，暗示这是来访者问题。两项研究结果促使"阻抗"概念淡出视线。首先，有充分证据表明，被称为"阻抗"的行为对治疗师风格高度敏感。治疗师改变回应来访者的方式可以直接增强或减弱"阻抗"行为（Glynn & Moyers, 2010; Patterson & Forgatch, 1985）。"阻抗"的本质是两个人的关系问题。其次，人们逐渐认识到，大多数所谓的阻抗行为只是维持话语，这是矛盾心理的正常表现。

如果从阻抗中去掉维持话语，那么剩下的是什么？米勒和罗尔尼克（2013）将其称为"不和谐"，即那些表明治疗关系中不和谐的行为。维持话语的目标是要不要改变，与之不同的是，不和谐陈述通常包含"你"这个词：

"你不明白这对我来讲有多难。"

"你不能告诉我做什么。"

"我不确定你是否能帮助我。"

"你没有倾听我说的话。"

维持话语和不和谐这两种表现都是对治疗师的风格极其敏感的，这两种表现中的任意一种都预示着来访者较低的改变可能。

维持话语和不和谐都是重要的，需要治疗师警惕和给予回应。然而，我们的临床经验是，如果治疗师从一开始就以动机式访谈的风格开始，治疗师一般不可能在咨询过程中遇到很多不和谐的情况。当然，维持话语仍然会有，因为这是矛盾心理的正常表现，但随着动机式访谈的推进，维持话语会减少，改变话语会增加。维持话语或不和谐都不是由来访者的问题导致的；两者都明显受人际关系动态的影响。

# 动机式访谈与其他心理疗法的关系

与其他心理治疗相比，动机式访谈更像一种"存在的方式"，而不是心理治疗的另一个"流派"（Rogers, 1980）。然而，正如其他类型的心理治疗一样，动机式访谈的目标是促使治疗中发生改变。在本节中，我们将比较动机式访谈与其他心理治疗方法，并简要讨论动机式访谈如何与其他治疗方法结合使用。

虽然动机式访谈扎根于卡尔·罗杰斯的以人为中心的疗法，但它与其他治疗方法也有相似之处。动机式访谈和精神分析疗法都认为，矛盾心理或阻抗能够提供有用的信息，可以有效地用于治疗。然而，对于什么类型的信息是重要的，以及如何回应这些信息，两个疗法的观点大相径庭。在精神分析理论中，阻抗通常被认为是来访者和治疗师之间的冲突，且主要是无意识的。心理动力学理论和治疗的核心是移情，即来访者对治疗师无意识的感受和态度与他早期和重要他人的问题关系有关，特别是与父母的关系。在这种情况下，阻抗提供了过去被压抑的冲突的线索，治疗中的重塑可以让治疗师帮助来访者解决阻抗以及与之相关的早期冲突。相比之下，动机式访谈几乎完全关注当下，不会对矛盾心理发生的原因先入为主。矛盾心理和不和谐并不被视为病理的表现。在动机式访谈中，重要的是了解来访者的观点并唤起他自己的改变动机。

尽管一些行为治疗师（e.g., Patterson & Forgatch, 1985）和认知治疗师（e.g., Leahy, 2002）已经提到了阻抗，但在认知疗法中，矛盾心理很少被讨论并且没有给予足够的重视。行为疗法认为，"阻抗"是由于治疗师对控制来访者行为的条件还没有充分的认识。认知治疗师（e.g., Beck, Rush, Shaw & Emery, 1979）认为阻抗提供了来访者歪曲的思维和信念的信息。举个例子，当认知治疗中的抑郁症来访者没有完成家庭作业时，认知治疗师会寻找可能引起阻抗的信念和图式，例如对改变的悲观心态。

与动机式访谈相反，认知行为疗法指导性很强，强调向来访者教授新的社交技能和纠正适应不良的信念。认知行为疗法主要来自缺陷模型，这意味着来访者的问题源于缺失的东西，而治疗师可以教授这些（例如，社交技能、理性思维、适当的应急措施）。在认知行为疗法中使用"家庭作业"一词强调了治疗师在改变中更多地扮演教师的角色。认知行为疗法治疗师被视为专家，可以为来访者提供改变的方向。相比之下，动机式访谈的咨访关系更平等，不是专家与病人的关系。

动机式访谈有提高认知行为疗法和其他治疗效果的潜力。动机式访谈可以为综合疗法和认知行为疗法的使用提供情境（Arkowitz, 2002; Engle & Arkowitz, 2006; Miller, 1988）。认知行为疗法和精神分析的策略（例如设计前一次咨询的咨询间活动，和后一次咨询给到的解释）可以让咨询在更平等的情境下进行，而不是在专家主导的关系情境中进行。凭借精确的共情和唤起来访者的改变动机，动机式访谈有可能提高其他主动疗法的疗效。

# 动机式访谈有多大疗效

动机式访谈的疗效如何？为何有效？对谁有效？40年来，对这些问题已经有了大量研究。我们将这些文献分为三部分：（1）动机式访谈在临床试验中的疗效；（2）与其他方法相比，动机式访谈的相对疗效；（3）临床疗效研究——在临床研究的控制条件之外，在社区实践中的疗效有多大。

## 疗效试验

随机临床试验通常被认为是证明疗效的黄金标准。在这些研究中，参与者被随机分配接受不同的治疗（如动机式访谈或比较条件）。某一条件下的参与者要么没有接受处理，要么列入等待名单，要么接受像往常一样的治疗或不同类型的治疗。在我们完成这一章的资料收集时，已经有超200项利用动机式访谈进行干预的随机试验研究成果发表，还有许多综述和元分析总结了这些研究发现（Britt, Hudson, & Blampied, 2004; Heckman, Egleston, & Hofmann, 2010; Hettema et al., 2005; Lundahl et al., 2013; Lundahl, Kunz, Brownell, Tollefson, & Burke, 2010; Rubak, Sandbaek, Lauritzen, & Christensen, 2005）。

从这些文献可以得出几个结论。研究证据有力地表明，动机式访谈可以有效促进行为改变。在各种目标问题上，平均效应量通常分布在小到中等的范围内。另一个明显的模式是，不同研究、治疗师和多站点试验的不同站点间的疗效差异很大，部分原因是使用动机式访谈的质量和保真度不同（Miller & Rollnick, 2014）。关于疗效的研究文献，有的文献说没有任何效果，有的文献说疗效显著，这表明有其他没有认识到的因素可能会中介或调节动机式访谈的疗效。与许多心理治疗方法一样，随着随访时间的延长，动机式访谈的效应逐渐减弱。一个有趣的例外是，当动机式访谈与另一种积极心理疗法结合时，动机式访谈会表现出持久的较大效应（0.6）（Hettema et al., 2005）。动机式访谈和其他治疗方法似乎具有协同效应。由于动机式访谈可以让来访者更坚持其他疗法，这些疗法也因此变得更有效，而动机式访谈本身也受益于这种坚持的叠加效应。在许多这样的研究中，动机式访谈被用作另一种疗法的预处理。一些研究发现，动机式访谈对于有更严重问题的来访者的疗效更好（e.g., Handmaker, Miller & Manicke, 1999; Westra, Arkowitz & Dozois, 2009）。

## 动机式访谈的相对疗效

将动机式访谈与其他治疗方法直接进行比较时有什么发现？这种情况下，动机式访谈并未与另一种疗法结合，而是把来访者随机分配到动机式访谈或其他疗法中。在这些研究中，相对于那些给予建议或接受教育、说教或通过说服进行干预的人来说，接受动机式访谈的人表现出更多的改变。动机式访谈与其他主动治疗方法（如认知行为疗法）相比，效果差不多，但动机式访谈疗法通常咨询次数更少（Babor & Del Boca, 2003; Hodgins, Currie, & Guebaly, 2001; Marijuana Treatment Project Research Group, 2004; UKATT Research Team, 2005）。

## 临床有效性

已发表的研究表明，在严格的随机对照试验的条件下，动机式访谈对行为改变有显著正向效应，但也存在一些值得注意的无效案例（e.g., Miller, Yahne & Tonigan, 2003）。当临床治疗师在社区的普通条件下使用动机式访谈时，并不能保证疗效（Ball, Martino, et al., 2007）。尽管如此，许多研究表明，由临床治疗师提供的动机式访谈对许多问题有显著的疗效，诸如酒精（e.g., Senft, Polen, Freeborn, & Hollis, 1997）和物质滥用（e.g., Bernstein et al., 2005; Marijuana Treatment Project Research Group, 2004）、高血压（e.g., Woollard et al., 1995）、吸烟（e.g., Heckman et al., 2010）和健康促进（e.g., Resnicow et al., 2001; Thevos, Quick, & Yanduli, 2000）。

临床试验文献的几个方面也证明动机式访谈在普适性方面令人鼓舞。动机式访谈已经在广泛的目标问题、人群、提供者和国家中显示出有效性。美国的对少数族裔的动机式访谈的研究显示，其平均效应大大高于以英美白人族裔为主的人群（Hettema et al., 2005）。动机式访谈可能在跨文化咨询中具有优势，特别是当治疗师专注于了解来访者的独特背景和观点时。此外，研究显示，治疗师严格按照手册指导的方式使用动机式访谈，其效果比未严格遵循手册的限制性条件要小（Hettema et al., 2005）。这一发现与强调动机式访谈的整体方法或精神而不是特定技术相一致，并且过分强调遵循规范性手册可能会牺牲治疗师的灵活性，进而降低该方法的效果。无论如何，多次试验的发现表明，动机式访谈适用于各种人群和问题，并且不需要完全遵循操作手册的结构和进行依从性监测。尽管如此，充分的训练对治疗师仍是必要的，这样他们才能足够保真地使用动机式访谈，进而影响来访者（Miller & Rollnick, 2014）。

# 动机式访谈为什么有效

当疗法的有效性因治疗师和程序而异时，表明需要了解影响效果的关键因素。动机式访谈的联合开发者（Miller, 1983; Miller & Rollnick, 1991）认为影响其疗效的一个关键因素是，治疗师准确共情的质量（Rogers, 1959; Truax & Carkhuff, 1967）。有时准确共情被误认为是治疗师和来访者有类似的生活体验，实际上它是一种可以学习的临床技能，用于识别和反映来访者自己的体验。引入动机式访谈之前的研究发现，治疗师的社交技巧成熟度可以预测来访者之后的改变发生率（Miller, Taylor, & West, 1980; Truax & Carkhuff, 1967; Valle, 1981）。

正如动机式访谈的实践那样，准确共情和其他社交技巧的组合构成了动机式访谈的基本理念，这可以通过对治疗师和来访者之间互动的整体评分来评估（Baer et al., 2004; Miller & Mount, 2001; Moyers, Martin, Catley, Harris, & Ahluwalia, 2003; Moyers, Martin, Manuel, Hendrickson, & Miller, 2005）。动机式访谈咨询期间，治疗师对来访者的整体评分越高，来访者的回应越正向。在治疗师对临床治疗师的整体评估中显示动机式访谈会获得更好的来访者的反应（Moyers, Miller, & Hendrickson, 2005）。因此，动机式访谈对来访者影响的一个重要因素似乎是咨访关系的质量，尤其反应在准确共情的技巧中（Moyers & Miller, 2013）。

米勒（1983）进一步假设，动机式访谈通过让来访者用语言表达他们对改变的看法来发挥作用。来访者出声表达维持现状的坏处、改变的好处和他们做出改变的能力和意愿，改变会逐渐占据上风，矛盾心理也会因此解决（Miller & Rollnick, 1991）。这类陈述现在被称为改变话语，策略性引导来访者的改变话语将动机式访谈与其他一般的以人为中心的咨询区分开来（Miller & Rollnick, 2013）。大量研究证实，来访者在动机式访谈咨询过程中表达的改变话语与随后的行为改变密切相关（Amrhein et al., 2003; Bertholet et al., 2010; Gaume et al., 2010; Hendricksonet al., 2004; Moyers et al., 2007, 2009）。

相比之下，来访者为维持现状辩解的话语（维持话语）不能预测之后的改变（Amrhein et al., 2003; Miller, Benefield, & Tonigan, 1993）。来访者对于改变的反对声音越多，发生改变的可能性就越小。这本身并不奇怪（"发生阻抗的来访者不愿意改变"）。研究发现，咨询风格对来访者的阻抗影响很大，这些发现（Miller, Benefield, & Tonigan, 1993; Patterson & Forgatch, 1985）对动机式访谈培训的一个重要启示是，要减少治疗师的反治疗回应，因为这种回应会导致维持话语和不和谐，从而让疗效更差（White & Miller, 2007）。

关于动机式访谈疗效的机制还有待进一步了解。这是目前我们对动机式访谈为何有效的理解：如果治疗师以引发来访者防御以及维持话语的方式进行咨询，改变不太可能发生。反过来讲，如果治疗师准确共情，并以一种唤起来访者自己的改变动机和对改变的承诺的方式进行咨询，改变通常会随之而来。

一个更复杂的问题是"为什么或者说在什么条件下改变话语会导致改变"，改变话语本身会引发改变，还是仅仅反映了一些导致改变的潜在过程？只是阅读、书写或吟唱改变话语似乎不太可能导致改变。自发性改变话语的神经激活模式与人为诱发的改变话语截然不同（Feldstein Ewing, Filbey, Sabbineni, Chandler, & Hutchinson, 2011）。

什么样的来访者适用或不适用动机式访谈？相关的实证研究很少，但规律很明显。来访者越阻抗（对立、愤怒），相对于其他指导性更强的疗法，动机式访谈的优势似乎更大（Karno & Longabaugh, 2004, 2005; Project MATCH Research Group, 1997）。动机式访谈是专为那些有矛盾心理、还没准备好改变的来访者开发的。相反，如果来访者已经决定改变，动机式访谈帮助不大。在新的动机式访谈的四个过程模型（Miller & Rollnick, 2013）中，如果来访者已经准备改变，唤起步骤就没有必要了，直接进入计划步骤更为合适（具有足够的参与性）。继续对已经有很强改变动机的来访者使用唤起步骤可能会损害工作联盟，甚至导致个案流失，因为治疗师和来访者步调不一致。

# 治疗师如何学习动机式访谈

理解一种治疗方法如何有效，以及为何有效可以帮助我们了解治疗师如何学习这一疗法。本节的重点是介绍治疗师如何学习动机式访谈。

## 学习动机式访谈的八个技能

米勒和莫耶斯（2006）描述了治疗师熟练掌握动机式访谈的八个技能。第一个技能是对这一方法的基本假设和理念保持开放性：保持一种合作而非指导的、从来访者那里获取动机而非试图灌输给来访者的、尊重来访者的自主性而非站在更权威性或对抗性的立场。对整体理念的内化会随着实践的增加而提升，但如果治疗师事先不愿意接受这种方法的可行性，就不太可能学习（或想要学习）动机式访谈。根据我们的经验，对于那些习惯于在帮助过程中运用指导性-专家立场的治疗师而言，学习动机式访谈的难度较大。在亚利桑那大学，针对那些主要接受指导性训练的认知行为疗法方向的学生，阿克维茨给他们教授了一学期的动机式访谈课程。起初，动机式访谈对学生来说似乎没有任何帮助。然而，随着在动机式访谈技能上的进步，来访者的改变通常使他们相信，他们确实在用动机式访谈"做"某种治疗。

第二个技能本身就具有挑战，其目的是提高以人为中心疗法中的人际交往技能的专业性，尤其是准确共情。第二个技能是反映式倾听，这是一个熟练的临床治疗师能很容易地使用，但需要经过多年实践发展和磨炼才能获得的专业技能。为了在动机式访谈中采取下一步行动，临床治疗师需要有技巧地、舒适自然地准确反映，从而推动来访者前进，鼓励持续探索。

动机式访谈不同于以人为中心的疗法的地方在于：它对矛盾心理特别是改变话语的关注。因此，治疗师需要学习的第三个技能是识别改变话语，并分辨它与其他形式的来访者话语的不同。第四个技能就是引发和强化改变话语，这一般发生在治疗师能够识别改变话语后。换句话说，治疗师使用特定策略来唤起改变话语，并做出不同的反应来增加和强化它。这与第五个技能有关，即学会如何对维持话语和不和谐做出回应，以避免强化它。

对来访者矛盾心理的探索是无限的，因此治疗师要有足够多的技能来了解来访者何时已经准备好进入计划阶段。第六个技能是帮助来访者制订改变计划。然而，过早执行改变计划可能会适得其反，增加来访者对现状的偏好。在动机式访谈中，改变计划过程仍然以合作协商为原则。第七个技能是引发来访者对该计划做出承诺。

最后，第八个技能是将动机式访谈与其他治疗方法灵活融合的技能。动机式访谈从未打算成为一种综合的疗法，取代其他疗法。事实上，其最持久的一些有益疗效是与其他形式的疗法相结合得到的。一些熟练使用动机式访谈技能的治疗师有时也难以在需要时在动机式访谈和其他疗法之间灵活切换（Miller, Moyers, Arciniega, Ernst & Force-himes, 2005）。其他人则找到了一种将动机式访谈与其他治疗方法自然融合、没有来回切换感受的方法（Longabaugh et al., 2005）。

## 初步训练

从前面描述的一系列技能可以看出，治疗师在一次动机式访谈的工作坊中学到的东西是有限的。即使是由熟练的动机式访谈培训师带领的二至三天的初步工作坊，往往也只能主要介绍动机式访谈的基本风格和理念、学习反映式倾听的最初步骤以及如何识别改变话语。工作坊不是全部，而只是学习动机式访谈的开始。以下是一个介绍式工作坊颇具挑战的学习目标：

1. 理解动机式访谈的基本理念和方法。
2. 辨识反映式倾听回应以及学会分辨它与其他咨询回应的不同。
3. 在一次对话中能够提供至少50%的反映式倾听回应。
4. 辨识改变话语以及区分承诺话语、其他类型话语和改变话语。
5. 列出并证明几种不同的可以引发来访者改变话语的策略。

然而，没有后续跟进的工作坊对实践不太可能产生重大影响。在米勒对自己为期两天的工作坊的初步评估中，临床治疗师能够根据需求展示一些技能，但对改变正在进行的实践影响很小（Miller & Mount, 2001）。更具有说服力的是，工作坊之后来访者对治疗师的反应（例如改变话语）

没有改变，这表明来访者的咨询效果并不理想。

在动机式访谈的初步学习中似乎有帮助的是，持续的个人反馈和督导相结合。这是合理的，因为个人反馈和督导这两个原则有助于学习大多数复杂技能。为了在动机式访谈的临床技能方面取得显著进步，应该在介绍性工作坊之后，基于与来访者真实实践的观察提供一些持续的个人反馈和督导（Miller, Yahne, Moyers, Martinez & Pirritano, 2004）。研究生培训为临床技能的不断塑造提供了机会。如前所述，亚利桑那大学临床心理学研究生项目提供了一个关于动机式访谈的实践课程，包括讲座和讨论、演示、角色扮演练习以及针对社区转介临床案例的持续督导。在一项针对动机式访谈培训策略的随机试验中，治疗师只有在接受初始培训后还能收到反馈和督导，他们的来访者才会出现更多的改变话语（Amrhein, Miller, Yahne, Knupsky & Hochstein, 2004）。

## 持续学习

再好的动机式访谈入门培训，即使有几个月的督导支持，仍然只是对临床方法的初步介绍（想象一下为期两天的学习精神分析、网球、钢琴或国际象棋的工作坊），真正的学习是从做中学，这需要持续的练习和反馈。

事实证明，治疗师需要的反馈是内置于动机式访谈过程中的，并且依赖于治疗师知道要注意什么。在回应一个好的反映式倾听陈述时，治疗师会不断说话、透露更多信息、进一步探索。正是反映式倾听的过程可以帮助治疗师完善自我，因为来访者会不断提供即时的纠正性反馈。来访者对反映的回应，基本上是说"是"或"否"、"是的，没错"或者"不，这不完全是我的意思"，并且在前述每种情况下一般都会继续讲述和详细说明。治疗师可以从这类反馈中学习，它们是可靠的，就像挥杆后观察高尔夫球的位置一样。

同理，一旦治疗师知道成功的动机式访谈中来访者话语出现的顺序，就能了解咨询进行得如何。能够带来改变话语的咨询回应是"正确的东西"。本质上，是来访者的改变话语强化了治疗师的行为。治疗师还会了解什么样的回应会引起维持话语和不和谐。本质上，维持话语或不和谐是即时地告知治疗师不要重复这样的回应并尝试其他方法。通过这种方式，来访者可以成为你的老师，持续提供信息，就如弓箭手在练习中每次射箭后立即收到反馈一样。

除了来访者提供的反馈外，还有其他有助于持续学习动机式访谈的方法。已经开发的计算机模拟情境可以让临床治疗师生成回应并接收反馈（e.g., Baer et al., 2012）。对记录和回听自己的咨询也有帮助，尤其是使用结构化编码系统聚焦动机式访谈的特定过程时（Lane et al., 2005; Madson & Campbell, 2006; Pierson et al., 2007）。这类咨询录音也可由督导或教练评估，他们的任务是帮助临床治疗师培养动机式访谈所需的技能。一些临床治疗师会组成同辈学习小组，共同评估咨询记录，并讨论应用动机式访谈时遇到的挑战。

# 总　结

动机式访谈的历史不长，但它已经对帮助人们改变的研究和实践产生了重大影响。积累的大量证据也证明动机式访谈在解决一些有问题的、危及健康的行为和生活方式方面的效果。也有大量关于如何帮助动机式访谈实践者发展专业技能的研究。令人困惑的是，在不同研究、多站点试验的不同站点和不同治疗师之间，动机式访谈的疗效差异很大，这表明需要更好地了解哪些因素会影响动机式访谈的疗效（Miller & Rollnick, 2014）。

动机式访谈首先扎根于成瘾治疗和医疗保健。正如本书所述，在主流精神健康服务领域应用动机式访谈是一项新兴的事业。研究还会继续探索动机式访谈在常见临床问题上的有效性，如焦虑、抑郁、饮食障碍、自杀倾向和其他导致人们寻求心理治疗的问题。动机式访谈不仅具有作为"独立"疗法的潜力，而且可能更重要的是，它也可以是一种与其他有效的治疗方法相结合或整合的方法。韦斯顿等人（Westen & Morrison, 2001）对抑郁症和一些焦虑症的治疗（主要是认知行为疗法）进行的元分析显示了相当大的疗效，但只有一半到三分之二的来访者表现出显著的改善。但是，在维持治疗、降低问题严重程度以及预防复发方面还有很大的改进空间。把动机式访谈当作认知行为疗法的预处理（e.g., Westra, Arkowitz, & Dozois, 2009）或在"动机式访谈理念"的指导下进行其他循证心理治疗（例如认知行为疗法）（Arkowitz & Burke, 2008; Miller, 2004），都具有改善治疗效果的潜力。

理解动机式访谈如何以及为何促进改变的研究已经开始，且颇具前景。治疗师的共情、来访者的改变话语以及"阻抗"的减少似乎都在动机式访谈的疗效中发挥作用，但在理解产生改变的具体和相关因素方面，我们才刚刚起步（Miller & Rose, 2009）。对动机式访谈中的关键要素和过程的研究将继续促进动机式访谈的实践、质量保证和培训。看看我们走了多远！为什么我们还有那么长的路要走？

# 参考文献

Amrhein, P. C.(1992).The comprehension of quasi-performance verbs in verbal commitments: New evidence for componential theories of lexical meaning. *Journal of Memory and Language*, 31, 756-784.

Amrhein, P. C., Miller, W. R., Yahne, C., Knupsky, A., & Hochstein, D. (2004). Strength of client commitment language improves with therapist training in motivational interviewing. *Alcoholism: Clinical and Experimental Research*, 28(5), 74A.

Amrhein, P. C., Miller, W. R., Yahne, C. E., Palmer, M., & Fulcher, L. (2003). Client commitment language during motivational interviewing predicts drug use outcomes. *Journal of Consulting and Clinical Psychology*, 71, 862-878

Arkowitz, H. (2002). An integrative approach to psychotherapy based on common processes of change. In J. Lebow (Ed.), Comprehensive handbook of psychotherapy: Vol, 4. *Integrative and eclectic therapies* (pp. 317-337). New York: Wiley.

Arkowitz, H., & Burke, B. (2008). Motivational interviewing as an integrative framework for the treatment of depression. In H. Arkowitz, H. A. Westra, W. R. Miller, & S. Rollnick, (Eds.), *Motivational interviewing in the treatment of psychological problems* (pp. 145-173). New York: Guilford Press.

Babor, T. F., & Del Boca, F. K. (Eds.). (2003). Treatment matching in alcoholism. Cambridge, UK: Cambridge University Press. Baer, J. S., Carpenter, K. M., Beadnell, B., Stoner, S. A., Ingalsbe, M. H., Hartzler, B., et al. (2012). Computer assessment of simulated patient interviews (CASPI): Psychometric properties of a web-based system for the assessment of motivational interviewing skills. *Journal of Studies on Alcohol and Drugs*, 73(1), 154-164.

Baer, J. S., Rosengren, D. B., Dunn, C. W., Wells, W. A., Ogle, R. L., & Hartzler, B. (2004). An evaluation of workshop training in motivational interviewing for addiction and mental health clinicians. *Drug and Alcohol Dependence*, 73(1), 99-106.

Ball, S. A., Martino, S., Nich, C., Frankforter, T. L., van Horn, D., Crits-Christoph, P., et al. (2007). Site matters: Multisite randomized trial of motivational enhancement therapy in community drug abuse clinics. *Journal of Consulting and Clinical Psychology*, 75, 556-567.

Ball, S. A., Todd, M., Tennen, H., Armeli, S., Mohr, C., Affleck, G., et al. (2007). Brief motivational enhancement and coping skills interventions for heavy drinking. *Addictive Behaviors*, 32, 1105-1118.

Beck, A. T., Rush, A. J., Shaw, B. E., & Emery, G. (1979). *Cognitive therapy of depression*. New York: Guilford Press.

Bem, D. J. (1967). Self-perception: An alternative interpretation of cognitive dissonance phenomena. *Psychological Review*, 74, 183-200.

Bernstein, J., Bernstein, E., Tassiopoulos, K., Heeren, T., Levenson, S., & Hingson, R. (2005). Brief motivational intervention at a clinic visit reduces cocaine and heroin use. *Drug and Alcohol Dependence*, 77, 49-59.

Bertholet, N., Faouzi, M., Gmel, G., Gaume, J., & Daeppen, J. B. (2010). Change talk sequence during brief motivational intervention, towards or away from drinking. *Addiction*, 105, 2106-2112.

Brehm, S. S., & Brehm, J. W. (1981). *Psychological reactance: A theory of freedom and control*. New York: Academic Press.

Britt, E., Hudson, S. M., & Blampied, N. M. (2004). Motivational Interviewing in health settings: A review. *Patient Education and Counseling*, 53(2), 147-155.

Brown, T. A., Campbell, L. A., Lehman, C. L., Grisham, J. R., & Mancill, R. B. (2001). Current and lifetime comorbidity of the DSM-IV anxiety and mood disorders in a large clinical sample. *Journal of Abnormal Psychology*, 110, 585-599.

Cofer, C. N., & Apley, M. H. (1964). *Motivation*. New York: Wiley.

Daeppen, J-B., Bertholet, N., Gmel, G., & Gaume, J. (2007). Communication during brief intervention, intention to change, and outcome. *Substance Abuse*, 28(3), 43-51.

Engle, D., & Arkowitz, H. (2006). *Ambivalence in psychotherapy: Facilitating readiness to change*. New York: Guilford Press.

Feldstein Ewing, S. W., Filbey, F. M., Sabbineni, A., Chandler, L. D., & Hutchinson, K. E. (2011). How psychological alcohol interventions work: A preliminary look at what fMRI can tell us. *Alcoholism: Clinical and Experimental Research*, 35(4), 643-651.

Festinger, L. (1957). *A theory of cognitive dissonance*. Stanford, CA:

Stanford University Press.

Gaume, J., Bertholet, N., Faouzi, M., Gmel, G., & Daeppen, J. B. (2010). Counselor motivational interviewing skills and young adult change talk articulation during brief motivational interventions. *Journal of Substance Abuse Treatment*, 39, 272-281.

Glynn, L. H., & Moyers, T. B. (2010). Chasing change talk: The clinician's role in evoking client language about change. *Journal of Substance Abuse Treatment*, 39, 65-70.

Goddard, C., & Wierzbicka, A. (1994). *Semantic and lexical universals*. Amsterdam: John Benjamins.

Handmaker, N. S., Miller, W. R., & Manicke, M. (1999). Findings of a pilot study of motivational interviewing with pregnant drinkers. *Journal of Studies on Alcohol*, 60, 285-287.

Heckman, C. J., Egleston, B. L., & Hofmann, M. T. (2010). Efficacy of motivational interviewing for smokng cessation: A systematic review and metaanalysis. *Tobacco Control*, 19(5), 410-416.

Hendrickson, S. M. L., Martin, T., Manuel, J. K., Christopher, P. J., Thiedeman, T., & Moyers, T. B. (2004). Assessing reliability of the Motivational Interviewing Treatment Integrity Behavioral Coding System under limited range. *Alcoholism: Clinical and Experimental Research*, 28(5), 74A.

Hettema, J., Steele, J., & Miller, W. R. (2005). Motivational interviewing. *Annual Review of Clinical Psychology*, 1, 91-111.

Hodgins, D. C., Currie, S. R., & el-Guebaly, N. (2001). Motivational enhancement and self-help treatments for problem gambling. *Journal of Consulting and Clinical Psychology*, 69, 50-57.

Karno, M. P., & Longabaugh, R. (2004). What do we know?: Process analysis and the search for a better understanding of Project MATCH's anger-by treatment matching effect. *Journal of Studies on Alcohol*, 65, 501-512.

Karno, M. P., & Longabaugh, R. (2005). An examination of how therapist directiveness interacts with patient anger and reactance to predict alcohol use. *Journal of Studies on Alcohol*, 66, 825-832.

Lane, C., Huws-Thomas, M., Hood, K., Rollnick, S., Edwards, K., & Robling, M. (2005). Measuring adaptations of motivational interviewing: The development and validation of the behavior change counseling index (BECCI). *Patient Education and Counseling*, 56, 166-173.

Leahy, R. L. (2002). Overcoming resistance in cognitive therapy. New York: Guilford Press. Lewin, K. (1935). *A dynamic theory of personality*. New York: McGraw-Hill

Longabaugh, R., Zweben, A., LoCastro, J. S., & Miller, W. R. (2005). Origins, issues and options in the development of the Combined Behavioral Intervention. *Journal of Studies on Alcohol*, 66(4), S179-S187.

Lundahl, B., Moleni, T., Burke, B. L., Butters, R., Tollefson, D., Butler, C., et al. (2013). Motivational interviewing in medical care settings: A systematic review and meta-analysis of randomized controlled trials. *Patient Education and Counseling*, 93(2), 157-168.

Lundahl, B. W., Kunz, C., Brownell, C., Tollefson, D., & Burke, B. L. (2010). A meta-analysis of motivational interviewing: Twenty-five years of empirical studies. *Research on Social Work Practice*, 20(2), 137-160.

Madson, M. B., & Campbell, T. C. (2006). Measures of fidelity in motivational enhancement: A systematic review. *Journal of Substance Abuse Treatment*, 31, 67-73.

Mahoney, M. J. (2001). *Human change processes*. New York: Basic Books.

Marijuana Treatment Project Research Group. (2004). Brief treatments for cannabis dependence: Findings from a randomized multisite trial. *Journal of Consulting and Clinical Psychology*, 72, 455-466.

Miller, W. R. (1983). Motivational interviewing with problem drinkers. *Behavioural Psychotherapy*, 11, 147-172.

Miller, W. R. (1985). Motivation for treatment: A review with special emphasis on alcoholism. *Psychological Bulletin*, 98, 84-107.

Miller, W. R. (1988). Including clients' spiritual perspectives in cognitive behavior therapy. In W. R. Miller & J. E. Martin (Eds.), Behavior therapy and religion: Integrating spiritual and behavioral approaches to change (43-55). *Newbury Park*, CA: Sage.

Miller, W. R. (Ed.) (2004). Combined Behavioral Intervention manual: A clinical research guide for therapists treating people with alcohol abuse and dependence (COMBINE Monograph Series, Vol. 1). *Bethesda*, MD: National Institute on Alcohol Abuse and Alcoholism.

Miller, W. R., Benefield, R. G., & Tonigan, J. S. (1993). Enhancing motivation for change in problem drinking: A controlled comparison of two therapist styles. *Journal of Consulting and Clinical Psychology*, 61, 455-461.

Miller, W. R., Forcehimes, A. A., & Zweben, A. (2011). *Treating addiction: Guidelines for professionals*. New York: Guilford Press.

Miller, W. R., & Mount, K. A. (2001). A small study of training in motivational interviewing: Does one workshop change clinician and client behavior? *Behavioural and Cognitive Psychotherapy*, 29, 457-471.

Miller, W. R., & Moyers, T. B. (2006). Eight stages in learning motivational interviewing. *Journal of Teaching in the Addictions*, 5, 3-17.

Miller, W. R., Moyers, T. B., Arciniega, L. T., Ernst, D., & Forcehimes, A. (2005). Training, supervision and quality monitoring of the COMBINE study behavioral interventions. *Journal of Studies on Alcohol* (Suppl. 15), S188-S195.

Miller, W. R., & Rollnick, S. (1991). *Motivational interviewing: Preparing people to change addictive behavior*. New York: Guilford Press.

Miller, W. R., & Rollnick, S. (2002). *Motivational interviewing: Preparing people for change* (2nd ed.). New York: Guilford Press.

Miller, W. R., & Rollnick, S. (2004). Talking oneself into change: Motivational interviewing, stages of change, and the therapeutic process. *Journal of Cognitive Psychotherapy*, 18, 299-308.

Miller, W. R., & Rollnick, S. (2013). *Motivational interviewing: Helping people change* (3rd ed.). New York: Guilford Press.

Miller, W. R., & Rollnick, S. (2014). The effectiveness and ineffectiveness of complex behavioral interventions: Impact of treatment fidelity. *Contemporary Clinical Trials*, 37(2), 234-241.

Miller, W. R., & Rose, G. S. (2009). Toward a theory of motivational interviewing. *American Psychologist*, 64, 527-537.

Miller, W. R., & Rose, G. S. (2015). Motivational interviewing and decisional balance: Contrasting procedures to client ambivalence. *Behavioural and Cognitive Psychotherapy*, 43(2), 129-141.

Miller, W. R., Sovereign, R. G., & Krege, B. (1988). Motivational interviewing with problem drinkers: II. The Drinker's Check-up as a preventive intervention. *Behavioural Psychotherapy*, 16, 251-268.

Miller, W. R., Taylor, C. A., & West, J. C. (1980). Focused versus broad spectrum behavior therapy for problem drinkers. *Journal of Consulting and Clinical Psychology*, 48, 590-601.

Miller, W. R., Yahne, C. E., Moyers, T. B., Martinez, J., & Pirritano, M. (2004). A randomized trial of methods to help clinicians learn motivational interviewing. *Journal of Consulting and Clinical Psychology*, 72, 1050-1062.

Miller, W. R., Yahne, C. E., & Tonigan, J. S. (2003). Motivational interviewing in drug abuse services: A randomized trial. *Journal of Consulting and Clinical Psychology*, 71, 754-763.

Miller, W. R., Zweben, A., Diclemente, C. C., & Rychtarik, R. G. (1992). *Motivational enhancement therapy manual: A clinical research guide for therapists treating individuals with alcohol abuse and dependence* (Vol. 2). Rockville, MD: National Institute on Alcohol Abuse and Alcoholism.

Moyers, T. B., & Martin, T. (2006). Therapist influence on client language during motivational interviewing sessions. *Journal of Substance Abuse Treatment*, 30, 245-252.

Moyers, T. B., Martin, T., Catley, D., Harris, K. J., & Ahluwalia, J. S. (2003). Assessing the integrity of motivational interventions: Reliability of the Motivational Interviewing Skills Code. *Behavioural and Cognitive Psychotherapy*, 31, 177-184.

Moyers, T. B., Martin, T., Christopher, P. J., Houck, J. M., Tonigan, J. S., & Amrhein, P. C. (2007). Client language as a mediator of motivational interviewing efficacy: Where is the evidence? *Alcoholism: Clinical and Experimental Research*, 31(Suppl.), 40S-47S.

Moyers, T. B., Martin, T., Houck, J. M., Christopher, P. J., & Tonigan, J. S. (2009). From in-session behaviors to drinking outcomes: A causal chain for motivational interviewing. *Journal of Consulting and Clinical Psychology*, 77(6), 1113-1124.

Moyers, T. B., Martin, T., Manuel, J. K., Hendrickson, S. M. L., & Miller, W. R. (2005). Assessing competence in the use of motivational interviewing. *Journal of Substance Abuse Treatment*, 28, 19-26.

Moyers, T. B., & Miller, W. R. (2013). Is low therapist empathy toxic? *Psychology of Addictive Behaviors*, 27(3), 878-884.

Moyers, T. B., Miller, W. R., & Hendrickson, S. M. L. (2005). How does motivational interviewing work? Therapist interpersonal skill predicts involvement within motivational interviewing sessions. *Journal of Consulting and Clinical Psychology*, 73, 590-598.

Myers, D. G. (2011). *Psychology* (10th ed.). New York: Worth Publishers.

Newman, M. G., Przeworski, A., Fisher, A. J., & Borkovec, T. D. (2010). Diagnostic comorbidity in adults with generalized anxiety disorder: Impact of comorbidity on psychotherapy outcome and impact of psychotherapy on comorbid diagnoses. *Behavior Therapy*, 41, 59-72.

Patterson, G., & Chamberlain, P. (1994). A functional analysis of resistance during parent training. *Clinical Psychology: Research and Practice*, 1, 53-70.

Patterson, G. R., & Forgatch, M. S. (1985). Therapist behavior as a determinant for client noncompliance: A paradox for the behavior modifier. *Journal of Consulting and Clinical Psychology*, 53, 846-851.

Pierson, H. M., Hayes, S. C., Gifford, E. V., Roget, N., Padilla, M., Bissett, R., et al. (2007). An examination of the Motivational Interviewing Treatment Integrity code. *Journal of Substance Abuse Treatment, 32*, 11-17.

Petri, H. L., & Govern, J. M. (2012). *Motivation: Theory, research and application*. Belmont, CA: Wadsworth.

Prochaska, J. O. (1994). Strong and weak principles for progressing from precontemplation to action on the basis of twelve problem behaviors. *Health Psychology, 13*, 47-51.

Prochaska, J., & Norcross, J. (2013). *Systems of psychotherapy: A transtheoretical analysis* (8th ed.). Stamford, CT: Cenage Learning.

Project MATCH Research Group (1997). Project MATCH secondary a priori hypotheses. *Addiction, 92*, 1671-1698.

Resnicow, K., Jackson, A., Wang, T., De, A. K., McCarty, F., Dudley, W. N., et al. (2001). A motivational interviewing intervention to increase fruit and vegetable intake through Black churches: Results of the Eat for Life trial. *American Journal of Public Health, 91*(10), 1686-1693.

Rogers, C. R. (1951). Client-centered therapy. Boston: Houghton Mifflin.

Rogers, C. R. (1959). A theory of therapy, personality, and interpersonal relationships as developed in the client-centered framework. In S. Koch (Ed.), *Psychology: The study of a science:* Vol. 3. Formulations of the person and the social contexts (pp. 184-256). New York: McGraw-Hill.

Rogers, C. R. (1980). *A way of being*. Boston: Houghton Mifflin.

Rollnick, S., & Miller, W. R. (1995). What is motivational interviewing? *Behavioural and Cognitive Psychotherapy, 23*, 325-334.

Rollnick, S., Miller, W. R., & Butler, C. (2008). *Motivational interviewing in health care*. New York: Guilford Press.

Rubak, S., Sandbaek, A., Lauritzen, T., & Christensen, B. (2005). Motivational interviewing: A systematic review and meta-analysis. *British Journal of General Practice, 55*, 305-312.

Senft, R. A., Polen, M. R., Freeborn, D. K., & Hollis, J. F. (1997). Brief intervention in a primary care setting for hazardous drinkers. *American Journal of Preventive Medicine*, 13, 464-470.

Stephens, R. S., Babor, T. F., Kadden, R., & Miller, M. (2002). The Marijuana Treatment Project: Rationale, design and participant characteristics. *Addiction*, 97, 109-124.

Thevos, A. K., Quick, R. E., & Yanduli, V. (2000). Application of motivational interviewing to the adoption of water disinfection practices in Zambia. *Health Promotion International*, 15, 207-214.

Truax, C. B., & Carkhuff, R. R. (1967). *Toward effective counseling and psychotherapy*. Chicago: Aldine.

UKATT Research Team. (2005). Effectiveness of treatment for alcohol problems: Findings of the randomized UK Alcohol Treatment Trial (UKATT). *British Medical Journal*, 331, 541-544.

Valle, S. K. (1981). Interpersonal functioning of alcoholism counselors and treatment outcome. *Journal of Studies on Alcohol*, 42, 783-790.

Westen, D., & Morrison, K. (2001). A multi-dimensional meta-analysis of treatments for depression, panic, and generalized anxiety disorder: An empirical examination of the status of empirically supported therapies. *Journal of Consulting and Clinical Psychology*, 69, 875-899.

Westra, H. A., Arkowitz, H., & Dozois, D. J. A. (2009). Adding a motivational interviewing pretreatment to cognitive behavioral therapy for generalized anxiety disorder: A randomized controlled trial. *Journal of the Anxiety Disorders*, 23, 1106-1117.

White, W. L., & Miller, W. R. (2007). The use of confrontation in addiction treatment: History, science, and time for a change. *The Counselor*, 8(4), 12-30.

Woollard, J., Beilin, L., Lord, T., Puddey, I., MacAdam, D., & Rouse, I. (1995). A controlled trial of nurse counselling on lifestyle change for hypertensives treated in general practice: Preliminary results. *Clinical and Experimental Pharmacology and Physiology*, 22, 466-468.

# 第二章

# 情绪障碍跨诊断治疗统一方案中的动机增强

詹姆斯·鲍斯韦尔

凯特·H.本特利

戴维·H.巴洛

认知行为疗法已经被证实对于很多领域的问题都有疗效（Butler, Chapman, Forman, & Beck, 2006），对治疗情感障碍尤其如此，例如焦虑和抑郁（Hollon & Beck, 2013）。尽管如此，相当大比例的来访者未能对认知行为疗法的"黄金标准"做出回应（其他循证疗法也一样；Lambert, 2013），其中许多人未能充分参与治疗或提前终止了治疗（Boswell, Llera, Newman & Castonguay, 2011; Swift & Greenberg, 2012）。越来越多的临床治疗师和研究人员认识到，整合旨在促进来访者参与治疗和积极配合治疗的具体策略，具有提高认知行为疗法有效性的潜力（e.g., Arkowitz & Westra, 2004; Constantino, Castonguay, Zack & DeGeorge, 2010）。动机式访谈的原则和策略在帮助治疗师实现这些目标方面潜力巨大（Constantino, DeGeorge, Dadlani, & Overtree, 2009）。

## 临床问题和常规治疗

数十年的研究已经为许多特定问题找到循证心理治疗方法

（Lambert, 2013; Nathan & Gorman, 2007）。尽管这对正确实施动机式访谈的影响相当大，但治疗研究的时代精神导致了治疗手册的激增，这些手册规定了针对狭义问题的狭义技术（Boswell & Goldfried, 2010; Norcross, 2005）。毫无疑问，《精神障碍诊断与统计手册》（DSM-IV-TR, DSM-5; APA, 2000, 2013）最近的修订更新无疑使研究和治疗的问题领域范围越来越窄。然而，该领域已经认识到这种研究和治疗常见心理健康问题的方法在概念上、经验上和实践上的局限性（Barlow, Allen, & Choate, 2004），这导致了原则驱动的综合性的、跨诊断治疗的发展。

基础和应用心理学研究已经质疑《精神障碍诊断与统计手册》中的障碍概念在心理问题评估和治疗中的效用（Brown & Barlow, 2009）。例如，研究表明，焦虑和情绪障碍之间很多时候是同时存在的，即共病（Brown, Campbell, Lehman, Grisham & Mancill, 2001; Kessler et al., 2005; Zimmerman, Chelminski & cDermut, 2002）。高共病率可能是由于它们有着许多共同的致病因素，但在《精神障碍诊断与统计手册》上列出的一些只不过是一些表面的症状，而不是真正的致病因素（Andrews, 1996; Tyrer, 1989; Wolfe, 2011）。事实上，神经科学（e.g., Etkin & Wager, 2007）、情绪科学（e.g., Fellous & LeDoux, 2005; LeDoux, 1996）和精神病理学（Brown, 2007）等领域的研究已经阐明了支配情绪困扰的共同的高阶维度的气质因素，其中最重要的就是消极/积极情绪和行为抑制/激活（Brown, 2007; Brown, Chorpita, & Barlow, 1998; Carver & White, 1994; Watson & Clark, 1984）。这些维度与其他观察到的共同因素有关，如认知-情绪加工偏差（Beck & Clark, 1997; Dalgleish & Watts, 1990; McLaughlin，Borkovec, & Sibrava, 2007; Mobini & Grant, 2007）以及情绪反应和认知行为回避的增加（Brown & Barlow, 2009; Campbell-Sills, Barlow, Brown, & Hofmann, 2006）。

虽然制订手册化方案的目的是促进循证心理干预的培训和实践，但从临床实践的角度看，大量不断细化的治疗手册（其中许多包括治疗程序中微小和微不足道的改变）实际上导致执业临床治疗师和受训者的负担增加，并对迁移和传播治疗技巧造成巨大压力（McHugh & Barlow, 2010）。这一事实导致跨诊断认知行为疗法的发展，这一疗法整合了常见的循证改变策略（Fairburn, Cooper, & Shafran, 2003; Norton & Philipp, 2008）。在累积的实证精神病理学和情绪科学文献的驱动下，情绪障碍跨诊断治疗统一方案（UP; Barlow et al., 2011a, 2011b）正是这种跨诊断焦点的独特示例。除了整合循证认知行为疗法改变策略之外，统一方案试图直接针对与焦虑、抑郁和相关障碍的发展和维持有关的治疗机制进行规范。

## 统一方案

统一方案（UP）是一种以情绪为中心的跨诊断认知行为疗法，用于处理某种情绪成分主导的精神健康状态（例如情绪、焦虑和躯体症状障碍）。统一方案由一系列治疗模块组成：治疗参与度的动机增强（模块1）；情绪体验的识别和追踪（模块2）；情绪觉察训练（模块3）；认知评估与再评估（模块4）；情绪回避和情绪驱动行为（模块5）；对身体感觉的觉察和忍受（模块6）；内感和情境情绪暴露（模块7）；以及复发预防（模块8; Payne, Ellard, Farchione, Fairholme & Barlow, 2014）。每个模块都包含一个或多个核心干预策略，这些策略嵌入在循证改变原则中（Boswell, 2013）。这一疗法选择用模块化的框架来提高患者应用改变话语的灵活性，例如，抑郁症患者可能需要将更多时间和注意放在情绪驱动行为上（例如社交退缩）。来自以前的材料也可以根据需要再次整合到之后的环节。正如我们将要讨论的那样，这与治疗参与度的动机增强模块尤其相关，因为许多患者可能在整个治疗过程中需要动机增强策略。

## 整合动机增强策略的合理性

治疗参与度的动机增强疗法是统一方案的入门级模块。考虑到整合跨问题领域和方法的循证心理治疗原则和干预策略（Boswell, 2013）的最终目标，整合动机式访谈策略的决定相对简单。数十年的研究（其中大部分在本书中进行了总结）已经证明动机式访谈在不同问题领域的有效性，它的跨诊断意义也因此得到确认（Miller & Rollnick, 2013）。临床和研究证据表明，来访者会以不同程度的改变动机开始心理治疗（Engle & Arkowitz, 2006），而对改变的矛盾心理是一种相对普遍的现象，并非特定来访者群体或问题领域独有的（Constantino, Boswell Bernecker, & Castonguay, 2013）。

统一方案中动机式访谈的派生策略的整合在很大程度上得益于韦斯特拉、阿克维茨及其同事（e.g., Arkowitz & Westra, 2004; Westra, 2004; Westra, Arkowitz, & Dozois, 2009）的工作，他们已经证明了通过动机式访谈可以增强认知行为疗法治疗焦虑障碍的疗效。在最近的一项主要由焦虑和抑郁的来访者参与的统一方案研究中，大多数来访者是在改变的意向阶段开始治疗的（Boswell, Sauer-Zavala, Gallagher, Delgado, & Barlow, 2012）。在普罗查斯卡及其同事的跨理论模型（TTM; Prochaska & DiClemente, 1984; Prochaska & Norcross, 2002）中，处于意向阶段的来访者意识到问题存在并且对问题信息感兴趣，但他们仍然是矛盾的，没有承诺采取行动。我们测试了这样的假设，即治疗前对改变的整体准备程度是初始问题严重程度与治疗期间体验到的改变程度之间的调节变量。与以前的研究一致（见 Clarkin & Levy, 2004; Newman, Crits-Christoph, Connolly Gibbons & Erickson,

2006），初始问题的严重程度与整体改变程度呈负相关，然而，这一关系在准备充分的情况下基本被逆转。在试验中，初始问题严重和准备充分的来访者表现出最大限度的改变。这一结果符合韦斯特拉等（2009）的理论，它不仅强调了改变准备程度对于那些主要问题是焦虑和抑郁的来访者的意义，也强调了动机增强策略对于那些进入治疗时问题严重程度高和改变准备程度低的来访者的特殊意义。

因此，该领域的理论和治疗研究范围支持动机和动机增强策略的跨诊断意义。在统一方案专注于情绪的跨诊断框架内，情绪体验本身通常是矛盾心理的根源。研究表明，许多来访者体验任何情绪都是矛盾的，无论是积极情绪还是消极情绪（Campbell-Sills et al., 2006; Mennin, Heimberg, Turk & Fresco, 2005）。这种体验高强度负面情绪的易感性和将这些体验感知为威胁的倾向（例如神经质），可能导致控制、压制和避免这些情绪的尝试（包括认知和行为）（Campbell-Sills, Ellard & Barlow, 2014）。这些反应通常会导致短期内负面情绪减少（Borkovec, Lyonfields, Wiser, & Diehl, 1993）。因此，情绪回避策略通过负强化以及失去纠正学习的机会得以维持（Borkovec, Alcaine, & Behar, 2004; Boswell, 2013; Hayes, Beck, & Yasinksi, 2012）。例如，一个人如果避免所有人际接触，就很难否定他拥有他会被社会拒绝的强烈预期。

不幸的是，情绪回避策略往往会增加并泛化到新的情境和经验中。此外，压制和回避之后的主观困扰带来的矛盾效应已经得到了充分研究（Abramowitz, Tolin & Street, 2001; Gross & John, 2003; Wegner, Schneider, Carter, & White, 1987）。这些后果和行为会导致生活越来越受限。进入心理治疗的许多来访者对他们回避行为的负面后果有一定的认识，然而，这可能不是他们寻求帮助的主要原因。许多来访者认为情绪是问题所在，情绪本身的减少（或完全消除）是合适的治疗目标。这一信念是他们维持话语的驱动力。当在统一方案中提供不同观点时，来访者常常不得不自问："如果它意味着面对我最害怕的东西——我自己的情绪，我可以放弃已经习得的行为吗？"动机式访谈衍生的态度和策略非常有助于促进对这种矛盾心理的觉察、唤起改变话语并增加来访者对治疗任务和目标的承诺。

将统一方案的这一模块命名为"动机增强"是值得注意的。虽然认知行为治疗师被教导承担专家的角色并且经常采用指导性风格，但动机式访谈需要更少的指导和引导。虽然这种区分代表了重要的理论差异，但在实践中，认知行为治疗师之间的指导性水平可能相去甚远，在特定的治疗过程中也可能存在巨大差异。无论如何，统一方案中的动机增强可以被认为是适用于认知行为疗法的核心动机式访谈策略。具体而言，统一方案采用了同化整合（Boswell, Nelson, Nordberg, McAleavey, & Castonguay, 2010; Messer, 2001）方法来对动机式访谈进行跨诊断应用。在同化整合中，个案概念化和治疗计划基于特定的理论框架（例如，认知行为疗法），同时结合其他方法的技术（根据特定来访者的需要），以解决在主要方法中被低估的因素（例如，将动机式访谈策略融入认知行为疗法）。

统一方案中的同化发生在以下两个方面。首先是治疗参与模块的动机增强（模块1），在此期间，治疗师明确提出了动机和矛盾心理的话题。具体处理以下几点：（1）动机存在于一个连续统一体中，并有可能在治疗过程中逐渐消退和流动；（2）动机将与治疗的过程和结果有关；（3）确定具体的价值驱动目标对治疗的过程和结果都很重要（Gollwitzer, 1999）。其次是在整个治疗过程中，基于相关标志物比如矛盾心理和维持话语的增加，灵活应用与动机式访谈一致的策略（Constantino et al., 2013）。

### 一般性考量

对特定动机增强策略的关注程度取决于来访者个体。无论持续时间或强度如何，动机增强模块使用循证动机策略来达到以下目标：（1）增加来访者对行为改变的整体准备程度；（2）调动他们的积极参与度；（3）增强对聚焦情绪的跨诊断问题概念化的开放/接受度；（4）改变效能（例如，目标选择和对实现目标可能性的期望）。这些目标有效覆盖了动机式访谈的四个过程：参与、聚焦、唤起和计划。治疗开始时先着重激发动机，而不是引入具体的认知行为治疗技巧，因为改变准备程度和自我效能是参与治疗的先决条件，这反过来将极大影响实现积极持久改变的可能性。

此外，较低的准备程度、接受度和共同目标是低质量工作联盟的标志，工作联盟本身是后续治疗过程和结果的跨诊断、泛理论的预后指标（Castonguay, Constantino, Boswell, & Kraus, 2010）。合作参与是将认知行为疗法各部分组合在一起的黏合剂（Castonguay, Constantino, McAleavey, & Goldfried, 2010），在统一方案中整合动机式访谈衍生策略的主要功能之一是增加来访者的参与度并促进形成和维护积极的工作联盟。这一跨诊断治疗框架对工作联盟的概念化与鲍丁（Bordin, 1979）的三要素模型一致——（1）情感纽带、（2）对治疗目标的共识、（3）对任务的共识（为达到确定的目标）——尽管前者更强调任务和目标。例如，韦伯等人（Webb，2011）发现，在用认知行为疗法治疗抑郁症患者的过程中，治疗师和来访者对任务和目标的共识比情感纽带的质量能够更多地解释行为改变。

# 临床应用

## 早期治疗中的动机增强

对来访者情绪的早期功能评估可以促进动机式访谈中的参与及其

他核心过程（Barlow et al., 2011b）。基于其跨诊断框架，统一治疗方案通常避免关注诊断标签或特定症状。相反，其重点在于来访者的情绪体验，尤其是（1）强烈情绪的类型、发生频率、强度和产生情境；（2）来访者如何回应这种体验（例如，努力控制或抑制痛苦的情感）；（3）对社会功能、生活质量以及实现短期和长期生活目标的影响。根据我们的经验，由于这种形式的评估更接近来访者的主观经验和价值观，因此他们更能敞开心扉。这种评估也有助于讨论功能性治疗目标，而当评估主要关注的是诊断的正确性或症状是否出现时，往往不会涉及功能性治疗目标。

在充分参与的情况下，功能评估过程能自然而然地融入参与、聚焦、唤起和计划。模块1关注的一个关键要素是对问题和治疗计划达成一致。应该强调的是，达成一致并不等于说服来访者用治疗师的方式看待问题。治疗师的目标是保持指导性的立场。例如，统一方案中参与和聚焦过程的重要元素是讨论情绪的本质、功能以及情绪回避的长期代价。这种讨论可能会引发来访者的矛盾心理，因为治疗师最终会说明来访者希望"摆脱"或消除痛苦情绪才是主要问题，因此消除痛苦情绪不会成为治疗的可行性目标。在早期阶段，矛盾心理可能是进步的标志，因为这表明来访者（或至少他或她的一部分）认识到情绪回避的代价。

因此，功能评估的早期指导性有多重目标，如提高对以情绪为中心的跨诊断问题概念化的开放性和提升改变效果。这两个目标具有促进现实与目标不一致的互补功能，并且通常使用描述清晰的唤起问题（参见 Miller & Rollnick, 2013）。例如，你可以这样询问一个由于越来越依赖回避策略而被限制生活的来访者："您希望如何过上较少限制的生活？"或者"摆脱旧有的想法并采取行动可能会有哪些优点？"加上耐心，这个讨论就可以转换成更具体的计划。

在计划开始之前，治疗无法进入下一个统一方案模块，这强调了唤起并加强改变话语和改变疗效的重要性。尽管如此，如前所述，动机并不是一个需要跨越的"终点线"，也并不是不需要再去思考。治疗师必须对来访者做出回应，并判断是否进一步进行特定的治疗任务。因此，仍处于前意向阶段的来访者（Prochaska & DiClemente, 1984）尚未准备好进入下一模块，这些情况就是矛盾心理可能是进步迹象的例子。在这些情况下，决策权衡练习是在指导来访者权衡改变和维持现状的利弊（例如继续努力控制或回避情绪的成本）的情况下进行的。这种情况下的目标是培育和澄清矛盾心理，然后通过聚焦和唤起策略来探索这种矛盾心理。

对于有更高准备程度的来访者而言，向计划过程的过渡始于识别在聚焦和唤起过程中明确表达的"更高阶"的价值观和目标。来访者高阶目标陈述通常是"我觉得我没有生活。我害怕一切。我想真正开始生活。"在模块1中，下一步就是让这个整体目标导向的立场更加具体化。一个常见的治疗师的后续问题是："如果你继续你的生活，比如说从现在开始的6个月，你会在做些什么？你如何知道？"来访者可能会选择专注于发展有意义的关系，或者寻找新的经验或获得工作机会。例如，如果一个来访者希望关注社交问题和关系问题，治疗师会引导讨论，就越来越具体的目标（例如，改善与同事的互动或寻找恋爱伴侣）以及实现这些目标的必要步骤，与来访者达成一致。

## 治疗中的动机

尽管我们主张与每个来访者讨论动机，而模块1是后续统一方案模块的先决条件，但在整个治疗过程中，对动机和参与的维持和强化的关注程度在各个来访者之间差异很大。由于两次咨询间活动（即家庭作业）的重要性，合作性参与至关重要，因此，治疗师必须敏锐地适应来访者动机和参与度的波动。与日益增长的联盟-破裂-修复文献（Safran, Muran & Eubanks-Carter, 2011）一致，脱落的标志可能是微妙的或公开的。一种常见的微妙脱落形式是一个顺从的来访者，在没有与指导性的治疗师对任务或目标的价值和目的达成共识的情况下默然同意治疗师的任何建议。与更明显的脱落标志（例如，明显贬低治疗或治疗师的评论）或矛盾心理（"我不确定我是否可以做到这一点"）相比，微妙的标志更难以检测，因此也更难处理。将动机式访谈的衍生策略整合到统一方案中，以便治疗师可以注意保持指导风格，同时在一次咨询中和两次咨询间的任务与活动中促进合作。此外，治疗师也要准备好识别脱落和矛盾心理的标志，比如维持话语。当"变得越来越艰难"时，治疗师可能需要转向动机式访谈的参与和唤起策略。讨论可能包括重新审视来访者最初明确表达的价值和目标，以及就治疗过程进行沟通。

重要的是要注意，对某些来访者而言，承认和处理矛盾心理本身可能是统一方案的主要关注点。我们发现一些来访者难以容忍矛盾心理是因为矛盾心理所附带的强烈情绪和触发的自然焦虑。这代表动机式访谈和统一方案过程之间特别有趣的互补关系，其中不仅矛盾心理被正常化了，而且还可以要求来访者简单坐着，并全身心地体验他们的矛盾心理和不确定性（Boswell, Thompson-Hollands, Farchione, Barlow, 2012）。当最初主要目标是学习容忍矛盾心理和识别相关情感时，过早解决矛盾心理问题可能会让来访者回避情绪，导致短期来看好像问题缓解了，而长期看来问题仍然存在，就像来访者可能使用的其他形式的情绪回避（例如行为、认知）那样。

# 临床案例

鉴于统一方案的跨诊断焦点，我们将描述一个涉及复杂情绪和焦虑障碍共病的临床案例。智子是一名36岁的单身日本女性。她22岁时来美国上大学。精神科医生将她转介到焦虑和相关障碍中心。最初，智子完成了两项临床评估，其中包括《焦虑自评量表》和根据《精神障碍诊断与统计手册》（第四版）制订的《焦虑障碍访谈表》（终身版本，ADIS-IV-L; DiNardo, Brown & Barlow, 1994）。根据这两项评估，她得到的主要诊断（最严重和最受困扰的）是复发性重度抑郁症（临床严重程度评分=6，最高8分，8分是最严重和最受困扰的），次级诊断是社交恐惧症（CSR=5）、创伤后应激障碍（CSR=4）和大麻依赖（CSR=4）。

智子报告感觉"被压垮"和"困惑"。她描述了自己存在广泛的无价值感、羞耻感和内疚感，她经常将这些感觉与她无法完成大学学业（主要是由于经济限制）、无法找到稳定工作和"有一个成功的人生"联系起来。她提到对艺术和室内设计感兴趣，然而，离开大学后，她只能在当地的一家餐馆工作。她报告说在开始与她的一些同事交往前没有朋友。这些人大量使用酒精和其他成瘾物质，因此她也开始使用这些物质，她将这归因于社会压力。然而，智子也发现，大麻和酒精的效果极具强化作用，因为它们可以短期减少负面情绪、担忧和反刍思维。有一次，她酒醉后，被一个同事性侵。她没有报告这次性侵；相反，她辞掉了工作并离开了那里。她最终在另一家餐厅找到一份工作，通过熟人介绍，她认识了一个拥有家居装饰和室内设计店的人。令智子惊讶的是，这个人让她在店里担任销售助理的职位。虽然这是她"梦想的工作"，但智子提到她经历了强烈的预期性社交焦虑和担忧引发的惊恐发作。她在与顾客交流时表现出强烈的焦虑和侵入性的担忧，以及强烈的羞耻感（"顾客基本都是白人……既有钱又成功。我和他们说话时会发抖，我的英语不好，没上过大学。我根本不应该在那里。他们一定认为我很笨……不该在这里"）。最终，智子不再出现在工作场所，离开公寓的次数也变得越来越少。她开始在我们中心接受心理治疗时，社交上非常孤立，一周中大多数日子都在吸食大麻。

在第一次咨询的大部分时间里，智子明显感到不安并哭泣。在治疗开始时，她在《总体抑郁严重程度和受损情况》（ODSIS; Bentley, Gallagher, Carl & Barlow, 2014）和《总体焦虑严重程度和受损情况》（OASIS; Norman, Hami-Cissell, Means-Christensen & Stein, 2006）两个量表中分别得了18分和16分（最高20分）。在《贝克抑郁量表-Ⅱ》（BDI-II; Beck, Steer & Brown, 1996）上获得41分，在《贝克焦虑量表》（BAI; Beck, Epstein, Brown, Steer, 1988）上获得28分。此外，她在《生活质量享受和满意度问卷》（Q-LES-Q; Endicott, Nee, Harrison & Blumenthal, 1993）上获得最高23%的得分，在《精神分裂症患者希望量表》（SHS; Snyder et al., 1996）上得到16分（最高48分）。她对《信誉和期望问卷》（CEQ; Borkovec & Nau, 1972）的初始期望评分为50%，在《罗得岛大学行为改变评估量表》（URICA）分量表上的最高得分显示她在意向阶段。

### 动机增强模块

与智子的第一次咨询侧重于对她的情绪和行为进行功能分析（即识别影响特定想法、感受和行为发生的原因和强化因素）、提供基本信息（例如，关于整体治疗模型），并评估接受以认知行为疗法为导向的治疗的期望和动机。智子描述了一种主要以认知和行为回避为特征的生活。尽管她认识到这些回避策略的代价，并因此第一次寻求非药物治疗，并不断用"绝望"来形容自己，但她毫不避讳地怀疑自己改变的能力，和坚持任何治疗方案的能力，这些治疗方案需要她直面自己的情绪并减少对回避策略的依赖。她对治疗任务和改善可能性的这种明显的矛盾心理与她对结果期望和准备状态的量化指标是一致的。

第二次咨询引入了更加正式的动机增强策略。治疗师在开始时向智子询问她第一次咨询的体验。智子报告说感觉还可以，并开始体验到更多的希望（因为"这种疗法可能有帮助"）。治疗师总结了智子在第一次咨询中表达的担忧，并讨论了动机和矛盾心理之间的动态性质。治疗师询问是否有什么特别的事情让智子感到"绝望"。智子形容她的感觉是好像她的"生命在嘀嗒嘀嗒地流逝"。这种感觉因为她"毁了"她在家居装饰店的机会而被放大。同时，她报告称在预感到有可能进入一个会持续引发强烈羞耻感和无价值感的环境时会体验到恐惧感。治疗师选择更深入地探索这种羞耻感，并对她进行基本情绪和"道德"情绪的本质和功能的心理教育。他对智子回避那些会触发这些强烈负面情绪的情境和人的冲动产生了共情，然而，她还提到，因焦虑而辞职的代价变成支持她的负面自我概念的最新证据，这反过来又导致更大的困扰和随后的回避行为（例如，求助于成瘾物质）。治疗师想知道对智子来说，不再感到羞耻或被负面情绪驱使意味着什么。智子能够描述一些一般化的指标，比如拥有一份有意义的工作和她可以信任并共度时光的朋友。治疗师鼓励智子在下一次咨询之前完成两项作业：一是价值分析，即对不同生活领域的相对重要性进行评级；二是回顾统一方案工作手册中的动机增强和目标设定章节。

在第三次咨询前，智子完成了《工作同盟量表简版》（Tracey & Kokotovic, 1989）。她的项目平均评分是5.42，表明她存在中等强度联结的感知和对治疗任务和目标中等程度的认同。根据这一评分，她完成了建议的价值分析活动和阅读。她的价值分析结果表明，智子高度重视工作和社交领域。此外，她表示愿意更积极地参与直面恐惧情绪和情境的治疗任务，如果这意味着她"可以过上更好的生活"。治疗师注意到这一改变话语，并鼓励智子扩大正在出现的对心理治疗过程的希望和信任。这一唤起过程直接导致了具体的计划。智子确定了以下目标：（1）在她感兴趣的领域找到工作；（2）建立和她类似年龄范围内的有相似兴趣的人的社交关系；（3）培养更加平衡和可接受的自我意识。治疗师对每个目标都与智子进行了更详细的讨论，并鼓励智子在接下来的一周写下任何进一步的与目标相关的考虑，同时还要复习工作手册的下一章。

这标志着治疗从动机增强模块进入了统一治疗方案的第一个正式技能模块。在后续咨询开始前，智子再次完成了《罗得岛大学行为改变评估量表》《信誉和期望问卷》和《韦氏成人智力量表》。她的预期评分为90%（比基线评分提高了40%），《信誉和期望问卷》总分为25分（而基线为16分），《罗得岛大学行为改变评估量表》中得分最高的分量表为行动阶段，而《韦氏成人智力量表》的平均得分则为6.75。

## 后续咨询中的动机和参与

在整个治疗过程中，动机和参与度往往不是线性或一直保持高水平的。智子频繁体验到强烈的羞耻和焦虑，这不仅引发了主观痛苦，还造成了回避行为的泛化，从而维持并加剧了她所面临的困难。这些情绪使她对治疗的矛盾心理更为强烈，包括治疗任务及完成任务的可能性。治疗师判断智子动机足够强，且做好了参与学习新经验的准备，从而做出继续推进后续治疗模块的决定。

治疗师观察到了足够多的改变话语和希望灌注，以促进确立价值驱动的治疗目标。然而，治疗过程中还是会出现困难并需要治疗师重新整合动机增强策略。例如，在讨论与启动社交接触有关的潜在咨询活动时，智子主动建议去拜访她曾经工作的家居装饰店的一位同事。这个人为商店设计了一些作品，而智子很欣赏这个人的才华。此外，这位同事向智子透露，她是一位"正在摆脱酗酒"的人，而她在某种程度上也认同这一点。然而，在提出这个例子后，智子很快又驳回了它的可行性。治疗师试图澄清当时智子的体验，她描述自己体验了一种悲伤、羞愧和焦虑的混合情绪。在智子的想法中，这项活动肯定会引发强烈的消极情绪和认知评价（例如，"为什么她会浪费时间来见我？她很出色，我没有什么给到她的。我会无聊或烦人，而且我说话不清楚"）。治疗师借此机会不仅唤起和强化了智子关于改变的观点（包括重新审视先前确立的价值观和长期目标），而且也练习了增强在咨询活动前和活动中的认知灵活性。在下一次咨询开始时，智子报告说自己拜访了前同事，尽管体验到了重大的预期焦虑。她说她对同事看到她的兴奋程度感到"震惊"。她们谈了一个多小时，同事告诉智子她一直很欣赏她的创造力。这对智子来说是一个重要的纠正经验（见Castonguay & Hill, 2012），对后续治疗有重要影响。

由于智子能够（1）尽管经历了负面情绪，仍然做了价值驱动的行为，（2）听取并"吸收"了同事的反馈，这一体验标志着她向真正的自我接纳过渡。在治疗过程中（例如，预期暴露练习和进一步努力减少情绪回避）出现了类似的怀疑和偶然的维持话语的情况；然而，治疗师根据需要保持了指导性风格并整合了动机增强策略。随着时间的推移，智子与这位前同事建立了友谊，最终她被邀请回店里工作。智子确实回到了店里。她没有选择在零售部全职工作，但她逐渐增加了与顾客的接触。在20次咨询结束时，智子的《总体抑郁严重程度和受损情况》和《总体焦虑严重程度和受损情况》得分都为8分。她的《贝克抑郁量表-Ⅱ》得分为11分，《贝克焦虑量表》得分为18分。她在《生活质量享受和满意度问卷》上获得48分。

# 相关研究

迄今为止的研究已经考察了统一方案所有八个模块按顺序实施的总体疗效（尽管每个模块的咨询次数各不相同）。研究包括深入的案例分析（Boswell, Anderson & Barlow, 2014）、开放试验（Ellard, Deckersbach, Sylvia, Nierenberg & Barlow, 2012; Ellard, Fairholme, Boisseau, Farchione & Barlow, 2010）和随机对照试验（RCTs; Farchione et al., 2012），针对具有不同主要焦虑症状和次要/共病症状（如焦虑、情绪或躯体症状障碍）的来访者。就组内和组间（例如，统一方案与等待控制组相比；Farchione et al., 2012）的症状减轻和功能改善而言，在主要和共病问题领域，都观察到了中等到大的治疗前后效应量。结果显示，这些改变通常在6个月后的随访期间得到维持或增强（Ellard et al., 2010; Farchione et al., 2012）。

关于动机增强在统一方案等跨诊断心理治疗中的应用研究还处于起步阶段。如上所述，博斯韦尔等人（Boswell et al., 2012）发现，治疗前对改变的准备程度是初始问题严重程度和统一方案带来的改变幅度之间的调节因素。此外，有研究（Thompson-Hollands, Bentley, Gallagher, Boswell & Barlow, 2014）发现，来访者在第二次咨询引入统一方案的动机增强模块后，报告的平均预期改善比例为70%。然而，这个随机对照试验的等待名单/延迟治疗对照组（Farchione et al., 2012）未提供预期评分。因此，治疗参与度模块的动机增强或在统一方案中整合动机式访谈衍生策略的具体影响尚未经过实证检验。

我们的研究小组目前正在进行一项大型随机对照试验，比较统一方案和单一诊断方案（SDPs）治疗各种主要焦虑障碍的效果（同样设置等待组/延迟治疗组）。为了与现有循证的认知行为疗法治疗方案保持一致（如 Craske & Barlow, 2007），除了主要恐慌障碍患者仅接受每周12次的治疗外，所有来访者都接受每周16次的心理治疗。所有随机分配到统一方案组的来访者都会引入上述动机增强策略。该试验仍处于主动治疗阶段，然而，我们将在这里介绍一些与动机增强模块相关的初步结果。

我们使用《罗得岛大学行为改变评估量表》（McConnaughy, DiClemente, Prochasta, & Velicer, 1983; McConnaughy Prochasta, & Velicer, 1989）测量来访者对改变的准备程度。参与试验的来访者被要求在治疗前和第四次咨询后完成《罗得岛大学行为改变评估量表》。使用迄今为止的样本（$n = 115$），我们进行了两项多因素方差分析，检验统一方案组［$n = 58$］与单一诊断方案组［$n = 57$］在《罗得岛大学行为改变评估量表》中不同改变阶段分数变化的差异。第一项方差分析考察了基线水平的改变阶段。有趣的是，到目前为止进入试验的来访者还没有在前意向阶段的。与预期一致，由于进行了随机化处理，两组基线水平的子量表分数差异不显著，Wilks' $\lambda$（4，110）= 0.99，$p=0.88$，偏 $\eta^2=0.01$。然而，第四次咨询后组间效应显著，Wilks' $\lambda$（4，89）=0.89，$p<0.05$，偏 $\eta^2=0.11$。单变量检验表明，行动阶段分数存在显著的组间差异，$F$（1，92）=4.65，$p<0.05$。与单一诊断方案组的参与者（$M=4.11$，$SD=0.47$，Hedges' $g=0.44$）相比，统一方案组的来访者行动阶段分数更高（$M=4.32$，$SD=0.46$）。统一方案组的来访者有42%处于行动阶段，而单一诊断方案组的来访者则有18%。大约54%的统一方案组参与者处于意向阶段，而单一诊断方案组中这一比例为82%。然而，试验招募还只处于中期阶段，这些结果还相当初步。此外，值得注意的是，这些结果不能明确归因于动机增强模块，因为第四次咨询中也引入了心理教育和情绪监测策略。

# 问题和建议解决方案

　　尽管在智子的案例中应用动机增强策略时很少遇到重大困难（可能是因为她愿意识别和披露与治疗相关的担忧和矛盾心理），但在认知行为疗法取向的跨诊断治疗（如统一方案治疗）中使用动机式访谈策略时，肯定会出现概念上和实际上的困难。如前所述，概念上的困难之一是心理治疗师的角色和风格。按照惯例，认知行为治疗师承担专家角色并保持指导性风格。相反，动机式访谈不再强调治疗师的专家角色，并鼓励引导性风格。当然，这些差异对工作关系的性质以及治疗的任务和目标是具有实际意义的。显然，我们相信这两种取向是可以相互兼容的。有时候治疗师需要采取更具指导性的风格，然而，我们赞成在治疗的早期阶段采取引导性风格，同时也在整个治疗过程中灵活使用这种风格。建立积极的工作联盟后，治疗师将有更多的"自由度"，在需要时采取指导性立场。经常与来访者确认想法（"这是否符合你的目标"）也是很好的做法。

　　统一方案的模块化结构带来了另一个潜在的困难。尽管模块化方法旨在提高灵活性和个性化，但仍有可能存在这样的风险，即治疗师只是在一两次咨询后简单地检查动机增强模块。这种做法可能导致治疗师过早地进入其他治疗模块或者未能解决在治疗过程中出现的动机和参与度问题。通过足够的耐心和适应调整，前一结果的可能性会减少。为了避免后者，治疗师最好注意过程标记（Constantino et al., 2013），比如维持话语变多和微妙的工作联盟破裂。人们在几次咨询前正式引入认知再评估后并不会忽视再次练习的机会，同样，人们不应该放弃可能有用的动机增强策略，只因为"它们已经做过了"。然而，灵活性应该在两个方向上并驾齐驱。对于某些来访者，正式执行动机增强模块可能最终是不必要的。在这种情况下，动机增强策略应该根据需要进行最佳整合以回应具体的标记。很遗憾，这方面还缺乏实证证据，因此很难说哪种具体的指导方针是最佳的。

跨诊断概念化强调了另一个潜在的困难。在许多方面，统一方案的目标是处理潜在的神经质气质（Barlow, Sauer-Zavala, Carl, Bullis, & Ellard, 2014）。正如上述案例所示，负面的自我概念是所谓的神经质谱系的一部分。事实上，治疗的一个主要焦点是修正这种负面自我概念，动机增强模块的目标之一就是希望的灌输（或积极的自我驱动的激活）。基本的社会心理学理论和研究表明，人们同时存在自我增强驱动和自我一致性驱动（Swann, 1996）。具有神经质气质的人这两个动机可能存在冲突。在这些情况下，来访者可能采取策略来保护自己免受不一致的反馈（参见 Pinel & Constantino, 2003）。因此，治疗师需要通过平衡来访者自我验证的需求和寻求改变导向策略的需求，以对来访者的自我驱动保持敏感。太快地改变这种自我概念（例如，试图提供纠正性反馈——"这不是真正的你"）可能会破坏参与度和工作联盟的发展（Constantino et al., 2010）。

# 总　结

大量的研究已经发展出了循证心理治疗方法（Lambert, 2013）、干预原则（Castonguay & Beutler, 2006）和关系因素（Norcross, 2011）。尽管在这些领域取得了重大进展，但一个常见的挑战是，这些要素是否可以泛化到或有效整合到表面上不同的治疗方法和问题领域，我们又能做到什么程度。不断累积的研究成果和本书中的章节提供了有力的证据，表明我们正朝着应对这一挑战的目标迈进。在本章中，我们描述了一种特定的跨诊断治疗方法（情绪障碍跨诊断治疗的统一方案）如何整合动机式访谈衍生的动机增强策略和原则。动机和矛盾心理的认知-情感基础使得这些因素特别适合以情绪为中心的治疗，例如统一方案。此外，我们认为共同的潜在因素是情绪困扰的核心，对这些因素的关注需要更深入的概念化，而不仅仅是传统上认知行为疗法关注的症状群的表面变化。这一取向打通了动机式访谈策略跨诊断应用的路径。

关于动机式访谈原则和策略跨诊断应用的研究已经稳步进入行动阶段，因此需要继续进行实证研究。我们认为这方面的未来工作应着重于以下问题：

1. 动机增强策略对跨诊断心理治疗的过程和结果有哪些具体影响？

2. 动机增强策略对哪些来访者适用（或禁忌）？

3. 适应性地整合动机增强策略的循证治疗内标志有哪些？

4. 我们该如何培训治疗师灵活应用这些策略和原则，尤其是针对有复杂问题的来访者？

目前统一方案的随机对照试验的研究结果将成为开始解决跨诊断认知行为疗法前三个问题的极好资源。解决第四个问题需要对日常治疗环境中干预原则的接受度和实施力度进行更多的研究。

# 参考文献

Abramowitz, J., Tolin, D., & Street, G. (2001). Paradoxical effects of thought suppression: a meta-analysis of controlled studies. *Clinical Psychology Review*, 21, 683-703.

American Psychiatric Association. (2000). *Diagnostic and statistical manual of mental disorders* (4th ed., text rev.). Washington, DC: Author.

American Psychiatric Association. (2013). *Diagnostic and statistical manual of mental disorders* (5th ed.). Arlington, VA: Author.

Andrews, G. (1996). Comorbidity in neurotic disorders: The similarities are more important than the differences. In R. M. Rapee (Ed.), *Current controversies in the anxiety disorders* (pp. 3-20). New York: Guilford Press.

Arkowitz, H., & Westra, H. A. (2004). Integrating motivational and cognitive behavioral therapy in the treatment of depression and anxiety. *Journal of Cognitive Psychotherapy*, 18, 337-350.

Barlow, D. H., Allen, L. B., & Choate, M. L. (2004). Toward a unified treatment for emotional disorders. *Behavior Therapy*, 35, 205-230.

Barlow, D. H., Ellard, K. K., Fairholme, C. P., Farchione, T. J., Boisseau, C. L., Allen, L. B., et al. (2011a). *Unified Protocol for Transdiagnostic Treatment of Emotional Disorders: Client workbook*. New York: Oxford University Press.

Barlow, D. H., Farchione, T. J., Fairholme, C. P., Ellard, K. K., Boisseau, C. L., Allen, L. B., et al. (2011b). *Unified Protocol for Transdiagnostic Treatment of Emotional Disorders: Therapist guide*. New York: Oxford University Press.

Barlow, D. H., Sauer-Zavala, S., Carl, J. R., Bullis, J. R., & Ellard, K. K. (2014). The nature, diagnosis, and treatment of neuroticism: Back to the future. *Clinical Psychological Science*, 21, 344-365.

Beck, A. T., & Clark, D. A. (1997). An information processing model of anxiety: Automatic and strategic processes. *Behaviour Research and Therapy*, 35, 49-58.

Beck, A. T., Epstein, N., Brown, G., & Steer, R. A. (1988). An inventory for measuring clinical anxiety: Psychometric properties. *Journal of Consulting and Clinical Psychology*, 56(6), 893-897.

Beck, A. T., Steer, R. A., & Brown, G. K. (1996). *Manual for the Beck Depression Inventory-II*. San Antonio, TX: Psychological Corp.

Bentley, K. H., Gallagher, M. W., Carl, J. R., & Barlow, D. H. (2014). Development and validation of the Overall Depression Severity and Impairment Scale. *Psychological Assessment*, 26, 815-830.

Bordin, E. S. (1979). The generalizability of the psychoanalytic concept of the working alliance. *Psychotherapy: Theory, Research and Prac-*

*tice*, 16, 252-260.

Borkovec, T. D., Alcaine, O. M., & Behar, E. (2004). Avoidance theory of worry and generalized anxiety disorder. In R. G. Heimberg, C. L. Turk, & D. S. Mennin (Eds.), *Generalized anxiety disorder: Advances in research and practice* (pp. 320-350). New York: Guilford Press.

Borkovec, T. D., Lyonfields, J. D., Wiser, S. L., & Diehl, L. (1993). The role of worrisome thinking in the suppression of cardiovascular response to phobic imagery. *Behaviour Research and Therapy*, 31, 321-324.

Borkovec, T. D., & Nau, S. D. (1972). Credibility of analogue therapy rationales. *Journal of Behavior Therapy and Experimental Psychiatry*, 3, 257-260.

Boswell, J. F. (2013). Intervention strategies and clinical process in transdiagnostic cognitive–behavioral therapy. *Psychotherapy*, 50, 381-386.

Boswell, J. F., Anderson, L. M., & Barlow, D. H. (2014). An idiographic analysis of change processes in the unified transdiagnostic treatment of depression. *Journal of Consulting and Clinical Psychology*, 82, 1060-1071.

Boswell, J. F., & Goldfried, M. R. (2010). Psychotherapy integration. In I. B. Weiner & W. E. Craighead (Eds.), *The Corsini encyclopedia of psychology* (4th ed, pp. 1-3). New York: Wiley.

Boswell, J. F., Llera, S. J., Newman, M. G., & Castonguay, L. G. (2011). A case of premature termination in a treatment for generalized anxiety disorder. *Cognitive and Behavioral Practice*, 18, 326-337.

Boswell, J. F., Nelson, D. L., Nordberg, S. S., McAleavey, A. A., & Castonguay, L. G. (2010). Competency in integrative psychotherapy: Perspectives on training and supervision. *Psychotherapy Theory, Research, Practice, Training*, 47, 3-11.

Boswell, J. F., Sauer–Zavala, S. E., Gallagher, M. W., Delgado, N., & Barlow, D. H. (2012). Readiness to change as a moderator of outcome in transdiagnostic treatment. *Psychotherapy Research*, 22, 570-578.

Boswell, J. F., Thompson–Hollands, J., Farchione, T. J., & Barlow, D. H. (2013). Intolerance of uncertainty: A common factor in the treatment of emotional disorders. *Journal of Clinical Psychology*, 69, 630-645.

Brown, T. A. (2007). Temporal course and structural relationships among dimensions of temperament and DSM-IV anxiety and mood disorders. *Journal of Abnormal Psychology*, 116, 313-328.

Brown, T. A., & Barlow, D. H. (2009). A proposal for a dimensional classification system based on the shared features of the DSM-IV anxiety and mood disorders: Implications for assessment and treatment. *Psychological Assessment*, 21, 256-271.

Brown, T. A., Campbell, L. A., Lehman, C. L., Grisham, J. R., & Mancill, R. B. (2001). Current and lifetime comorbidity of the DSM-IV anxiety and mood disorders in a large clinical sample. *Journal of Abnormal Psychology*, 110, 49-58.

Brown, T. A., Chorpita, B. F., & Barlow, D. H. (1998). Structural relationships among dimensions of the DSM-IV anxiety and mood disorders and dimensions of negative affect, positive affect, and autonomic arousal. *Journal of Abnormal Psychology*, 107, 179-192.

Butler, A. C., Chapman, J. E., Forman, E. M., & Beck, A. T. (2006). The empirical status of cognitive–behavioral therapy: A review of meta-analyses. *Clinical Psychology Review*, 26, 17-31.

Campbell-Sills, L., Barlow, D. H., Brown, T. A., & Hofmann, S. G. (2006). Acceptability and suppression of negative emotion in anxiety and mood disorders. *Emotion*, 6, 587-595.

Campbell–Sills, L., Ellard, K. K., & Barlow, D. H. (2014). Emotion regulation in anxiety disorders. In J. J. Gross (Ed.), *Handbook of emotion regulation* (2nd ed., pp. 393-412). New York: Guilford Press.

Carver, C. S., & White, T. L. (1994). Behavioral inhibition, behavioral activation, and affective responses to impending reward and punishment: The BIS/BAS scales. *Journal of Personality and Social Psychology*, 67, 319-333.

Castonguay, L. G., & Beutler, L. E. (2006). Principles of therapeutic change: A task force on participants, relationships, and technique factors. *Journal of Clinical Psychology*, 62, 631-638.

Castonguay, L. G., Constantino, M. J., Boswell, J. F., & Kraus, D. (2010). The therapeutic alliance: Research and theory. In L. Horowitz & S. Strack (Eds.), *Handbook of interpersonal psychology: Theory, research, assessment, and therapeutic interventions* (pp. 509-518). New York: Wiley.

Castonguay, L. G., Constantino, M. J., McAleavey, A. A., & Goldfried, M. R. (2010). The alliance in cognitive−behavioral therapy. In J. C. Muran & J. P. Barber (Eds.), *The therapeutic alliance: An evidence-based guide to practice* (pp. 150-171). New York: Guilford Press.

Castonguay, L. G., & Hill, C. E. (Eds.). (2012). *Transformation in psychotherapy: Corrective experiences across cognitive behavioral, humanistic, and psychodynamic approaches*. Washington, DC: American Psychological Association Press.

Clarkin, J., & Levy, K. N. (2004). Client variables. In M. J. Lambert (Ed.), *Bergin and Garfield's handbook of psychotherapy and behavior change*. New York: Oxford University Press.

Constantino, M. J., Boswell, J. F., Bernecker, S., & Castonguay, L. G. (2013). Context-responsive psychotherapy integration as a framework for a unified clinical science: Conceptual and empirical considerations. *Journal of Unified Psychotherapy and Clinical Science*, 2, 1-20.

Constantino, M. J., Castonguay, L. G., Zack, S. E., & DeGeorge, J. (2010). Engagement in psychotherapy: Factors contributing to the facilitation, demise, and restoration of the therapeutic alliance. In D. Castro-Blanco & M. S. Karver (Eds.), *Elusive alliance: Treatment engagement strategies with high-risk adolescents* (pp. 21-57). Washington, DC: American Psychological Association.

Constantino, M. J., DeGeorge, J., Dadlani, M. B., & Overtree, C. E. (2009). Motivational interviewing: A bellwether for context-response integration. *Journal of Clinical Psychology: In Session*, 65, 1246-1253.

Craske, M. G., & Barlow, D. H. (2007). *Mastery of your anxiety and panic: Therapist guide*. New York: Oxford University Press.

Dalgleish, T., & Watts, F. N. (1990). Biases of attention and memory in disorders of anxiety and depression. *Clinical Psychology Review*, 10, 589-604.

DiNardo, P. A., Brown, T. A., & Barlow, D. H. (1994). *Anxiety Disorders Interview Schedule for DSM−IV: Lifetime Version* (ADIS-IV-L). San Antonio, TX: Psychological Corp.

Ellard, K. K., Deckersbach, T., Sylvia, L. G., Nierenberg, A. A., & Barlow, D. H. (2012). Transdiagnostic treatment of bipolar disorder and comorbid anxiety with the Unified Protocol: A clinical replication series. *Behavior Modification*, 36, 482-508.

Ellard, K. K., Fairholme, C. P., Boisseau, C. L., Farchione, T., & Barlow, D. H. (2010). Unified protocol for the transdiagnostic treatment of emotional disorders: Protocol development and initial outcome data. *Cognitive and Behavioral Practice*, 17, 88-101.

Endicott, J., Nee, J., Harrison, W., & Blumenthal, R. (1993). Quality of Life Enjoyment and Satisfaction Questionnaire: A new measure. *Psychopharmacology Bulletin*, 29, 321-326.

Engle, D. E., & Arkowitz, H. (2006). *Ambivalence in psychotherapy: Facilitating readiness to change*. New York: Guilford Press.

Etkin, A., & Wager, T. D. (2007). Functional neuroimaging of anxiety: A metaanalysis of emotional processing in PTSD, social anxiety disorder, and specific phobia. *American Journal of Psychiatry*, 164, 1476-1488.

Fairburn, C. G., Cooper, Z., & Shafran, R. (2003). Cognitive behavior therapy for eating disorders: A "transdiagnostic" theory and treatment. *Behaviour Research and Therapy*, 41, 509-528.

Farchione, T. J., Fairholme, C. P., Ellard, K. K., Boisseau, C. L., Thompson Hollands, J., Carl, J. R., et al. (2012). Unified Protocol for Transdiagnostic Treatment of Emotional Disorders: A randomized controlled trial. *Behavior Therapy*, 43, 666-678.

Fellous, J., & LeDoux, J. E. (2005). *Toward basic principles for emotional processing: What the fearful brain tells the robot. In J. Fellous & M. A. Arbib* (Eds.), Who needs emotions?: The brain meets the robot (pp. 79-115). New York: Oxford University Press.

Gollwitzer, P. M. (1999). Implementation intentions: Simple effects of simple plans. *American Psychologist*, 54, 493-503.

Gross, J. J., & John, O. (2003). Individual differences in two emotion regulation processes: Implications for affect, relationships, and well-being. *Journal of Personality and Social Psychology*, 85, 348-362.

Hayes, A. M., Beck, G., & Yasinski, C. (2012). A cognitive behavioral perspective on corrective experiences. In L. G. Castonguay & C. E. Hill (Eds.), *Transformation in psychotherapy: Corrective experiences across cognitive behavioral, humanistic, and psychodynamic approaches* (pp. 69-83). Washington, DC: American Psychological Association Press.

Hollon, S. D., & Beck, A. T. (2013). Cognitive and cognitive−behavioral therapies. In M. J. Lambert (Ed.), *Bergin and Garfield's handbook of psychotherapy and behavior change* (6th ed., pp. 393-442). New York: Wiley.

Kessler, R. C., Berglund, P., Demler, O., Jin, R., Merikangas, K. R., & Walters, E. E. (2005). Lifetime prevalence and age-of-onset distributions of DSM IV disorders in the National Comorbidity Survey Replication. *Archives of General Psychiatry*, 62, 593-602.

Lambert, M. J. (Ed.). (2013). *Bergin and Garfield's handbook of psychotherapy and behavior change* (6th ed.). New York: Wiley.

LeDoux, J. E. (1996). *The emotional brain: The mysterious underpinnings of emotional life*. New York: Simon & Schuster.

McConnaughy, E. A., DiClemente, C. C., Prochaska, J. O., & Velicer, W. F. (1989). Stages of change in psychotherapy: A follow-up report. *Psychotherapy*, 26, 494-503.

McConnaughy, E. A., Prochaska, J. O., & Velicer, W. F. (1983). Stage of change in psychotherapy: Measurement and sample profiles. *Psychotherapy*, 20, 368-375.

McHugh, R. K., & Barlow, D. H. (2010). Dissemination and implementation of evidence-based psychological interventions: A review of current efforts. *American Psychologist*, 65, 73-84.

McLaughlin, K. A., Borkovec, T. D., & Sibrava, N. J. (2007). The effects of worry and rumination on affect states and cognitive activity. *Behavior Therapy*, 38, 23-38.

Mennin, D., Heimberg, R., Turk, C., & Fresco, D. (2005). Preliminary evidence for an emotional dysregulation model of generalized anxiety disorder. *Behaviour Research and Therapy*, 43, 1281-1310.

Messer, S. B. (2001). Introduction to the special issue on assimilative integration. *Journal of Psychotherapy Integration*, 11, 1-4.

Miller, W. R., & Rollnick, S. (2013). *Motivational interviewing: Helping people change* (3rd ed.). New York: Guilford Press.

Mobini, S., & Grant, A. (2007). Clinical implications of attentional bias in anxiety disorders: An integrative literature review. *Psychotherapy: Theory, Research, Practice, Training*, 44, 450-462.

Nathan, P., & Gorman, J. (Eds.). (2007). *A guide to treatments that work* (3rd ed.). New York: Oxford University Press.

Newman, M. G., Crits-Christoph, P., Connolly Gibbons, M. B., & Erickson, T. E. (2006). Participant factors in the treatment of anxiety disorders. In L. G. Castonguay and L. E. Beutler (Eds.), *Principles of therapeutic change that work* (pp. 121-154). New York: Oxford Press.

Norcross, J. C. (2005). A primer on psychotherapy integration. In J. C. Norcross & M. R. Goldfried (Eds.), *Handbook of psychotherapy integration* (2nd ed., pp. 3-23). New York: Oxford University Press.

Norcross, J. C. (Ed.). (2011). *Psychotherapy relationships that work: Evidence based responsiveness* (2nd ed.) New York: Oxford University Press.

Norman, S. B., Hami-Cissell, S., Means-Christensen, A. J., & Stein, M. B. (2006). Development and validation of an Overall Anxiety Severity and Impairment Scale (OASIS). *Depression and Anxiety*, 23, 245-249.

Norton, P. J., & Philipp, L. M. (2008). Transdiagnostic approaches to the treatment of anxiety disorders: A meta-analytic review. *Psychotherapy: Theory, Research, Practice, Training*, 45, 214-226.

Payne, L. A., Ellard, K. K., Farchione, T. J., Fairholme, C. P., & Barlow, D. H. (2014). *Emotional disorders: A unified transdiagnostic protocol. In D. H. Barlow* (Ed.), Clinical handbook of psychological disorders: A stepby-step treatment manual (5th ed., pp. 237-274). New York: Guilford Press.

Pinel, E. C., & Constantino, M. J. (2003). Putting self psychology to good use: When social psychologists and clinical psychologists unite. *Journal of Psychotherapy Integration*, 13, 9-32.

Prochaska, J. O., & DiClemente, C. C. (1984). *The transtheoretical approach: Crossing the traditional boundaries of therapy*. Homewood, IL: DowJones/Irwin.

Prochaska, J. O., & Norcross, J. C. (2002). *Systems of psychotherapy: A transtheoretical analysis* (5th ed.). Pacific Grove, CA: Brooks-Cole.

Safran, J. D., Muran, J. C., & Eubanks-Carter, C. (2011). Repairing alliance ruptures. *Psychotherapy*, 48, 80-87.

Snyder, C. R., Sympson, S. C., Ybasco, F. C., Borders, T. F., Babyak, M. A., & Higgins, R. L. (1996). Development and validation of the State Hope Scale. *Journal of Personality and Social Psychology*, 2, 321-335.

Swann, W. B., Jr. (1996). *Self-traps: The elusive quest for higher self-esteem.* New York: Freeman.

Swift, J. K., & Greenberg, R. P. (2012). Premature discontinuation in adult psychotherapy: A meta-analysis. *Journal of Consulting and Clinical Psychology*, 80, 547-559.

Thompson–Hollands, J., Bentley, K. H., Gallagher, M. W., Boswell, J.

F., & Barlow, D. H. (2014). Credibility and outcome expectancy in the Unified Protocol: Relationship to outcomes. *Journal of Experimental Psychopathology*, 5, 72-82.

Tracey, T. J., & Kokotovic, A. M. (1989). Factor structure of the Working Alliance Inventory. *Psychological Assessment*, 1, 207-210.

Tyrer, P. J. (1989). Classification of neurosis. Chichester, UK: Wiley. Watson, D., & Clark, L. A. (1984). Negative affectivity: The disposition to experience aversive emotional states. *Psychological Bulletin*, 96, 465-490.

Webb, C. A., DeRubeis, R. J., Amsterdam, J. D., Shelton, R. C., Hollon, S. D., & Dimidjian, S. (2011). Two aspects of the therapeutic alliance: Differential relations with depressive symptom change. *Journal of Consulting and Clinical Psychology*, 79, 279-283.

Wegner, D. M., Schneider, D. J., Carter, S., & White, T. (1987). Paradoxical effects of thought suppression. *Journal of Personality and Social Psychology*, 53, 5-13.

Westra, H. A. (2004). Managing resistance in cognitive behavioural therapy: Application of motivational interviewing in mixed anxiety depression. *Cognitive Behaviour Therapy*, 33, 161-175.

Westra, H. A., Arkowitz, H., & Dozois, D. J. A. (2009). Adding motivational interviewing pretreatment to cognitive behavioral therapy for generalized anxiety disorder: A preliminary controlled trial. *Journal of Anxiety Disorders*, 23, 1106-1117.

Wolfe, B. E. (2011). Anxiety disorders. In J. C. Norcross, G. R. VandenBos, & D. K. Freedheim (Eds.), *History of psychotherapy: Continuity and change* (2nd ed., pp. 561-573). Washington, DC: American Psychological Association.

Zimmerman, M., Chelminski, I., & McDermut, W. (2002). Major depressive disorder and axis I diagnostic comorbidity. *Journal of Clinical Psychiatry*, 63, 187-193

# 第三章

# 提升暴露与反应阻断疗法在强迫症治疗中的效果

阿兰·朱科夫

伊万·C.巴兰

海伦·布莱尔·辛普森

# 探索动机式访谈的作用

强迫症（OCD）的终生患病率是 2%～3%，它是引发疾病相关残疾的一个重要原因。这种不成比例的影响反映了这样一个事实，即强迫症通常始于儿童期或青春期并持续终生，因疾病的严重性和慢性特性导致机体功能严重受损。

强迫症的特点是强迫思维（即反复的侵入性思维、画面或引起焦虑或痛苦的冲动）和强迫行为（即重复的精神或行为动作）。强迫行为通常是对强迫思维的回应（例如担心污染导致的清洗仪式），以减少由强迫思维引发的痛苦或防止恐惧事件的发生（例如生病）。然而，这些强迫行为要么是不现实的（例如反复调用积极画面以防止伤害到所爱的人）要么是明显过度的（例如每天洗澡好几个小时）。

虽然所有强迫症患者都有强迫思维或强迫行为，但不同患者的表现不同。某些主题很常见，包括禁忌想法（例如攻击性的、性的和宗教的强迫思维和相关强迫行为）、清洗（与担心污染相关的清洁仪式)、伤害(担心会伤害自己或他人导致强迫检查)和对称性(对对称性的强迫思维导致强迫重复、排序和计数)。历史上,囤积问题(强迫收集和保存无价值的物品)也被纳入强迫症,但《精神障碍诊断与统计手册》(第五版)将囤积障碍单独列为一种精神障碍。强迫症患者对自己强迫思维和强迫行为的非理性的"洞察"也存在显著差异,并且洞察水平可能在疾病发展过程中不断波动,从而使治疗变得复杂。

# 常规治疗

强迫症实践指南建议单独或联合使用5-羟色胺再摄取抑制剂(即氯米帕明和选择性5-羟色胺再摄取抑制剂,如氟西汀)和认知行为疗法作为一线治疗方案(Koran, Henna, Hollander, Nestadt, & Simpson, 2007)。认知行为疗法使用的治疗方案被称为暴露与反应阻断疗法(EX/RP)。随机对照试验表明,暴露与反应阻断疗法治疗组70%~80%的患者有效果,而高达50%的患者在短期治疗后症状缓解明显(Foa et al., 2005; Simpson, Foa et al., 2008, 2013)。暴露与反应阻断疗法不仅可以让强迫症症状得到快速改善,许多来访者的治疗效果实际上也可以维持一段时间。一些随机对照试验已经表明,不管有没有结合药物,认知行为疗法都比单独使用药物更有效(Foa et al., 2005; Simpson et al., 2013)。

暴露与反应阻断疗法教给人们应对强迫思维和强迫行为的新策略(Kozak & Foa, 1997)。具体来说,来访者要直面他们恐惧的事物("暴露"),并在这样做("反应阻断")时克服自己执行强迫行为(也被称为"仪式化")。暴露疗法包括与恐惧情境的现场暴露(例如,让有污染恐惧的来访者触摸公共厕所的物品)以及与恐惧后果的想象暴露(例如，让有攻击性恐惧的来访者想象杀人）。当来访者长时间直面恐惧而没有仪式化行为时，他们恐惧的后果必然会发生的信念就会被打破；通常的结果就是他们的焦虑和对仪式化的需求的减少。

如果来访者坚持这些程序，暴露与反应阻断疗法就会非常有效。例如，在最近的暴露与反应阻断疗法试验中，来访者对该疗法程序的依从性可以显著预测治疗后强迫症的严重程度（Simpson et al., 2011; Simpson, Marcus, Zuckoff, Franklin, & Foa, 2012）。此外，来访者的依从程度与改善程度和治疗效果显著相关。

然而，一些来访者拒绝使用暴露与反应阻断疗法，一些来访者选择不依从治疗，他们会半途退出治疗或不完全按推荐的程序执行（Abramowitz, Franklin, Zoellner & DiBernardo, 2002; Foa et al., 1983; Simpson et al., 2006）。据估计，即使与药物治疗结合使用，至少有50%使用暴露与反应阻断疗法的强迫症患者达不到最佳效果（Simpson, Huppert, Petkova, Foa & Liebowitz, 2006; Simpson, Foa et al., 2008; Simpson et al., 2013; Sookman & Steketee, 2007）。如果来访者依从性和暴露与反应阻断疗法的结果之间存在因果关系，那么增加进入治疗、减少半途退出和提高来访者对暴露与反应阻断疗法程序依从性应该能够改善治疗结果。我们和其他研究者探讨了动机式访谈是否可以用来提高来访者对暴露与反应阻断疗法的依从性。

# 在强迫症治疗中使用动机式访谈的合理性

已有证据表明动机式访谈可以有效地增加对物质使用、心理健康和慢性疾病治疗的依从性（Lundahl, Kunz, Brownell, Tollefson, & Burke, 2010; Zuckoff & Hettema, 2007）。具体而言，在治疗焦虑障碍的认知行为疗法中，动机式访谈已经被用于强化来访者的参与度（参见 Westra

& Aviram，第四章，以及 Yusko, Drapkin & Yeh，第五章）。动机式访谈作为治疗的前奏或辅助手段用于增强更长期或更密集的治疗的效果（包括认知行为疗法）时似乎尤其有用（Hettema, Steele, & Miller, 2005）。

动机式访谈帮助有酒精依赖的人有动力坚持酒精治疗（Connors, Walitzer, & Dermen, 2002）、让疼痛不受控制的人有动力参加减痛工作坊（Habib, Morrissey, & Helmes, 2005）、让有糖尿病的超重女性有动力坚持行为体重控制治疗（West, DiLillo, Bursac, Gore, & Greene, 2007），并且使西班牙裔抑郁症患者有动力持续参与抗抑郁治疗（Lewis-Fernandez et al., 2013）。在所有这些情况下，动机式访谈被当作短期内增强做挑战性或不适的事情（即克制喝酒的冲动并做出一系列行为、情绪和生活方式的改变；参与困难的身体康复活动；自我监测膳食摄入量和血糖水平；遵医嘱服用药物）的动机，以获得长期收益。同理，动机式访谈也可以激励强迫症患者抵制或忽视仪式化的冲动（即使仪式化可以在短期内减轻痛苦），并面对恐惧（即使暴露会产生短期痛苦）以改善强迫症状、功能和整体幸福感。

朱科夫及其同事（Zuckoff & Daley, 2001; Zweben & Zuckoff, 2002）认为，一个人进入、参与和完成治疗的可能性受矛盾心理的影响，不仅是关于改变的矛盾心理，也是关于治疗本身是不是改变的途径的矛盾心理。对于强迫症来访者，减少花在仪式化的强迫思维和行为上的时间，降低这些症状行为对他们生活的负面影响的好处可能等于或超过症状行为带来的好处（例如，安全感、短期焦虑减少）。此外，他们对改变其症状性思维和行为方式的能力的信心可能很低。如果动机式访谈可以成功帮助强迫症患者处理他们关于改变的矛盾心理，他们可能会更充分地认同并接受暴露与反应阻断疗法。然而，暴露与反应阻断疗法程序带来的厌恶感可能会产生巨大的阻力。暴露与反应阻断疗法会要求强迫症来访者反复且持久地暴露于引起恐惧的刺激物，并且不能有仪式化和回避行为。因此，暴露与反应阻断疗法的成功与否要求来访者有足够的意愿容忍这种暴露引起的强烈焦虑和不适，并且愿意为这种高度结构化和高要求的治疗投入大量的时间和精力。如果可以化解来访者对采取这些行动的矛盾心理，他们就可能更充分地参与到暴露与反应阻断疗法中。

动机式访谈的重要方面包括建立来访者的参与度，以及发展出一个合作的焦点。强迫症来访者表达了各种各样的理由，关于他们为什么对改变感到不确定，为什么不愿意参与暴露与反应阻断疗法，不愿意积极参与，以及一直坚持到治疗结束。动机式访谈接受性、探索性的本质以及高度个性化的取向也使它成为治疗强迫症的好选择。暴露与反应阻断疗法主要依靠心理教育和鼓励来激励来访者参与治疗；暴露与反应阻断疗法治疗师手册没有提供明确的框架用于识别治疗师何时"超前"于来访者对改变的准备程度，以及如何做出相应的回应。动机式访谈强调在合作进行改变行动之前识别、唤起和回应改变话语，这也可能带来额外的价值。

动机式访谈的临床风格是否和暴露与反应阻断疗法匹配更加不明确。一方面，动机式访谈不会鼓励可能破坏暴露与反应阻断疗法有效性的行为，例如"中和"（即用积极的想法强迫性地消除不想要的想法），并且它确实会促进标准暴露与反应阻断疗法产生效果所依赖的因素：强有力的工作联盟、合作关系和来访者的自我效能感。另一方面，尽管暴露与反应阻断疗法依靠强大的工作联盟来产生效果，但也存在与动机式访谈互动风格相冲突的指导性成分。治疗重点是识别和治疗强迫症症状。我们假定，来访者接受治疗是为了学习一套新的技能，而治疗师的角色是教授这些技能并指导治疗；来访者坚持治疗师建议的程序是至关重要的。本章后面将讨论这一以专家为导向的方法与动机式访谈以来访者为中心的风格之间的矛盾可能会产生的后果。

# 临床应用

## 其他关于提升认知行为疗法治疗强迫症效果的研究

迄今为止，很少有研究会评估动机式访谈如何增强认知行为疗法对强迫症患者的治疗效果。马尔特比等（Maltby & Tolin, 2005）开发了一个为期四次的准备度干预方案，旨在减少强迫症患者对暴露与反应阻断疗法的拒绝。准备度干预包括在一个月内与治疗师进行四次个人会面，并包括：（1）心理教育，聚焦强迫症和支持暴露与反应阻断疗法有效性的实证数据；（2）在其中两次咨询中明确使用动机式访谈程序；（3）观看关于暴露与反应阻断疗法的录像；（4）建立一个样本暴露层次结构；（5）与完成暴露与反应阻断疗法的来访者交流。曾经因为非交通原因拒绝暴露与反应阻断疗法的12名来访者被随机分配到准备度干预组（$n=$7）或等待组（$n=5$）1个月。1个月后，干预组接受了15次暴露与反应阻断疗法咨询。准备度干预组有86%的来访者同意开始暴露与反应阻断疗法治疗，而等待组只有20%同意。当暴露与反应阻断疗法的治疗在准备度干预后（而不是等待组后）进行时，来访者强迫症症状减轻的程度与那些没有拒绝暴露与反应阻断疗法的来访者相当。然而，准备度干预后进行暴露与反应阻断疗法的脱落率为50%，高于典型的暴露与反应阻断疗法脱落率。这些数据初步支持了包含一些动机式访谈元素的多模式干预可以提高暴露与反应阻断疗法接受率的假设，但数据也表明，这种干预不足以防止后期退出。但是，小样本不能提供确凿的结论。此外，准备度干预是多模式的事实也使得增加动机式访谈程序本身的重要性变得不确定。

梅耶及其同事（Meyer, et al., 2010）在团体认知行为疗法之前提供了两次动机式访谈和思维导图（TM）的个人咨询。思维导图是一种基于跨理论模型（Prochaska & DiClemente, 1984）的结构化方法，旨在帮助来访者理解想法和行为之间的关系（Leukefeld, Brown, Clark, Godlaski, & Hays, 2000; Leukefeld et al., 2005; Inciardi et al., 2006）。认知行为疗法团体咨询进行了12周，每个小组有8名参与者。这些咨询包括心理教育、暴露与反应阻断疗法技术、改变功能失调信念的认知技术以及一般的团体治疗技术。研究结果（*n*=93）显示，治疗前接受动机式访谈+思维导图处理的组比单独使用认知行为疗法的组强迫症症状减轻更多。他们还指出，动机式访谈+思维导图组在3个月随访中表现出更多的症状减少。但是，由于动机式访谈再次与另一种干预相结合，仍然无法确定其对结果的具体贡献。

莫勒及其同事（Merlo et al., 2010）研究了强迫症儿童和青少年（*n*=16)，他们比较了在治疗前接受三次咨询的来访者和那些接受心理教育（PE）的来访者，两组之后都会接受团体认知行为疗法。认知行为疗法干预包括提供关于强迫症及其治疗原理的信息，暴露与反应阻断疗法练习，以及在随后的治疗中对强迫思维进行认知干预。动机式访谈或心理教育咨询在第一次团队认知行为疗法前进行，紧接在第4次咨询后，以及第8次咨询前。结果显示，在5周的治疗后，认知行为疗法+动机式访谈组的强迫症症状明显少于认知行为疗法+心理教育组。第5周时两组之间的差异在治疗后没有持续。然而，认知行为疗法+动机式访谈组的来访者比认知行为疗法+心理教育组的来访者在更少次数的咨询中获得了更多治疗收益（分别为10.75次和13.75次）。

### 我们小组的研究

我们研究了两种使用动机式访谈来增强强迫症治疗的参与度和依从性的方法。首先，在我们称为"动机式访谈-困住"的程序中，我们采用动机式访谈激励来访者寻求强迫症（即药物或暴露与反应阻断疗法或两者的结合）的循证心理治疗。其次，在认知行为疗法+动机式访谈程序中，我们将动机式访谈加入暴露与反应阻断疗法中，旨在加强治疗依从性并改善来访者的咨询效果。我们在接下来的两节中描述了这些干预方案，并总结了我们的研究结果。

"动机式访谈-困住"

"动机式访谈-困住"干预针对那些尽管有明显的强迫症状并希望得到缓解，但拒绝接受强迫症治疗的来访者。因此，我们将他们概念化为被困于对改变和/或治疗的矛盾心理中。来访者接受每周一次的四次动机式访谈咨询，每次持续1小时，目的是激励他们寻求循证强迫症疗法（例如，暴露与反应阻断疗法或药物疗法或两者结合）（Simpson & Zuckoff, 2011）。

干预的结构如下。在第一次咨询中，治疗师首先询问来访者哪些是他们的主要问题（不要预先假设他们是强迫症或来访者会称之为强迫症）。在对主要问题达成共识后，治疗师随即引导来访者思考这个问题如何影响自己的生活。目的是使用动机式访谈来增强改变的动机，动机式访谈可以启发和强调他们当前的生活和想要的生活之间差异的观念。治疗师还评估了来访者对改变强迫症症状重要性的感知，并根据需要帮助来访者增强对改变的重要性感知。

假设来访者表达了改变的重要性，第二次咨询将聚焦于评估和建立来访者对改变的信心。这包括回顾来访者之前做出的改变尝试，具体是指引导来访者说出对先前治疗的负面看法以及对治疗失败原因的看法（Grote, Zuckoff, Swartz, Bledsoe, & Geibel, 2007; Swartz et al., 2008）。治疗师的目的是通过反映过去的成功经验来建立来访者对改变的信心，适时提供对过去失败的不同观点（例如，将失败的结果归因于治疗效果或来访者没有能力取得成功以外的因素），并以与动机式访谈一致的方式提供关于循证心理治疗的关键信息。不可避免地，来访者不仅会表现出与治疗有关的矛盾心理，也会表现出与改变有关的矛盾心理，因此，治疗师要在帮助来访者建立关于改变的重要性和建立对能够做出必要改变的信心之间来回切换。

如果来访者表示需要改变并且是可以实现的，那么第三次咨询可以重点关注来访者现在正在考虑的改变选择（如果有的话）。这次咨询的目标是帮助已经做好改变准备的来访者（在第一次和第二次咨询中表现在改变话语的水平中）通过参与循证心理治疗（暴露与反应阻断疗法和/或药物治疗）来表达对改变的承诺。

如果来访者承诺使用其中一种或两种治疗方法进行改变，那么第四次咨询可以用来帮助来访者制订具体改变计划。这需要唤起来访者思考希望做出的具体改变、做出这些改变的原因、他们为实现目标计划采取的步骤（即采用什么疗法），以及他们预期的障碍和处理这些障碍的潜在解决方案。如果需要，治疗师会提供适当的转介。如果在第三次咨询中来访者仍然表现出对改变或治疗的矛盾心理，那么可以利用第四次咨询继续唤起改变话语，以让来访者更愿意做出承诺。

六位来访者接受了这种干预。在第四次咨询的一个月后，治疗师打电话给来访者，评估他们目前对自己的强迫症的看法和他们对改变的需求，以及了解他们是否在寻求（或计划寻求）强迫症治疗。其中三个来访者是符合《精神障碍诊断与统计手册》（第五版）关于囤积障碍的诊断标准的。他们都曾经尝试过选择性5-羟色胺再摄取抑制剂（SSRIs类药物）治疗并失败了，没有人想要参与暴露与反应阻断疗法，主要是因为他们不想丢弃自己杂乱的物品。两个人表示愿意采取较小的步骤（例如，停止收集并开始整理自己的物品），但由于任务艰巨（例如，公寓装满杂乱的物品导致整个房间寸步难行）以及他们没有能力决定从哪里开始以及如何开始，他们无法制订具体的改变计划。尽管他们表达了对不同生活的强烈愿望，但他们三人仍然非常珍视囤积带来的益处（例如，确保不会浪费有潜在用途的物品、增加拥有物质资源带来的安全感、保持与过去的联系)。在随访中，他们三人都没有参与暴露与反应阻断疗法或药物治疗，也没有通过自我指导活动较大地改善他们的囤积问题。同时，所有人都表达了改变自己行为的愿望，并希望与动机式访谈的心理治疗师继续工作。正如一位来访者说的："你是第一个真正理解我困境的人。和你谈话时我感到充满希望，我知道保留所有这些东西正在毁掉我的生活。在你办公室我想得很清楚。可问题是，回到家后我好像就忘记了在这里学到的一切。"

相反，另外三个来访者符合《精神障碍诊断与统计手册》(第五版)中的强迫症诊断标准但达不到囤积障碍标准，他们对追求循证心理治疗的意愿确实发生了转变。其中一名来访者在第四次咨询中承诺接受暴露与反应阻断疗法，在一个月后的随访中，他正在接受暴露与反应阻断疗法。另一个来访者在第四次咨询中没有承诺进行循证心理治疗，在1个月后的随访中，她没有在进行治疗；然而两周后，她主动致电治疗师说她已经寻求并接受了强迫症药物治疗。在第四次咨询中，第三位来访者承诺继续接受选择性5-羟色胺再摄取抑制剂药物治疗并自己实施暴露与反应阻断疗法程序。在随访中，他有继续接受选择性5-羟色胺再摄取抑制剂药物治疗并报告了他在自我指导活动上取得的进展。尽管我们还没有"动机式访谈-困住"方法的控制试验数据，但至少对于不符合囤积障碍标准的来访者，这种方法是有希望的。

将动机式访谈融入暴露与反应阻断疗法(暴露与反应阻断疗法+动机式访谈)

在这种干预中，动机式访谈和标准暴露与反应阻断疗法相结合，以帮助那些退出或仅部分遵守暴露与反应阻断疗法程序的来访者。它的目标是确定动机式访谈是否可以提高暴露与反应阻断疗法的留存率和依从性，从而提升来访者的咨询效果。

两个暴露与反应阻断疗法的标准导入性咨询会扩展为三个，将动机式访谈也被纳入其中。虽然导入性咨询的目标包括完成与标准暴露与反应阻断疗法相同的任务（评估、心理教育和制订治疗计划），治疗师使用与动机式访谈一致的立场进行咨询——共情的、鼓励的和支持自主的——并通过寻找治疗师对来访者的期望与来访者对自己的期望的交集来发展合作关系。与这种立场一致，治疗师被教导使用引导-提供-引导的框架来交换信息和提供反馈。他们还学习了倾听、有效回应和唤起来访者对改变和遵守治疗的动机和承诺的话语，广泛使用各种动机式访谈策略，尤其是引出来访者的价值观和目标，并强调通过暴露与反应阻断疗法进行的改变如何帮助他们实现这些目标。

随后的15次暴露治疗采用了标准暴露与反应阻断疗法程序（在治疗师监督下的暴露练习、两次咨询间的暴露与反应阻断疗法练习作业及其回顾检查）。如果来访者不愿意完成咨询中的暴露练习、没有进行两次咨询间的暴露练习，或者表示不愿意继续进行治疗，治疗师最初可以使用标准暴露与反应阻断疗法的方法（如心理教育、鼓励）来回应这些情况。然而，如果这些策略不足以让来访者遵守暴露与反应阻断疗法的关键程序，治疗师将转而使用短期（15到30分钟）的动机式访谈模块。这个模块的目标是评估和加强来访者对治疗方案中使用的有时间限制和密集的暴露与反应阻断疗法的承诺，并在继续进行下去之前重新提升来访者的参与度。治疗师接受了培训，使用由张伯伦及其同事（Chamberlain et al., 1984）提出、经米勒和罗尔尼克（2002）优化的原则来识别"阻抗"（我们现在称之为不和谐），并以与动机式访谈一致的方式来回应以便减少阻抗。他们还学习了将来访者自身视为解决治疗过程中出现问题的丰富资源，并尊重来访者通过治疗过程制订自己路线的决心。一旦来访者重新建立继续进行暴露与反应阻断疗法程序的承诺，治疗师就会回到暴露与反应阻断疗法标准的指导性立场。

在一项开放的前瞻性探索试验中，有六位来访者接受了暴露与反应阻断疗法-动机式访谈干预（Simpson, Zuckoff, Page, Franklin & Foa, 2008），其中五人完成治疗。这五人的强迫症症状的严重程度下降、生活质量提高，三人在治疗结束时没有或仅有轻微症状。这六位来访者的咨询效果至少与标准暴露与反应阻断疗法一样好（Foa et al., 2005; Simpson, Foa et al., 2008）。

然后，我们进行了一项探索性随机对照试验，比较结合和没有结合动机式访谈两种条件下暴露与反应阻断疗法的效果（Simpson, Zuckoff et al., 2010）。具体来说，30名强迫症来访者被随机分配到18次的暴露与反应阻断疗法治疗或暴露与反应阻断疗法+动机式访谈治疗中。治疗师在每次暴露练习咨询中会评估来访者的依从性。独立的评估者评估来访者强迫症和抑郁症症状的改变，来访者要完成改变准备度、治疗准备度和生活质量的自我报告。两组来访者强迫症症状的改善或依从性没有显著差异，依从性使用患者暴露与反应阻断疗法依从性量表测量。

动机式访谈未能提高本研究中来访者的依从性或治疗结果可归因于一个或多个因素。也许动机式访谈不能解决一些强迫症来访者对改变的矛盾心理，不遵从暴露与反应阻断疗法也有可能与矛盾心理无关。另外，在两种治疗条件下，来访者从一开始就有很高的治疗准备度，因此平均而言，两个治疗组来访者的依从性都很好，没有差异可能反映了天花板效应。也可能是因为我们使用的干预方案没有提供足够数量或质量的动机式访谈来产生显著效果，或者来访者对治疗师在动机式访谈和认知行为疗法两种立场间来回切换感到困惑。我们将在本章后面详细讨论这些可能性。

# 临床案例

## 动机式访谈-困住

在第一次咨询开始时，有来访者表示他已经尝试了所有强迫症的循证心理治疗，但没有一个有效果。同时，他将自己对伤害的强迫思维和强迫性检查行为描述为一种"成瘾"行为，这种"成瘾"破坏了他的社交和工作功能。来访者评估改变的重要性为10分（范围从0到10），他评估他对改变的信心是3分（满分10分）。随着咨询的进行，来访者的主要问题变得清晰，是治疗的动机而不是改变的动机：他对治疗是否有效深感失望，因此不愿开始两种可用的循证心理治疗中的任意一种。

在第二次咨询中，来访者透露他在之前的暴露与反应阻断疗法试验期间从未完全放弃他的仪式行为，也没有按照指示完成他的暴露练习作业。治疗师从来访者那里引导出了几个理由：来访者怀疑治疗程序对他是否有用，他不喜欢体验焦虑，他觉得他对伤害的警觉能帮助他成为一个有道德的人。然后，治疗师将来访者对暴露与反应阻断疗法的体验再定义为一个有待回答的问题，而不是治疗失败（来访者自己的感知），这个问题是：如果来访者充分参与并完成暴露与反应阻断疗法的一个完整流程会发生什么？随后的讨论包括对暴露与反应阻断疗法的效果和要达到预期效果充分参与的必要性进行信息交换。治疗师注意不要暗示之前的治疗失败归咎于来访者，而是归咎于来访者与以前的治疗师之间的对话缺乏清晰性。经过这次讨论，来访者表示希望他以前的治疗师可以说得更清楚。在此基础上，治疗师确认了来访者对再次接受暴露与反应阻断疗法的前景感到的焦虑，共情来访者对开始一项艰难治疗却找不到任何理由认为它会带来积极改变而感到的无意义——这是来访者在上一次治疗中没有机会发现的。咨询结束时，来访者的悲观情绪减少，治疗师对来访者也更有信心了。

在第三次咨询中，在确认了来访者的强迫症给他和别人带来安全感之后，治疗师从来访者那里引导出了这样的看法，即他的检查行为"过于夸张"并且与任何真实的威胁无关。当他们探讨这种改变话语时，来访者越来越有信心地说，这样的检查不会带来安全，只会毁掉他的生活。这似乎可以引导来访者重新考虑治疗。然而，他不想要SSRIs药物带来的性方面的副作用，并表示对暴露与反应阻断疗法仍有怀疑，他说暴露只会"复制"他已经感受到的焦虑。在这里，治疗师引导出了来访者对暴露与反应阻断疗法工作机制的理解，并发现了来访者的一些误解，这些误解似乎是导致他之前不依从治疗和治疗未能成功减轻症状的原因。

关键时刻似乎是，来访者并不觉得有必要将生活中的某些领域的风险降到最低。当治疗师让他举例时，他回想起了如何从飞机上使用降落伞跳下的军事训练，最终接受他可能也需要这样做。治疗师反映，当没有其他选择时，来访者是那种会做必要事情的人。不久，来访者表示暴露与反应阻断疗法是他的"唯一选择"，他开始想知道这次治疗是否有效。治疗师问这一次有什么不一样，来访者很清楚：一名暴露与反应阻断疗法治疗师给他指明了方向和"清晰路径"，因此没有失败的可能性。治疗师的看法是，通过表达对来访者故事的兴趣并赞赏他下决心做出改变的做法来肯定来访者，这导致了来访者对如何看待自己的看法的转变——自己是一个行动者——并且增强了来访者对他在接受暴露与反应阻断疗法的能力的信心。

在第四次咨询中，来访者要求转介给一位他们之前讨论过的擅长暴露与反应阻断疗法的治疗师，即一位可以清晰沟通并坚定指导来访者按照计划完成治疗的治疗师。治疗师和来访者合作完成了一个改变计划，包括坚持两次咨询间的暴露练习，并在咨询中完成恐惧等级最高的暴露练习。咨询结束时，来访者承诺遵守该计划。

随访时，来访者已经进入并完成了暴露与反应阻断疗法的标准治疗过程（2次导入性咨询和15次暴露练习咨询）、坚持做作业，并进行恐惧等级最高的暴露练习。根据《耶鲁-布朗强迫症严重程度量表》（Y-BOCS; Goodman, Price et al., 1989a; Goodman et al., 1989b），在四次动机式访谈咨询之前和之后，他的强迫症严重程度评分分别为23和22分，即中等严重性。暴露与反应阻断疗法治疗后，他的强迫症症状明显减轻，不超过轻度（《耶鲁-布朗强迫症严重程度量表》得分=8）。

### 暴露与反应阻断疗法+动机式访谈

在最初评估中，来访者A在两个方面表现出严重的强迫症状（《耶鲁-布朗强迫症严重程度量表》得分=30）：污染和伤害。她的污染恐惧很普遍，有大量的清洗仪式。她也害怕她或她的家人受到伤害，而这些恐惧涉及魔法思维（例如，表达坏念头会伤害她的家人）。因此，她最初不允许做咨询记录。仪式包括重复咒语。

在导入性咨询期间，通过治疗师的唤起性问题和共情反映，来访者表达了明确的改变理由和承诺进行污染暴露练习。但是，她很不愿意进行伤害暴露练习。在标准暴露与反应阻断疗法中，治疗师可能会尝试使用心理教育让来访者相信伤害暴露练习的必要性，并要求来访者承诺尝试。相反，一旦出现对暴露的不情愿，而且在以与动机式访谈一致（引导-提供-引导）的方式提供共情反映和信息的情况下仍然无法解决，治疗师会转移注意力，支持来访者对进行的暴露练习焦点的个人选择和控制。在咨询临近尾声时，来访者同意参与污染暴露练习，以及在治疗取得进展时重新评估参与伤害暴露练习的可能性。

在暴露咨询期间，来访者在她的污染暴露等级上取得迅速进展，

超越了最高等级的恐惧，并在中期治疗时就可以进行以前难以想象的
暴露（例如，将"污染"的物品带入她母亲的公寓）。然而，来访者
仍然拒绝接受测试她有关伤害的魔法思维的暴露练习。在治疗到一半
的关键时刻，当治疗师提出这样的暴露练习时，她表达了愤怒。在标
准暴露与反应阻断疗法中，治疗师可能会提供更多的心理教育，鼓励
来访者勇敢面对，并强调回避暴露练习可能会破坏治疗效果。与此相
反，治疗师转向动机式访谈模块，包括与来访者站在同一战线（"冒
这个风险看起来太危险"），向前看（"如果你的恐惧和关于伤害的
仪式不改变，你的生活会是什么样子？"）以及讨论过去的成功和优
势以增加信心（"现在看起来这是不可能的，当你做了似乎不可能的
事情的时候，告诉我"）。治疗师一方面讨论来访者的价值观即她非
常重视家人的幸福，另一方面让她意识到她的强迫症症状只会给他的
家人带来"焦虑和痛苦"而不是保护他们的安全，通过这种方式，治
疗师让来访者意识到她的价值观和现实之间的不一致。在这次谈话
后，来访者重新承诺参与暴露与反应阻断疗法，之后还帮助治疗师构
建测试魔法思维的暴露练习并允许记录咨询内容。在暴露与反应阻断
疗法+动机式访谈治疗后，她的症状变得非常轻微（《耶鲁-布朗强迫
症严重程度量表》得分=5）。

　　来访者B也有严重的强迫症（《耶鲁-布朗强迫症严重程度量表》
得分=29）。她的侵入性思维每时每刻都在告诉她事情要做到完美无
瑕，而且每天为保证准确性而进行的强迫性行为持续好几个小时（例
如，组织和安排、回顾决策和对话、反复阅读和书写）。尽管她最近
一年每周接受一次认知行为疗法，但拒绝参加暴露练习或阻断仪式。

　　在导入性咨询期间，来访者表达了对治疗的极大不确定感，在对
强迫症的愤怒（"我别无选择——我必须与之抗争！"）与害怕"失
去"强迫症（"这是唯一让我成为好人的东西"）之间摇摆不定。同

样，她在接受和拒绝暴露与反应阻断疗法之间也摇摆不定，她对停止仪式化行为没有信心。在标准暴露与反应阻断疗法中，这位来访者可能会接受大量的心理教育并被试图说服。相反，在引出她所知道的信息之后，治疗师使用动机式访谈风格给予来访者有关暴露与反应阻断疗法的关键信息，结果提供的教学指导比通常要少得多。治疗师并没有试图直接说服她开始暴露练习，而是专注于帮助来访者接纳并探索她对改变和暴露与反应阻断疗法的矛盾心理，并采用了放大的反映技巧（"你现在完全被做这个不可能的事情的想法吓到了"；"没有强迫症，你会变成一个完全不道德的人"）和双面反映技巧（"在某些方面，你的仪式感觉像是一件好事，但同时它们也在阻止你过上想要的生活"）。在探索矛盾心理时，治疗师试图对其进行常态化并支持来访者的自主权，同时让她发现现在的生活和她的价值观之间的差异（从而增强改变的重要性），以及唤起改变话语而不引起不和谐（让来访者说服自己进行改变）。

考虑到来访者的强烈矛盾心理，还不清楚她是否会接受暴露与反应阻断治疗，但在第三次导入性咨询中她同意进行尝试。然而，在第四次咨询中，她拒绝参与已经计划好的暴露练习。治疗师通过重新评估来访者对通过暴露与反应阻断疗法进行改变的归因的重要性和信心来做出回应，同时强调她的个人选择和控制。关键时刻来临，治疗师努力帮助来访者增强自信，问到她是否曾经做过一些她认为不可能的事情。来访者生动地回忆起她最初对坐过山车的恐惧，以及一旦她做到了，恐惧感就变成了兴奋感；治疗师随后表达了这样的想法，即暴露与反应阻断疗法就像坐过山车一样，是一个需要战胜恐惧心理的挑战。在剩下的治疗过程中，每当来访者对自己能否承受暴露的信心产生动摇时，治疗师就提及过山车的比喻。

虽然接下来的几次暴露练习进展顺利，但来访者的信心持续波动，需要在每个咨询中引入动机式访谈模块。治疗师采取的策略包括探讨改变的利弊和通过唤起来访者先前表现出力量和决心的情境来提升其自我效能感。来访者参与越来越困难的暴露练习，但她在阻断一些仪式行为上有困难。作为回应，治疗师对来访者表达的从仪式化行为中获得的解脱感进行了放大反映（"它们让你感觉非常好"），变相地同意她对被仪式控制的描述（"你感觉自己完全被仪式带来的解脱感控制住了"），并再定义手头的任务（"你不确定能否消除仪式行为，但你觉得你可以并且需要尝试"）。治疗结束时，来访者得到了很大的改善（《耶鲁-布朗强迫症严重程度量表》得分=16）。尽管她并没有消除所有的仪式行为，但她表达了参与和完成治疗的成就感。

# 关于使用动机式访谈改善强迫症治疗的 一些未被解答的问题

### 强迫症的性质是否会制约动机式访谈产生效用？

值得考虑的一个问题是，强迫症的性质是否会制约动机式访谈产生效用。米勒和罗尔尼克（2013）指出，除非来访者无比信赖他目前参与的治疗，否则动机式访谈就没有成功的基础。动机式访谈工作的方式是帮助来访者挖掘其最重要的价值观和目标、认识他们目前的行为如何阻止他们实现这些价值观和目标，并了解他们如何实现改变。然而，一些强迫症患者对他们症状的无意义缺乏清醒的认识，甚至在某些时候真的相信他们的想法和行为能够导致或预防可怕事件的发生。因此，他们认为，继续回避恐惧情境或进行仪式化行为是合理的，因为他们可能更注重保护自己而不是他们在乎的东西。在《精神障碍诊断与统计手册》（第四版）现场试验（Foa & Kozak, 1995）中，只有13%的强迫症患者确信他们害怕的后果不会发生；27%的人认为大多数不会发生；30%的人不确定会不会发生；但26%的人认为大多数会发生，还有4%的人确信完全会发生。另一个复杂因素是来访者的洞察力会随着时间和情境的不同而不同，例如，有些患者有时可以在治疗师的办公室里看到他们的症状是没有意义的，但在面对强迫症刺激物时却忘记了这一观点。对于这种缺乏现实测试的来访者，动机式访谈能有多大效果仍是一个未知数。

另一个问题涉及强迫症的发病年龄。一半强迫症的病例是从19岁开始的，有25%是从14岁开始的（Kessler et al., 2005）。因此，许多有强迫症的成年人不记得他们没有强迫症时候的情况，他们的强迫症不仅融入他们的日常生活中，而且还嵌入他们的自我意识中。当这些来访者犹豫是否要改变他们的生活以减少强迫症症状时，尚不清楚是把这种情况概念化为矛盾心理好（因此更容易接受动机式访谈等干预），还是概念化为中断发展好（需要干预来改善缺失的发展过程的影响）。

最后，我们的临床经验表明，对主要问题是对称性和精确性焦虑、不得不把事情做到感觉"恰到好处"的强迫症患者，对典型的动机式访谈策略（例如，开放式问题、反映、以引导-提供-引导风格提供信息）并不是总能做出好的反应。一些来访者并没有体验到治疗师的共情，而是发现治疗师的动机式访谈风格最多是含糊不清，最糟糕的情况下则会令人恼火，这样的来访者似乎更喜欢更具指导性的、由治疗师驱动的标准暴露与反应阻断疗法。

## 应该使用哪种模型来强化强迫症患者的治疗效果？

### 加法模型

使用动机式访谈来改善长程或更密集治疗的依从性和结果的最常

见形式是"加法"模型，即在主要疗法之外单独提供一次或多次动机式访谈，通常是作为预处理。通常，实施主要疗法的治疗师并非动机式访谈治疗师，他们的疗法与动机式访谈的理念和实践几乎没有共同之处。一项元分析发现，与其他形式相比，当将动机式访谈加入另一种治疗中时，动机式访谈的效果在 1 年后的随访中仍保持不变（Hettema et al., 2005）。

动机式访谈咨询通常会作为预处理添加到主要疗法。韦斯特拉及其同事的研究（Aviram & Westra, 2011; Westra, Arkowitz, & Dozois, 2009; Westra & Dozois, 2006）提供的证据表明，将动机式访谈作为认知行为疗法治疗焦虑症的预处理可以增强治疗的依从性和效果（参见 Westra & Aviram 在本书第四章的详细内容）。如前所述，在相关专家（Maltby & Tolin, 2005; Meyer et al., 2010）的初步研究中，预处理模型在强迫症治疗中可以提高治疗依从性和效果，但由于这些研究人员将动机式访谈与其他方法混合在一起，所以很难对动机式访谈在治疗中的作用得出有意义的结论。我们在"动机式访谈-困住"的研究中使用预处理模型的结果不尽相同，主要症状是囤积的来访者没有改变或参与治疗，而有经典强迫症症状的来访者似乎从中获益了。

预处理模式的明显优势在于，动机式访谈有更大的可能以相对"纯粹"的形式提供给来访者。将与动机式访谈一致的和不一致的疗法混合使用是无效的（Miller & Mount, 2001），这样的证据支持了避免将其他临床实践与动机式访谈混合使用，特别是像暴露与反应阻断疗法这样的具有结构化和指导性的治疗。动机式访谈专职治疗师更愿意接受培训、辅导和督导，以确保动机式访谈行在正轨，在对自己的表现接受客观和支持性反馈的情况下，治疗师也会从显而易见的实践效果中获益。另一方面，来访者不愿遵守治疗程序的情况可能会在治疗过程中的任何时候出现，因此预处理模式可以让那些有矛盾心理、对治疗承诺摇摆不定的来访者更加坚定地相信这种治疗模式。这在暴露与反应阻断疗法中尤其突出，因为随着来访者接近最高暴露等级，他们对参与治疗的厌恶度也会增加，然后随着症状减轻和强迫症引起的功能性障碍减少而再次减少。

一种替代方法是在主要疗法之前和期间都添加动机式访谈咨询。例如，韦斯特及其同事（West et al.,2007）发现，在为期18个月的团体行为体重控制治疗的头12个月添加5次个人动机式访谈咨询，可以改善患有2型糖尿病的超重女性的治疗依从性和治疗效果，相比于以相同的间隔提供五次个人健康教育咨询。墨勒及其同事（Merlo et al.,2010）在儿童和青少年强迫症的探索性研究中采用了类似的方法，将个人动机式访谈咨询添加到作为主要干预方法的认知行为疗法中。这种方法可以保持加法模型的优点，同时确保所有来访者在暴露练习期间可以接受动机式访谈咨询。如果针对同一个来访者的动机式访谈和认知行为疗法是由不同的治疗师提供的，那么加法模型在真实世界的适用性就不确定，尤其是主要疗法是以个体咨询的形式进行的。然而，培训治疗师严格遵循动机式访谈的原则，并公开透明地告诉来访者治疗师风格变化的原因，可以减少来访者因此而产生的困惑。

整合模型

加法模型的主要替代方案是将动机式访谈整合到主要疗法中。在这个模型中，动机式访谈在治疗期间与主要疗法一起提供，治疗师必须同时接受动机式访谈和主要疗法的培训。

动机式访谈整合进主要疗法的程度可能各不相同。一种方法是以简短的动机式访谈开始导入性咨询，旨在提升来访者的改变动机和治疗依从性。有学者（Nock & Kazdin，2005）让临床治疗师针对有行为问题的儿童开展了8次行为父母管理培训（PMT），并让他们在第一次、第五次和第七次咨询中加入5～15分钟的动机式访谈，探索面临的障碍及其解决方案，旨在提高父母参加治疗咨询的次数和坚持参与咨询间活动。与接受标准父母管理培训的父母相比，那些接受"动机增强干预"的父母在父母动机指数上得分更高，参加治疗的次数更多并且更全面地遵守治疗程序（未报告治疗效果）。

整合度更高的方法是我们在"暴露与反应阻断疗法＋动机式访谈"研究中采用的方法：在最初咨询期间，将动机式访谈与主要疗法的准备任务融合，然后当出现治疗依从性问题时，治疗师可根据需要在主要治疗期间使用动机式访谈。

虽然整合模型具有在真实世界的适用性（单一治疗师提供治疗）以及在整个治疗过程中增强改变动机和依从性的优点，但正如我们所做的，将动机式访谈整合到标准暴露与反应阻断疗法中也存在重要缺点。在我们的方案中，如果来访者在咨询中变得不愿意坚持或者在咨询过程中依从性出现波动，治疗师必须随机而动地反复使用动机式访谈和暴露与反应阻断疗法。我们发现，虽然不依从的迹象有时是明确的（例如，来访者表示希望退出治疗），但在许多情况下，这些迹象更加微妙（例如，部分遵守咨询间练习），并且在每一次咨询中表现得都不一样。和这样的来访者工作，治疗师必须在每次咨询中判断是否有必要使用动机式访谈，除非有明显的迹象，否则治疗师倾向于不切换到动机式访谈，而是依靠熟悉的认知行为疗法策略。对于熟练的暴露与反应阻断疗法治疗师，这种做法是预期内的，但对动机式访谈而言，这是相对陌生的做法；此外，我们的方案明确指出，如果标准认知行为疗法无效，动机式访谈模块才会被用于暴露练习中。值得注意的是，使用动机性访谈真实性编码系统全局编码（MITI 3.0; Moyers, Martin, Manuel, Miller, & Ernst, 2005）进行的干预效果测评的结果表明，在暴露练习期间可以进行动机式访谈的时机很少。

有更多动机式访谈经验的治疗师可能更容易从暴露与反应阻断疗法转换为动机式访谈，对动机式访谈的保真度也更高，但对像暴露与反应阻断疗法这种强大和有效的疗法的忠诚度可能很强，而且对两种截然不同的疗法有平等忠诚度似乎是不太可能的。因此，动机式访谈可能会被弱化从而无效。如果实施这一整合方案需要同时具备两种治疗方法的专业知识，那么这一模型在常规治疗环境中的适用性可能会大打折扣。

那么，采用一种更综合的方法，以更符合动机式访谈理念的方式实施暴露练习和仪式行为阻断疗法，并将动机式访谈元素完全整合到咨询中，会是什么情况呢？这种方法可能会增加动机式访谈在治疗中的质量和数量。这种做法不仅可以应对接受治疗时的矛盾心理，还可以应对咨询期间练习时的矛盾心理，如进行暴露练习及其他练习时。在这种方法中，临床治疗师会引导客户思考完成个人暴露练习可能会让他们感到怎样，或者在克服强迫症方面取得进展对他们意味着什么。同理，也可以更有策略性地利用暴露练习的成功来唤起来访者的改变话语，建立来访者对继续治疗和克服强迫症的承诺和信心。

这种方法的风险与前面讨论的方法相似，即将暴露与反应阻断疗法和动机式访谈结合使用，可能削弱暴露与反应阻断疗法的有效性。动机式访谈的熟练实践要求治疗师采取平等和共情表达的立场，而暴露与反应阻断疗法的熟练实践要求治疗师利用权威指导来访者完成复杂而严格的治疗程序，以减轻强迫症症状。因此，如果将动机式访谈整合到暴露与反应阻断疗法中，可能会削弱而不是加强它的效果。这种风险可能使治疗师在强迫症治疗中更偏好使用加法模型。许多得到正向结果的研究是在实施其他治疗前将动机式访谈作为一种辅助性的预处理方法（例如，传统的住院康复），这种方式的风格和程序同样和动机式访谈大相径庭。

# 总　结

## 未来研究的考虑

动机式访谈应被视为一种有前途但仍未被证明有效的方法，可以增强强迫症患者参与暴露与反应阻断疗法的热情以及这种疗法的治疗效果。考虑到强迫症的某些特征，不仅需要更多的研究来确定动机式访谈和认知行为疗法某种结合方式在改善结果方面是否优于其他方式，而且还需要确定动机式访谈在这些来访者群体中有效的程度。

解决这些问题需要可靠和有效的措施来评估动机式访谈（以及其他干预措施）对治疗依从性的影响。一个简短的治疗师评估量表（Simpson, Maher et al., 2010）已经证明在评估对暴露与反应阻断疗法咨询间作业的依从性方面具有良好的信度和预测效度。

依从性也可以通过治疗进入率来衡量。然而，成功的动机式访谈干预不仅是指它可以增加强迫症患者进入治疗的可能性，而且是指它可以让那些很难依从治疗程序的人决定不进入治疗。当来访者仅仅部分地坚持强迫症的暴露与反应阻断疗法时，治疗往往是无效的。那些并非全心全意参与治疗的来访者，即使改变动机很高，也会面临士气低落和不愿意继续接受治疗的风险。因此，当动机式访谈被用作治疗的预处理时，对动机式访谈有效性最准确的度量标准可能不是开始治疗，而是来访者完成动机式访谈后要么愿意全心全意地接受治疗，要么决定不参与治疗直到对坚持治疗做好准备。

理论上，动机式访谈应该对那些对治疗产生矛盾心理的人最有用，它可以帮助他们解决这种矛盾心理并对改变做更充分的准备。然而，测试这个假设需要有效和可靠地测量这些概念。我们发现，与针对一般变化准备度不同，针对参与暴露与反应阻断疗法组成部分的准备度的"准备度量尺"可以预测依从性，进而预测治疗效果（Maher et al., 2012; Simpson et al., 2012）。

目前，还不清楚培训那些对强迫症的标准暴露与反应阻断疗法富有经验的治疗师在整合方案中提供动机式访谈的可行性。熟练使用动机式访谈需要细致的培训，对那些接受过高度结构化治疗培训的临床治疗师来说更是如此（Cook, Schnurr, Biyanova, & Coyne, 2009）。因此，可能为来访者带来的好处是否值得暴露与反应阻断疗法治疗师为学习和使用动机式访谈而花费时间和精力，这一点仍未能确定。

### 临床观察

根据我们的经验，动机式访谈有助于澄清两个截然不同但相关的决策冲突，这些冲突可能引发来访者对治疗的矛盾心理。第一个冲突是，对来访者来说，改变强迫症状带来的好处是否超过了维持现状所能获得的好处。针对这一点，引导来访者思考强迫症行为所反映的价值观（例如，物品安全和反对浪费或对他人幸福的关注），并将这些价值观与强迫症行为减少时所展现的价值观进行对比（例如，亲密关系的改善、对自身命运的掌控、相信世界是友善的），似乎特别有用。认识到放弃强迫症行为不仅不与自己所珍视的价值观相悖，还能让自己在生活中践行这些价值观，这似乎会增强他们改变的愿望。

我们观察到的第二个冲突主要集中在治疗本身带来的不良反应（即暴露与反应阻断疗法所固有的强烈焦虑、药物治疗中固有的副作用）能否被清除症状后的潜在缓解所抵消。处理这一冲突的关键之处似乎是治疗师能够共情来访者的恐惧，同时唤起和肯定他们的优势，尤其是他们面对巨大困难时的勇气，以及无论多么困难他们都愿意坚持不懈。为来访者提供一个非评判断空间，让他们能在自言自语中思考改变的可能途径似乎也能发挥重要作用。对那些在动机式访谈治疗后更全身心地寻求或参与强迫症循证心理治疗的来访者来说，他们似乎已经接受了当前治疗选择的真实情况和局限性，愿意并有能力承诺用短期痛苦换取长期收益，因为他们充分认识到改变是如此重要。

　　动机式访谈在提升来访者对各类问题的治疗承诺上卓有成效。鉴于强迫症造成的痛苦和功能受损，以及循证疗法并未提供给更多可能受益者，我们和其他人已开始探索如何利用动机式访谈促使强迫症患者参与治疗，并提高其参与治疗后的依从性。强迫症的本质和常规治疗本身的特征似乎对使用动机式访谈造成了特殊的挑战。将动机式访谈添加或融合到这些治疗中的价值究竟如何，在我们对这一问题做出任何肯定结论之前，显然还需要更多研究。尽管如此，我们的初期探索足以鼓励我们继续努力研究这一问题。

# 参考文献

Abramowitz, J. S., Franklin, M. E., Zoellner, L. A., & DiBernardo, C. L. (2002). Treatment compliance and outcome in obsessive–compulsive disorder. *Behavior Modification*, 26 (4), 447-463.

Aviram, A., & Westra, H. A. (2011). The impact of motivational interviewing on resistance in cognitive behavioural therapy for generalized anxiety disorder. *Psychotherapy Research*, 21, 698–708.

Chamberlain, P., Patterson, G., Reid, J., Kavanagh, K., & Forgatch, M. (1984). Observation of client resistance. *Behavior Therapy*, 15, 144-155.

Connors, G. J., Walitzer, K. S., & Dermen, K. H. (2002). Preparing clients for alcoholism treatment: Effects on treatment participation and outcomes. *Journal of Consulting and Clinical Psychology*, 70 (5), 1161-1169.

Cook, J. M. Schnurr, P. P., Biyanova, T., & Coyne, J. C. (2009). Apples don't fall far from the tree: Influences on psychotherapists' adoption and sustained use of new therapies. *Psychiatric Services*, 60, 671-676.

Foa, E. B., Grayson, J. B., Steketee, G. S., Doppelt, H. G., Turner, R. M., & Latimer, P. R. (1983). Success and failure in the behavioral treatment of obsessive-compulsives. *Journal of Consulting and Clinical Psychology*, 51(2), 287-297.

Foa, E. B., & Kozak, M. J. (1995). DSM-IV field trial: Obsessive-compulsive disorder. *American Journal of Psychiatry*, 152, 90-96.

Foa, E. B., Liebowitz, M. R., Kozak, M. J., Davies, S., Campeas, R., Franklin, M. E., et al. (2005). Randomized, placebo-controlled trial of exposure and ritual prevention, clomipramine, and their combination in the treatment of obsessive-compulsive disorder. *American Journal of Psychiatry*, 162, 151-161.

Goodman, W. K., Price, L. H., Rasmussen, S. A., Mazure, C., Delgado, P., Henninger, G. R., et al. (1989). The Yale-Brown Obsessive Compulsive Scale: II. Validity. *Archives of General Psychiatry*, 46, 1012-1016.

Goodman, W. K., Price, L. H., Rasmussen, S. A., Mazure, C., Fleischmann, R. L., Hill, C. L., et al. (1989). The Yale-Brown Obsessive Compulsive Scale: I. Development, use, and reliability. *Archives of General Psychiatry*, 46, 1006-1011.

Grote, N. K., Zuckoff, A., Swartz, H. A., Bledsoe, S. E., & Geibel, S. (2007). Engaging women who are depressed and economically disadvantaged in mental health treatment. *Social Work*, 52, 295-308.

Habib, S., Morrissey, S., & Helmes, E. (2005). Preparing for pain management: A pilot study to enhance engagement. *Journal of Pain*, 6(1), 48-54.

Hettema, J., Steele, J., & Miller, W. R. (2005). Motivational interviewing. *Annual Review of Clinical Psychology*, 1, 91-111.

Inciardi, J. A., Surratt, H. L., Pechansky, F., Kessler, F., Von Dimen, L., Meyer da Silva, E., et al. (2006). Changing patterns of cocaine use and HIV risks in the south of Brazil. *Journal of Psychoactive Drugs*, 38, 305-310.

Kessler, R. C., Berglund, P., Demler, O., Jin, R., Merikangas, K. R., &

Walters, E. E. (2005). Lifetime prevalence and age-of-onset distributions of DSMIV disorders in the National Comorbidity Survey Replication. *Archives of General Psychiatry*, 62, 593-602.

Koran, L. M., Henna, G. L., Hollander, E., Nestadt, G., & Simpson, H. B. (2007). Practice guideline for the treatment of patients with obsessive-compulsive disorder. *American Journal of Psychiatry*, 164 (Suppl. 7), 5-53.

Kozak, M. J., & Foa, E. B. (1997). *Mastery of obsessive–compulsive disorder: A cognitive–behavioral approach.* San Antonio, TX: Psychological Corp.

Leukefeld, C., Brown, C., Clark, J., Godlaski, T., & Hays, R. (2000). *Behavioral therapy for rural substance abusers.* Lexington: University of Kentucky Press.

Leukefeld, C. G., Pechansky, F., Martin, S. S., Surratt, H. L., Inciardi, J. A., Kessler, F. H. P., et al. (2005). Tailoring an HIV-prevention intervention for cocaine injectors and crack users in Porto Alegre, Brazil. *AIDS Care*, 17, 77-87.

Lewis-Fernandez, R., Balan, I. C., Patel, S. R., Sanchez-Lacay, J. A., Alfonso, C., Gorritz, M., et al. (2013). Impact of motivational pharmacotherapy on treatment retention among depressed Latinos. *Psychiatry*, 76, 210-222.

Lundahl, B. W., Kunz, C., Brownell, C., Tollefson, D., & Burke, B. L. (2010). A meta-analysis of motivational interviewing: Twenty-five years of empirical studies. *Research on Social Work Practice*, 20(2), 137-160.

Maher, M. J., Wang, Y., Zuckoff, A., Wall, M. W., Franklin, M., Foa, E. B., et al. (2012). Predictors of patient adherence to cognitive behavioral therapy for obsessive-compulsive disorder. *Psychotherapy and Psychosomatics*, 81, 124-126.

Maltby, N., & Tolin, D. F. (2005). A brief motivational intervention for treatment-refusing OCD patients. *Cognitive Behavioral Therapy*, 34 (3), 176-184.

Merlo, L. J., Storch, E. A., Lehmkuhl, H. D., Jacob, M. L., Murphy, T. K., Goodman, W. K., et al. (2010). Cognitive behavioral therapy plus motivational interviewing improves outcome for pediatric obsessive-compulsive disorder: A preliminary study. *Cognitive Behavioral Therapy*, 39, 24-27.

Meyer, E., Souza, F., Heldt, E., Knapp, P., Cordioli, A., Shavitt, R. G., et al. (2010). A randomized clinical trial to examine enhancing cognitive-behavioral group therapy for obsessive-compulsive disorder with motivational interviewing and thought mapping. *Behavioural and Cognitive Psychotherapy*, 38, 319-336.

Miller, W. R., & Mount, K. A. (2001). A small study of training in motivational interviewing: Does one workshop change clinician and client behavior? *Behavioural and Cognitive Psychotherapy*, 29, 457-471.

Miller, W. R., & Rollnick, S. (2002). *Motivational interviewing: Preparing people for change* (2nd ed.). New York: Guilford Press.

Miller, W. R., & Rollnick, S. (2013). *Motivational interviewing: Helping people change* (3rd ed.). New York: Guilford Press.

Moyers, T., Martin, T., Manuel, J. K., Miller, W. R., & Ernst, D. (2005). *Motivational Interviewing Treatment Integrity 3.0: Increasing participation in parent management training*. Available at *http://casaa. unm.edu/download/miti3.pdf*.

Nock, M. K., & Kazdin, A. E. (2005). Randomized controlled trial of a brief intervention for increasing participation in parent management training. *Journal of Consulting and Clinical Psychology*, 73, 872-879.

Prochaska, J. O., & DiClemente, C. C. (1984). *The transtheoretical approach: Crossing traditional boundaries of therapy*. Homewood, IL: Dow-Jones/Irwin.

Simpson, H. B., Foa, E. B., Liebowitz, M. R., Huppert, J. D., Cahill, S., Maher, M. J., (2013). Cognitive-behavioral therapy vs risperidone for augmenting serotonin reuptake inhibitors in obsessive-compulsive disorder: A randomized clinical trial. *JAMA Psychiatry*, 70, 1190-1199.

Simpson, H. B., Foa, E. B., Liebowitz, M. R., Ledley, D. R., Huppert, J. D., Cahill, S., et al. (2008). A randomized, controlled trial of cognitive-behavioral therapy for augmenting pharmacotherapy in obsessive-compulsive disorder. *American Journal of Psychiatry*, *165*, 621-630.

Simpson, H. B., Huppert, J. D., Petkova, E., Foa, E. B., & Liebowitz, M. R. (2006). Response versus remission in obsessive-compulsive disorder. *Journal of Clinical Psychiatry*, 67(2), 269-276.

Simpson, H. B., Maher, M., Page, J. R., Gibbons, C. J., Franklin, M. E., & Foa, E. B. (2010). Development of a patient adherence scale for exposure and response prevention therapy. *Behavior Therapy*, 41, 30-37.

Simpson, H. B., Maher, M. J., Wang, Y., Bao, Y., Foa, E. B., & Franklin, M. (2011). Patient adherence predicts outcome from cognitive behavioral therapy in obsessive-compulsive disorder. *Journal of Consulting and Clinical Psychology*, 79, 247-252.

Simpson, H. B., Marcus, S. M., Zuckoff, A., Franklin, M., & Foa, E. B. (2012). Patient adherence to cognitive-behavioral therapy predicts long-term outcome in obsessive-compulsive disorder. *Journal of Clinical Psychiatry*, 73, 1265-1266.

Simpson, H. B., & Zuckoff, A. (2011). Using motivational interviewing to enhance treatment outcome in people with obsessive-compulsive disorder. *Cognitive and Behavioral Practice*, 18, 28-37.

Simpson, H. B., Zuckoff, A., Maher, M. J., Page, J., Franklin, M., Foa, F. B., et al. (2010). Challenges using motivational interviewing as an adjunct to exposure therapy for obsessive-compulsive disorder. *Behavior Research and Therapy*, 48, 941-948.

Simpson, H. B., Zuckoff, A., Page, J., Franklin, M. E., & Foa, E. B. (2008). Adding motivational interviewing to exposure and ritual prevention for obsessive-compulsive disorder: An open pilot trial. *Cognitive Behaviour Therapy*, 37, 38-49.

Sookman, D., & Steketee, G. (2007). Directions in specialized cognitive behavior therapy for resistant obsessive-compulsive disorder: Theory and practice of two approaches. *Cognitive and Behavioural Practice*, 14, 1-17.

Swartz, H. A., Frank, E., Zuckoff, A., Cyranowski, J. M., Houck, P. R., Cheng, Y., et al. (2008). Brief interpersonal psychotherapy for depressed mothers whose children are receiving psychiatric treatment. *American Journal of Psychiatry*, 165, 1155-1162.

West, D. S., DiLillo, V., Bursac, Z., Gore, S. A., & Greene, P. G. (2007). Motivational interviewing improves weight loss in women with type 2 diabetes. *Diabetes Care*, 30(5), 1081-1087.

Westra, H. A., Arkowitz, H., & Dozois, D. J. A. (2009). Adding a motivational interviewing pretreatment to cognitive behavioral therapy for generalized anxiety disorder: A preliminary randomized controlled trial. *Journal of Anxiety Disorders*, 23, 1106-1117.

Westra, H. A., & Dozois, D. J. A. (2006). Preparing clients for cognitive behavioral therapy: A randomized pilot study of motivational interviewing for anxiety. *Cognitive Therapy Research*, 30, 481-498

Zuckoff, A., & Daley, D.C. (2001). Engagement and adherence issues in treating persons with nonpsychosis dual disorders. *Psychiatric Rehabilitation Skills*, 5, 131-162.

Zuckoff, A., & Hettema, J. E. (2007, November). Motivational interviewing to enhance engagement and adherence to treatment: A conceptual and empirical review. In H. B. Simpson (Chair), *Using motivational interviewing to enhance CBT adherence*. Paper presented at the 41st annual convention of the Association for Behavioral and Cognitive Therapies, Philadelphia, PA.

Zweben, A., & Zuckoff, A. (2002). Motivational interviewing and treatment adherence. In W. R. Miller & S. Rollnick, *Motivational interviewing: Preparing people for change* (2nd ed., pp. 299-319). 2nd edition. New York: Guilford Press.

# 第四章

# 整合动机式访谈与焦虑治疗

亨尼·A.韦斯特拉

艾迪·阿维拉姆

动机式访谈（Miller & Rollnick, 2002, 2013）最近才被应用于焦虑障碍治疗之中。对于焦虑的常规治疗，如认知行为疗法，通常需要较高的改变动机，因为来访者在恢复过程中需要采取主动措施，比如暴露于引发恐惧的刺激物前。然而，许多人（甚至包括那些已经来到咨询室的人）都对是否改变和如何做出改变存有矛盾心理。鉴于动机式访谈的焦点在于帮助人们克服对改变的矛盾态度，在治疗焦虑时应用动机式访谈，有望补充现有的有效疗法（见 Westra, 2012）。在本章中，我们首先简要讨论焦虑的现有疗法，并介绍一个动机式访谈应用于治疗焦虑障碍的案例。随后，本章将用较大篇幅对这种方法和临床示例进行回顾。最后，我们列出了这项工作在临床中应用时的挑战，并总结了评估动机式访谈在焦虑症治疗中应用价值的研究。

# 常规治疗

目前，各种治疗指南都推荐把认知行为疗法当作治疗焦虑症的首选方法。尽管认知行为疗法通常由多种干预策略组成（如呼吸再训练、自我监测），但暴露于恐惧情境和/或刺激物是一个关键因素。暴露于什么取决于正在接受治疗的焦虑类型，但理论原则都是一样的，即通过面对引发焦虑的刺激物，恐惧会消失，人们可能会发展出新的应对技能，出现适应性的认知改变。具体而言，随着与个人灾难化信念不符的新证据逐渐积累，与威胁相关的认知会发生改变，从而为新的学习提供了机会。认知行为疗法对各种焦虑障碍的疗效已得到充分证实。例如，在最近一项包含269项荟萃分析的综述考察了认知行为疗法对各类问题的疗效，认知行为疗法对焦虑障碍这类心理健康困扰疗效的支持证据一致且强有力（Hofmann, Asnaani, Vonk, Sawyer, & Fang, 2012）。

# 在焦虑中使用动机式访谈的合理性

尽管针对焦虑开发了有效的治疗方法，但来访者对改变的阻抗以及不遵守推荐的治疗程序严重限制了他们从这些治疗中获益（e.g., Antony, Ledley & Heimberg, 2005）。不完成家庭作业和来访者参与度较低是认知行为疗法治疗师公认的问题（e.g., Helbig & Fehm, 2004; Sanderson & Bruce, 2007）。例如，在一项对治疗师开展惊恐障碍循证心理治疗时所遇到的阻碍进行的调查中，61%的治疗师报告来访者不愿意参与治疗，67%的治疗师认为来访者的动机在治疗开始时是极低的（APA, 2010）。同样，最近一项有关广泛性焦虑障碍认知行为疗法的治疗师临床经验的调查显示，大多数受访者认为来访者对指导性治疗的阻抗阻碍了治疗效果的实现（Szkodny, Newman & Goldfried, 2014）。此外，一致且强有力的证据表明，心理治疗的有效性与更少的阻抗相关（e.g., Beutler, Harwood, Michelson, Song & Holman,

2011）。的确，虽然来访者的阻抗要比合作少得多，但即使是早在第一次咨询时出现的阻抗，也能在很大程度上预测随后认知行为疗法中参与度的降低（例如，咨询中的任务参与，Jungbluth & Shirk, 2009；家庭作业完成情况，Aviram & Westra, 2011）以及较差的治疗结果（Westra, 2011）。而重要的是，来访者在接受应对焦虑的认知行为疗法之前接受动机式访谈，可以显著降低认知行为疗法中的阻抗（Aviram & Westra, 2011）。

许多被认为是心理治疗中的阻抗或不遵守约定的情况可能反映了来访者对改变的矛盾心理（Engle & Arkowitz, 2006）。仅举一个例子，尽管广泛性焦虑障碍来访者将其担忧视为问题，但他们也对担忧持有积极的信念（例如，担忧是动力），因此对放弃担忧感到矛盾（Borkovec & Roemer, 1995）。此外，最近的研究表明，治疗师对来访者矛盾心理的反应方式可能对治疗结果至关重要。总的来说，在有阻抗的情况下，治疗师会使用更多的支持策略，而使用指导性策略则是禁忌（Beutler et al., 2011）。实际上，对治疗中人际过程的研究强调，当来访者对治疗或治疗师有所顾忌时，治疗师固执地使用认知行为疗法技术、坚持指导性是具有破坏力的（Aspland, Llewelyn, Hardy, Barkham, & Stiles, 2008; Castonguay, Goldfried, Wiser, Raue & Hayes, 1996）。这些发现强调了在支持性和指导性回应之间灵活转换的必要性。因此，动机式访谈和认知行为疗法的组合在治疗焦虑方面颇有前景，其中动机式访谈旨在增强来访者的改变动机和解决其对改变的矛盾心理，而认知行为疗法旨在帮助来访者实现其所期望的改变（Westra, 2012）。

# 临床应用

米勒和罗尔尼克（2013）将动机式访谈定义为一种尤其关注改变

话语的目标导向的协作式沟通风格。它旨在通过在接纳和共情的氛围中引出和探索个人自身的改变理由，来加强个人对特定目标的动机和承诺。实质上，动机式访谈的目标是帮助人们克服矛盾心理促成改变。动机式访谈有四个相互重叠的过程，包括参与、聚焦、唤起和计划。在简要讨论动机式访谈的理念之后，我们将根据四个过程讨论和详细阐述动机式访谈在焦虑障碍治疗中的应用。

# 动机式访谈的“精神”

对动机式访谈的任何讨论都应该从它的基本理念开始。动机式访谈的核心在于它对人性、改变的过程，以及治疗师在促进改变中起到的作用的特殊看法。无论治疗师的行为多么像动机式访谈，只要它不符合动机式访谈的基本理念，都不会被视为动机式访谈（Miller & Rollnick, 2002, 2013）。因此，实施动机式访谈的治疗师有责任了解、培养和培育动机式访谈的理念，并监督任何偏离基本理念的行为。

动机式访谈并不会将来访者看作一个缺少或缺乏专业知识、需要治疗师提供这方面知识的人。相反，它认为来访者已经拥有解决矛盾心理和做出改变所需的一切。使用动机式访谈的治疗师相信这一基本理念，因此，他们会识别和调动来访者的内在资源来促进行为改变。由于动机被认为来自内部，从来不会从外部获取，动机式访谈治疗师始终向来访者传达这样的信息：“我没有你需要的东西，但你有。我会帮你找到它。”因此，动机式访谈的治疗师是来访者的向导或顾问（Miller & Rollnick, 2002, 2013）。

这一基本理念的要素包括伙伴关系、接纳（包括共情）、同情心和唤起（Miller & Rollnick, 2013）。心理治疗师致力于创造一个安全的氛围，使来访者能够有效地解决矛盾心理并调动决心和资源来促成改变。从这个意义上说，治疗师不是问题内容或解决方案的专家（因为这是来访者的领域）；相反，治疗师是过程的专家（Westra, 2012）。

动机式访谈治疗师总是致力于与来访者和睦相处。他们避免强迫、论证、劝说和对抗。后一种互动风格的出现源于将治疗师看作专家的理念，存在引起来访者阻抗和对立的风险。重要的是，动机式访谈不是强制性的或"策略性的"。心理治疗师认识到，选择始终掌握在个人手中，他人永远不能指定。当出现冲突时，动机式访谈治疗师会避免对来访者产生贬低的认识，认为是他们毫无动机、阻抗的或难以处理的。他们试图通过反映、处理和理解来访者的对立，来再定义这种对立。

正如韦斯特拉（Westra, 2012）指出的，心理治疗师也将自己——他们的人性——带到咨询中。他们带来了好奇心、同情心、理解力和认可感。他们相信这一过程，相信每个人都有从痛苦中解脱出来，并过上与价值观一致的有意义的和满意的生活的能力。他们保护来访者自我决定和免受强制的权利，并准备好做来访者自我发现旅程和最终行为改变的自信伙伴和向导。

# 参　与

来访者对治疗过程的参与是有效心理治疗的核心组成部分（Orlinsky, Grawe, & Parks, 1994）。无论采用哪种疗法，要取得好的效果，来访者都必须积极参与治疗的过程和任务，积极参与是治疗各个阶段的必要先决条件。因此，来访者脱落应该成为治疗师重点关心的问题。在动机式访谈中，倾听和共情是建立牢固的工作同盟所必备的技能之一。下面我们讨论两个参与的关键要素：解释治疗的合理性和表达共情。

## 解释治疗的合理性

在工作坊中，参与者有时会问，是否应该告诉来访者他们困住了或者动机不足，因此需要动机式访谈。参与者这么问真正想要的回答是解释治疗的合理性。事实上，提升来访者参与度的关键是向他们解释采取的疗法的合理性。当将动机式访谈应用于焦虑障碍时尤其如此，因为动机式访谈的风格更具探索性或对话性，而来访者可能期望治疗师在咨询时作为专家进行更具指导性的互动。因此，治疗师既有责任做好准备解释采取的疗法及其合理性，也有责任积极了解来访者对过程的期望，并根据来访者的偏好采取合适的方法（Constantino, Ametrano & Greenberg, 2012）。

通过和来访者沟通你对矛盾心理重要性和相关性的看法，以及对矛盾心理的探索会成为治疗焦虑的重要组成部分，可能会增加来访者对这种工作方式的接受度。将动机式访谈引入焦虑症治疗时，韦斯特拉（2012）列出了几个可以传达给来访者以增强他们的接受度的要点，包括对改变的矛盾心理是正常和普遍的（"即使人们知道他们不应该担心或回避恐惧情境，他们的另一部分还是会认为担心和回避是必要的"）、改变是困难的（"虽然我们渴望改变，但我们并不渴望改变的过程，而过程通常相当困难"）、动机式访谈提供了探索自我不同部分的重要空间（例如，"你的一部分自我坚持要改变，第二天又试着说服自己不改变"）以及改变不仅包括采取行动，还包括解决冲突的感受，并做好准备迎接改变。

### 表达共情

表达共情包括致力于不带评判或批评地从来访者的角度理解和体验世界，并将刚刚出现和不断发展的理解持续反映回馈给来访者（Rogers, 1951）。这远不止对来访者保持善解人意、友好的态度；更重要的是，这是一个高度积极、复杂且多层次的过程，对帮助有焦虑障碍的来访者理解并克服对改变的矛盾心理至关重要。共情也需要治疗师主动抛开自己的希望、偏见、价值观、议程等，以"体验"来访者和他们对现实的独特感受（Geller&Greenberg, 2002）。

此外，共情式倾听作为促进自我觉察和鼓励自我对抗的工具，可以在完成治疗的关键任务中发挥重要作用。也就是说，共情通过将那些被边缘化和沉默的东西带到中心舞台，可以更充分地理解和解构焦虑的来访者对自己、他人和世界的主导观点。为了实现这一目标，治疗师既要致力于跟上来访者的节奏（例如，只是简单重复或重新表述来访者的话语），也要注意不要太过超前（例如，这会让反映远远超出来访者的当前意识，或者让来访者难以接受），这两种方式都不会促进来访者理解或意识的发展。相反，治疗师致力于捕捉来访者意识之外的隐含意义，但仍然不超出来访者的意识（Sachse & Elliott, 2002）。

虽然共情是提高来访者参与度的关键，但它也可以发挥远超维持积极工作同盟的很多作用。例如，共情式回应有助于来访者在治疗中的自我反思，并承认他们可以了解自己、评估自己的信念和行为、对以最好的方式提高生活质量和做出改变而做出自己的选择（Rogers, 1951）。而且，共情式倾听也促进了自我接纳。也就是说，共情是治疗师能够帮助来访者提升治疗动机的主要工具。以一种接纳和非评判的方式被他人对待的体验可以成为来访者发展更好的自我关注和自我接纳的催化剂。此外，这些体验对焦虑和抑郁来访者尤其重要，他们长期忍受着自我批评和低自尊的痛苦。

### 利用共情处理矛盾心理的临床案例

一位有社交焦虑的年轻女性详细描述了自己处理人际冲突的矛盾心理。她认为自己的方法"不成熟"，指出自己经常长时间闷闷不乐，属于被动攻击型（例如，间接地表示不满，比如砰的一声把门关上，对别人"冷漠不语"）。来访者指出，尽管她知道更好的策略是什么，但她始终无法以更"成熟"的方式驾驭这些情况。

> **治疗师**：你说你对自己"不成熟"的处理方式感到不满。如果你愿意，能否说说你通过对他人长时间表达不满试图得到什么或希望得到什么。
>
> **来访者**：（停顿）我想我希望他们关注我，并让他们知道他们伤害了我。
>
> **治疗师**：所以，这是你沟通非常重要感受的一种方式，你不希望别人忽视或轻视这些感受。这听起来很重要，因为你说过你经常感觉被别人忽略或轻视——很难引起他们的注意。[从以前与来访者的咨询中得到的结论；治疗师正试图再定义冲突中的"负面"行为。]
>
> **来访者**：是的。就像我一遍遍地试图让父母重视我，但我常常觉得我还不如和墙壁说话。
>
> **治疗师**：所以，没有用，而你已经习以为常了。而且你必须开发不一样的方式来引起他们的注意——也就是重视你。如果我的理解没错的话，你已经尝试了"更成熟"的方法，可能不止一次，但没有奏效。
>
> **来访者**：一点没错。理性和道理在他们身上不起作用。
>
> **治疗师**：所以，在理想的世界里，这样做可能并不完美，你也不喜欢自己做事的一些方式，但它奏效了！这至少比直接放弃强多了。
>
> **来访者**：是的。但是他们为什么就不能听听道理呢？我为什么必须这样做？
>
> **治疗师**：你似乎对自己必须让另一部分的你（成熟的自我）以你不喜欢的方式行动的情况感到沮丧。我很好奇。当你这样对待父母时会发生什么？

**来访者**：嗯，我爸爸大多数时候会无视我，偶尔才过来看我。比如我生气时，我通常会说"我不想吃晚饭"——这对糖尿病患者来说不是小事。然后，他就不再无视我，来到我的房间。然后，他会非常温柔和关心地让我冷静下来。然后我通常会发泄更多愤怒。

**治疗师**：当他来到你身边，很关心你时你是什么感觉？

**来访者**：我感觉很好。他会和我说话，会注意到我［停顿］，我会觉得充满力量。

**治疗师**：所以，与对他感到无助和无力相比，这是相当美好的改变！但和他感到有联结，感受到他关心你，这样的时刻似乎很少。

**来访者**：是的，一点儿没错。

**治疗师**：所以，你那样做就不难理解了。如果我理解得没错的话，要获得一些控制并和父母感觉亲近，这似乎是一个明智而且必要的策略。［治疗师赞赏并肯定］

**来访者**：我从没有那样想过。但这真的感觉很好。虽然我知道我会变得固执且很难相处，但在某种意义上我是愿意这样的。

**治疗师**：你学到了别人也愿意这样——也就是说，只有在你变得固执并无理取闹时他们才能听你的。因此自然而然，你会一直这样做。

**来访者**：但是我不认为每个人都是这样的。

**治疗师**：所以，另一部分的你认为，世界或其他人可能会遵循不同的规则或行为方式。是什么让你这么说？［来访者进一步发现和听到了自己的想法，继而挑战自己的假设。治疗师听到了这个反对的声音并引导来访者继续延伸，进而引导出改变话语。重要的是，反对的声音来自来访者自己而不是治疗师］

**来访者**：噢，我男朋友。他真的很在乎我和我的感受。他经常问

> 我怎么样了，即使我没有生他的气，只是看起来有些苦恼或过得不好。
>
> **治疗师**：所以如果我理解得没错的话，你是在说："我不是非得这样做才能引起他的注意。我之所以这样做，而且非常熟练，是因为它也能奏效，至少对一些人奏效。但不是在所有人身上都能奏效，我也没必要对所有人都这样。"这样说对吗？

共情式反映旨在理解来访者的矛盾心理和看似负面的行为背后的动机，通过这一过程，来访者可以对这些行为能在多大程度上满足自己的核心需求做出更自由的考量，并思考是否有其他不那么自毁的方式来满足这些核心需求。当治疗师以这种方式再定义来访者产生问题的观点和行为反应时，它不仅有助于来访者对这些反应有更好的觉察并能够解构它们，还能够减少来访者对矛盾心理的贬义看法。这种贬义看法在焦虑障碍患者中非常普遍，尽管他们痛苦地意识到某些方式是自我毁灭性的，但他们仍然继续以这种方式思考和行动，所以他们会经常表达对自己的失望情绪，或公开进行自我批评。因此，治疗师以更具同情心的方式看待来访者对改变的阻抗，并反映给来访者，告诉他们这是可以理解的，是有价值的信息，这对来访者贬义的、自我批评的态度是一种强有力的解毒剂，并且可以作为加强来访者积极自我关注的有力模型。

警告：与最初构想的动机式访谈的偏离

动机式访谈不断发展，但其有效性背后的机制大多还不明确，因此出现了解释其影响机制的假设。应用动机式访谈的不同方法应运而生（参见 Arkowitz, Miller, Westra & Rollnick, 2008）。米勒和罗尔尼克（Miller & Rollnick, 2013）认为，来访者会说服自己进行改变，因此从这个角度看，重点应放在改变话语而不是维持话语。上面描述的使用动机式访谈的方式反映了我们在将动机式访谈应用于焦虑障碍和相关问题的治疗方面的经验，但它与目前理解的动机式访谈有所不同，后者会探讨来访者矛盾心理的两面——包括维持现状的观点（或"维持话语"）。从这个角度来看，动机式访谈可以被概念化为一种解决自我不同方面相互冲突的方法。因此，在我们的方法中，治疗师帮助来访者探索对改变的矛盾心理的两个方面：对改变的阻抗和改变的理由。与米勒和罗尔尼克（Miller & Rollnick, 2013）描述的动机式访谈不同，我们会鼓励来访者说出并详细说明反对改变的观点，而不仅仅是或主要是改变的想法。在探索来访者反对改变的自我方面时，相应的对话应该体现顺应阻抗的理念（Miller & Rollnick, 2002, 2013）；治疗师要运用动机式访谈中的所有方法来支持反对改变的观点。

## 聚　焦

在焦虑障碍中，共病问题是常态而不是例外，常见的共病有情绪障碍、物质滥用、人际关系问题和其他焦虑症。这些问题的每一个都有可能成为某个来访者关注的焦点，而且来访者解决每个问题的动机强度各不相同。此外，由于动机式访谈是以人为中心的，在治疗中将来访者视为专家并致力于唤起来访者的主体性，因此僵化的、预先确定的关注焦点是不合适的。而且，在临床实践中来访者的关注焦点也会变化，实际上是频繁变化的。

在处理焦虑障碍（如上所述）时我们可以考虑一个一般焦点，同时有一个可以变化的具体焦点，它由来访者决定，我们发现这种方式是有用的，并且与动机式访谈的理念相一致。关于焦虑障碍的具体焦点，我们认为一个人可能在两个层面上存在矛盾：（1）焦虑本身的改变（即"没有惊恐或担忧的人生将会怎样""我会是谁""会有其他要求吗");（2）改变现有的回避式应对策略，或者反过来使用管理焦虑的替代策略（例如，暴露、减少寻求安慰的行为、减少过度保护的行为、承担人际交往的风险）。因此，虽然关注焦点仍然放在探索矛盾心理和增强动机上，但关注的广度让追求以人为中心的互动的自由或灵活性成为可能，这对于共病人群非常重要。

正如米勒和罗尔尼克（2013）指出的，人们可以参与对话，但不一定有关注焦点，而聚焦或引导对话是治疗师的关键任务。动机式访谈所基于的以人为中心的模型常常会导致治疗师在承担引导对话的责任时遇到困难，因为这可能会被（没有经验的受训者）视为干扰来访者或者与信任来访者背道而驰。又或者是，初级治疗师可能试图"反映一切"，错误地认为来访者所说的一切都同等重要。由于反映具有天然的放大功能（它可以集中来访者的注意力），并且自然地邀请来访者就反映的内容进行延伸，所以治疗师必须对反映的内容（以及忽略的内容）有所选择。如果治疗师试图反映一切、拒绝"引导"或指导来访者，那也是一种选择，本质上是让来访者随意漫谈，有时是漫无目的的。这些对话通常会有"鹦鹉学舌"的感觉，或者没有任何建设性疗效的感觉。

因此，关于治疗的专业知识的一个主要部分是知道反映什么以及如何引导对话。相应地，你的专业知识的一个主要部分是认识到并非所有时刻都同样重要，因此要注意观察那些重要时刻的标记，这些时刻需要不同的关注焦点和延伸。治疗师注意的内容取决于自己的理论模型，而且治疗师会根据经验发展出不同的观察角度来引导和告诉自己咨询中什么是重要和关键的。在动机式访谈中，这包括来访者的动机语言（改变话语、反对改变或维持话语、矛盾心理）、不和谐或不同意的时刻以及准备改变的信号。此外，根据我们的经验，来访者希望治疗师能够指导和驾驭对话并了解最佳治疗实践和过程。治疗师引导治疗过程并不会冒犯来访者，他们反而欢迎这样做。

## 唤　起

受最近关于来访者语言在动机式访谈中的作用的研究启发，我们密切关注来访者语言和治疗师行为在塑造其语言中的作用（Miller & Rose, 2009）。熟练使用动机式访谈应该最终增加来访者在咨询期间的"改变话语"（朝向改变的话语）并减少他们的"维持话语"（倾向于不改变的话语）。新兴的动机式访谈过程研究支持来访者语言在动机式访谈中的重要性（Miller & Rollnick, 2013）。有趣的是，最近对焦虑障碍的认知行为疗法中来访者动机性语言的研究也表明，来访者有关改变的早期话语具有重要的预测价值。在这些研究中，虽然早期改变话语与结果无关，但来访者早期反对改变的观点（反对改变的话语或维持话语）能够非常显著地预测治疗结果。具体来说，在两项随机对照试验中，在治疗广泛性焦虑障碍的第一次认知行为疗法咨询中，反对改变的话语越高频，完成家庭作业的概率越低，治疗效果越差，预测效果非常显著（Button, Westra, & Hara, 2014; Lombardi, Button, & Westra, 2014）。此外，更高频的反对改变的早期话语能够显著区分那些在后来的治疗中工作联盟破裂的来访者（工作联盟的破裂以来访者在工作联盟质量评价量表上的得分显著降低来定义）和那些工作联盟没有破裂的来访者（Hunter, Button, & Westra, 2014）。

### 观察的重要性

因此，使用动机式访谈技能（尤其是唤起来访者自己的动机）的一个必要前提是对关键时刻和标记的识别。对来访者语言和阻抗的研究表明，并非所有的时刻都同样重要。事实上，有些时刻，虽然很少出现（例如，反对改变的话语，准备改变的信号，治疗关系中不同意以及其他不和谐的信号），但具有重要的预测意义。此外，这些标记不仅在动机式访谈中是重要的，而且也适用于其他标准的治疗模型，例如认知行为疗法。一般来说，心理治疗的培训和研究主要集中在干预而不是观察。然而，在诸如动机式访谈这种基于反应性（Stiles, Honos-Webb & Surko, 1998；例如，你所做的事情取决于即时的和随着时间不断变化的情境）的模型中，准确观察关键时刻和标记的能力变得至关重要。

此外，哈尔、韦斯特拉等人（Hara, Westra, Aviram, Constantino & Antony, 2015）最近的报告指出，不能预设对重要现象（比如阻抗）的准确观察一定存在。特别是，我们发现，认知行为疗法治疗师对广泛性焦虑障碍的来访者的咨询后阻抗评分（对治疗师/治疗的反对程度）与来访者对咨询后工作联盟评分或治疗结果无关。相比之下，同样在这些咨询中训练有素的阻抗观察员的评分对治疗结果具有很高的预测性（Hara et al., 2014）。这些研究结果表明，治疗师的观察是一种特殊的（并且可训练的）技能。本质上，经过训练成为一名良好的参与观察者的治疗师能够不断获得即时反馈（即，这个人有多少参与度？是否存在矛盾心理的标记，或者准备开始制订改变计划的信号？是否有改变话语？是否有任何证据表明来访者接受治疗师的建议？是否存在不和谐或反对的信号）。值得注意的是，已经有研究发现，收集并向治疗师提供关于来访者治疗进展的反馈信息可提高治疗师的表现，特别是在出现负面结果的情况下（e.g., Lambert, Harmon, Slade, Whipple, & Hawkins, 2005）。然而，对动机式访谈来说，治疗师必须在更具支持性和更具指导性的咨询风格之间进行转换和插入，持续的收集关于来访者参与度和矛盾心理的反馈对于指导有效干预尤为重要。此外，这种反馈对于唤起技能尤为重要，而唤起技能将动机式访谈与其他以人为中心的方法区分开来。

唤起改变动机的临床案例

熟练使用动机式访谈意味着是来访者而不是治疗师来说明改变的原因。因此，当听到改变话语时，治疗师要引导来访者探索和详细说明改变的观点，从而说出焦虑/回避的不利因素以及改变可能带来的好处。此时，增加改变话语（或者朝向改变的话语）是动机式访谈的核心目标。

思考下面这个有广泛性焦虑障碍的年轻母亲的例子，她儿子在一次滑雪事故中差点受伤，她详细说明了刚刚出现的改变话语。她说，她会反复思考这次事故，指责自己没有成为一个更好的母亲，因为她没有能力阻止这次事故的发生。

**来访者**：我会为他做任何事情。知道存在可能会伤害他的事情就让我非常害怕，我只想尽我所能来保护他。我们一直在谈论的那件事情真的很难做到……就是接受坏事发生，你知道……认为没什么事。

**治疗师**：当然很难做到。我猜这样做，接受这一点，可能会让你感到无助。但是担心它，把它留在脑海里，至少你觉得正在做一些事情，施加一些控制……因为想到你并非总是能够控制，尤其是像你儿子安全这样的重要事情，让你非常害怕。我说的对吗？

**来访者**：是的。[暂停] 但是我觉得我为此付出了代价。比如，他没事，但我说到底还是会想这件事（笑）。[改变话语出现]

**治疗师**：哦，我懂了。在意这件事会让你感到痛苦——是这样吗？当你说这句话时，你笑了——笑声代表什么？[治疗师还会关注来访者语言表达的方式，听取完整的信息，即笑声暗示着来自改变立场的思考]

**来访者**：嗯（微笑），这很荒谬。世界没有毁灭，我们挺过来了，他平安无恙。我总是在意这件事很愚蠢。

**治疗师**：对我来说这一点不傻。我听到你的另一部分在说话，也许是真实的你或至少是另一个声音在说："焦虑告诉我这是世界末日，但我不同意——我有不同的想法。"对吗？多说说另一个声音。

**来访者**：（愤怒，厌恶）是的，比如他没事，我们回到家，我是那个哭到崩溃的人！

**治疗师**：哎哟！我听到的是，所有这些担心给你带来巨大压力，让你过度反应。我听到的还有："我不喜欢这样做的自己。它把我变得不是自己，变成我不想成为的人。"我说得对吗？

**来访者**：（安静，哭泣）是的。我不想给我儿子树立这样的榜样。

**治疗师**：这真的很触动你。这听起来很重要。你不希望他像你一样痛苦。你不希望他像有时候的你那样焦虑。边哭边说话。

**来访者**：人生除了担心还有很多东西。

**治疗师**：我懂了。你在说："我希望他知道生活中还有其他更重要的事情——你不必一直担心。"是吗？如果你愿意，再多说说。

改变话语的出现，或者对现状不满的立场出现，是治疗师寻求培育和扩展的重要过程标记，目的是让来访者更充分地倾听自己，详细说明自己的改变动机。此外，与高度支配性的焦虑声音相比，改变的声音往往很难听到。因此，稍稍鼓励进一步扩大反对现状的声音是促进摆脱现状并转向改变的关键（Westra，2012）。另外，不断表达改变的观点往往会导致改变的压力日益增加。重要的是，虽然加强来访者改变的内在倾向和动力是动机式访谈的焦点，但鉴于这一过程可能引起对改变的阻抗（即退回到支持现状的立场），因此在这个过程中有必要做好"顺应阻抗"的准备。现在我们把注意力转向阻抗这个重要现象。

两种反对改变的方式

《动机式访谈》（Miller & Rollnick, 2013）指出，"阻抗"一词混淆了两种状况。也就是说，混淆了维持话语（反对改变的话语）与治疗关系中的不和谐。有些专家（Sijercic, Button, Westra & Hara）详细解释了这两种状况的区别，他们指出来访者在治疗期间抗拒改变可能出于两个原因。第一个原因是，来访者仅仅表达了自己关于改变的冲突或矛盾的那部分，并且在那时倾向于保持现状。例如，在广泛性焦虑障碍中，可能包括诸如"担心让我保持控制和动力"等话语。在人际关系上，这只是来访者对改变所持有的矛盾心理的部分揭露。这种矛盾心理本质上并不是病。

然而，抗拒改变的第二个原因更具破坏性，因为它可能反映了治疗关系中的不和谐（Miller & Rollnick, 2013; Sijercic et al., 2015）。也就是说，来访者可能会因为不同意治疗师的意见或反对治疗师的指导而反对改变。例如，治疗师提出一个建议，来访者认为这不值得尝试，并指出不同意的原因。一般而言，那些更强烈地主张改变或将来访者推向他不愿意的方向的治疗师，遇到不同意见是情理之中的（Miller & Rollnick, 2013）。

有学者的数据（Sijercic et al., in press）确认了这种区分的重要性，即矛盾心理的维持话语和反对治疗师反映的维持话语。在这项研究中，两套过程编码系统同时用于广泛性焦虑障碍的第一次认知行为疗法咨询的行为编码：来访者动机性语言（改变话语与维持或反对改变的话语）和阻抗（来访者反对治疗师或治疗）。然后将来访者反对治疗师的话语（即人际不和谐或阻抗的情形）与那些不是阻抗的话语（即没有出现反对或不和谐）区别开来。结果表明，与反对或不和谐相关的反馈改变的话语越多，后续的对家庭作业的依从性和治疗效果有非常强的负面影响，甚至可以持续到治疗后一年。然而，反对改变的理由如果不存在反对和不和谐（即仅仅是矛盾心理的披露），则不会显著影响结果。他们得出结论，反对改变的理由中的人际关系因素对其预测价值至关重要。此外，来访者的矛盾心理只有在导致反对和意见分歧时才是一个问题。这些发现还表明，学习倾听来访者的动机性语言对动机式访谈重要，对认知行为疗法同样重要，因为这些话语对后续治疗具有很强的预测能力。

鉴于不和谐对结果的预测能力很强，因此早期出现的与反对治疗师/治疗（例如，不同意、忽略、打断）相关的反对改变的理由应当作为治疗中的关键过程标记。因此，治疗师有责任不断评估治疗过程中的和谐与合作程度，并警惕来访者脱落和不和谐的信号。此外，考虑到这些过程标记是后续参与度的强有力的预测因素（例如，后续对家庭作业的依从性），认知行为疗法治疗师不必等到来访者未完成作业才明白来访者存在参与度的问题。一旦识别到阻抗，治疗师对它的反应方式决定着阻抗是延续还是减弱。

因此，动机式访谈对临床实践的主要贡献是提供一种替代性的非贬义框架（以及相应的临床策略），用于有效管理治疗关系中的这种不一致或不和谐。这种不一致传达了与参与和合作相关的重要信息，即治疗师不理解来访者试图传达或引入谈话中的重要信息。治疗师不能仅坚持自己的议程，而是要灵活转变以有效倾听来访者正在传达的信息。幸运的是，数据非常清楚地表明，阻抗或不和谐相当可塑，并且对治疗师的风格高度敏感（Aviram & Westra, 2011; Beutler et al.,

2011）。另外，米勒和罗尔尼克（2013）指出，人们对维持话语（反对改变的话语）的反应方式与在不一致时刻做出反应的方式类似。

总的来说，动机式访谈应对反对的方式是顺应它或与之并行，而不是直接对抗。动机式访谈列出了顺应反对的具体策略，包括各种形式的反映技巧（如双面反映、放大反映）、再定义反对（即看到其中的智慧），以及强调选择性和自主性。下面是一个反对治疗师的例子，来访者是一位强迫症患者，希望通过治疗减少长期以来的对过度组织和秩序的强迫倾向。在这个例子中，治疗师指出了来访者在治疗关系中可能脱落和不一致信号。根据这个例子，我们概述了如果是采用动机式访谈风格应该如何互动，即如何使用动机式访谈策略来反映和顺应反对和维持话语。

### 与动机式访谈不一致的方法

> **治疗师**：所以，如果你准备改变这个问题，你会从哪里开始呢？
>
> **来访者**：（很快地）我不知道。我没有想法。[被动性预示着脱落]
>
> **治疗师**：你以前有过克服驾驶恐惧的经验，是否有些东西可以借鉴？
>
> **来访者**：（打断，突然地说）我认为这完全是两码事。[来访者在反对治疗师的建议]
>
> **治疗师**：嗯，虽然情况不同，实际上克服焦虑的策略是共通的。就好像，当你克服了驾驶恐惧，你就放下了一些因为焦虑而觉得必须要做的维护安全的具体行为，比如车速不要太快，不要冒险开太远……对于过度组织，类似的策略可能包括放弃一些组织行为，不需要让每一样东西都一直在它应该在的位置。它会让你在短期内更加焦虑——就像开车一样——但是你可能会发现，当你改变做法后焦虑最终会减轻。这样做怎么样……

来访者：[打断]我不想让别人认为我很懒，但如果我不立即打扫的话，他们肯定会这么认为。[打断、不同意、表达不改变的理由]

治疗师：但别人会这么想吗？有没有可能他们不这么想呢？

来访者：[被动地]嗯，可能不会，但是对我来说给他人留下好的印象很重要。比如，当我们与其他父母在一起时，我的孩子会说我们一起做过的所有有趣的事，别人会说："天啊，你和你的孩子一起做了好多事情啊！"这让我感觉很棒。让我感觉我是一个很棒的妈妈。

治疗师：我可能搞错了，但我似乎还记得，你想解决这个问题的一个原因是你担心可能会影响你的孩子。是这样吗？

来访者：是的，我确实担心我可能把他们逼得太紧，但我也担心放手不管会怎样。[是的-但是]

治疗师：我在想，对你孩子来说，你不那么完美、不那么有条理会不会是最好的选择。[注意是治疗师在为改变找理由，而不是来访者]

来访者：虽然我不同意，但我确实希望他们拥有美好的童年，所以我必须逼自己做更多事情。[忽略和不同意]

治疗师：听起来，是你的焦虑在告诉你，一个完美童年应该是充满刺激的。我在想完美童年是否也可以是你和孩子一起做事，但更加平衡——你要放弃一些东西。

来访者：我想要我的孩子有更多的自由，但我很难放手。[是的-但是]

　　正如这个案例所表明的，治疗师反复向有矛盾心理的来访者提要求，会创造一种紧张和冲突的人际氛围。也就是说，治疗师坚持自己的议程来改变来访者，从不同的角度看问题，采取不同的做法，就倾听不到来访者的反对态度，进而使来访者进一步表达反对改变的态度，以反对治疗师。重要的是，在这种情况下，来访者只是在表达有一部分自我在抗拒或害怕改变，正在设法让这部分自我被倾听和理解。如果治疗师不去确认这一重要信息，来访者可能会坚持这一做法（例如，通过调高音量、反复尝试传达反对态度）。本质上，这只是让来访者和治疗师将来访者的矛盾心理表演出来，而不是帮助来访者处理和克服她的矛盾心理。为了让治疗关系更加和谐并重建合作关系，整合动机式访谈的治疗师需要警惕这种不和谐信号，并从指导性立场转向更具支持、探索和共情的立场，如下例所示：

### 与动机式访谈一致的方法

**治疗师**：所以，如果你准备改变这个问题，你会从哪里开始呢？

**来访者**：（很快地）我不知道。我没有想法。［被动性预示着脱落］

**治疗师**：知道从哪里开始确实很难。但只有你自己才知道现在开始做出改变是否有意义。你怎么想？

**来访者**：嗯，我确实担心我给孩子树立了坏榜样。我觉得我把他们逼得太紧，我需要放手一些。但同时，我也担心放手会有问题。［请注意，治疗师对来访者自主权的尊重让她仅仅是透露自己的矛盾心理，而不是让她不得不同意或反对治疗师才这样做。］

**治疗师**：似乎你对改变感到矛盾。我也听到你可能担心如果你放手一些会发生什么。是这样吗？［治疗师反映维持话语，旨在帮助来访者加深对矛盾心理的理解。］

**来访者**：是的。就像我经常担心别人会怎么看我一样。别人能尊重我对我来说很重要。比如当人们说："天呐，你和孩子一起做了很多有趣的事。"我作为一个母亲会感到非常自豪。

**治疗师**：当然，谁不想呢！所以这是一个让自己感觉良好的重要方式。[ 验证现有行为的潜在积极意图。]

**来访者**：对的。比如，别的父母尊重我。他们向我讨教。他们钦佩我。

**治疗师**：这感觉很棒。而且听起来不要失去这种感觉对你很重要……因为你在想："如果我不是一个完美的母亲，别人可能就不会尊重我了……而且我也可能伤害到我的孩子。我会感觉更糟糕，他们也会感觉更不好。"[ 放大反映 ]

**来访者**：当我听你说这些时，我的想法实际上听起来很极端。[ 改变话语 ]

**治疗师**：我说的不一定对。你可以再多说说吗?

**来访者**：嗯，我知道我对我的孩子做过头了，有时我需要放手。尽管我愿意努力成为一名好家长，但我认为走极端也会给他们带来不好的示范。比如，当我看到我儿子的东西乱了时他会变得慌张。他为此很苦恼，他才五岁！ [ 同样要注意的是，治疗师跟着反对态度走让来访者而不是治疗师表达改变的理由。]

**治疗师**：因此，虽然做一个完美母亲从很多方面来说是非常令人满足的，但也存在一种感觉，即这会带来巨大代价——这可能会伤害我的孩子。[ 为让来访者详细说明进行反映 ]

当治疗师能够理解来访者对改变的反对态度，并促进来访者自主选择时，来访者可以自由地、不受阻碍地处理自己的矛盾心理。如果治疗师在来访者出现反对态度和不和谐的关键行为标记时没有采取这种反映方式，很容易出现治疗性沟通恶化为争论或导致来访者沉默不语。根据我们的经验，这些属于最难掌握的技能。事实上，当一切顺利时，对来访者保持温暖和积极关注的态度会容易得多。难的是，在遇到反对态度时继续肯定并努力理解来访者。识别并有效驾驭（顺应）这些时刻是动机式访谈的一项关键技能，这样也可能帮助治疗师在应对认知行为疗法中常见的关键事件时培养自信和应对能力，比如来访者的反对（例如，不同意、挑战、转移话题、忽略）和不依从。

## 计　划

如果来访者对改变的阻抗减少并且对实现改变的兴趣增加，治疗师需要跟随来访者一起转变，并支持来访者规划、实验以及支持改变的努力。本质上，焦点从为什么改变转变到如何改变（Miller & Rollnick，2013）。在这个阶段，来访者经常会发生明显的变化，他们更有兴趣对改变进行具体设想并尝试实验实现期望的改变的方法。

针对整合动机式访谈和认知行为疗法等治疗焦虑障碍的更具指导性的方法这一问题，韦斯特拉（2012）指出，动机式访谈作为一个基础平台，从中可以实施任何具体的以改变为导向的方法。也就是说，当来访者计划并采取行动改变时，不必放弃动机式访谈的基本理念和方法。例如，动机式访谈的一个核心方面是相信来访者具有固有的专业知识，不仅包括解决矛盾心理，也包括开始和实现改变。持有这一信念的动机式访谈治疗师主要关心的是创造一个安全的协作空间，有利于揭露、发现、唤起和帮助来访者实现和应用这些固有的专业知识。

整合动机式访谈的基本理念和方法，为指导治疗过程和促进治疗师对情境影响（来访者接受度和参与度）的敏感度方面提供了很多帮助。此外，整合动机式访谈并没有告诉治疗师使用什么技术或方法来促进改变，而是可以明确告知何时以及如何支持来访者选择和实施实现改变的方法。在这里，使用动机式访谈的治疗师可以作为来访者的指导或顾问，帮助他们制订、实施和处理改变计划（Miller &

Rollnick, 2013）。

当计划改变时，治疗师可以让来访者不断反思自己的想法、偏好并提出新的解决方案，例如，"如果你确实决定改变，你会怎么开始""如果你想象你的焦虑在未来大大减少，那是因为发生了什么"（Westra，2012）。重要的是，治疗师要主动避免施加自己的想法和自己偏好的实现改变的方法，以避免强迫来访者遵守治疗师的议程。

此外，韦斯特拉（2012）概述了共情反映中固有的试探性精神如何可以泛化到支持来访者的自主性上，并在提供反馈、提供心理教育、计划改变和提出建议时强调来访者自己的专业知识和权威性。这种对来访者努力的有价值的指导和补充，可以以增强来访者对这些内容的参与度的方式来进行介绍和处理。特别重要的是保护和加强来访者的自主性和选择自由。此外，明确监测来访者对这些内容的接受度和参与度是至关重要的。使用动机式访谈理念来提出你的观点意味着认识到这是你的观点，而不是当前来访者的观点，因此，要以"如果来访者选择这样做，这是他们可以考虑的信息"的态度"轻描淡写地说"（试探性地）。此外，这种基本理念包括如果来访者拒绝或者尚未准备好参与，治疗师要做好准备放弃自己的建议、想法或立场。这与米勒和罗尔尼克（2013）提出的引导-提供-引导的风格类似。下面是这种风格的临床案例。

**治疗师**：有时候当一个人喜欢批评他人时，这可能更多地反映了他们自己，而不是被批评的人。这是否适用于你呢？也不一定。

**来访者**：是这样的。

**治疗师**：你似乎同意这种说法。多说说。

**来访者**：比如，这可能只是反映了他们想要批评或者不安全感。

**治疗师**：如果我理解得没错的话，重要的是要考虑评价的来源——

而不是把所有评价看作同样有效。这么说对吗？我有可能
理解错了。

来访者：是的。比如，现在我就认为任何一个人说的关于我的任
何负面评价都是对的。

治疗师：你的意思是有些评价可能是不对的。

来访者：是的。实际上，大多数时候我觉得这些根本就是无稽之谈。

治疗师：所以，有时候——甚至很多时候——别人的批评都是无
效的。假设所有的批评都是正确的也许是最佳选择，但
只有你自己才知道这种假设是否有帮助或有必要。你怎
么想？

## 问题和建议的解决方案

多年来，我们发现实施动机式访谈的主要困难在于促进接受和促
进行动之间的无缝转换（Westra, 2012）。如果治疗师的经验更多的是
用行动导向或结构化的方法来促进焦虑管理，那么处理这种辩证法尤
其具有挑战性。在这些情况下，治疗师有双重任务：一方面要做出与
动机式访谈一致的回应；另一方面也需要抑制与动机式访谈不一致的
回应。如果完成得不好，治疗师会发现自己说了正确的话（例如，
"你可以决定"）却传达了完全相反的信息。

共情和工作联盟等相关概念在促进积极心理治疗结果方面获得了
很多实证支持。因此，这些概念在通过动机式访谈等方法更彻底地整
合基于行动或改变的模型方面具有巨大的潜力。然而，这些思想的更
大程度的整合并不总是那么顺利或简单。也就是说，对动机式访谈
"精神"的实质性整合可能会对改变是如何发生的、改变的来源、改
变的过程和机制、治疗师的角色等基本假设提出挑战。真正的共情需

要一个根本性的转变，而这一转变并不总是那么容易实现。换言之，将动机式访谈作为一种巧妙的技术来促进改变与该模型的基础正好是对立的。同样，对于基于共情模型的治疗师来说，无缝整合基于行动的方法也通常是困难的。虽然这种接受和改变、存在方式和技术、指导性的和非指导性的辩证法可能值得探讨，但重要的是要认识到它也是一个危险地带。

## 动机式访谈治疗焦虑障碍的效果评估研究

各种各样的动机式访谈和其他包括动机式访谈元素的相关程序（通常称为动机增强疗法）用于治疗焦虑障碍的方式引人注目（综述参见 Westra, Aviram, Doell, 2011）。在越来越多的文献中，动机式访谈最常作为其他疗法的预处理或作为一种整合到标准评估和接案过程中的方法，或者也可以作为更大型的多组分治疗包的一部分整合在整个治疗过程中。除了这些用途，动机式访谈还被用于帮助那些尚未寻求或拒绝接受治疗的来访者提升寻求意向和问题识别意识，以及被用于对那些有焦虑障碍风险的个体进行早期预防（Westra et al., 2011）。

虽然关于动机式访谈用于治疗焦虑障碍的初步研究表明，可以灵活应用动机式访谈，但直到最近的研究才开始探讨将动机式访谈添加到现有焦虑障碍疗法中的价值。由于这一研究尚处于起步阶段，它包括未受控制的案例研究和受控的探索研究，这些研究通常支持动机式访谈的使用（Westra et al., 2011）。在比较动机式访谈与心理教育、支持性治疗或不接受任何治疗的对照组的小型随机对照研究中，动机式访谈在很多方面表现出了潜力，包括增加寻求治疗率、增加对问题的认识和治疗到访率、增强对推荐的暴露疗法的接受度以及改善用认知行为疗法治疗焦虑障碍的效果。例如，在一项更大规模的随机对照试验（RCT）中，比较了在用认知行为疗法治疗广泛性焦虑障碍之前进行四次动机式访谈预处理和无任何干预两种条件，动机式访谈与认知行为疗法阶段更高的家庭作业依从性和症状减轻相关，特别是对那些在治疗开始时有严重焦虑的来访者（Westra, Arkowitz, & Dozois, 2009）。对于那些焦虑严重程度高的来访者，接受动机式访谈与未接受相比，在认知行为疗法阶段的阻抗水平显著降低（即更愿意接受改变），这也解释了他们在治疗中更高程度的焦虑下降（Aviram & Westra, 2011）。

虽然这些研究表明了动机式访谈的潜力，但其方法局限性也很明显。样本量小、单被试设计和缺少控制条件是研究的一些局限。未来需要使用严格受控设计的研究来确定在其他治疗焦虑的疗法中添加或整合动机式访谈的价值。最值得注意的是，很少有研究考察相对于接受等量的额外治疗师接触的对照组，辅助使用动机式访谈的效果。例如，科特和施密特（Korte & Schmidt, 2013）将焦虑敏感性提高的受试者随机分配到动机增强组或健康心理教育对照组，焦虑敏感性是焦虑障碍精神病理学发展和维持中的已知风险因素。结果显示，与心理教育组相比，动机增强组的参与者表现出的焦虑敏感性显著降低，并且动机改变（即改变的信心）在这一效应中起中介作用。

虽然动机式访谈与治疗的到访率和参与度的增加有关（Westra et al., 2011），但需要更多控制良好的研究来确定这些效应是否在动机式访谈对临床结果的影响中起到中介作用。此外，需要定量和定性的研究方法来确定动机式访谈中起作用的主要因素。例如，马库斯及其同事报告，来访者对把动机式访谈作为治疗广泛性焦虑障碍的预处理这一经验的解释，反映了动机的增强、治疗师共情的重要性以及创造安全气氛以探索关于改变的感受（Marcus, Westra, Angus & Kertes, 2011）。对这些机制的解释对于理解动机式访谈的工作原理和有效培训具有重要意义（Miller & Rose, 2009）。

# 总　结

考虑到焦虑障碍患者对改变的矛盾心理普遍存在，动机式访谈作为治疗焦虑障碍的现有有效方法的辅助手段或基础背景，具有很大的潜力（Westra, 2012）。虽然现有的早期研究数据显示了动机式访谈的潜力，但对这种整合显然需要进行更严谨的研究。研究动机式访谈治疗焦虑障碍和其他相关障碍的主要优点之一是，动机式访谈在概念和方法上与现有疗法相辅相成。此外，动机式访谈可以并且已经用于治疗焦虑障碍的方式的多样性表明，该模型非常适用于各种临床人群，并且可以适应许多不同的治疗背景。

尽管对在焦虑和相关问题中使用动机式访谈的兴趣和研究仍处于早期阶段，但现有证据一致表明，对于各种焦虑障碍，动机式访谈在加强对其他疗法的参与度和反应性上具有潜力。动机式访谈尤其有潜力的是，它对那些通常对治疗反应不佳或难以参与的人群（例如那些拒绝或不愿意寻求治疗的人群）和亚人群（例如高严重性、有共病表现）具有效果（Westra et al., 2011）。这些研究结果说明了动机式访谈治疗焦虑障碍患者的潜力，这些患者通常对改变有着明显的矛盾心理，并且难以参与治疗和完成要求他们直面恐惧并放弃回避策略的治疗任务。

# 参考文献

American Psychological Association. (2010). Division 12 Committee on building a two-way bridge between research and practice: Clinicians' experiences in using an empirically supported treatment for panic disorder. *The Clinical Psychologist*, 64, 10-20.

Antony, M. M., Ledley, D. R., & Heimberg, R. G. (Eds.). (2005). *Improving outcomes and preventing relapse in cognitive-behavioral therapy*. New York: Guilford Press.

Arkowitz, H., Miller, W. R., Westra, H. A., & Rollnick, S. (2008). Motivational interviewing in the treatment of psychological problems: Conclusions and future directions. In H. Arkowitz, H. A. Westra, W. R. Miller, & S. Rollnick (Eds.), *Motivational interviewing in the treatment of psychological problems* (pp. 324-342). New York: Guilford Press.

Aspland, H., Llewelyn, S., Hardy, G. E., Barkham, M., & Stiles, W. (2008). Alliance ruptures and rupture resolution in cognitive-behavior therapy: A preliminary task analysis. *Psychotherapy Research*, 18, 699-710.

Aviram, A., & Westra, H. A. (2011). The impact of motivational interviewing on resistance in cognitive behavioural therapy for generalized anxiety disorder. *Psychotherapy Research*, 21, 698-708.

Beutler, L. E., Harwood, T. M., Michelson, A., Song, X., & Holman, J. (2011). Resistance/reactance level. *Journal of Clinical Psychology*, 67, 133-142.

Borkovec, T. D., & Roemer, L. (1995). Perceived functions of worry among generalized anxiety disorder subjects: Distraction from more emotionally distressing topics? *Journal of Behavior Therapy and Experimental Psychiatry*, 26, 25-30.

Button, M., Westra, H. A., & Hara, K. (2014, April). *Ambivalence and homework compliance in cognitive behavioral therapy: A replication*. Paper presented at the annual meeting of the Society for the Exploration of Psychotherapy Integration, Montreal, Canada.

Castonguay, L. G., Goldfried, M. R., Wiser, S., Raue, P. J., & Hayes, A. M. (1996). Predicting the effect of cognitive therapy for depression: A study of unique and common factors. *Journal of Consulting and Clinical Psychology*, 64, 497-504.

Constantino, M. J., Ametrano, R. M., & Greenberg, R. P. (2012). Clinician interventions and participant characteristics that foster adaptive patient expectations for psychotherapy and psychotherapeutic change. *Psychotherapy*, 49, 557-569.

Engle, D., & Arkowitz, H. (2006). *Ambivalence in psychotherapy: Facilitating readiness to change*. New York: Guilford Press.

Geller, S., & Greenberg, L. (2002). Therapeutic presence: Therapists experience of presence in the psychotherapy encounter in psychotherapy. *Person-Centered and Experiential Psychotherapies*, 1, 71-86.

Hara, K. M., Westra, H. A., Button, M. L., Aviram, A., Constantino, M. J., & Antony, M. M. (2015). Therapist awareness of client resistance in cognitivebehavioral therapy for generalized anxiety disorder. *Cognitive Behavior Therapy*, 44, 162-174.

Helbig, S., & Fehm, L. (2004). Problems with homework in CBT: Rare exception or rather frequent? *Behavioral and Cognitive Psychotherapy*, 32, 291-301.

Hofmann, S. G., Asnaani, A., Vonk, I. J. J., Sawyer, A. T., & Fang, A. (2012). The efficacy of cognitive behavioral therapy: A review of meta-analyses. *Cognitive Therapy and Research*, 36, 427-440.

Hunter, J. A., Button, M. L., & Westra, H. A. (2014). Ambivalence and alliance ruptures in cognitive behavioral therapy for generalized anxiety. *Cognitive Behavioral Therapy*, 43, 201-208.

Jungbluth, N. J., & Shirk, S. R. (2009). Therapist strategies for building involvement in cognitive-behavioral therapy for adolescent depression. *Journal of Consulting and Clinical Psychology*, 77, 1179-1184.

Korte, K. J., & Schmidt, N. B. (2013). Motivational enhancement therapy reduces anxiety sensitivity. *Cognitive Therapy and Research*, 37, 1140-1150.

Lambert, M. J., Harmon, C., Slade, K., Whipple, J. L., & Hawkins, E. J. (2005). Providing feedback to psychotherapists on their patients' progress: Clinical results and practice suggestions. *Journal of Clinical Psychology*, 61, 165-174.

Lombardi, D. R., Button, M. L., & Westra, H. A. (2014). Measuring motivation: Change talk and counter-change talk in cognitive behavioral therapy for generalized anxiety. *Cognitive Behavior Therapy*, 43, 12-21.

Marcus, M., Westra, H. A., Angus, L., & Kertes, A. (2011). Client experiences of motivational interviewing for generalized anxiety disorder: A qualitative analysis. *Psychotherapy Research*, 21, 447-461.

Miller, W. R., & Rollnick, S. (2002). *Motivational interviewing: Preparing people for change*. New York: Guilford Press.

Miller, W. R., & Rollnick, S. (2013). *Motivational interviewing: Helping people change* (3rd ed.). New York: Guilford Press.

Miller, W. R., & Rose, G. S. (2009). Toward a theory of motivational interviewing. *American Psychologist*, 64, 527-537.

Orlinsky, D. E., Grawe, K., & Parks, B. K. (1994). *Process and Outcome in Psychotherapy*: *Noch einmal*. Oxford, UK: Wiley.

Rogers, C. R. (1951). *Client-centered therapy*. Boston: Houghton Mifflin.

Sachse, R., & Elliott, R. (2002). Process-outcome research on humanistic therapy variables. In D. J. Cain (Ed.), *Humanistic psychotherapies*: *Handbook of research and practice* (pp. 83-115). Washington, DC: American Psychological Association.

Sanderson, W. C., & Bruce, T. J. (2007). Causes and management of treatment-resistant panic disorder and agoraphobia: A survey of expert therapists. *Cognitive and Behavioral Practice*, 14, 26-35.

Sijercic, I., Button, M. L., Westra, H. A., & Hara, K. M. (in press). The interpersonal context of client motivational language in cognitive behavioral therapy. *Psychotherapy*.

Stiles, W. B., Honos-Webb, L., & Surko, M. (1998). Responsiveness in psychotherapy. *Clinical Psychology*: *Science and Practice*, 5, 439-458.

Szkodny, L. E., Newman, M. G., & Goldfried, M. R. (2014). Clinical experiences in conducting empirically supported treatments for generalized anxiety disorder. *Behavior Therapy*, 45, 7-20.

Westra, H. A. (2011). Comparing the predictive capacity of observed in-session resistance to self-reported motivation in cognitive behavioral therapy. *Behaviour Research and Therapy*, 49, 106-113.

Westra, H. A. (2012). *Motivational interviewing in the treatment of anxiety*. New York: Guilford Press.

Westra, H. A., Arkowitz, H., & Dozois, D. J. A. (2009). Adding a motivational interviewing pretreatment to cognitive behavioral therapy for generalized anxiety disorder: A preliminary randomized controlled trial. *Journal of Anxiety Disorders*, 23, 1106-1117.

Westra, H. A., Aviram, A., & Doell, F. (2011). Extending motivational interviewing to the treatment of major mental health problems: Current directions and evidence. *Canadian Journal of Psychiatry*, 56, 643-650.

# 第五章

# 增强创伤后应激障碍共病物质使用障碍个体的动机

大卫·尤斯科

米歇尔·L.德雷普金

瑞贝卡·叶

　　由于对心理健康、身体健康以及人际关系、社交和职业问题的重大影响，创伤后应激障碍（PTSD）成为一个重大的公共卫生挑战。对伊拉克和阿富汗的军事行动使公众更加意识到创伤后应激障碍对健康的重要性。暴露于创伤事件是一个相对普遍的经验。美国的流行病学研究估计，37%～92%的受访者（取决于样本量；参见 Breslau，1998）报告经历了至少一次创伤性事件，创伤事件根据《精神障碍诊断与统计手册》（第四版修订版）（DSM-IV-TR; APA, 2000）的 A1 标准定义。尽管创伤普遍存在，但只有一小部分经历创伤的人会发展成创伤后应激障碍。例如，美国国家共病调查发现，只有20.4%的女性创伤幸存者和8.2%的男性创伤幸存者在其一生中发展出创伤后应激障碍（Kessler, Sonnega, Bromet, Hughes & Nelson, 1995）。尽管创伤后应激障碍在总人口中的终生患病率约为8.7%（Kessler et al., 2005），但这些症状可能在创伤事件后持续数年。创伤后应激障碍也与其他精神疾病如焦虑障碍、抑郁症和物质使用障碍（Holbrookm, Hoyt, Stein, & Sieber, 2001; Kessler et al., 1995）高度共病，进一步导致功能下降和生活质量低下（e.g., Kessler, 2000）。例如，创伤后应激障碍患者生活质量严重受损的发生率（59%）与重度抑郁症相当（63%; Rapaport, Clary, Fayyad & Endicott, 2005）。创伤后应激障碍还与不良健康结果有关，包括心血管疾病、神经疾病和胃肠道疾病（Breslau & Davis, 1992; McFarlane, Atchison, Rafalowicz & Papay, 1994; Shalev, Bleich & Ursano, 1990）。此外，强有力的证据表明创伤后应激障碍与显著的经济成本相关。例如，对伊拉克和阿富汗冲突中退伍军人的创伤后应激障碍和抑郁症的分析表明，两年时间的社会成本（生产力丧失、心理健康治疗和自杀）总计约为 9.25 亿美元（Kilmer, Eibner, Ringel, & Pacula, 2011）。几项研究的结果表明，创伤后应激障碍症状的减轻会导致生活质量的显著改善（Foa et al., 1999; Schnurr, Hayes, Lunney, McFall, & Uddo, 2006），基尔默等人（Kilmer et al., 2011）估计，循证心理治疗可以节省创伤后应激障碍和抑郁症导致的上述 9.25 亿美元社会成本中的大约 1.38 亿美元（约 15%）。

考虑到创伤后应激障碍的显著负面后果，以及通过循证心理治疗可以成功减少创伤后应激障碍症状及其后果的潜力，更好地了解这一障碍并最大限度地采取干预措施进行预防和治疗是至关重要的。在本章中，我们首先概述了创伤后应激障碍的概念，特别强调了创伤后应激障碍和物质使用障碍的独特共病；简要回顾对这一障碍进行干预的有效性的实证研究，然后讨论了动机式访谈在改善这种常常具有挑战性的临床人群的治疗结果方面的潜力。

# 临床人群

在《精神障碍诊断与统计手册》（第五版）（DSM-5, APA, 2013）中，创伤后应激障碍现在被命名为"与创伤和压力源相关的障碍"，定义为在暴露于创伤事件后有严重和持续压力反应的障碍。创伤后应激障碍诊断需要有创伤事件的经历，定义为暴露于死亡、死亡威胁、实际发生的或存在威胁的严重伤害，实际发生的或存在威胁的性暴力（标准A）。创伤后应激障碍也由四个附加症状群组成。第一个症状群包括侵入性症状，如与创伤相关的侵入性记忆、与创伤有关的噩梦、闪回、对创伤提醒物的强烈情绪反应以及强烈身体反应。第二个症状集群涉及回避症状，包括主动回避会提醒创伤的想法、感受和/或情境。第三个症状集群涉及认知和情绪的负面改变，包括过度自责、不适当的内疚和/或羞耻、对自己和/或世界的消极信念、活动兴趣的显著减少以及很难获得积极情绪。第四个症状集涉及唤醒和反应症状，包括易怒或攻击性行为、冲动或自毁行为、过度警惕、惊吓反应过度、注意力集中困难和睡眠障碍。确诊创伤后应激障碍要求在创伤经历后症状至少持续一个月。

作为一种障碍，创伤后应激障碍通常会遵循典型的过程。虽然个体经常在创伤后的头几天报告创伤后应激反应，但大多数反应是短暂的（Bryant, 2003）。例如，94%的强奸幸存者报告被侵犯1周后出现创伤后应激障碍症状，11周后这一比例下降到47%（Rothbaum, Foa, Riggs, Murdock & Walsh, 1992）。在另一项研究中，70%的女性和50%的男性在被侵犯平均19天后被诊断为创伤后应激障碍；在4个月后的随访中，女性和男性的创伤后应激障碍比例分别下降为21%和0%（Riggs, Rothbaum, & Foa, 1995）。在机动车交通事故（Blanchard, Hickling, Barton, & Taylor, 1996）以及其他灾难和创伤（Galea et al., 2002; Galea et al., 2003; van Griensven et al., 2006）的人群中也发现了类似的结果。

值得注意的是，创伤后应激障碍往往与其他精神疾病有关。据报告，与创伤后应激障碍有关的终生共病率在62%～92%（de Girolamo

& McFarlane, 1996; Kessler et al., 1995; Perkonigg, Kessler, Storz, & Wittchen, 2000; Yehuda & McFarlane, 1995）。创伤后应激障碍最常与抑郁症、其他焦虑障碍和物质滥用共病。共病的情况包括个体首先发生原发性精神障碍，使其易于在创伤后发展为创伤后应激障碍（Breslau, Davis, Peterson, & Schultz, 1997; Perkonigg et al., 2000），或先发生创伤后应激障碍进而增加发生其他障碍的可能性（Perkonigg et al., 2000）。尤其需要关注的是创伤后应激障碍与物质使用障碍（SUD）之间的共病，数据表明多达62%的物质使用障碍患者与创伤后应激障碍共病（Chilcoat & Menard, 2003; Dore, Mills, Murray, Teesson & Farrugia, 2012）。同样，高达65%的创伤后应激障碍患者与物质使用障碍共病（Pietrzak, Goldstein, Southwick, & Grant, 2011）。鉴于创伤后应激障碍可以独特地限制物质使用障碍的治疗效果（Ouimette, Ahrens, Moos, & Finney, 1997），创伤后应激障碍与物质使用的共病尤其有问题。这些发现突出了治疗创伤后应激障碍的重要性，因为它通常与其他障碍一起出现，并且可以造成更广泛的心理病理学问题。

# 创伤后应激障碍的循证心理治疗

## 延长暴露疗法

延长暴露疗法（PE）是一种主要基于情绪加工理论（EPT; Foa & Kozak, 1985, 1986）的认知行为疗法。根据情绪加工理论，恐惧在记忆中被表征为一种包含恐惧刺激及其反应的认知结构。在病态的恐惧结构中，恐惧过于泛化，以至于客观上安全的刺激和反应（例如，烟花和心跳加快）错误地与无能（例如，"我是一个软弱的人"）、危险（例如，"没有人可以信任"）和自责（例如，"我对发生的事情负责"）关联。当创伤受害者在日常生活中回避与创伤相关的刺激时，病态的恐惧结构得以维持。因此，延长暴露疗法旨在帮助患者在安全环境中通过讨论与创伤相关的记忆来达到直接暴露于创伤相关刺激的效果，进而消除这些非理性认知。

延长暴露疗法通常包含8～15次每次90分钟的个体咨询，它的特点是有三个主要组成部分：实景暴露于创伤相关刺激、对创伤记忆的想象暴露以及加工想象暴露。实景暴露包括故意呈现与创伤有关的情境，来访者通常会因为焦虑而回避这些情境。练习是从一个回避情境的等级列表中选择的，这些情境按照来访者通常接触时引发的焦虑程度进行评级。在实景暴露期间，治疗师引导来访者在该情境中至少停留30分钟，或来访者的焦虑减轻至少50%才离开。来访者重复接受暴露，直到在这种情境下不再产生显著的焦虑，此时，来访者需要继续挑战等级列表中下一个情境。来访者需要在两次咨询间自主完成实景暴露。剩下的咨询主要集中在想象暴露，即来访者通过口头描述创伤期间体验到的想法、感受和身体感觉，以及想象自己重新经历创伤事件来重现创伤经历。治疗师鼓励来访者保持约45分钟的想象暴露。每一次想象暴露都要录音，这样来访者可以在咨询结束后在家里回听创伤叙述。每次暴露练习后，治疗师以开放式问题询问来访者在咨询期间产生的想法和感受，并对自己观察的来访者在本次咨询或两次咨询间的进步做出评论，以帮助来访者加工这一体验。通过积极面对而不是回避创伤记忆，来访者或许可以对创伤产生新的洞察并能够修改非理性认知。研究已经多次表明延长暴露疗法可以有效减少各种研究样本中的创伤后应激障碍症状，包括共病创伤后应激障碍和物质使用障碍的患者（Foa, Gillihan, & Bryant, 2013）、性侵犯受害者（Foa & Rauch, 2004; Foa et 1999）和战争或恐怖袭击受害者（Nacasch et al., 2011；Schnurr et al., 2007）。

### 认知加工治疗

认知加工治疗（CPT, Resick & Schnicke, 1993）侧重于个体如何将创伤信息同化进关于安全、信任、权力/控制、自尊和亲密关系的现有图式。根据认知加工治疗，当创伤被不准确地回忆以保存预先存在的图式，或者当关于自我和世界的信念被过度调整以解释创伤信息时，扭曲的认知就会发生。这些扭曲的解释导致个体体验到"人工制造的"且不切实际的情绪（例如内疚），这些情绪会干扰来访者从创伤中自然恢复。认知加工治疗的目标是帮助患者修改制造情绪的扭曲解释（被称为"阻滞点"），从而使患者对创伤产生更现实的信念并让自然恢复成为可能。

在认知加工治疗期间，患者被要求撰写一份"影响陈述书"，描述是什么导致这次创伤以及创伤又是如何影响患者对自己和世界的看法的。撰写影响陈述书的目的是帮助患者识别阻滞点。治疗师会利用这份影响陈述书教导患者标记自己的想法和情绪，理解扭曲的信念如何影响或加强不现实的情绪体验。治疗师还会引入认知治疗技术来处理阻滞点，例如对事件的替代性解释进行头脑风暴、收集证据挑战当前信念或识别问题性思维（例如，自责、后视偏见、幸存者愧疚）。在家里，要求患者详细记录创伤，包括详细描述发生了什么及其产生的自然情绪。这些记录在咨询中被大声朗读以进一步识别和挑战阻滞点。出于暴露的目的，还会要求患者每天阅读记录，以唤起自然情绪并得到表达。根据许多认知加工疗法治疗师的观点，自然情绪如果表达出来并且自行发展，就会消失。重复暴露于自然情绪对习惯化来说也不是必需的。几项研究证明了认知加工治疗对各类人群的效力和有效性，包括性暴力受害者和儿童性虐待受害者（Chard, 2005; Resick & Schnicke, 1992）、难民（Schulz, Resick, Huber & Griffin, 2006）、退伍军人（Alvarez et al., 2011; Forbes et al., 2012; Macdonald, Monson,

Doron-Lamarca, Resick, & Palfai, 2011）和人际暴力的女性受害者
（Resick et al., 2008）。

### 眼动脱敏与再加工疗法

眼动脱敏与再加工疗法（EMDR; Shapiro, 1995, 2001）的目标是帮助患者重新加工创伤记忆中的各种元素，以让这些元素与更具适应性的情绪、观念和行为产生关联。眼动脱敏与再加工疗法遵循三步骤的治疗方案，旨在对过去的经验、当下的情境和未来的行为进行再加工。根据创伤的复杂程度，治疗次数从3次到12次不等，甚至更多，每次治疗通常持续90分钟。该方案由八个阶段组成。在前三个阶段（即采集病史和制订治疗计划、准备和评估）中，治疗师根据过去的创伤和需要再加工的当前情境确定"目标事件"，并确定有助于指导未来行为的技能。要求患者想象最能代表目标事件的场景，并做出陈述表达与目标相关的负面信念（例如，"我无能为力"）。之后，要求患者做出更具适应性的相反陈述（例如，"我能控制"），并在《认知有效性量表》（Validity of Cogniton scale, VOC）上评估这一陈述的真实性，范围从1（不是真的）到7（非常真实）。患者也要识别与目标事件相关的任何情绪或生理感觉。接下来的三个阶段（即脱敏、植入和身体扫描）侧重于再加工目标记忆网络，以让目标事件的要素与先前阶段确定的适应性认知产生关联。治疗师也会与来访者讨论未来行为，以让未来行为与这些适应性认知相一致。在治疗期间，患者会进行每次持续15～30秒的双侧刺激，重复多次，通常以眼球运动、音调和打拍子的形式进行。成功的再加工可减少负面情绪、减少生理反应并提高来访者在《认知有效性量表》中对适应性认知的认可程度。在最后两个阶段（即结束和再评估）中，治疗师确保患者离开咨询时感到更平静了，并在下一次咨询开始时对来访者进行再评估以确认治疗效果是否维持。当所有确定的目标都被再加工并且

患者在提到创伤时不再体验焦虑时，治疗就完成了。尽管很少有随机对照试验对眼动脱敏与再加工疗法的疗效进行严格评估，但现有的研究结果显示，接受此类治疗的成人和儿童症状均有所改善（Ahmad, Larsson, & Sundelin-Wahlsten, 2007; Lee, Gavriel, Drummond, Richards, Greenwald, 2002;Rothbaum, Astin & Marsteller, 2005; Scheck, Schaeffer & Gillette, 1998; Taylor et al., 2013）。

<h1 style="text-align:center">在创伤后应激障碍共病物质使用障碍中<br/>使用动机式访谈的合理性</h1>

如前所述，研究清楚地表明有几种治疗方法对改善由创伤后应激障碍引起的症状和相关困难非常有效。但是，有很大比例的创伤后应激障碍患者在参与这些循证心理治疗时遇到困难。最常被提到的针对创伤后应激障碍的循证心理治疗的批评是，无法解释的患者脱落率。例如，支持延长暴露疗法疗效的研究数量最多，但其脱落率高达20.5%（Hembree, Rauch, & Foa, 2003; Hembree et al., 2003）。同样，其他有实证研究支持的创伤后应激障碍患者接受常规治疗（例如，接受认知加工治疗的患者的脱落率是22.1%，接受眼动脱敏与再加工疗法的患者的脱落率是18.9%）的脱落率也相当高。鉴于大多数治疗都包含某种创伤性记忆的重现，可以假设那些努力参与创伤后应激障碍治疗的患者对这一治疗元素抑或是整体的治疗方法都是有矛盾心理的，他们不是退出就是不参与能够带来最大帮助的干预措施。不幸的是，还没有决定性的研究证据说明什么因素与治疗反应相关。

动机式访谈方法可能有助于解决与参与聚焦创伤的治疗相关的矛盾心理。回避创伤性记忆和相关的提醒物与应对的习惯有关，这些习惯最终会维持创伤后应激障碍的症状（Riggs, Cahill, & Foa, 2006）。

有问题的药物和酒精使用经常伴随着创伤后应激障碍，也可能由类似的适应不良的回避行为模式而得到维持。因此，如何改变药物和酒精使用行为的研究也可以应用于改变创伤后应激障碍的回避行为。例如，研究发现，对改变的承诺可以预测药物和酒精使用障碍治疗的效果（Amrhein, Miller, Yahne, Palmer & Fulcher, 2003），以及在治疗期间考察患者语言的回顾性研究发现，承诺话语对未来行为的预测效力最大（Moyers et al., 2007; Moyers, Martin, Houck, Christopher, & Tonigan, 2009）。因此，创伤后应激障碍治疗中的脱落和其他治疗反应的缺乏可能与创伤后应激障碍治疗期间承诺话语的不足有关。动机式访谈尤其擅长引出承诺话语（Amrhein, 2004; Amrhein et al., 2003; Moyers et al., 2007），因此可能对提高创伤后应激障碍治疗中的患者参与率（Miller & Rollnick, 2013）特别有帮助。

同样，鉴于创伤后应激障碍与物质使用障碍高度共病，动机式访谈可能对两者都有用。越来越多的文献支持这两种障碍的同时治疗（Foa et al., 2013；Hien et al., 2009; Mills et al., 2012）。迄今为止，最常用的同时治疗方案是寻求安全疗法（Najavits, 1999）。虽然这不是基于动机式访谈的方法，但寻求安全疗法已经证明能够解决创伤后应激障碍和物质使用障碍的共病问题。然而，与常规治疗相比，寻求安全疗法还没有表现出在短期或长期内产生更好的治疗效果的能力（Hien et al., 2009）。其他取向的治疗方法包括在对创伤后应激障碍使用延长暴露疗法的同时使用针对物质使用障碍的其他治疗方法。例如，米尔斯等人（Mills, 2012）将针对物质依赖的动机式访谈和认知行为疗法与针对创伤后应激障碍的延长暴露疗法相结合，并将其与仅接受物质使用障碍的常规治疗进行比较。尽管加入延长暴露疗法可以改善创伤后应激障碍的治疗结果，但与接受常规治疗的患者相比，物质使用障碍的治疗结果没有差异。在一项类似的研究中，福阿等人（Foa，2013）比较了同时进行延长暴露疗法和纳曲酮治疗和在创伤后应激障碍治疗前先给予纳曲酮这两种方法。这项研究表明，延长暴露疗法和纳曲酮联合治疗与单独治疗相比，有助于减少治疗结束后的复发。正如研究所表明的，联合治疗模式可以成为这一人群的选择，但尚不清楚哪种干预措施可以创造最有效的治疗方案。鉴于动机式访谈在物质使用障碍治疗中的有效性，动机式访谈自然也可以作为联合治疗的一个组成部分。

特别是动机式访谈新的四过程方法非常适合创伤后应激障碍和创伤后应激障碍/物质使用障碍共病的治疗（Miller & Rollnick, 2013）。对于有这些障碍的人来说，参与是一个关键过程。它被定义为"建立相互信任和尊重的帮助关系的过程"（p.40）。创伤后应激障碍治疗需要治疗师和来访者之间建立相互尊重、合作、牢固的工作关系。在治疗这些障碍中最常见的"陷阱"之一是"过早聚焦陷阱"，它是指"治疗师急于聚焦讨论，导致不一致，来访者可能会拖延，变得有防御性"（p.43）。使用动机式访谈的方法可促进更有效的参与过程，减少不一致并提高聚焦于一个或两个目标（即创伤后应激障碍或创伤后应激障碍/物质使用障碍共病）的意愿。

# 临床应用

目前，费城和明尼阿波利斯退伍军人事务医疗中心正在开展一项研究，我们希望这项研究能够为我们提供一些关于这些挑战的洞察（Drapkin et al., 2014）。这项多站点研究旨在考察物质使用障碍和创伤后应激障碍共病人群的整合治疗方案和顺序治疗方案的疗效和有效性。试验中使用的治疗策略是针对物质使用障碍患者实施动机增强疗法（它是有关于问题的反馈的动机式访谈）以及针对创伤后应激障碍患者实施延长暴露疗法。这两种治疗都包括在20周时间里进行16次个体心理治疗，每周一次，每次90分钟。整合治疗是指在同一次咨询中同时包含同一位治疗师提供的动机增强疗法和延长暴露疗法。动机增强疗法遵循米勒等人（Miller, Zweben, DiClemente & Rychtarik, 1994）描述的方案，并深度融入前三次咨询。每次咨询都以动机增强疗法开始，然后咨询焦点转换到标准的延长暴露疗法，并以两者的结合结束。顺序治疗也由一名治疗师提供，重要的区分是前四次咨询仅包括动机增强疗法，在没有提供延长暴露疗法的时间就加入健康教育作为控制条件。因此，顺序治疗的前四次咨询没有任何延长暴露疗法；在第五次咨询时，一个标准的12次的延长暴露疗法开始执行，第5—16次咨询很少或根本没有动机增强疗法。参与者被随机分配到每个站点进行整合治疗或顺序治疗。

该研究的主要假设是整合治疗比顺序治疗会表现出更大的整体症状改善（对于创伤后应激障碍和物质使用障碍）。症状改善定义为《创伤后应激障碍检查表》（PCL）测量出的创伤后应激障碍症状至少减少50%，以及无物质使用的天数。第二个假设是单独考察每个症状领域症状改善的程度。具体假设是指相比于顺序治疗的参与者，整合治疗组的参与者将在16周的治疗期内表现出更明显的创伤后应激障碍症状的改善，而且无物质使用的比例也会更高。此外，探索性分析将考察与顺序治疗组的参与者相比，整合治疗组的参与者创伤后应激障碍和物质使用障碍症状的更大改善能否在6个月继续维持，此外，还有更低的治疗脱落率和更高的治疗满意度。

宾夕法尼亚大学焦虑障碍治疗和研究中心目前正在开展另一项类似设计的研究。这项研究的参与者是诊断有创伤后应激障碍的吸烟者。研究主要考察如何最大限度地发挥对创伤后应激障碍人群戒烟干预的作用。研究的所有参与者都接受美国食品和药物管理局批准的戒烟药物伐尼克林（Chantix）。受试者被随机分配到旨在协助单独戒烟的动机式访谈干预组或旨在同时解决戒烟和创伤后应激障碍症状的动机式访谈和延长暴露疗法联合治疗方案组。动机式访谈治疗是一个简短的干预措施，在12周内提供每次15分钟的治疗，作为伐尼克兰的辅助治疗。治疗的目标是帮助参与者实现戒烟、帮助解决戒烟的矛盾心理、增加达成戒烟目标的自信心以及扫除阻碍与达成吸烟目标相关的困难。在动机式访谈和延长暴露疗法联合治疗中，相同的15分钟动机式访谈敢于被添加到标准的12次延长暴露疗法方案中。考虑到这主要是一项戒烟研究，研究的目标是确定戒烟和创伤后应激障碍联合治疗是否比单独解决吸烟症状更成功。

这两项研究首次将动机式访谈干预和创伤后应激障碍的循证心理治疗结合在一起。我们希望它们能够帮助我们更好地理解整合与顺序治疗，以及单一与联合治疗方式的潜在益处。这些项目的其他好处包括测试主要受过动机式访谈或延长暴露疗法培训的治疗师进行这类治疗的可行性，他们也面临着同时学习和同时实施动机式访谈和延长暴露疗法的挑战。这些研究将帮助我们理解如何将动机式访谈整合到共病人群的创伤后应激障碍治疗中，他们需要更有效的治疗来解决其具有挑战性的临床症状。话虽如此，但目前还没有公开发表的研究将动机式访谈用于仅有创伤后应激障碍的人群。尽管从理论上看，动机式访谈似乎可以帮助提高治疗承诺和依从性，但没有数据支持这一理论或指导临床治疗师如何最有效地完成。

## 动机式访谈用于治疗创伤后应激障碍的先前研究

增加动机、加强对改变的承诺以及提高治疗参与度是旨在改善创伤后应激障碍的循证心理治疗的具体组成部分。创伤受害者往往在寻求治疗方面存在矛盾心理，因为他们将现有的应对策略视为对日常事件的适应性反应，而不是视为需要改变的行为。例如，一位退伍军人认为他的嫉妒、烦躁是对"不正义的世界"的正常回应，他可能相信自己不需要治疗，当家人对他的行为生气时，他会感到沮丧。此外，一些创伤受害者也对心理治疗持怀疑态度和/或对开始治疗感到羞愧。最后，对重温过去创伤事件的恐惧是回避治疗的强大动力，并且显著增加了对参与治疗感受到的矛盾心理。

创伤后应激障碍动机增强小组（Murphy, 2008; Murphy, Rosen, Cameron & Thompson, 2002）是一项为期七次的干预，主要研究对象是患创伤后应激障碍的退伍军人。创伤后应激障碍/动机增强小组旨在帮助患者识别有问题的行为、做出改变这些行为的决定并且贯彻改变计划。患者首先要填一份调查问卷，找出他们"肯定有的问题""可能有的问题"或"没有的问题"。然后，他们将"可能有的问题"分为两类："你想知道你是否有的问题"和"别人说你有但你不同意的问题"。所有接下来的团体咨询的目标是帮助患者评估他们"可能有的问题"的严重程度。为此，患者与合适年龄段的常模比较"可能有的问题"的频率、严重程度和目的，衡量这些行为的利弊，并识别阻碍他们承认这些问题的扭曲信念。

上面引用的创伤后应激障碍/动机增强小组已经以几种方式被整合到创伤后应激障碍治疗方案中。例如，这一干预可以与综合性的创伤后应激障碍治疗方案的其他治疗部分同时进行。这种方法的优点在于，它可以解决患者在整个治疗过程中的矛盾心理。然而，如果将这一团体治疗与其他治疗技术同时引入，那么在解决任何矛盾心理前，患者可能都没有充分参与项目早期教授的技能。因此，一些治疗项目倾向于在治疗早期阶段整合干预措施，这样患者就能积极参与剩余的治疗。干预也可以作为正在进行中的支持性的治疗团体的一个偶尔的部分。

迄今为止，仅进行了一项创伤后应激障碍/动机增强小组随机对照试验（Murphy, Thompson, Murray, Rainey, & Uddo, 2009）。试验发现，干预增加了接受门诊认知行为疗法的退伍军人的治疗参与度（定义为改变的准备度、感知到的治疗重要性和创伤后应激障碍治疗的出勤率）。还需要深入研究提高动机的干预措施，以理解如何提高接受创伤后应激障碍治疗的患者的参与度以及动机式访谈对创伤后应激障碍治疗结果的潜在影响。

# 临床案例

要克服的第一个困难就是，让一个患有创伤后应激障碍的人考虑治疗的可能性。因此，第一次评估就可以开始致力于增加治疗参与度。杰瑞是一名26岁的伊拉克自由行动的退伍军人，曾两次被派到伊拉克。他报告说在外派期间遇到了几起创伤性事件。杰瑞拒绝接受评估，但承受着来自妻子要他解决与创伤后应激障碍相关困难以及酒精使用症状的压力。杰瑞在最初评估中明确表示，他来这里的唯一原因是他的家人，虽然他确实认识到存在问题，但对接受治疗明显感到矛盾。2小时评估结束时，治疗师已经收集到足够多的信息做出诊断，杰瑞满足创伤后应激障碍的诊断标准，同时存在酒精依赖和重度抑郁症。治疗师向杰瑞解释了这些诊断是如何做出的，并且他有机会就这些诊断提出问题以及询问他有哪些治疗选择，包括什么都不做。因此，在与杰瑞的首次会面中，治疗师利用评估反馈使他参与评估和治疗决策过程。

对杰瑞来说尤其有用的是向他提供信息。这包括与他讨论有关创伤和物质使用问题之间独特相互作用的研究、近期的联合治疗方案如何成功缓解这两种症状以及如果什么都不做，研究表明他的症状很可能会继续存在，违背他希望一切最终消失的愿望。杰瑞的决策行为得到了强化，并且他知道了自己有哪些治疗选择，包括单独的酒精依赖治疗、先进行酒精依赖治疗再进行创伤后应激障碍治疗的顺序治疗、酒精依赖和创伤后应激障碍同时治疗或者是不治疗。治疗师鼓励杰瑞将这些信息带回家，仔细考虑，与亲近的人讨论，并在1周内联系他做出是否治疗的决定。杰瑞决定进行包含动机增强疗法和延长暴露疗法的酒精依赖和创伤后应激障碍的同时治疗方案。他继续表达对治疗方案的矛盾心理，尤其是谈论他的创伤和改变饮酒。同时，杰瑞对他的症状严重程度以及这些症状造成的相关问题并不满意。

所有咨询均是每周一次的90分钟个体咨询，每次咨询都包括动机增强疗法和延长暴露疗法。第一次咨询的安排是，概述同时接受两种疗法的目的并描述治疗方案的基本原理（类似于延长暴露疗法，但强调创伤后应激障碍和物质使用障碍的独特共病），讨论和收集杰瑞酒精使用的信息，最后使用动机式访谈的提开放式问题、肯定、反映和做总结（OARS）的方法来引发和加强改变话语并加强他对改变的承诺。

杰瑞和治疗师讨论了他的创伤经历，并把杰瑞所在车队被路边炸弹袭击的经历当成他的"首要创伤事件"（即最令杰瑞困扰或最常出现的记忆，导致了大部分的创伤后应激障碍症状）。他们利用这一创伤事件深入讨论杰瑞的应对策略（包括酒精使用），这些策略通常聚焦于回避创伤记忆、创伤触发点以及与创伤有关的其他想法和感受。在杰瑞分享回避例子的同时，治疗师专注于这些回避策略如何引起短期和长期的后果。这次对话的目的是探讨如何利用实景和想象暴露干预等延长暴露疗法打破依赖回避策略（包括酒精使用）获得短期效益的循环，从而长期解决问题。给他提供治疗背后的原理是帮助他更好理解他被鼓励去做的事，从而增加他参与治疗的动机。尽管描述治疗的基本原理没有明显使用动机式访谈语言，但仍然可以使用动机式访谈的方法来实施。这与动机式访谈信息交换方法非常一致（肯定、反映、提开放式问题等）。

咨询的后半部分侧重于动机增强疗法的内容。杰瑞和治疗师一起完成了对酒精使用模式的评估、讨论了他所经历的与酒精使用有关的后果、与酒精使用问题相关的风险因素以及提出和回答与他准备改变有关的任何问题（包括对他的重要性和信心程度）。这一评估会作为下一次咨询个性化反馈报告的一部分。治疗师使用开放的非评判性问题与杰瑞讨论他的酒精使用问题。他说喝酒有两个好处，一个是社交方面的，一个是让他变得麻木，这样晚上就能睡好觉，也能回避负面情绪。当杰瑞讨论喝酒的利弊时，治疗师问他，如果有的话，他想如何改变他的喝酒行为。杰瑞不确定他想做什么，但他确实觉得他需要做出改变。咨询结束时进行了呼吸再训练练习（与延长暴露疗法保持一致），并讨论了家庭作业。

第2次咨询的安排是与来访者一起合作制定的，包括家庭作业回顾、检查吉瑞酒精使用的个人反馈报告、对创伤常见反应的心理教育、讨论实景暴露的原理以及建立实景暴露等级。本次治疗先回顾了杰瑞的作业，继而开始分析其个性化反馈报告。报告首先总结了杰瑞平均一周的典型酒精使用情况，包括基于他的年龄和性别的常模标准反馈。杰瑞每周平均饮用超过标准酒精摄入量30倍的酒，通常每周饮酒天数超过4天。他的峰值血液酒精浓度水平是0.25，他喝酒比99%的同龄人多。饮酒的主要负面后果与他的家庭和工作有关。他的配偶威胁他要分居，他对自己的孩子表现出烦躁和不耐烦而感到糟糕，他的工作督导最近警告他说他的表现不佳并过度使用病假。最后，他的酒精使用问题家族史以及他的创伤后应激障碍症状和轻度创伤性脑损伤被确定为酒精滥用障碍的危险因素。这份报告以诚实、准确和客观的角度反映了杰瑞的酒精使用和相关问题以供他考虑，同时避免将治疗师置于敌对或对立的咨询立场。杰瑞和他的治疗师能够合作进行评估，重点是引导他关注自己对这些信息的反映，而不需要治疗师对他的酒精使用提出意见或解释。在整个过程中治疗师都使用了对杰瑞言语和非言语行为的反映。最后，这份报告像一面镜子，使杰瑞看到了自己的行为、考虑自己是否有潜在的问题，并开始讨论改变的选择。咨询结束时，杰瑞表示，他希望减少他的酒精使用量并设定一个目标，在接下来的一周内每次饮酒都限制自己最多喝标准酒精摄入量3倍的酒。

然后，咨询转向专注于回顾创伤常见反应和制定实景暴露等级的延长暴露疗法部分。讨论创伤常见反应的目的是帮助杰瑞更好地理解他的症状对经历创伤的人来说是常见的经历，并为其提供希望，因为他现在正在接受以创伤为中心的治疗，所以这些反应中的大多数都会改善。他最常见的一些反应包括容易触发恐惧和焦虑、通过记忆和闪回再次体验创伤、噩梦、过度唤醒、过度警觉、抑郁、内疚和/或羞耻感、酒精/药物使用增多、更易愤怒和烦躁、对自己/他人/世界的负面想法的增加以及人际关系被破坏。这次对话旨在让杰瑞告诉治疗师自己是否及如何经历这些常见反应的。治疗师通过使用开放式问题来引出信息和获得来访者的许可、反映共情和支持，并通过强调延长暴露疗法如何有助于改善这些问题来鼓励他的来访者。

剩余的咨询时间则侧重于实施实景暴露。首先从关于治疗原理的谈话开始，随后讨论了杰瑞如何在他的环境中回避和应对创伤触发点。简而言之，这次讨论回顾了实景暴露如何阻止回避行为，进而阻止应对策略带来的短期益处（具体就是负面强化的概念）。实景暴露有助于消除个体关于如果暴露于创伤触发点可能发生情况的信念，同时也能消除焦虑或苦恼永远存在的信念（过程习惯化），并提高来访者的信心，灌输能力感。像之前咨询一样，对治疗原理的讨论旨在增加杰瑞对为什么要求他这样做以及干预如何帮助他感觉更好的理解。咨询的剩余时间用于生成恐惧等级的项目列表，目的是确定在治疗过程中实施的低、中、高难度的项目。伊拉克战争退伍军人的一些典型等级项目包括：置身购物商场或电影院等拥挤的地方、开车（尤其是在桥下或路肩有瓦砾的道路上）、谈论中东的人/地点/事物、晚上独自去某处、开车时停在红灯处、阅读类似事件或在电视电影中观看类似事件。杰瑞的第一个家庭作业是实景暴露。我们共同讨论了他感觉相对舒适和自信的做法。对他而言是在晚上去健身房，即使比平时更加拥挤。

第3次咨询的安排是回顾家庭作业、讨论酒精使用、回归想象暴露的原理，做想象暴露、加工暴露并分配家庭作业。杰瑞开始这次咨询时已经相对好地完成了酒精目标，每次喝酒只喝四份标准酒精摄入量。有一次他确实超过了饮酒目标设定的量，这促使他们讨论发生了什么。治疗师继续使用动机式访谈策略中的OARS（提开放式问题、肯定、反映、做总结），并尝试引发准备性改变话语（DARN：对改变的渴望、能力、理由和需要的陈述）以及动员改变话语（CAT：对改变的承诺、启动和行动）。杰瑞总体上承诺继续改变他的饮酒习惯，同时也识别了在某些社交饮酒场合的一些矛盾心理，在这些场合他不太愿意遵守他的四个标准酒精摄入量的目标。治疗师花了大量时间探索杰瑞有关喝酒和达到一个满意目标的动机。经过更多的讨论后，杰瑞同意在未来一周内停止非社交饮酒，并限制自己在社交场合的饮酒量最多不超过六份标准饮酒量。

这也是讨论暴露原理的最后一次咨询。对于创伤幸存者来说，重温创伤记忆可能非常困难。因此，唤起想象暴露的具体原理非常重要。这个过程从确认回忆创伤有多困难和多痛苦、杰瑞对这些回忆的感受以及他是如何依靠回避来应对的开始。再次回顾回避行为的短期益处以及这种方法的长期后果。很多时候，一个比喻有助于说明想象暴露是如何帮助患者处理和消化创伤性体验的。治疗师回顾了想象暴露的目标：处理和组织创伤记忆；强化"回忆"创伤和"二次创伤"的区别；学会理解对创伤的回忆并不危险；促进创伤事件与其他类似但安全的事件之间的分化并减少泛化，并产生习惯化（即利用重复降低焦虑和痛苦）；增强个人对记忆的个人效能感、掌控感和信心。杰瑞对这个过程很矛盾，但是可以理解继续回避的后果以及暴露练习的潜在好处。他同意尝试想象暴露，并花45分钟时间进行回忆。虽然这个过程对他来说很困难，但他开始意识到他可以做到这一点，并且对原理产生了更切身的体会，而不仅仅是从理论上理解它可以如何提供帮助。

剩下的咨询遵循同一安排。杰瑞最终设定的目标是在每周一次的社交饮酒期间喝四份标准酒精摄入量的酒，并成功实现了这一目标。通过不将戒酒目标强加给杰瑞，他每周能够与治疗师公开坦诚地讨论他的喝酒行为，最终他找到了一个他有动力完成的目标。杰瑞对创伤后应激障碍的治疗时有挣扎。在治疗早期他就跳过了几次咨询，同时回避了一些以延长暴露疗法为中心的家庭作业。然而，治疗师能够与他讨论他跳过咨询以及选择不做家庭作业的原因。由于治疗的开始主要集中在基本原理上，同时引出了杰瑞回避的个人理由和通过参与治疗他一定要收获的东西，所以当对于治疗的矛盾心理在治疗过程中起起落落时，这些问题可以通过重新审视这些对话来解决。这种灵活性使杰瑞能够探索他与治疗的斗争、解决他的困难并最终在结束治疗时不再满足创伤后应激障碍、重度抑郁症或酒精依赖的诊断标准。

## 问题和建议解决方案

与将动机式访谈整合进创伤后应激障碍治疗有关的最重要的问题

是，相关研究凤毛麟角。目前还没有关于动机式访谈如何与循证创伤后应激障碍治疗（延长暴露疗法、认知加工疗法或眼动脱敏与再加工疗法）结合使用的随机对照试验，因此没有数据可以表明动机式访谈可以增加治疗的疗效。理论上，动机式访谈可以提高创伤后应激障碍治疗的参与度、增强创伤后应激障碍治疗的依从性、减少创伤后应激障碍治疗的脱落率，从而改善创伤后应激障碍的治疗结果。然而不幸的是，目前这些仅仅是有根据的猜测，治疗师没有关于这一期望是否现实的指导原则，就算是，也没有关于如何最佳地将动机式访谈纳入创伤后应激障碍治疗中的操作手册。创伤后应激障碍动机增强（ME）小组确实有这样的研究，研究表明，基于动机式访谈的干预可以有效地增加治疗参与度。然而，这项研究并没有表明治疗结果得到了改善，或者告诉我们这个小组如何与创伤后应激障碍（延长暴露疗法、认知加工疗法或眼动脱敏与再加工疗法）最常用的循证心理治疗配合使用。同样，目前关于物质使用障碍和创伤后应激障碍共病人群的研究并没有考察如何在创伤后应激障碍治疗中使用动机式访谈，因为动机式访谈只在物质滥用干预中使用。这些研究将帮助我们更好地理解两种障碍的整合治疗是否可以由同一位治疗师在咨询中实施，但治疗本身仍然是分开的。动机式访谈正用于物质使用障碍的治疗；延长暴露疗法正用于创伤后应激障碍的治疗。关于这两种方法可以同时完成的观点当然是治疗研究中的一个进步，但不幸的是，它无助于我们更多地了解动机式访谈如何用于创伤后应激障碍的治疗。因此，显而易见的解决方案是进行更具体的研究，考察动机式访谈是否可以增强创伤后应激障碍的治疗结果。在我们掌握更多数据之前，"好"治疗师已经在创伤后应激障碍治疗中坚持动机式访谈风格的观点，因此特定的动机式访谈培训是不必要的——可能会持续存在于创伤后应激障碍治疗领域。

除了需要更多研究，动机式访谈和创伤后应激障碍干预措施也存在一些潜在的相互矛盾的方面。动机式访谈是以某些价值观为基础的，例如放弃标签、让来访者选择、避免专家立场并保持以人为中心的态度。虽然这些价值观并不妨碍在创伤后应激障碍治疗中使用动机式访谈，但它们会使同一位治疗师在不同风格之间来回转换的权衡决策变得复杂。创伤后应激障碍治疗在一些价值观谱系上经常与动机式访谈处于对立的两端。进行创伤后应激障碍治疗是基于诊断和某些症状的存在。创伤后应激障碍治疗师被教导作为专家，并且要教导患者一套目前不拥有或没有使用的技能，并且治疗的需要是基于自然恢复已经失败的理念。因此，患者"需要"这些技能才能从标签（创伤后应激障碍）中恢复。创伤后应激障碍的治疗师往往比那些使用动机式访谈的治疗师更具指导性、坚持更严格的咨询结构并试图说服患者为什么需要治疗。将动机式访谈更正式地纳入治疗方案中，可能会让创伤后应激障碍治疗师感到不适，同时也会让治疗师和患者感到困惑。但是，治疗师仍然可能在动机式访谈的框架内进行创伤后应激障碍治疗。

这些问题的潜在解决方案似乎依赖于教育和培训。动机式访谈已成功整合到物质使用障碍的认知行为治疗，后者通常是基于技能和专家驱动的干预措施（Bien, Miller, & Tonigan, 1993; Heather, Rollnick, Bell, & Richmond, 1996）。然而，这可能是物质使用障碍治疗师培训的产物，他们早期就学习如何在治疗中使用动机式访谈。目前，没有教创伤后应激障碍治疗师如何灵活运用动机式访谈，并将动机式访谈的治疗方法纳入创伤后应激障碍治疗方法中的培训项目。此外，治疗师在循证疗法（包括动机式访谈和创伤后应激障碍干预）方面的培训在不同的项目和学科中各不相同。与任何改变行为的尝试一样，改变治疗师风格也存在重大障碍。因此，一个可能的解决方案是在培训早期即学生正在学习成为治疗师的过程中，增加诸如动机式访谈和延长暴露疗法等循证心理治疗的培训。培训的增加可能会让治疗师更容易学习如何整合两种治疗方法来处理创伤后应激障碍/物质使用障碍共病个体。

心理健康组织在将动机式访谈整合到创伤后应激障碍治疗时也可能面临一些挑战。组织面临的第一个挑战是是否愿意同时治疗物质使用障碍和创伤后应激障碍。尽管越来越多的研究支持同时治疗方法的疗效，但一般的做法仍然是在治疗创伤之前先解决物质使用障碍。这需要组织领导层对系统性改变做出坚定的承诺。组织面临的第二个挑战与精神健康机构和戒瘾机构基础设施的不同有关。许多州会为精神健康机构和戒瘾机构颁发不同的经营范围许可证，但通常不会两者兼具。因此，临床工作人员通常仅接受这些治疗方式中的一种培训。这种模式突出了培训临床治疗师的可行性以及向已经在各自领域工作的治疗师推广循证心理治疗方法的相关挑战。

尽管患者可以寻求一些众所周知的创伤后应激障碍的有效治疗方法，但大多数患者仍继续接受未知疗效的治疗（Foa et al., 2013）。将动机式访谈纳入创伤后应激障碍的循证心理治疗的额外挑战是需要治疗师学会另一种治疗策略。让培训需求更复杂的是，当治疗师遇到物质使用障碍和创伤后应激障碍的共病患者时，他不仅需要了解物质使用障碍，而且需要熟练掌握动机式访谈和创伤后应激障碍治疗。一种可能的解决方案是由不同的治疗师提供物质使用障碍和创伤后应激障碍的治疗，但这种方法存在诸多局限。因为它创造了许多障碍，包括治疗的协调、治疗师之间的意见分歧、额外的路程以及与多个治疗师建立融洽关系。

这一系列情况总体上导致了循证心理治疗在传播上的更大问题。鉴于大多数患者没有接受创伤后应激障碍治疗的循证疗法，在动机式访谈和创伤后应激障碍的治疗干预中适当培训治疗师是专家们需要着手解决的问题。退伍军人事务局健康系统高度重视这一需求，并首次推出了循证疗法的方案（e.g., Karlin et al., 2010），用于在整个系统内对治疗师实施了动机式访谈和创伤后应激障碍治疗（尤其是延长暴露疗法和认知加工治疗）的培训。但是这一方案需要组织领导者授权这些培训及其实施。除非有更多的激励措施（以及不采取行动的实质性后果），诸如动机式访谈和创伤后应激障碍治疗的循证疗法等干预措施将继续得不到充分利用。

# 总　结

将动机式访谈策略纳入创伤后应激障碍的循证心理治疗仍处于发展的早期阶段。每种策略本身都有丰富的文献支持其疗效，但综合起来，目前只有一项随机对照试验。好消息是，我们已经有了针对创伤后应激障碍的高效治疗方法，只要有机会，这些疗法已经帮助了无数的创伤受害者。然而，这些疗法并不是普遍奏效的，并且存在局限性。通过整合动机式访谈可以显著减少或克服这些限制。具体而言，我们需要更好地理解治疗留存率的问题，以便了解动机式访谈策略是否有助于患者在艰难做出预约咨询的决定后持续参与治疗。此外，加强治疗参与度可能是动机式访谈可以提高创伤后应激障碍治疗效果的另一种方式。鉴于我们了解创伤后应激障碍治疗中是什么在起作用，这个问题似乎更多地与我们不知道如何提高让患者参与治疗的能力有关。考虑到帮助患者致力于改变那些导致症状持续的行为模式和理念存在内在困难，动机式访谈似乎是创伤后应激障碍治疗师的首要选择。

许多来访者愿意面对来自过去的困难经验，因而最终完成了创伤治疗。同时，他们对克服过去的创伤和是否要直面这些恐惧的矛盾心态也是可以理解的。动机式访谈帮助那些勇敢的来访者利用治疗获得他们应得的解脱。

# 参考文献

Ahmad, A., Larsson, B., & Sundelin-Wahlsten, V. (2007). EMDR treatment for children with PTSD: Results of a randomized controlled trial. *Nordic Journal of Psychiatry*, 61, 349-354.

Alvarez, J., McLean, C., Harris, A. H. S., Rosen, C. S., Ruzek, J. I., & Kimerling, R. (2011). The comparative effectiveness of cognitive processing therapy for male veterans treated in a VHA posttraumatic stress disorder residential rehabilitation program. *Journal of Consulting and Clinical Psychology*, 79, 590-599.

American Psychiatric Association. (2000). *Diagnostic and statistical manual of mental disorders* (4th ed., text rev.). Washington, DC: Author.

American Psychiatric Association. (2013). *Diagnostic and statistical manual of mental disorders* (5th ed.). Arlington, VA: Author.

Amrhein, P. C. (2004). How does motivational interviewing work? What client talk reveals. *Journal of Cognitive Psychotherapy*, 18, 323-336.

Amrhein, P. C., Miller, W. R., Yahne, C. E., Palmer, M., & Fulcher, L. (2003). Client commitment language during motivational interviewing predicts drug use outcomes. *Journal of Consulting and Clinical Psychology*, 71, 862-878.

Bien, T. H., Miller, W. R., & Tonigan, J. S. (1993). Brief interventions for alcohol problems: A review. *Addiction*, 88, 315-335.

Blanchard, E. B., Hickling, E. J., Barton, K. A., & Taylor, A. E. (1996). Oneyear prospective follow-up of motor vehicle accident victims. *Behaviour Research and Therapy*, 34, 775-786.

Breslau, N. (1998). Epidemiology of trauma and posttraumatic stress disorder. In R. Yehuda (Ed.), *Psychological trauma* (pp. 1-29). Arlington, VA: American Psychiatric Association.

Breslau, N., & Davis, G. C. (1992). Posttraumatic stress disorder in an urban population of young adults: Risk factors for chronicity. *American*

*Journal of Psychiatry*, 149, 671-675.

Breslau, N., Davis, G. C., Peterson, E. L., & Schultz, L. (1997). Psychiatric sequelae of posttraumatic stress disorder in women. *Archives of General Psychiatry*, 54, 81-87.

Bryant, R. A. (2003). Acute stress disorder: Is it a useful diagnosis? *Clinical Psychologist*, 7, 67-79.

Chard, K. M. (2005). An evaluation of cognitive processing therapy for the treatment of posttraumatic stress disorder related to childhood sexual abuse. *Journal of Consulting and Clinical Psychology*, 73, 965-971.

Chilcoat, H. D., & Menard, C. (2003). Epidemiological investigations: Comorbidity of posttraumatic stress disorder and substance use disorder. In P. Ouimette & P. J. Brown (Eds.), *Trauma and substance abuse*: *Causes, consequences, and treatment of comorbid disorders* (pp. 9-28). Washington, DC: American Psychological Association.

de Girolamo, G., & McFarlane, A. C. (1996). The epidemiology of PTSD: A comprehensive review of the international literature. In A. J. Marsella, M. J. Friedman, E. T. Gerrity, & R. M. Scurfield (Eds.), *Ethnocultural aspects of posttraumatic stress disorder*: *Issues, research, and clinical applications* (pp. 33-85). Washington, DC: American Psychological Association.

Dore, G., Mills, K., Murray, R., Teesson, M., & Farrugia, P. (2012). Posttraumatic stress disorder, depression and suicidalit in inpatients with substance use disorders. *Drug and Alcohol Review*, 31, 294-302.

Drapkin, M. L., Kehle−Forbes, S. M., Polusny, M., Foa, E. B., Oslin, D., & Blasco, M. M. (2014, June). *Integrated vs. sequential treatment for comorbid PTSD/addiction among veterans*. Poster presented at the 37th annual meeting of the Research Society on Alcoholism, Bellevue, WA.

Foa, E. B., Dancu, C. V., Hembree, E. A., Jaycox, L. H., Meadows, E. A., & Street, G. P. (1999). A comparison of exposure therapy, stress inoculation training, and their combination for reducing posttraumatic stress disorder in female assault victims. *Journal of Consulting and Clinical Psychology*, 67, 194-200.

Foa, E. B., Gillihan, S. J., & Bryant, R. A. (2013). Challenges and successes in dissemination of evidence-based treatments for posttraumatic stress: Lessons learned from prolonged exposure therapy for PTSD. *Psychological Science in the Public Interest*, 14, 65-111.

Foa, E. B., & Kozak, M. J. (1985). Treatment of anxiety disorders: Implications for psychopathology. In A. H. Tuma & J. D. Maser (Eds.), *Anxiety and the anxiety disorders* (pp. 421-452). Hillsdale, NJ: Erlbaum.

Foa, E. B., & Kozak, M. J. (1986). Emotional processing of fear: Exposure to corrective information. *Psychological Bulletin*, 99, 20-35.

Foa, E. B., & Rauch, S. A. M. (2004). Cognitive changes during prolonged exposure versus prolonged exposure plus cognitive restructuring in female assault survivors with posttraumatic stress disorder. *Journal of Consulting and Clinical Psychology*, 72, 879-884.

Foa, E. B., Yusko, D. A., McLean, C. P., Suvak, M. K., Bux, D. A., Oslin, D., et al. (2013). Concurrent naltrexone and prolonged exposure therapy for patients with comorbid alcohol dependence and PTSD: A randomized clinical trial. *JAMA*, 310, 488-495.

Forbes, D., Lloyd, D., Nixon, R. D. V., Elliot, P., Varker, T., Perry, D., et al. (2012). A multisite randomized controlled effectiveness trial of cognitive processing therapy for military-related posttraumatic stress disorder. *Journal of Anxiety Disorders*, 26, 442-452.

Galea, S., Ahern, J., Resnick, H., Kilpatrick, D., Bucuvalas, M., Gold, J., et al. (2002). Psychological sequelae of the September 11 terrorist attacks in New York City. *The New England Journal of Medicine*, 346, 982-987.

Galea, S., Vlahov, D., Resnick, H., Ahern, J., Susser, E., Gold, J., et al. (2003). Trends of probable post-traumatic stress disorder in New York City after the September 11 terrorist attacks. *American Journal of*

*Epidemiology*, 158, 514-524.

Heather, N., Rollnick, S., Bell, A., & Richmond, R. (1996). Effects of brief counseling among male heavy drinkers identified on general hospital wards. *Drug and Alcohol Review*, 15, 29-38.

Hembree, E. A., Foa, E. B., Dorfan, N. M., Street, G. P., Kowalski, J., & Tu, X. (2003). Do patients drop out prematurely from exposure therapy for PTSD? *Journal of Traumatic Stress*, 16, 555-562.

Hembree, E. A., Rauch, S. A. M., & Foa, E. B. (2003). Beyond the manual: The insider's guide to prolonged exposure therapy for PTSD. *Cognitive and Behavioral Practice*, 10, 22-30.

Hien, D. A., Wells, E. A., Jiang, H., Suarez-Morales, L., Campbell, A. N. C., Cohen, L. R., et al. (2009). Multisite randomized trial of behavioral interventions for women with co-occurring PTSD and substance use disorders. *Journal of Consulting and Clinical Psychology*, 77, 607-619.

Holbrook, T. L., Hoyt, D. B., Stein, M. B., & Sieber, W. J. (2001). Perceived threat to life predicts posttraumatic stress disorder after major trauma: Risk factors and functional outcome. *Journal of Trauma*, 51, 287-292.

Karlin, B. E., Ruzek, J. I., Chard, K. M., Eftekhari, A., Monson, C. M., Hembree, E. A., et al. (2010). Dissemination of evidence-based psychological treatments for posttraumatic stress disorder in the Veterans Health Administration. *Journal of Traumatic Stress*, 23, 663-673.

Kessler, R. C. (2000). Posttraumatic stress disorder: The burden to the individual and to society. *Journal of Clinical Psychiatry*, 61, 4-14.

Kessler, R. C., Berglund, P., Demler, O., Jin, R., Merikangas, K. R., & Walters, E. E. (2005). Lifetime prevalence and age-of-onset distributions of DSMIV disorders in the National Comorbidity Survey Replication. *Archives of General Psychiatry*, 62, 593-602.

Kessler, R. C., Sonnega, A., Bromet, E., Hughes, M., & Nelson, C. B. (1995). Posttraumatic stress disorder in the National Comorbidity Survey. *Archives of General Psychiatry*, 52, 1048-1060.

Kilmer, B., Eibner, C., Ringel, J. S., & Pacula, R. L. (2011). Invisible wounds, visible savings?: Using microsimulation to estimate the cost and savings associated with providing evidence-based treatment for PTSD and depression to veterans of Operation Enduring Freedom and Operation Iraqi Freedom. *Psychological Trauma*: *Theory, Research, Practice, and Policy*, 3, 201-211.

Lee, C., Gavriel, H., Drummond, P., Richards, J., & Greenwald, R. (2002). Treatment of PTSD: Stress inoculation training with prolonged exposure compared to EMDR. *Journal of Clinical Psychology*, 58, 1071-1089.

Macdonald, A., Monson, C. M., Doron-Lamarca, S., Resick, P. A., & Palfai, T. P. (2011). Identifying patterns of symptom change during a randomized controlled trial of cognitive processing therapy for military-related posttraumatic stress disorder. *Journal of Traumatic Stress*, 24, 268-276.

McFarlane, A. C., Atchison, M., Rafalowicz, E., & Papay, P. (1994). Physical symptoms in posttraumatic stress disorder. *Journal of Psychosomatic Research*, 38, 715-726.

Miller, W. R., & Rollnick, S. (2013). *Motivational interviewing*: *Helping people change* (3rd ed.). New York: Guilford Press.

Miller, W. R., Zweben, A., DiClemente, C. C., & Rychtarik, R. G. (1994). *Motivational enhancement therapy manual*: *A clinical research guide for therapists treating individuals with alcohol abuse and dependence*) Project MATCH Monograph Series, Vol. 2. NIH Pub. No. 94-3723). Rockville, MD: National Institute on Alcohol Abuse and Alcoholism.

Mills, K. L., Teesson, M., Back, S. E., Brady, K. T., Baker, A. L., Hopwood, S., et al. (2012). Integrated exposure-based therapy for co-occurring posttraumatic stress disorder and substance dependence: A randomized controlled trial. *JAMA*, 308, 690-699.

Moyers, T. B., Martin, T., Christopher, P. J., Houck, J. M., Tonigan, J. S., & Amrhein, P. C. (2007). Client language as a mediator of motivational interviewing efficacy: Where is the evidence? *Alcoholism*:

*Clinical and Experimental Research*, 31, 40S-47S.

Moyers, T. B., Martin, T., Houck, J. M., Christopher, P. J., & Tonigan, J. S. (2009). From in-session behaviors to drinking outcomes: A causal chain for motivational interviewing. *Journal of Consulting and Clinical Psychology*, 77, 1113-1124.

Murphy, R. T. (2008). Enhancing combat veterans' motivation to change posttraumatic stress disorder symptoms and other problem behaviors. In H. Arkowitz, H. A. Westra, W. R. Miller, & S. Rollnick (Eds.), *Motivational interviewing in the treatment of psychological problems* (pp. 54-87). New York: Guilford Press.

Murphy, R. T., Rosen, C. S., Cameron, R. P., & Thompson, K. E. (2002). Development of a group treatment for enhancing motivation to change PTSD symptoms. *Cognitive & Behavioral Practice*, 9, 308-316.

Murphy, R. T., Thompson, K. E., Murray, M., Rainey, Q., & Uddo, M. M. (2009). Effect of a motivation enhancement intervention on veterans' engagement in PTSD treatment. *Psychological Services*, 6, 264-278.

Nacasch, N., Foa, E. B., Huppert, J. D., Tzur, D., Fostick, L., Dinstein, Y., et al. (2011). Prolonged exposure therapy for combat- and terror-related posttraumatic stress disorder: A randomized control comparison with treatment as usual. *Journal of Clinical Psychiatry*, 72, 1174-1180.

Najavits, L. M. (1999). Seeking Safety: A new cognitive–behavioral therapy for PTSD and substance abuse. *National Center for Posttraumatic Stress Disorder Clinical Quarterly*, 8, 42-45.

Ouimette, P. C., Ahrens, C., Moos, R. H., & Finney, J. W. (1997). Posttraumatic stress disorder in substance abuse patients: Relationship to 1-year posttreatment outcomes. *Psychology of Addictive Behaviors*, 11, 34-47.

Perkonigg, A., Kessler, R. C., Storz, S., & Wittchen, H. (2000). Traumatic events and posttraumatic stress disorder in the community: Prevalence, risk factors and comorbidity. *Acta Psychiatrica Scandinavica*, 101, 46-59.

Pietrzak, R. H., Goldstein, R. B., Southwick, S. M., & Grant, B. F. (2011). Prevalence and Axis I comorbidity of full and partial posttraumatic stress disorder in the United States: Results from Wave 2 of the National Epidemiologic Survey on Alcohol and Related Conditions. *Journal of Anxiety Disorders*, 25, 456-465.

Rapaport, M. H., Clary, C., Fayyad, R., & Endicott, J. (2005). Quality-of-life impairment in depressive and anxiety disorders. *The American Journal of Psychiatry*, 162, 1171-1178.

Resick, P. A., Galovski, T. E., Uhlmansiek, M. O., Scher, C. D., Clum, G. A., & Young-Xu, Y. (2008). A randomized clinical trial to dismantle components of cognitive processing therapy for posttraumatic stress disorder in female victims of interpersonal violence. *Journal of Consulting and Clinical Psychology*, 76, 243-258.

Resick, P. A., & Schnicke, M. K. (1992). Cognitive processing therapy for sexual assault victims. *Journal of Consulting and Clinical Psychology*, 60, 748-756.

Resick, P. A., & Schnicke, M. K. (1993). *Cognitive processing therapy for sexual assault victims: A treatment manual*. Newbury Park, CA: Sage.

Riggs, D. S., Cahill, S. P., & Foa, E. B. (2006). Prolonged exposure treatment of posttraumatic stress disorder. In V. M. Follette & J. I. Ruzek (Eds.), *Cognitive-behavioral therapies for trauma* (2nd ed., pp. 65-95). New York: Guilford Press.

Riggs, D. S., Rothbaum, B. O., & Foa, E. B. (1995). A prospective examination of symptoms of posttraumatic stress disorder in victims of nonsexual assault. *Journal of Interpersonal Violence*, 10, 201-214.

Rothbaum, B. O., Astin, M. C., & Marsteller, F. (2005). Prolonged exposure versus eye movement desensitization and reprocessing (EMDR) for PTSD rape victims. *Journal of Traumatic Stress*, 18, 607-616.

Rothbaum, B. O., Foa, E. B., Riggs, D. S., Murdock, T., & Walsh, W. (1992). A prospective examination of post-traumatic stress disorder in rape victims. *Journal of Traumatic Stress*, 5, 455-475.

Scheck, M. M., Schaeffer, J. A., & Gillette, C. (1998). Brief psychological intervention with traumatized young women: The efficacy of eye movement desensitization and reprocessing. *Journal of Traumatic Stress*, 11, 25-44.

Schnurr, P. P., Friedman, M. J., Engel, C. C., Foa, E. B., Shea, M. T., Chow, B. K., et al. (2007). Cognitive behavioral therapy for posttraumatic stress disorder in women: A randomized controlled trial. *JAMA*, 297, 820-830.

Schnurr, P. P., Hayes, A. F., Lunney, C. A., McFall, M., & Uddo, M. (2006). Longitudinal analysis of the relationship between symptoms and quality of life in veterans treated for posttraumatic stress disorder. *Journal of Consulting and Clinical Psychology*, 74, 707-713.

Schulz, P. M., Resick, P. A., Huber, L. C., & Griffin, M. G. (2006). The effectiveness of cognitive processing therapy for PTSD with refugees in a community setting. *Cognitive and Behavioral Practice*, 13, 322-331.

Shalev, A., Bleich, A., & Ursano, R. J. (1990). Posttraumatic stress disorder: Somatic comorbidity and effort tolerance. Psychosomatics: *Journal of Consultation and Liaison Psychiatry*, 31, 197-203.

Shapiro, F. (1995). *Eye movement desensitization and reprocessing: Basic principles, protocols, and procedures*. New York: Guilford Press.

Shapiro, F. (2001). *Eye movement desensitization and reprocessing: Basic principles, protocols, and procedures* (2nd ed.). New York: Guilford Press.

Taylor, S., Thordarson, D. S., Maxfield, L., Fedoroff, I. C., Lovell, K., & Ogrodniczuk, J. (2003). Comparative efficacy, speed, and adverse effects of three PTSD treatments: Exposure therapy, EMDR, and relaxation training. *Journal of Consulting and Clinical Psychology*, 71, 330-338.

van Griensven, F., Chakkraband, M. L. S., Thienkrua, W., Pengjuntr, W., Cardozo, B. L., Tantipiwatanaskul, P., et al. (2006). Mental health problems among adults in tsunami-affected areas in southern Thailand. *JAMA*, 296, 537-548.

Yehuda, R., & McFarlane, A. C. (1995). Conflict between current knowledge about posttraumatic stress disorder and its original conceptual basis. *The American Journal of Psychiatry*, 152, 1705-1713.

# 第六章

# 作为抑郁女性心理治疗预处理的动机式访谈

阿兰·朱科夫

霍莉·A.斯沃茨

南茜·K.格罗特

精神疾病儿童的母亲和经济贫困的孕妇是两组抑郁症比例高但治疗比例低的人群。斯沃茨及其同事（2005）发现，61%的带孩子到儿童心理健康诊所的母亲符合目前《精神障碍诊断与统计手册》（第四版）（APA，1994）轴I障碍的标准，最常见的是抑郁症（35%）；三分之二的精神病患者未接受心理治疗。大多数怀孕（Flynn, Blow, & Marcus, 2006; Marcus, Flynn, Blow, & Barry, 2003）和低收入（Levy & O'Hara, 2010; Lorant et al., 2003; Miranda, Azocar, Komaromy, Golding, 1998）的女性患抑郁症的风险比一般人群更高，但在这群人中患有抑郁症的女性往往得不到治疗。

抑郁和高风险女性在治疗中面对的实际障碍包括物质成本、无法获得就诊服务以及儿童照顾问题。按照定义，抑郁症患者遭受着精力缺乏、绝望和认知减缓等症状的困扰，这些症状可能使他们更容易受到"时间和麻烦"因素的影响，降低治疗参与度。承认抑郁症带来的担忧和羞愧，对治疗是否有用的怀疑（Scholle, Hasket, Hanusa, Pincus, & Kupfer, 2003）以及之前在心理健康服务的负面经历（McKay & Bannon, 2004）阻碍着患者参与治疗，感觉被误解或未被帮助则预测了患者提早停止治疗

（Garcia & Weisz, 2002）。提供的治疗类型与期望的类型（McCarthy et al., 2005）不匹配，对问题性质的看法难以相容，对接受帮助的合理性、透露私人经历或照顾自己持否定态度（e.g., Mackenzie, Knox, Gekoski, & Macaulay, 2004），对关系的负面期望等因素也同样阻碍着患者参与治疗。治疗师对文化不敏感或无知也可能造成重大障碍（Miranda, Azocar, Organista, Muñoz & Lieberman, 1996）。对咨询服务的低需求感知，尤其是对轻度至中度抑郁症患者（Mojtabai et al., 2011），表明有些人可能会放任不管，认为没有必要处理自己的低落情绪。

## 常规治疗

在心理健康治疗中提升参与度的干预措施包括心理治疗准备策略，如角色诱导、替代治疗预训练、体验式预训练和认知治疗技术的运用（Pollard, 2006; Walitzer, Dermen, & Connors, 1999）。用于女性抑郁患者初级保健的病例管理已经开始用于她们的抑郁症治疗中（Miranda, Azocar, Organista, Dwyer, & Areane, 2003）。这些方法都没有被广泛使用。

## 动机式访谈提升抑郁治疗参与度的原理

治疗准备干预很少出现在来访者的议程中——包括希望讲述他们的故事、理解他们问题的性质，并具体说明他们希望获得的帮助类型——或者用于处理他们可能面临的心理和文化障碍。动机式访谈（MI; Miller & Rollnick, 2013）强调在以人为中心的关系中满足来访者和治疗师双方的治疗期望。此外，治疗的许多障碍可以从对改变的矛盾心理、参与治疗的困难来理解。动机式访谈力图对来访者的观点、希望和担忧达成一种接纳、共情和支持其自主性的理解，它是一种在这一理解下解决来访者矛盾心理的咨询风格，因此，动机式访谈提供了一个对参与度进行干预的有前景的概念框架。大量的研究支持将动机式访谈用于此目的（Lundahl, Kunz, Brownell, Tollefson, & Burke, 2010; Zuckoff & Hettema, 2007），证据表明将动机式访谈添加到更长或更强化的治疗中是有效且持久的（Hettema, Steele, & Miller, 2005）。

# 临床应用

## 参与会谈的发展

斯沃茨为患有精神疾病的儿童的抑郁症母亲开发了简版的人际关系疗法（IPT-B; Swartz et al., 2004; Swartz, Grote & Graham, 2014），格罗特进一步调整简版的人际关系疗法使其适用于社会经济地位低下且怀孕的抑郁症女性（Grote, Bledsoe, Swartz, & Frank, 2004），朱科夫及其同事介绍了（Daley & Zuckoff, 1999; Zuckoff & Daley, 2001; Zweben & Zuckoff, 2002）一种以动机式访谈为基础的针对治疗动机和改变动机的依从性干预，并对其进行了预试验（Daley, Salloum, Zuckoff, Kirisci, & Thase, 1998; Daley & Zuckoff, 1998）。为了寻求有效且可行的方法来触达难以参与治疗的人群，斯沃茨、格罗特和朱科夫开始一起合作（Grote, Swartz, & Zuckoff, 2008; Swartz et al., 2007）。通过人种学访谈（Schensul, Schensul, & LeCompte, 1999），我们强调了访谈员文化特定的价值观、理解他人的方式以及对什么构成"理性"行为的判断可能会干扰他理解和支持受访者文化特定的价值观、理解和判断的潜在影响。在人际关系疗法中，我们融入了以动机式访谈的风格进行抑郁症的心理教育：对"标签陷阱"可能带来的不一致保持敏感，同时也认识到"重度抑郁症"

的诊断语言可以为来访者提供一些缓解，因为它传达了这样的信息，即行为上的改变不应归咎于个人弱点或道德失败，而应归咎于来访者不需要承担责任并且可以得到有效治疗的疾病。

我们开发的"参与会谈"是一次单独咨询的治疗前干预，重点是传达治疗师对来访者个人和文化嵌入观点的理解、帮助他们认识到治疗的潜在益处与他们的优先事项和关切是一致的、促进识别和解决矛盾心理并解决参与障碍的问题。我们在发展动机式访谈的"四过程"模型（Miller & Rollnick, 2013）之前就已经命名了我们的干预措施，该模型也将"参与"描述为一个动机式访谈过程。虽然干预的目标是提高抑郁症患者参与有效治疗的积极性，但干预提供者会采用动机式访谈的所有过程：提升来访者参与度、为咨询制订合作聚焦点、唤起支持参与抑郁症治疗的话语，以及为开始治疗制订计划。

## 关于参与会谈的研究

在一项开放的前瞻性预研究中（Swartz et al., 2006），一组有抑郁但无自杀倾向且正在接受心理治疗的青少年的母亲需要接受参与会谈和8次简版人际关系疗法咨询。符合《精神障碍诊断与统计手册》（第四版）重度抑郁症标准且未接受治疗的13位母亲中，有11位接受了参与会谈。咨询结束后，所有人填答了《来访者满意度问卷》（CSQ），这是一个评估治疗主观满意度的总共8个项目的工具，分数可能在8到32（Attkisson & Greenfield, 2004）。接受参与会谈的来访者平均《来访者满意度问卷》评分为27.2（±4.0），说明满意度高。所有11名参与者之后都预约了首次治疗，其中10名参与者完成了所有治疗。没有完成的那一个来访者参加了八次咨询中的七次，"参与"度也较高。

在随后的随机对照试验中（Swartz et al., 2008），当正在接受心理治疗的青少年的抑郁症母亲（$n=47$）被随机分配到接受参与会谈和8次简版的人际关系疗法咨询（"ES+IPT-MOMS"）时，在3个月的治疗结束时，她们参加咨询的次数是转介到社区常规治疗的来访者的两倍（9.0与4.5，$p<0.05$）。接受ES+IPT-MOMS的来访者在治疗完成时和9个月随访时也表现出更好的抑郁症治疗结果。

在一家大型城市妇女医院的公共产科门诊进行的一项随机预试验中（Grote, Zuckoff, Swartz, Bledsoe & Geibel, 2007），64名社会经济地位低下的抑郁症孕妇（63%为非裔美国人）虽然没有寻求抑郁症治疗，但通过此项研究同意接受治疗，他们被分配到两个组，一组在产前门诊接受同一位治疗师提供的参与会谈和8次简版的人际关系疗法咨询（"ES+IPT-MOMS"），一组接受由产前门诊或所在社区的心理健康治疗师提供的标准抑郁症治疗（"强化常规护理"，EUC）。"参与会谈和8次简版的人际关系疗法咨询"组的31位女性中，25位参加了研究并接受了参与会谈；24位女性（96%）参加了首次治疗，17位（68%）完成了简版的人际关系疗法的所有治疗。分配到强化常规护理组的33位女性中，28位参与了研究，10名（36%）参加了首次治疗，2名（7%）完成了所有的标准抑郁症治疗。"参与会谈和8次简版的人际关系疗法咨询"组的开始治疗率和留存率显著优于强化常规护理组（$p<0.001$）。接受参与会谈和8次简版的人际关系疗法咨询的来访者在产前（基准线3个月后）和产后6个月表现出更好的抑郁症治疗结果（Grote et al., 2009）。

在一项随机对照预试验（O'Mahen, Himle, Fedock, Henshaw 和 Flynn, 2013）中，55名多种族低收入且患有重度抑郁症的孕妇接受了12次改良的认知行为治疗，其中包括一次正念认知行为疗法（mCBT）或在社区中接受常规治疗（TAU）。分配到正念认知行为疗法组的女性有83%参加了参与会谈，72%参加了第二次咨询，60%参加了至少四次咨询。分配到常规治疗组的女性有17%接受了部分心理治疗。相比常规治疗组，正念认知行为疗法组的女性在治疗后和3个月后的随访中表现出更多的抑郁症状的减少，在改变的可靠性和临床显著性上没有差异。

## 参与会谈的描述

参与会谈是半结构化的，分为五个阶段：引出故事；提供反馈和心理教育；探索困扰、应对和治疗的历史以及治疗的希望；解决实践上、心理上和文化上的治疗障碍；以及引出承诺或留有余地。接下来我们将描述每个阶段，并提供一个有来访者原型的会谈记录，同时附有相应的注释。

### 引出故事

第一个阶段的目标是保证来访者感到被理解并引出改变重要性的谈话。治疗师首先询问来访者的感受以及最近情况。如果她只回答自己的感受，治疗师还会询问她的情况："你最近感到如此无望……是因为生活中发生了什么影响到你吗？"同理，如果她只回答生活的境况，治疗师也会询问她的感受："这些境况让你深陷其中，不停忙碌……告诉我这些糟糕的境况对你有什么影响？"治疗师倾听来访者对自己痛苦感受的看法，了解来访者认为是什么导致了她的痛苦，以及这些痛苦如何干扰她对日常生活的看法，尤其关注社交和人际关系情境。

来访者在几乎所有情况下的"故事"都可以被定义为一个两难困境，即一个理论上无法解决的问题，因为每个潜在解决方案都会产生难以承受的成本。这既反映了抑郁症固有的绝望感，又是这一绝望感的来源。成功完成该阶段通常会得出一个结论，它既能具体化来访者的两难困境，又能突出来访者希望获得帮助摆脱困境的愿望。

| | |
|---|---|
| **治疗师**：告诉我最近情况如何以及你的感受怎么样。 | 从一个开放式问题切入，引出故事。 |
| **来访者**：我儿子约翰尼是个可怕的孩子。他让我烦得不得了。我感觉我真的会伤害他。他在学校惹麻烦。在家里他总是缠着我。我不知道该怎么办。 | 来访者聚焦在她惹人烦的孩子如何影响她，并表达了她的无助和痛苦。 |
| **治疗师**：你开始担心你对他的感觉——你可能会发脾气，做出你会后悔的事。 | 治疗师反映了意义和感受。 |
| **来访者**：我的整个生活都受到了影响。我在工作中变得易怒，还对同事发脾气。 | |
| **治疗师**：你和他不在一起时也受到了影响。你还注意到其他和你通常的感受和行为不一样的地方吗？ | 反映。<br><br>要求来访者详细说明以引出对问题的认识，有利于提高对改变的意识。 |
| **来访者**：我无法享受闲暇时间。我总是生气。我不想和任何人说话。我总是不开心。 | 来访者描述了抑郁症状。 |
| **治疗师**：不论你在哪里、和谁在一起，或正在做什么，你的感觉都一样……一种愤怒和不开心的感觉，这很难，因为你面对的是约翰尼，而且不论你做什么，情况似乎没有任何改善。 | 治疗师总结来访者对现状不满的表达。 |

**来访者**：是的。我拿他没有任何办法。情况变得越来越糟糕。

来访者确认她感到被理解。

**治疗师**：这让你觉得非常沮丧。

对感受的反映。

**来访者**：没有一件事不让我感到沮丧。

**治疗师**：这跟以前相比是很大的改变。

回顾从前。

**来访者**：是的，就是在过去这一年他变得更糟糕了。他爸爸离开了，现在他和他女朋友住在街对面。

聚焦在她孩子的问题情境当中，她描述了目前困扰的来源。

**治疗师**：这是一个艰难的处境。

支持性陈述。

**来访者**：在那之前，他爸爸和我关系不是很好，他见过太多，但自从他爸爸离开后，情况变得更糟糕了。他似乎变本加厉。都快要被开除了。我和他老师和辅导员谈过，他们都把责任推到我身上。

他是否也同样害怕被这位治疗师或未来的治疗师责备？

**治疗师**：你用尽你能想到的办法让约翰尼回心转意，这不仅没有起到作用，这让你很难过，而且你还被你希望寻求帮助的人责备（来访者点头）你真的很生气。

肯定和复合反映；强调她的两难困境并指出参与治疗的一个可能障碍。

**来访者**：是的。似乎没人理解发生了什么。

她开始感觉到被理解了。

**治疗师**：在整件事中你感觉孤立无援（来访者点头）似乎没人能帮到你，没人真正理解你。

反映意义和感受。

**来访者：** 连我母亲都责备我分手。她认为我应该坚持下来。

**治疗师：** 你是怎么做出分手的决定的？你们两人发生了什么？

*引出关于两难困境的更多内容……*

**来访者：** 我再也受不了了。他要杀了我。我感觉非常难过，因为约翰尼看到了一切。我尝试让他上楼，但他会偷偷下来，有时他会看到他爸爸打我。

*……她用她的情况和行动的原因来描述这种两难困境。*

**治疗师：** 你感到你别无选择，你必须离开（来访者使劲点头）。看我的理解是否正确。

*共情她在面对两难困境时做出的选择。*

你处理这些问题已经有一段时间了，但情况越来越糟糕。因此，你决定在可怕的事情发生前离开，这个决定并不仅仅是为了你自己，也是为了约翰尼，因为你担心他看到的东西可能会对他产生不好的影响。你努力做你知道的最好的事情、尽力做出最好的决定，而结果似乎变得更糟糕了。

*过渡性总结，包括对她关于自己如何陷入当前问题情境的观点的理解……*

*……肯定她的良好意图和做出的努力……*

**来访者：** 就是这样的！

**治疗师：** 约翰尼并没有感觉更好或表现得更好，他的表现似乎更糟糕了，你不知道如何与他沟通，如何帮助他，又能为

*……具体化她的两难困境……*

他做些什么。就好像你迈出
了这么艰难的一步，事情却
变得越来越糟。

**来访者**：不论我做什么，都会失败。

**治疗师**：现在你不知道该往哪里去，该
做什么，你也担心如果事情不
好转的话你可以做什么。

　　*……并且反映她对如果得不到帮
助可能会发生什么的恐惧。*

**来访者**：是的。我担心我会失去控制
或者失去工作。

　　*想要改变的潜在意识。*

**治疗师**：这真的很可怕，因为真的有
可能跌落谷底。

**来访者**：是的。而且我不知道如何独
自走出这个困境。

　　*支持治疗的第一次谈话（参与
谈话）。*

### 提供反馈和心理教育

　　这一阶段的目标是向来访者提供关于她目前困境的不同观点。治疗师将问题重新构建为一个可以得到有效治疗的可识别的医疗状况，而不是无望的情况，即意志力或能力的失败。这并不是为了最小化背景因素的重要性，而是为了让来访者更有效地应对这些因素。

　　来访者将获得有关当前状况的个性化反馈。评估工具包括抑郁症状的标准化自我评估，比如《抑郁症症状快速自评量表》（Rush et al., 2003）或《九项患者健康问卷》（Kroenke, Spitzer & Williams, 2001）。治疗师随后会引导来访者谈论她对抑郁症的现有知识，征得许可后提供与来访者的个人相关、和现有知识相适应的心理教育，然后引导她做出反应。"引导-提供-引导"的形式有助于确保来访者对治疗师所说的话保持开放态度，并减少某些与他的价值观相悖的教育内容引起的不一致。这也传达了对来访者观点的尊重，并且承认她对这些信息

有最终解释权。

治疗师提供的心理教育包括认为抑郁症是一种"无过错"的疾病，因此抑郁症患者不应该为她所患的疾病负责；抑郁对人们解决人际问题或解决困难的能力产生负面影响，抑郁症可以得到有效治疗；当抑郁症得到有效治疗时，人们通常会开始用替代方案来解决以前那些看似无法解决的生活问题。如果来访者不接受诊断性语言，对她是否真的"抑郁"（而不是，例如"焦虑不安"或"不堪重负"）表示不确定，或不愿意承认她需要"治疗"，治疗师也要接受来访者矛盾心理中维持现状的一面，并以非防御的方式做出回应。治疗师询问来访者的观点并强调其合理性，同时寻找机会将来访者描述的问题（痛苦的感受、有问题的思维模式、功能上的困难）与治疗师的帮助能力联系起来："在你看来，压力与抑郁是非常不同的，你确信自己感到的是压力而不是抑郁。你还告诉我，你的新情况是压力的主要来源。如果一种疗法可以帮助你找到并使用一些更好的方式来应对这种情况，是否值得一试呢？"

在这一阶段，治疗师从来访者的视角转移到专家视角，这时可能会出现种族、文化或性别相关的障碍。要理解来访者的文化背景，让来访者介绍其背景和身份的独特元素至关重要。但是，不同背景的人通常很难坦诚地讨论不信任和误解的问题。因此，治疗师应该邀请甚至鼓励来访者表达与抑郁症的精神病理学观点及其治疗相关的顾虑，这些顾虑可能被认为在文化上不可接受。这些顾虑可能包括不愿意向不同种族或性别的治疗师吐露隐私，或不愿意在专业治疗环境中透露敏感信息。

**治疗师**：我想回顾一下我们给你的抑　　　　　　反馈的介绍。
　　　　　郁问卷，告诉你我们对你的
　　　　　回答的看法。可以吗？　　　　　征求许可。

**来访者**：好的，听起来不错。

**治疗师**：如果你觉得我说的话有任何
不对，请告诉我——因为我
真的想知道——同时也让我
知道你觉得有道理的内容。
这是患者健康问卷。它询问
的是让我们判断一个人是否
抑郁的一些标志，你同意七
个标志中的五个。例如，你
说你注意到了睡眠上的一些
变化。告诉我你注意到你的
睡眠发生了什么改变。

说明反馈的来源，解释如何进行
并提供反馈。

询问具体情况。

**来访者**：我在晚上会经常醒来。我会做
一些我担心的事情的噩梦，醒
来后我就一直睡不着。

**治疗师**：所以，你比以前更难保持睡
眠，重新入睡也更加困难。你
还说你的食欲不如以前了。

澄清症状。

**来访者**：我一直在吃垃圾食物。我也
吃东西，但不像我往常那样
规律饮食。

**治疗师**：睡眠和食欲方面的改变是两
项我们经常会在抑郁的人身
上观察到的生理改变。抑郁
会影响人们的身体以及他们
的想法和感受。你对事物的
兴趣也会降低，不如往常那
样有活力，也有过一些想死
的念头。跟我说说。

提供有关抑郁模型的信息。

邀请她积极参与讨论以促进合作。

**来访者**：约翰尼真的很任性，而我又没有人可以倾诉。我感觉我现在活着的理由就是照顾他，所以当他闹脾气，我会觉得活着没有任何意义。

**治疗师**：你使尽浑身解数来尝试解决这个问题，你吃不好也睡不好，这也影响了你的健康。因此，有时候你会到达放弃的边缘，感觉继续下去毫无意义。

*汇总总结。*

**来访者**：是的，如果他那样对我，我为什么还要为他做这些事？

**治疗师**：所以，这也是生气的点。比如，"去你的吧……如果你要这样做的话，我甚至不想待在这里。"

*反映感受。*

**来访者**：完全正确。对自己的儿子有这样的感受难道不可怕吗？

**治疗师**：当人们有诸如睡觉、食欲、能量、兴趣这类问题并且想要放弃时，我们会认为他们有抑郁症。因此，在我们看来，你是抑郁的，这也是为什么你的感受和行为与正常的你不一样。你怎么想？

*有了提供信息的潜在许可，用抑郁症的医学模型来重新解释她的情绪和行为改变，以及她的自责。*

*引导她做出反应。*

**来访者**：如果这一切都不曾发生在我的生命里，我认为我不会抑郁。

*出现轻微防御（不一致）。*

| | |
|---|---|
| **治疗师**：这对你的感受和行为产生了很大影响。 | 使用反映来缓解不一致。 |
| **来访者**：是的，如果约翰尼不这样叛逆，如果他的父亲没有和女朋友住在街对面，如果我没有勉强度日，我认为我不会有这种感觉。 | 按照抑郁症模型重新构建。 |
| **治疗师**：这就说得通了。在压力情况下的人往往更容易抑郁，并有你这样的感觉。我认为这非常符合我们的观察。你对这个有没有其他想法？（来访者摇头，看起来不太确定。）你确定吗？ | 引导她做出反应。<br>检查没有说出口的意见分歧。 |
| **来访者**：所以，抑郁是我身体里的东西吗？就像一种疾病？ | |
| **治疗师**：你想知道我说的"抑郁"是什么意思。当你听到"抑郁"这个词时，你的理解是什么？ | 引导来访者说出自己的理解以及她关注的问题。 |
| **来访者**：就是感到悲伤。比如当我的朋友和她男朋友分手时，她会很低落，说自己感到抑郁。 | |
| **治疗师**：人们可以用"抑郁"这个词来描述他们感觉低落或者悲伤的时候——这可能会自行消失。听起来你是这样想的。我们的理解是，抑郁症是一种可能让人感到痛苦的医疗疾病，但幸运的是，它也是一种可以治疗 | 进行心理教育……<br><br>……以及提供希望。 |

的疾病，而且我们知道如何帮助患者应对它（来访者看起来在思考）。我们也认为，一旦有人患上抑郁症，压力情境就会更难应对。

所以，两者相互影响。压力和困难可能会导致抑郁症。那么，一旦你患上抑郁症，应对困难就更加困难。你没有和以前一样的能量和注意力来处理生活中的压力情境。这听起来像是正在发生的事情吗？

引导她对心理教育做出反应。

**来访者：** 所以，你说的是，所有发生的事情会影响我的感受，而一旦我有这种感受会让所有事情看起来比实际情况更糟糕？

她是不是怀疑治疗师在暗示她的抱怨有些夸大其词？

**治疗师：** 不一定是比实际情况更糟糕，但很可能比实际情况更无助。我相信你的处境非常困难，感觉很糟糕。我们发现，当一个人抑郁时，就很难看到应对困难情境的方法。一切看起来都有点黯淡无光。随着抑郁减轻，情况虽然不会立马好转，但他们更能看到改善困难情境的方法，并利用自己所掌握的技

注意不要弱化她的情况的困难程度……

……按照抑郁模型重新建构，这会给来访者带来希望。

能来应对困境。这能理解吗？

**来访者**：可以的。我肯定需要获得一些帮助来处理一些正在发生的事情 ——因为我无法自己解决。

参与话语——不一致似乎得到缓解。

**治疗师**：好消息是，如果我们能为你提供帮助，你可能会开始感觉自己更能处埋这种情况，这实际上也有助于缓解抑郁症。这听起来如何？

传达乐观情绪。

**来访者**：好的。那就好。


探索困扰、应对和治疗的历史以及治疗的希望

在这个阶段，治疗师的目标包括理解来访者在当前相关历史背景下的困难；发现与治疗相关的负面经历或阻碍其参与治疗的信念；理解她过去和现在的应对努力，并肯定她在应对中拥有的优势；以及引导来访者谈论积极改变（即希望）的可能性。

治疗师首先询问来访者是否曾经有过现在的感受。讨论来访者的抑郁经历，然后询问她如何处理这些感受（如果她抑郁过）以及她最近尝试过哪些方法来帮助自己感觉更好和应对困境。治疗师会寻找机会肯定来访者的努力，支持她的自我效能感，以及理解来访者可能觉得可行或渴望的干预方式。

如果这些话题没有出现，治疗师会主动询问来访者对治疗的看法。这些看法可能来自个人或他人（比如孩子或其他家庭成员）的经验或媒体描述。重要的是引导来访者讨论治疗的积极方面和消极方面，因为前者构成了"参与话语"的一部分，后者可能构成矛盾心理的主要来源或参与的主要障碍。治疗师使用共情反映来传达对治疗的

负面情绪或对信念的非评判性理解；如果这些负面情绪和信念泛化到当前与治疗师的关系中或治疗中，治疗师会使用诸如转移焦点和强调个人选择与控制的具体策略；以及通过重新建构来突出建议的治疗方案可能更有帮助。

最后，治疗师会询问来访者对当前治疗的希望和恐惧。鼓励来访者描述她期望从治疗和治疗师那里得到什么，这样做尽管不同寻常，但我们相信，这也是咨询中具有强大参与度效果的要素之一。展望未来——"在治疗结束时你希望有什么不一样"或者"如果这种治疗方法能够像你希望的那样进行，两个月后你的生活和现在有什么不一样"——可以进一步唤起希望，即事情会变得更好，治疗可以有效促进改善。

在讨论中，治疗师会寻找机会帮助来访者了解治疗可以如何满足她的需求。这通常包括简要描述治疗的基本原则，并关注治疗方案和来访者意愿之间的一致性。我们发现人际关系疗法非常适合服务于女性来访者；抑郁与人际关系中的转变、冲突或丧失有关这一想法似乎符合他们的直觉，而且几乎总是符合讨论的焦点。同样，人际关系治疗师的立场——热情、积极、鼓励、在更多和更少的指导性干预之间灵活切换——对来访者具有很大的吸引力。参与会谈的有效性部分取决于来访者对被要求参与的治疗的接受程度。

| | |
|---|---|
| **治疗师**：你是否有过和现在相同感受的时候？ | 询问抑郁史。 |
| **来访者**：我父亲离世的时候。那次持续了大约一个月，之后就渐渐好转了。这一次似乎越来越糟糕。 | 认识到现在的问题是不一样的，因此可能需要专业的帮助。 |
| **治疗师**：你期望生活中遇到困难后，一切会回归正轨，但没有。 | 通过反映强调这一认识。 |

来访者：是的，通常我可以让自己恢
　　　　复过来。

治疗师：你是怎么做到的？　　　　　　询问过往成功的应对方法。

来访者：嗯，约翰尼的爸爸会支持
　　　　我。他爸在时，他也没有现
　　　　在这么糟糕。我爸还在时，
　　　　当我感觉不好时我可以跟他
　　　　说。我爸去世后，我可以跟
　　　　我妈妈说。现在，我似乎是　　指出人际因素对当前抑郁症的
　　　　在独自照顾约翰尼，而且没　　影响。
　　　　有任何人关心或理解。他们
　　　　无法理解发生了什么。

治疗师：你感觉，当你觉得低落，或
　　　　者当你需要一个人来理解你　　反映意义……
　　　　或帮助你时，你没有人可以
　　　　求助。这是过去和现在的一　　……和一个细微的再定义。
　　　　个巨大差别——你缺少一个
　　　　可以求助的人。

来访者：我没有那样想过。我现在没
　　　　有一个可以倾诉的人。

治疗师：你怀念那种感觉，你现在非　　还可以——但更好的做法是引导
　　　　常需要找回那种感觉。　　　　来访者自己说出这些。

来访者：我得做点什么。这种感觉不　　准备性参与话语。
　　　　能再继续了。

治疗师：你是否曾经和家人或朋友以　　询问先前的治疗经历。
　　　　外的人聊过？

来访者：我曾经和约翰尼的儿科医生聊　　通过回忆过去积极的被帮助的经
　　　　过。她理解约翰尼的问题。而　　历来描述她希望从"帮助者"那里获

| | |
|---|---|
| 且她似乎也理解我。我们聊到处理约翰尼的问题对我来说有多困难。聊过之后我通常会感觉更好。 | 得什么。 |
| **治疗师**：是什么让你觉得她理解你呢? | 要求详细说明。 |
| **来访者**：虽然焦点是在约翰尼身上，但她会花时间询问我如何处理问题并倾听我。我感觉我一直在照顾别人，而她关心我有什么感受。 | 对专业帮助的正向话语。 |
| **治疗师**：你不用担心照顾她。你可以让她照顾你一下，关心你一下。 | 反映意义。 |
| **来访者**：是的。我想说，她不是我的家人，所以她从不聊她自己的问题。 | |
| **治疗师**：她倾听你，看起来可以理解你，并且愿意帮助你。她看起来关心你，想要帮你感觉更好，更好地处理约翰尼的问题。 | 临时（收集）总结。 |
| **来访者**：她会帮助我处理约翰尼的问题并告诉我该怎么做——而不是像我一样，只是提供建议。 | 她想从帮助者那里得到什么和不想要得到什么的关键点。 |
| **治疗师**：那是一个非常积极的经历。你和医生或治疗师是否有过不太积极的经历? | 一次可以强调不要感到受到责备的关键点的具体反映。 |
| **来访者**：那是我唯一一次和朋友或家 | |

|  |  |
|---|---|
| 人之外的人交谈。我一直觉得<br>我可以自己处理。我的一位女<br>性朋友去看了一个人，他们给<br>她开了这种药，她就变得和原<br>来不一样了。我宁愿感觉像自<br>己，也不想像她一样吃药后改<br>变。我曾试着和我的医生谈<br>过，他想要给我开药。 | 揭露障碍：负面治疗期望。 |
| **治疗师**：那对你来说完全不能接受。 | 反映感受。 |
| **来访者**：是的，他给了我一张处方，但<br>我没有去取药。 | 她不会因为是专业帮助者告诉她<br>的就接受一个治疗方案。 |
| **治疗师**：看到你朋友的变化，你感到害<br>怕（来访者点头）。你看到人<br>们会获得两种帮助。一种是药<br>物，你不能接受。当医生给你<br>开药时，它对你并没有帮助，<br>因为你觉得它不适合你。另一<br>方面，有人可以交流，他可以<br>理解你、关心你并且想要帮助<br>你———一个你不需要担心要照<br>顾的人——会让你觉得有帮<br>助。至少这曾经是有帮助的。 | 反映感受。<br><br><br>连接总结和再定义。 |
| **来访者**：是的，很有帮助。 | 准备性参与话语。 |
| **治疗师**：我们提供的治疗方案叫作"人<br>际关系疗法"。这是一种谈话<br>疗法，侧重于解决关系问题来<br>帮助来访者缓解抑郁。治疗师<br>在你旁边，聆听你，帮你找出<br>你可以做些什么来改善问题。 | 介绍治疗方案。 |

| | |
|---|---|
| **来访者**：听起来不错。这正是我遇到的问题。 | 准备性参与话语。 |
| **治疗师**：未来几个月，如果治疗有效，并对你有帮助，你认为会发生什么改变？ | 向前看。 |
| **来访者**：我非常希望发生的改变是约翰尼的问题，但我不知道如何改变，因为我需要拼尽全力在工作中保持冷静，度过一天，还要照顾他。 | 表达她的愿望，但也表达了悲观情绪——也就是她的矛盾心理。 |
| **治疗师**：你非常希望约翰尼发生改变，但你无法想象这会如何发生。 | 双面反映。 |
| **来访者**：可能是，如果我能得到休息或者有一点属于自己的时间，我就不会对他那么不耐烦。我整天工作，然后晚上回到家还要处理家里的一切，和约翰尼吵架，我永远得不到休息。 | 思考改变的具体步骤以及实施这些步骤的障碍。 |
| **治疗师**：如果治疗顺利，一个改变是你会找到一个方法来帮助约翰尼，这样你就能休息一下，更关注自己、照顾自己，而不仅仅是照顾别人。 | 通过反映强调希望的来源。 |
| **来访者**：而且我希望我有精力做那些。我几乎无法从床上爬起来去工作和照顾约翰尼。 | 改变的理由。 |
| **治疗师**：你现在感觉似乎没有任何办法做到这一点，但如果情况好 | 用抑郁症模型来重新定义问题，将悲观情绪转变为积极的希望。 |

　　　　　　转，你又有了精力，你可以想
　　　　　　办法获得额外帮助，用更有建
　　　　　　设性的方法来处理约翰尼的问
　　　　　　题，或者有时间照顾自己。这
　　　　　　些都是非常积极的变化。

**来访者**：是的。如果治疗可以帮助我达　　　　*通过参与设想改变。*
　　　　　　到这个目标，那就太好了。

解决实践、心理和文化上的治疗障碍

　　随着咨询焦点从唤起转向计划（建立和加强对治疗的承诺），治疗师的目标也转向挖掘、探索和解决仍然存在的参与治疗的障碍。通常，首先提供的是为什么难以接受治疗的实际原因，这些原因是安全的——社会适宜、不会过于透露。治疗师接受这些原因并努力解决它们；如果它们是唯一的障碍，那很快就会变得明显，如果还有其他问题，一旦实际障碍得到解决，这些问题也会浮现出来。

　　潜在的心理障碍包括不同意抑郁症的诊断、希望得到不同类型的治疗、有过负面的心理健康治疗经历、对自我披露感到不适，或者对关系存在一般性的负面预期（例如预期会被控制、忽视或利用）。特别是，许多母亲表达了对照顾自己的需求而不是只考虑家人的感觉感到内疚。文化相关的问题可能包括对不同种族、性别、宗教、年龄、性取向或社会地位的人是否能真正理解他们的生活，或者对因他们的差异而被负面评价的预期。另外，一些来自少数族裔社区的来访者可能会担心被同一社区的其他成员认出或污名化，因此更偏好来自不同种族或宗教背景的治疗师。

　　在某些情况下，来访者不会自发地提供任何障碍；她最初甚至会否认任何障碍的存在。这可能是真的，但为了确保重要的障碍不被忽视，治疗师应该提出一些可能的障碍。例如："有些人告诉我，尽管他们想要接受治疗，但可能很难抽出时间或有足够的金钱。也有人担心会发生什么事情，或者为自己花时间而不是尽全力照顾自己的家人而感到内疚，或者有其他担心。如果你有这样的疑问，那也不奇怪……"试图引导来访者直接说出这些潜在的未曾言明的治疗障碍，保持非防御态度并对来访者的担忧持开放态度，让来访者担任教师的角色，通常可以缓解来访者的那些担忧。

**治疗师**：什么会让你难以接受做心理      *用开放式问题引导来访者说出*
治疗？      *障碍。*

**来访者**：我没有那么多精力，做任何      *一个心理障碍。*
事都很难。

**治疗师**：没有精力来这里。      *反映意义。*

**来访者**：照顾约翰尼和工作已经耗费
了我所有精力。我今天来这
里时就遇到了困难。

**治疗师**：得到帮助可以让你有更多精      *承认表面上的两难困境。*
力，但这本身需要精力。

**来访者**：如果是周一见，我可能会来，      *一个潜在的实践障碍。*
那天我下午休息。一周的其余
时间我都在上班和照顾约翰尼。

**治疗师**：我们最不想做的就是再给你增      *反映意义。*
加一件可能让你生活变得更加
艰难的事。我确定我们能安排
好时间让你可以下午休息时间      *先解决实践障碍的问题……*
来。这听起来可以清除一个潜
在障碍。不过这不一定可以解
决精力的问题。当你想象自己      *……再回到心理障碍，了解详细*
的下一次咨询时，你脑子里有 *情况。*
什么想法？

**来访者**：我知道过来会很困难——我只想回家把自己关在房间里。如果我过来，有人可能会告诉我如何让自己感觉更好，但我不知道是不是有效。他们可能会告诉我应该做这个、应该做那个才能感觉更好，但现在的我很难做任何事。

这里揭露出"精力低"与治疗师对她的期望以及治疗师会施加多少控制的担心有关。

**治疗师**：你正在想象自己准备好来咨询，但另一部分的你在想"这会怎样呢？"

反映——有点笼统。

**来访者**：我可能做不到他们让我去做的事。如果我没有精力做那些事，又没有人理解，那也没有帮助。

再次尝试让治疗师理解她的担心。

**治疗师**：我确定这样没有帮助。对治疗师来说，理解现在让你做需要做的事情有多困难非常重要，不要有不切实际的期望。如果你觉得治疗师会批评你，并给你一些你无法处理的任务，这会令你非常沮丧。

加入、共情，以及微妙地重新建构。

暗示反事实："如果这种情况发生，会感觉很糟糕……（但这里不会发生）。"

**来访者**：是的，或者一些我不想做的事情，比如"吃这个药"。

一个潜在担忧。

**治疗师**：你在想治疗师是否会让你做一些感觉不适合你的事情。

仍然太笼统，无法让来访者感觉被理解。

**来访者**：我想确保他们理解我生活中的某些事情。我需要他们不要让

她真的希望这个治疗师可以更透彻地理解。

我去做一些跟工作、约翰尼或他父亲有关的事情，我做不到。

**治疗师**：当有人说，"只需要告诉你的老板你需要一些休息时间，并且告诉你儿子的父亲他必须帮助你"，你不会觉得有帮助。

*治疗师"懂了"，透彻理解了。*

**来访者**：因为那样只会让事情更糟糕——工作上会产生新的问题，我和约翰尼与他爸也会吵得更多。

**治疗师**：是的。你处在这种微妙的情况中。治疗师需要理解和尊重它。关于如何确定治疗师理解了你，你有没有什么想法？

*引导她说出解决问题的想法。*

**来访者**：我想我需要一个可以倾听我的人——一个可以理解我处境的人。我妈妈甚至都无法理解。她不知道没有一个人可以只是为了你而待在身边、倾听你是什么感觉。

*来访者说了她希望从治疗中获得什么——虽然没有说明如何获得。*

**治疗师**：所以，想象一个治疗师，他会先坐下来听你说话，努力理解你的处境，不立即提供建议或意见，而是花时间理解你有多苦，有多难，你的处境有多棘手。如果你知道你要去看这样的治疗师，你会更愿意来吗？

*治疗师含蓄地提供了她想获得的东西……*

*……然后问他这是否能排除障碍。*

| 来访者： | 是的，因为我不知道哪儿来的精力去见一个帮不了我的人。我的处境很难。我没有大惊小怪。 | 间接表达了反复出现的对被指责和被批评的担忧。 |
|---|---|---|
| 治疗师： | 这是一个困难和危险的情况。你感觉自己处于悬崖边缘，一不小心，就会掉下去。 | 确认她的观点……但可以提到她担心被指责的焦虑预期。 |
| 来访者： | 是的，我需要做些什么来避免这种情况，因为我必须照顾约翰尼。 | 准备性参与话语。 |
| 治疗师： | 我听到了两样东西：重要的是要寻求帮助，并找到让你感觉更好的事情，如果你相信有些事情让你感觉更好，你可能会找到来这里的精力。 | 进行重新建构的总结，暗示"精力"是意愿或动机的隐喻。 |
| 来访者： | 我必须找到，因为即使我感觉良好，处理约翰尼的问题也很困难，我害怕我会做出什么事情。 | 参与话语。 |
| 治疗师： | 你觉得你来找一个不理解你处境和困难的人会让你失去精力。 | 使用她的语言。 |
| 来访者： | 就像那个试图给我开药的医生。 | 一个潜在的参与障碍。 |
| 治疗师： | 你可能完全不想回去见他了。 | |
| 来访者： | 是的，我没回去找他。 | |
| 治疗师： | 你还想到其他可能会阻止你来咨询的事情吗？ | 要求说出更多的障碍。 |
| 来访者： | 没了，真的。 | |
| 治疗师： | 一些我们服务过的母亲也提到一些让她们难以过来咨询 | |

的事情。我可以提一下这些
事情，看看它们是否符合你
吗?（来访者点头。）

*征求同意探索其他可能的障碍。*

有时会出现这样的担忧，即
治疗师是否能够理解你，因
为你和治疗师之间或者治疗
师和你的生活之间存在差
异。你是否有过这种想法?

*探索文化障碍（来访者并没有主动提到）。*

**来访者**: 没有。我只需要一个可以倾听
我的人。只要他们愿意倾听，
我想他们可以理解。

**治疗师**: 治疗师是谁并不是那么重
要——他们的职业、性别、种
族、贫富并不重要。重要的是
他们有多大的兴趣和意愿来倾
听你、理解你的处境，而不是
将自己的想法强加于你。

*反映意义……*

*……这里如果也反映她希望被倾听同时不被指责，会增强影响。*

**来访者**: 是的，就像约翰尼的医生。她
的生活和我的不一样。我们没
有真正谈论她的生活。她只是
听我说。

**治疗师**: 看起来你们的生活并不相似。
但这并不重要，因为她关心你
并且愿意聆听你。

**来访者**: 是的，我想我真的没有时间和
精力考虑其他东西。

引导承诺或留有余地

治疗师的最终目标是引导来访者承诺接受治疗。这可以从对来访者的总结开始：来访者感知到的两难困境和改变话语；她在应对挑战时表现出的优势；"无过错"抑郁症的客观证据，表达把自己视为抑郁症患者或接受治疗的矛盾心理；来访者最想从治疗和治疗师那里得到什么以及不想得到什么；以及识别对参与治疗和完成潜在解决方案的各种障碍。在提供治疗过程的下一步信息后，治疗师会提出一个"关键问题"——"你觉得怎么样？这是你想做的吗"——并倾听强调承诺话语的机会。

无论来访者是否表达接受治疗的承诺，治疗师都努力以积极的方式结束咨询：如果她选择参与治疗，就肯定来访者参与治疗并从治疗中获益的能力；正常化偶然出现的治疗挣扎和缺勤；以及向来访者表达希望，通过肯定来访者的参与，重申抑郁症是一种可治疗的疾病，并表达来访者已经迈出感觉和适应更好的第一步的信念。

| | |
|---|---|
| **治疗师**：[ 做出总结后 ] 这个总结准确吗？ | |
| **来访者**：是的，我认为是这样的（停顿）。我想我会去冒险一试。 | 严格来说不是一个承诺。 |
| **治疗师**：你现在对冒险一试的感觉如何？ | 关键问题。 |
| **来访者**：我需要找到一种方法来处理我现在遇到的问题。如果情况变得更糟，我可能会做出一些让我后悔的事。尝试一下治疗，看它是否有帮助，至少是值得的。 | 准备性参与话语。<br><br>动员（承诺）话语。 |
| **治疗师**：有一部分的你感觉"我正在冒 | 双面反映，最后有一个简单的再定义。 |

险”，而同时你也觉得如果不
冒险一试可能对你更加危险。

**来访者**：是的。我承担不了什么都不做
的代价，所以值得冒险。

**治疗师**：我明白了。我可以帮你安排一
次预约。这是你想做的吗？　　　　　要求承诺接受治疗……

**来访者**：是的，我觉得这挺好。　　　　　……并且成功了。

**治疗师**：在结束前我想提几件事。如　　　重提实践上的障碍以及解决办法。
果你不能按时赴约，希望你
可以打电话告诉我们，以便
我们重新安排时间。同时，
我们也知道有时在最后一刻
会有突发情况，你可能无法
打电话告诉我们。我们理
解，当人们的生活像你这样
压力很大时，这些事情是无
法避免的。我不希望你觉得
之后你也不能打电话过来重
新安排时间。　　　　　　　　　　　强调非惩罚的立场。

**来访者**：好的。我的生活的确很忙，事
情总是在最后一刻改变。　　　　　她对治疗师的立场表示感谢。

**治疗师**：我想这似乎特别重要，因为我
们有充分的理由相信我们能够
帮助你。我们曾经帮助过像你
这样的母亲并且有很多成功案　　　表达治疗成功的乐观态度。
例。就像你说的，我们的治疗
正是针对你现在遇到的这类问
题。而你也已经在努力让事情

200

| | |
|---|---|
| 变得更好了。因此，我们不希望你错过这次机会（来访者点头，微笑）。结束前你还有什么要问的吗？ | 肯定她的努力。<br><br>引导来访者提问和反应。 |
| **来访者**：没有了，我想我明白了。 | |
| **治疗师**：我很高兴你今天能来。和陌生人聊这么私人的事情并不容易。感谢你的信任。我认为这次谈话很顺利，这也是一个好兆头。 | 以肯定和乐观结束。 |

# 问题和潜在解决方案

## 半结构化干预

　　进行半结构化干预的一个挑战是在结构过于严格或过于松散之间找到平衡点。我们提供的大纲代表了参与会谈的"理想"形式，其结构旨在确保治疗师完成一系列旨在加强治疗承诺的任务。同时，咨询应灵活进行，以满足每个来访者的特定需求。如果某个特定内容似乎与来访者无关，可以简单带过；如果来访者似乎在按照与这里提到的顺序不同的顺序讨论话题，治疗师应该跟随来访者而不是大纲。灵活性也意味着，在极少数情况下，治疗师可能会做出判断，某个来访者讲述故事并被倾听的需求非常大，因此咨询的大部分时间应该只是对来访者做出共情式倾听。以僵化或"食谱"方式进行参与会谈可能会破坏有意义地让来访者参与的目的。

## 干预周期

　　参与会谈需要45～60分钟。影响会谈时间的因素包括来访者风格（健谈与沉默寡言）、情绪障碍症状（精神运动性激越或迟滞）、接受治疗的障碍数量以及来访者对治疗的矛盾程度。如果时间紧迫，治疗师应该主要关注对特定来访者来说最相关的会谈方面。例如，来访者接受治疗时可能已经对抑郁症有很好的了解，进一步的心理教育将变得多余；另一位来访者可能已经有其他问题的积极治疗经验，但可能从未患过抑郁症，因此需要更多关注抑郁症的知识，而不是治疗的矛盾心理。向来访者解释干预持续时间也很重要，以便他们安排足够多的时间来完成会谈。

### 参与会谈与心理教育

虽然参与会谈对来访者可能有治疗作用，但它不是心理治疗，而是"治疗前"的干预。不习惯以这种方式开始的治疗师可能会倾向于恢复到更熟悉的初始议程，例如，进行详尽的病史采集、做出最终诊断并制订治疗计划。进行参与会谈的理由很简单：对治疗持矛盾心理的来访者更有可能脱落；在这种情况下，采集病史、诊断和制订治疗计划还为时过早。在启动正式治疗过程前进行参与会谈可以让治疗的开始有更坚实的基础。

### 有自杀倾向、精神病性症状或精神运动性激越的来访者

良好的临床判断可以取代所有治疗方案。如果治疗师观察到急性自杀意念、精神病性症状、难以控制的精神运动性激越或其他危急情况，则应放弃干预，为来访者的即时安全和符合实际情况的咨询内容做出安排。有学者（Zerler, 2008）提供了关于如何使用与动机式访谈一致的方法提高有自杀倾向个体的参与度的指南。

## 当参与会谈的治疗师不是后续心理治疗师的时候

在某些情况下,开展参与会谈的人可能不会成为来访者的治疗师。尽管最好的安排是保持咨询的连续性,但现实生活中并不总能做出这样的安排。在这些情况下,参与会谈的治疗师应该让自己与接下来的治疗师保持一致(例如,"对于我们两人而言,知道你之前的治疗师让你感到害怕是非常重要的"),并强调自己会在来访者知情同意的情况下与接下来的治疗师沟通参与会谈的重要信息。不言而喻,确保这种沟通至关重要。

## 当参与会谈出现在与来访者非初次咨询的时候

在某些情况下,与来访者的首次接触必须遵循由服务机构或管理机构颁布的指导原则。在这些情况下,想要提高来访者的参与度,治疗师有两种选择。治疗师可以选择在标准会谈中寻找可以插入参与会谈要素的时刻,例如,在询问以前的治疗情况时,治疗师可以询问来访者在那些咨询经历中有帮助或没有帮助的方面。另一个选择是,治疗师可以以标准方式进行初次咨询,然后在后续咨询中进行参与会谈。在这些情况下,来访者可能已经阐明了其故事的关键要素,也可能已经讨论了认可的诊断。治疗师可以先总结(而非重复)已经讨论过的内容,然后要求来访者更详细地说明(如果详细说明可以让咨询更深入)或者进入下一阶段的咨询会谈。

## 在其他治疗方式之前进行参与会谈

虽然参与会谈最初是作为简版人际关系疗法(IPT-B)的预处理而开发的,但它似乎也很容易适用于其他情境。参与会谈想要解决的许多问题经常出现在焦虑、物质使用障碍和其他精神障碍的治疗中。有学者(O'Mahen et al., 2013)成功将参与会谈添加到用于围产期抑郁症妇女的认知行为疗法干预中，我们认为治疗师可以将干预调整为在其他治疗方式之前使用。帮助来访者看到他们可以通过给定的治疗方法来获得想要的帮助，这一目标适用于多种治疗方法。

# 总　结

我们认为进行参与会谈具有不错的前景。从表面上看，动机式访谈、民族志访谈和心理教育策略可以很好地协同工作，以解决常见的治疗障碍。有趣的是，完成参与会谈的女性一致认为，参与会谈帮助她们澄清了治疗需求和目标，并促使她们参与治疗。我们还通过研究和在社区环境下培训众多擅长不同疗法的治疗师，让他们进行参与会谈干预，并取得了良好效果。应该对参与会谈进行进一步研究，以确定增加以动机式访谈为基础的整合干预在多大程度上可以帮助解决抑郁个体有限的治疗参与度这个紧迫的问题。

# 参考文献

American Psychiatric Association. (1994). *Diagnostic and statistical manual of mental disorders* (4th ed.). Washington, DC: Author.

Attkisson, C. C., & Greenfield, T. K. (2004). The UCSF Client Satisfaction Scales: 1. The Client Satisfaction Questionnaire-8. In M. Maruish (Ed.), *The use of psychological testing for treatment planning and outcome assessment* (3rd ed., pp. 799-812).

Hillsdale, NJ: Earlbaum. Daley, D. C., Salloum, I. M., Zuckoff, A., Kirisci, L., & Thase, M. E. (1998). Increasing treatment compliance among outpatients with comorbid depression and cocaine dependence: Results of a pilot study. *American Journal of Psychiatry*, 155, 1611-1613.

Daley, D. C., & Zuckoff, A. (1998). Improving compliance with the initial outpatient session among discharged inpatient dual diagnosis patients. *Social Work*, 43, 470-473.

Daley, D. C., & Zuckoff, A. (1999). A motivational approach to improving compliance. In D. C. Daley & A. Zuckoff, *Improving treatment compliance: Counseling and systems strategies for substance abuse and dual disorders* (pp. 105-123). Center City, MN: Hazelden.

Flynn, H. A., Blow, F. C., & Marcus, S. M. (2006). Rates and predictors of depression treatment among pregnant women in hospital–affiliated obstetrics practices. *General Hospital Psychiatry*, 28, 289-295.

Garcia, J. A., & Weisz, J. R. (2002). When youth mental health care stops: Therapeutic relationship problems and other reasons for ending youth outpatient treatment. *Journal of Consulting and Clinical Psychology*, 70, 439-443.

Grote, N. K., Bledsoe, S. E., Swartz, H. A., & Frank, E. (2004). Feasibility of providing culturally relevant, brief interpersonal psychotherapy for antenatal depression in an obstetrics clinic: A pilot study. *Research on Social Work Practice*, 14, 397-407.

Grote, N. K., Swartz, H. A., Geibel, S., Zuckoff, A., Houck, P. R., & Frank, E. (2009). A randomized trial of culturally relevant, brief interpersonal psychotherapy for perinatal depression. *Psychiatric Services*, 60, 313-331.

Grote, N. K., Swartz, H. A., & Zuckoff, A. (2008). Enhancing interpersonal psychotherapy for mothers and expectant mothers on low incomes: Additions and adaptations. *Journal of Contemporary Psychotherapy*, 38, 23-33.

Grote, N. K., Zuckoff, A., Swartz, H. A., Bledsoe, S. E., & Geibel, S. L. (2007). Engaging women who are depressed and economically disadvantaged in mental health treatment. *Social Work*, 52, 295-308.

Hettema, J., Steele, J., & Miller, W. R. (2005). Motivational interviewing. *Annual Review of Clinical Psychology*, 1, 91-111.

Kroenke, K., Spitzer, R. L., & Williams, J. B. (2001). The PHQ-9: Validity of a brief depression severity measure. *Journal of General Inter-*

*nal Medicine*, 16, 606-613.

Levy, L. B., & O'Hara, M. W. (2010). Psychotherapeutic interventions for depressed, low-income women: A review of the literature. *Clinical Psychology Review*, 30, 934-950.

Lorant, V., Deliège, D., Eaton, W., Robert, A., Philippot, P., & Ansseau, M. (2003). Socioeconomic inequalities in depression: A meta-analysis. *American Journal of Epidemiology*, 157, 98-112.

Lundahl, B. W., Kunz, C., Brownell, C., Tollefson, D., & Burke, B. L. (2010). A meta-analysis of motivational interviewing: Twenty-five years of empirical studies. *Research on Social Work Practice*, 20, 137-160.

Mackenzie, C. S., Knox, V. J., Gekoski, W. L., & Macaulay, H. L. (2004). An adaptation and extension of the Attitudes Toward Seeking Professional Psychological Help Scale. *Journal of Applied Social Psychology*, 34, 2410-2435.

Marcus, S. M., Flynn, H. A., Blow, F. C., & Barry, K. L. (2003). Depressive symptoms among pregnant women screened in obstetrics settings. *Journal of Womens Health*, 12, 373-380.

McCarthy, K. S., Iacoviello, B., Barrett, M., Rynn, M., Gallop, R., & Barber, J. P. (2005, June). *Treatment preferences impact the development of the therapeutic alliance*. Paper presented at the annual meeting of the Society for Psychotherapy Research, Montreal, Canada.

McKay, M. M., & Bannon, W. M. (2004). Engaging families in child mental health services. *Child and Adolescent Psychiatric Clinics of North America*, 13, 905-921.

Miller, W. R., & Rollnick, S. (2013). *Motivational interviewing: Helping people change* (3rd ed.). New York: Guilford Press.

Miranda, J., Azocar, F., Komaromy, M., & Golding, J. M. (1998). Unmet mental health needs of women in public-sector gynecologic clinics. *American Journal of Obstetrics and Gynecology*, 17, 212-217.

Miranda, J., Azocar, F., Organista, K. C., Dwyer, E., & Areane, P. (2003). Treatment of depression among impoverished primary care patients from ethnic minority groups. *Psychiatric Services*, 54, 219-225.

Miranda, J., Azocar, F., Organista, K. ［C.］, Muñoz, R., & Lieberman, A. (1996). Recruiting and retaining low-income Latinos in psychotherapy research. *Journal of Consulting and Clinical Psychology*, 64, 868-874.

Mojtabai, R., Olfson, M., Sampson, N. A., Jin, R., Druss, B., Wang, P. S., et al. (2011). Barriers to mental health treatment: Results from the National Comorbidity Survey Replication. *Psychological Medicine*, 41, 1751-1761.

O'Mahen, H., Himle, J. A., Fedock, G., Henshaw, E., & Flynn, H. (2013). A pilot randomized controlled trial of cognitive behavioral therapy for perinatal depression adapted for women with low incomes. *Depression and Anxiety*, 30, 679-687.

Pollard, C. A. (2006). Treatment readiness, ambivalence, and resistance. In M. M. Antony, C. Purdon, & L. J. Summerfeldt (Eds.), *Psychological treatment of obsessive compulsive disorder: Fundamentals and beyond* (pp. 61-78). Washington, DC: APA Books.

Rush, A. J., Trivedi, M. H., Ibrahim, H. M., Carmody, T. J., Arnow, B., Klein, D. N., et al. (2003). The 16-Item Quick Inventory of Depressive Symptomatology (QIDS), clinician rating (QIDS-C), and self-report (QIDS-SR): A psychometric evaluation in patients with chronic major depression. *Biological Psychiatry*, 54, 573-583.

Schensul, S. L., Schensul, J. J., & LeCompte, M. D. (1999). *Essential ethnographic methods: Observations, interviews, and questionnaires.* Walnut Creek, CA: AltaMira Press.

Scholle, S. H., Hasket, R. F., Hanusa, B. H., Pincus, H. A., & Kupfer, D. J. (2003). Addressing depression in obstetrics/gynecology practice. *General Hospital Psychiatry*, 25, 83-90.

Swartz, H. A., Frank, E., Shear, M. K., Thase, M. E., Fleming, M. A. D., & Scott, J. (2004). A pilot study of brief interpersonal psychotherapy for depression in women. *Psychiatric Services*, 55, 448-450.

Swartz, H. A., Frank, E., Zuckoff, A., Cyranowski, J. M., Houck, P. R.,

Cheng, Y., et al. (2008). Brief interpersonal psychotherapy for depressed mothers whose children are receiving psychiatric treatment. *American Journal of Psychiatry*, 165, 1155-1162.

Swartz, H. A., Grote, N. K., & Graham, P. (2014). Brief interpersonal psychotherapy (IPT-B): Overview and review of the evidence. *American Journal of Psychotherapy*, 68, 443-462.

Swartz, H. A., Shear, M. K., Wren, F. J., Greeno, C., Sales, E., Sullivan, B. K., et al. (2005). Depression and anxiety among mothers who bring their children to a pediatric mental health clinic. *Psychiatric Services*, 56, 1077-1083.

Swartz, H. A., Zuckoff, A., Frank, E., Spielvogle, H. N., Shear, M. K., Fleming, M. A. D., et al. (2006). An open-label trial of enhanced brief interpersonal psychotherapy in depressed mothers whose children are receiving psychiatric treatment. *Depression and Anxiety*, 23, 398-404.

Swartz, H. A., Zuckoff, A., Grote, N. K., Spielvogle, H., Bledsoe, S. E., Shear, M. K., et al. (2007). Engaging depressed patients in psychotherapy: Integrating techniques from motivational interviewing and ethnographic interviewing to improve treatment participation. *Professional Psychology: Research and Practice*, 38, 430-439.

Walitzer, K. S., Derman, K. H., & Connors, G. J. (1999). Strategies for preparing clients for treatment—a review. *Behavior Modification*, 23, 129-151.

Zerler, H. Motivational interviewing and suicidality. In H. Arkowitz, H. A. Westra, W. R. Miller, & S. Rollnick (Eds.), *Motivational interviewing in the treatment of psychological problems* (pp. 173-193). New York: Guilford Press.

Zuckoff, A., & Daley, D. C. (2001). Engagement and adherence issues in treating persons with non-psychosis dual disorders. *Psychiatric Rehabilitation Skills*, 5, 131-162.

Zuckoff, A., & Hettema, J. E. (2007, November). Motivational interviewing to enhance engagement and adherence to treatment: A conceptual and empirical review. In H. B. Simpson (chair), *Using motivational interviewing to enhance CBT adherence.* Paper presented at the 41st annual convention of the Association for Behavioral and Cognitive Therapies, Philadelphia, PA.

Zweben, A., & Zuckoff, A. (2002). Motivational interviewing and treatment adherence. In W. R. Miller & S. Rollnick, *Motivational interviewing: Preparing people for change* (2nd ed., pp. 299-319). New York: Guilford Press.

# 第七章

# 动机式访谈与
# 抑郁症治疗

西维亚·纳尔

海泽·弗林

对抑郁症理解的加深推动了对干预措施进行创新的需求。例如，在美国，重度抑郁症（MDD）仍然难以被检测和治愈，随机对照试验表明，许多人不依从治疗，或难以从疾病中恢复（Santaguida et al., 2012）。本章首先阐述了使用动机式访谈治疗抑郁症的基本原理。我们回顾了动机式访谈作为抑郁症的短暂独立干预措施的应用，以及动机式访谈与行为激活和人际关系疗法等认知行为疗法的融合。第六章已经讲了把动机式访谈当成让个体参与抑郁症治疗的预处理方法，本章将重点转向在抑郁症治疗过程使用动机式访谈的具体操作。我们从实证证据最强的地方开始：在其他医疗条件和医疗环境中使用动机式访谈治疗抑郁症，例如基础医疗和慢性病护理。考虑到动机式访谈在治疗围产期抑郁症方面的初步价值证据，我们也讨论了动机式访谈在围产期抑郁症中的使用。然后，我们描述了与整合动机式访谈和抑郁症的重要心理疗法相关的临床问题，并在结论中提出了未来治疗研究的建议。

# 临床问题和常规治疗

鉴于抑郁症仍然是美国和全球残疾的主要原因之一，迫切需要探索新的治疗方案及适用方案（Ferrari et al., 2013）。尽管有抗抑郁药物和心理治疗等治疗方法以及高昂的临床研究费用，但美国抑郁症的患病率和治愈率并没有得到改善。美国患有抑郁症的大多数成年人没有接受过循证护理（Rost, Smith, & Dickson, 2004; Shim, Baltrus, Ye, & Rust, 2011; Young, Klap, Sherbourne, & Well, 2001）。产后妇女尤其容易患上抑郁症，孩子出生后一年的患病率为22%，而治愈率仅为14%，一般人群为26%（Wisner et al., 2013）。

根据《精神障碍诊断与统计手册》（第五版），除了重度抑郁症，抑郁症还包括许多诊断类别：经前期烦躁障碍、持续性抑郁障碍、物质/药物所致的抑郁障碍和非特异性抑郁障碍。这些障碍都具有悲伤、空虚或易激惹的情绪以及相伴的行为、身体和认知上的改变，这些改变严重影响了身体正常的运作。本章重点介绍了治疗重度抑郁症和其他抑郁症的重要创新需求。

# 在抑郁症治疗中使用动机式访谈的原理

阿科维茨及其同事（Arkowitz & Burke, 2008）认为动机式访谈"适合抑郁症的症状"。抑郁的症状和特征，如动机缺乏、对改变的矛盾心理和有问题的决策，都是动机式访谈针对的焦点。还有学者（Watkins et al., 2011）指出，除了解决矛盾心理外，动机式访谈还致力于支持自我效能和加强乐观情绪，这可能是减轻抑郁症状的关键。正如下面将详细阐述的，有无数恶化情绪、加重抑郁症症状或延长病程的行为（如人际压力），这些行为可能成为动机式访谈的目标以促进积极的行为改变。因此，动机式访谈可以作为一种处理抑郁症症状的独立治疗方案，特别是在抑郁症状较轻、较短期或抑郁症状是由其他身体状况引起的人群和环境中。

动机式访谈也可以与现有的循证心理治疗合并或整合。例如，尽管研究已经清晰地显示，认知行为疗法对抑郁症有很大效果，但动机式访谈仍然可以改善聚集的反应和缓解率（Cuijpers et al., 2013; Hollon, Thase, & Markowitz, 2002）。人际关系疗法的缓解率和反应率与认知行为疗法相当（Hollon et al., 2002）。每当出现动机问题，动机式访谈可以在概念上、实践上与认知行为疗法、人际关系疗法进行整合，从而增强认知行为疗法的治疗效果。来访者对心理治疗的依从对治疗效果至关重要，动机式访谈可以直接处理对改变和治疗的矛盾心理。认知行为疗法和人际关系疗法没有正式处理矛盾心理，相反，它们主要关注的是帮助来访者实现具体的改变和技能提升。从这个意义上讲，动机式访谈可以为建立治疗动机和依从性，以及做出具体的行为改变或决策添加具体的或战略性的焦点。动机式访谈还明确关注可能直接影响治疗结果的咨访关系因素。例如，表达同理心是一种核心的动机式访谈技能，在研究中显示与认知行为治疗效果相关（Burns & Nolen-Hoeksema, 1991, 1992; Miller, Taylor, & West, 1980）。因此，动机式访谈有可能提高现有疗法的疗效。

# 临床应用和相关研究

## 处理抑郁症状的简短动机式访谈

动机式访谈提供的四次或更少的心理咨询被认为是治疗抑郁症的一种简短疗法，可以作为低强度认知行为疗法的替代疗法（Hides, Carroll, Lubman, & Baker, 2010），或作为基础医疗护理中的阶梯护理方法的一部分（Robinson, Triana, & Olson, 2013）。迄今为止，大部分研究集中在存在身体健康问题的个体的抑郁症状上。纳尔-金及其同事（Naar-King et al., 2009; Naar-King, Parsons, Murphy, Kolmodin, & Harris, 2010）针对年轻的艾滋病毒感染者调整了动机增强疗法。动机增强疗法是一种手册化的四次咨询的基于动机式访谈的干预方式，最初是为了解决酗酒问题（Project MATCH Research Group, 1997）。它与动机式访谈的不同之处在于它包含一个反馈部分，告知来访者与有同类问题的人相比，他的问题的严重程度如何。健康选择干预针对一般健康行为、药物依从性、物质使用和性风险。它由四次60分钟的咨询组成，重点关注基线评估中两个最有问题的行为。第一次咨询从方法的概述开始，强调干预的重点是来访者对改变的准备度，而不是强迫个体进行改变。治疗师引导来访者说出对最有问题的两种行为中第一种行为的选择的看法，并利用OARS（提开放式问题、肯定、反映、做总结）来增加治疗参与度并引导和强化改变话语。然后，治疗师回顾了基线评估中结构化的个性化反馈，并开始讨论这些行为的后果。剩下的咨询侧重于增加来访者对改变的承诺，并完成包括目标和潜在障碍在内的书面改变计划。对于那些还没有准备好做出行为改变的来访者，这些目标包括初步步骤，例如思考改变、与某人谈论改变或者仅仅是参加下一次咨询。

　　第二次咨询在第2周进行，采用类似的形式，重点关注最有问题的第二种行为。在第三次咨询中（第6周），治疗师和来访者回顾治疗进展、重燃动机并确认承诺。治疗师和来访者一起评估来访者当前对改变的重要性感知和信心，以及对两种行为的决策平衡活动（引导来访者说出利弊）。咨询以回顾和修正来访者的目标陈述和改变计划结束，将两种行为整合到一个改变计划中。值得注意的是，在最新的动机性访谈操作指南中，不推荐将决策平衡活动的使用作为所有来访者的例行策略，而是作为改变动机较弱、维持话语比例高的个体的一种可能策略（Naar-King & Suarez, 2011）。第四次咨询聚焦于咨询的终止，包括对来访者目标和改变计划的最终回顾和修正。尤其强调评估来访者维持两种行为目标的自我效能。除了健康结果（Naar-King et al., 2009）和风险行为（Chen, Murphy, Naar-King, & Parsons, 2011; Murphy, Chen, Naar-King, Parsons, & for the Adolescent Trials Network, 2012）的改善，在一项随机临床试验中，接受健康选择疗法的青少年相较于仅接受标准护理的青少年在自我效能和抑郁情绪上报告了更多的改善，且结果显著（Naar-King et al., 2010）。

另外两项随机临床试验证明动机式访谈可以改善有身体健康状况患者的抑郁情绪。其中，庞巴迪等人（Bombardier et al., 2009）发现，通过电话提供的专注于改善创伤性脑损伤（TBI）后的功能恢复的动机式访谈，与常规护理相比，显著改善了自我报告的多项抑郁症状。干预方式并不直接关注抑郁症，而是增加对创性脑损伤治疗的依从性。然而，咨询包含了抑郁症治疗的几个部分，例如探讨来访者关注的问题、增加对有益活动的参与、解决问题的技能和目标设定。另一项对急性中风患者的试验中，沃特金斯等人（Watkins et al.,2011）报告动机式访谈不仅改善了患者的抑郁情绪，还降低了死亡率。与常规护理对照组相比，干预组患者使用议程设置聚焦来访者恢复目标，接受了最多四次动机式访谈咨询。

协作护理模式（通常被称为抑郁症护理管理），是将几种干预组合纳入基础医疗护理，旨在改善抑郁症的检测和治疗。这些组合通常包括在基础医疗护理中进行抑郁症的筛查、为医生治疗抑郁症提供支持，例如提供与护理管理者（例如社会工作者）或精神病专家的对接或咨询，以及对抑郁症患者的治疗依从性和反应进行系统监测。整合动机式访谈的抑郁症协作护理模式已被证明可以提高成人基础医疗护理背景下抑郁症治疗的有效性。在一项大规模的随机对照试验中，罗斯特及其同事（Rost, Nutting, Smith, Werner, & Duan, 2001）对护士进行了一种基于动机式访谈的用于治疗抑郁症的方案的培训，这一方案成本低且易于使用。与标准的基础医疗护理相比，该干预显著增加了6个月内参与和依从包含药物治疗和心理治疗的循证抑郁治疗的概率，在两年后观察到了临床结果和成本的改善（Dickinson et al., 2005）。因此，动机式访谈可以与基础医疗护理中的抑郁症干预计划相结合，以直接影响会影响治疗参与和效果的动机因素。

动机式访谈与抑郁症干预措施的整合对解决围产期妇女治疗不足（即没有治疗或治疗不充分）这一关键问题尤其有效。妊娠期间抑郁症治疗不足的问题（尤其是低收入和未得到服务的妇女）是一个重要的公共卫生问题，因为它对产科和出生结果产生了高成本和高负担的风险，例如早产、出生体重问题、胎儿活动增加和婴儿神经行为问题（Dieter et al., 2001; Field, Diego, & Hernandez-Reif, 2006; Hoffman & Hatch, 2000）。患有产前抑郁症的母亲的婴儿也可能出现睡眠、喂养和气质问题，所有这些问题都与后期发展、行为和精神病风险有关（Armitage et al., 2009；Righetti-Veltema, Conne-Perréard, Bousquet, & Manzano, 2002）。此外，当产前抑郁症没有得到充分治疗时，产后抑郁症的风险最大（Beck, Gable, Sakala, & Declercq, 2011）。

最近的一些研究证明了提高患者参与度的必要性，以人为中心的咨询方法在解决动机因素时很重要（Flynn, Henshaw, O'Mahen, & Forman, 2010; Henshaw et al., 2011; O'Mahen & Flynn, 2008）。最近的一项定性研究表明，引导女性说出自己的偏好和价值观，并提供一系列治疗方案，对于提高后续参与治疗的可能性至关重要（Henshaw et al., 2011）。在一项旨在改善围产期治疗参与和结果的探索研究中，有学者（O'Mahen, Himle, Fedock, Henshaw & Flynn，2013）发现，整合动机式访谈的认知行为疗法干预措施对低收入的重度抑郁症女性患者是可行和有效的。

## 整合动机式访谈与抑郁症的心理治疗

除了直接针对症状外，一些现有的循证抑郁症治疗方法非常适合与动机式访谈整合，以提高整体治疗反应率。抗抑郁药物是全球治疗重度抑郁症最常用的治疗方法，然而，其使用率和药物依从性并不理想，对整体疾病负担的影响并不明显（American Psychiatric Association, 2010）。巴兰、莫耶斯和路易斯-费尔南德斯（见第九章）讨论了如何用动机式访谈提高药物依从性。两种得到广泛研究的抑郁症心理治疗方法是认知行为疗法和人际关系疗法。认知行为疗法和人际关系疗法通常都是有时间限制的（例如，最多20次咨询），旨在缓解目标症状。

有多项研究表明，与单一治疗相比，动机式访谈与强度更高的治疗如认知行为疗法相结合是有效的，甚至更有效（Burke, 2011; Moyers & Houck, 2011），尽管大多数研究针对的是物质滥用而不是抑郁症。据我们所知，还没有将动机式访谈和人际关系疗法结合起来的研究。伯克（Burke, 2011）指出，动机式访谈对增强改变动机效果最佳，而认知行为疗法等治疗方法则提供了采取行动进行改变的技能。

## 动机式访谈与认知行为疗法

韦斯特拉、阿克维茨（Westra & Arkowitz, 2011）讨论了动机式访谈与认知行为疗法相结合的几种方法。动机式访谈可以作为认知行为疗法的预处理（Zuckoff, Swartz, & Grote, 见第六章）或作为辅助手段处理认知行为疗法期间产生的矛盾心理。动机式访谈也可以作为一个综合框架，在其中提供认知行为疗法等其他干预措施。可以使用的具体动机式访谈技能包括反映、提开放式问题、肯定、做总结和告知/建议（参见 Miller & Arkowitz, 见第一章）。基本的认知行为疗法模型强调事件、思想、行为和情绪之间的相互作用。认知行为疗法的关键要素包括以问题为导向的聚焦、个性化的个案形成、认知重构、技能训练和行为激活（Wright, Basco, & Thase, 2006）。接下来，我们将讨论认知行为疗法的主要元素以及在使用动机增强策略时如何以动机式访谈风格完成每个元素（Miller & Rollnick, 2013）。

### 以问题为导向的聚焦

动机式访谈和认知行为疗法都具有以问题为导向的焦点，其中特定目标或目标行为是治疗交互的焦点。然而，在将动机式访谈与认知行为疗法整合时，为了促进参与过程，目标行为本身并未被识别为"问题"，因为这与以人为中心的观点相悖。相反，抑郁被视为导致来访者认为会干扰功能的行为。通过这种方式，治疗师避免使用诸如"问题"或"障碍"之类的词语，而是反映来访者关于目标行为、情绪或目标的语言。

### 个案形成和治疗计划

在认知行为疗法中，个案形成解决思想、情绪/心情和行为之间的联系问题。个案形成通过确定目标的优先级、对干预的选择和时间进行计划，以及预测可能出现的问题来指导治疗过程。这一过程通常从评估或功能分析开始。在功能分析期间，治疗师通过帮助来访者识别抑郁症的前因或触发因素以及抑郁症状的积极和消极后果来评估思维和行为模式。在认知行为疗法中，这通常以问答形式进行。与动机式访谈的参与和聚焦过程一致（Miller & Rollnick, 2013），认知行为疗法和动机式访谈的整合涉及在整个个案形成中使用动机式访谈技能

（提开放式问题、反映、做总结）。评估可能会以获得询问更多开放式问题的许可开始："如果可以的话，我想了解更多关于你的情绪模式的信息。阻碍减轻抑郁的一些事情可能是某些人、某些地方、一天中的某些时间。什么类型的事情会阻碍你？"在这个例子中，认知行为疗法个案形成的各个方面以动机式访谈的风格完成，比如假设检验。

在完成评估和个案形成后，来访者和治疗师协同制订治疗目标和计划，这与动机式访谈的聚焦和计划过程一致。议程设置可以简单地提供首先讨论什么的选择："您想先谈谈情绪问题、行为问题还是与家人的关系问题？"更全面的方法是引导来访者说出对自己情况的看法，然后将这些想法放在协作治疗目标的背景下："所以，我们已经谈论了一些让你感觉未能充分发挥潜力的事情。现在让我们谈谈这些目标中哪些能给你带来最大收益。"如果来访者无法独立制订议程或治疗目标，那么治疗师可以提供一系列可选项，这种方式同时也尊重了来访者的自主权，符合动机式访谈的理念。

### 技能训练和认知重构

认知行为疗法的技能训练和认知重构包括识别和修正自动化思维与图式，然后通过学习和练习技能来改变这些想法并发展出新的应对模式。在这一过程中确保参与过程至关重要，因为当治疗师必须在这一教学阶段担任专家角色时，工作联盟可能会受到影响。如果没有确保合作并唤起动机，来访者可能会被动接受治疗师的建议，但并没有完全致力于学习技能。一些沟通策略可以确保在治疗的认知重构和技能训练中保持动机式访谈风格。维持参与的主要策略是在进行任何治疗任务前征求许可。

当治疗师开始进行更多专家驱动的认知行为疗法的教学元素时，引导—提供—引导策略（E-P-E策略）可以在提供信息或反馈时保持动机式访谈的风格（Rollnick & Prout, 2008）。首先，治疗师引导来访者说出对信息或技能的看法。其次，治疗师反映来访者的陈述，同时添加额外的信息（再次强调尊重和选择），"所以，你可以看到管理你的想法能帮你减轻抑郁情绪，如果你准备好了，我们可以考虑一些干预策略来处理这些想法——从记录这些想法发生的时间和你对它们的感受开始。"最后，治疗师引导来访者说出对信息、建议或新技能的看法。通过这种方式，即使在提供新的信息或建议的情况下，治疗师也避免了"专家陷阱"并保持了动机式访谈的关系元素。

在讨论技能训练等治疗元素的基本原理时，引导—提供—引导策略尤其有效。通常在认知行为疗法中，治疗师提供基本原理的说明。与动机式访谈的唤起过程一致，由来访者而不是治疗师表达参与咨询活动的理由。在这个例子中，治疗师使用了引导—提供—引导策略来唤起和加强参与治疗任务的改变话语。以下是这一过程的例子：

**治疗师**：我想知道你认为仔细评估并记录让你感觉悲伤的触发因素意味着什么。［引导］

**来访者**：好吧，我想这就像评估和记录我最容易感到悲伤的时刻。

**治疗师**：没错，我们想知道是什么时刻［反映］，也想知道当你不悲伤时［提供］发生了什么，也就是说是什么想法和感受让你不悲伤了。那么，你认为仔细研究这些为什么重要呢?［引导］

**来访者**：我想因为这样你可以帮我找到解决的办法。

**治疗师**：你希望我们帮你找到管理这些触发因素的办法［反映］。当我们知道触发抑郁情绪的不同因素时，我们可以具体情况具体分析，例如当你和你丈夫吵架时，或者是一些想法和感受，比如当你感觉不好的时候。如果你告诉我们哪些情况或活动会让您感觉良好，这也可以帮助我们

　　　　　　安排一些更有针对性的活动。[ 提供 ] 你对下一周记录情
　　　　　　境、想法和感受的原因有何看法？[ 引导 ]
　　来访者：很有道理。

　　认知重构和行为技能训练通常涉及家庭作业，比如跟踪想法或练习应对技能。家庭作业是几乎所有认知行为疗法手册的推荐元素，而且家庭作业完成情况直接决定着治疗是否有效（Carroll, Nich, & Ball, 2005）。"引导—提供—引导策略"通过让来访者明确家庭作业与治疗目标的相关性来增强他完成家庭作业的动机。当没有完成家庭作业时，关于利弊的讨论可能有助于处理维持话语。在这种情况下，治疗师首先引导来访者说出不做家庭作业的理由，试图理解相关障碍并减少来访者与治疗师之间的不一致。接下来，治疗师引导来访者说出完成家庭作业的"好处"。如果围绕家庭作业的维持话语继续出现，动机访谈建议"跟随"它，让来访者考虑替代方案并重新评估这项技能对他的个人改变计划的重要性。可以针对具体的技能和家庭作业调整标准以唤起动机。例如，"从 1 到 10 评分，你如何评价本周在家记录想法的重要性？"接着这个问题继续追问"你为什么说 5 而不是更低的数字？"可能有助于增强来访者完成家庭作业的动机。

　　行为激活
　　认知行为疗法的行为元素通常被称为行为激活，它也是治疗抑郁症的"特有"方法（Coffman, Martell, Dimidjian, Gallop, & Hollon, 2007; Dimidjian et al., 2006）。行为激活包括对情绪和症状触发点的功能分析，然后进行干预，旨在逐步增加患者对促进积极情绪和改善症状的行为和活动的参与度。有效使用行为激活的主要临床挑战是患者的矛盾心理。在这方面，动机式访谈可以提供帮助。

动机式访谈是专门针对行为改变而开发的。许多具体的行为常常会是行为激活的目标，例如增加对愉快事件的参与、锻炼、改变负面的社交行为以及减少回避行为（即回避可能改善情绪的行为）和反刍。这些行为改变目标中的每一个都有可能面临来访者的矛盾心理和阻抗。在这里，动机式访谈可能最有用的是减少矛盾心理和增加治疗参与度。

> **来访者**：昨天，我又过得非常糟糕。起床时心情就不好，一天下来心情越来越差。
>
> **治疗师**：从你的情绪追踪中，你已经学到了很多使情绪变糟和改善情绪的方法。什么方法会让情绪变好呢？
>
> **来访者**：好吧，如果我去散步并听音乐肯定会有所改善，但当时我就是不想去。
>
> **治疗师**：你知道这样会有所帮助，但如何克服这些阻碍是你想要解决的问题吗？
>
> **来访者**：是的，这确实是问题所在。不是我不知道该怎么做，而是我不想去做。
>
> **治疗师**：我们现在可以专注于解决这方面的问题，这对你有帮助吗？
>
> **来访者**：是的，我认为有。

动机式访谈与人际关系疗法

人际关系疗法强调抑郁症与人际关系质量和功能失调之间的联系。在人际关系疗法框架内，抑郁症患者往往缺乏必要的社会支持，这归因于人际冲突、丧失或生活中的改变。因此，动机式访谈有可能通过提高患者对特定行为改变目标的依从性，以及明确探索人际关系出了什么问题来增加疗效。尚无任何文献专门评估动机式访谈-人际关系疗法的整合在治疗过程中的有效性。然而，在对低收入女性而

言，动机式访谈在增强她们的参与度方面已经得到证实（Zuckoff,
Swartz, & Grote，见第六章）。

　　动机式访谈理念的组成部分，例如表达共情和合作，已被证明可
以增强来访者的参与度（Burns & Nolen-Hoeksema, 1992; Castonguay,
Goldfried, Wiser, Gaue, & Hayes, 1996）。鉴于人际关系疗法的一个重
点是改善人际关系、社交技能和支持，治疗师可以把动机式访谈的某
些有用策略当作人际关系疗法的补充。事实上，指导来访者把动机式
访谈的一些基本技能当作与他人交往的方式可能是有用的。下面的例
子说明了整合动机式访谈的理念可以明确用于帮助来访者理解、表达
并与重要他人沟通：

> **来访者**：问题是我没有像你一样的可以谈论这些事情的人。
>
> **治疗师**：你的生活中有很多人，但是你在这里得到的支持是其他
> 人提供不了的。
>
> **来访者**：是的，我不知道是否可能，他们不想像你那样倾听我。
>
> **治疗师**：你与我互动的方式有什么特别之处，让你觉得在其他人
> 身上感觉不到？
>
> **来访者**：好吧，我觉得你不会试图把我推向任何一个方向，而是
> 会听我说，然后问我想做什么。所以，我不会想要防御。
>
> **治疗师**：你需要的是有人听你说，然后帮你弄清楚要做什么，而
> 不是告诉你或指示你去做什么？
>
> **来访者**：完全正确。
>
> **治疗师**：是的，这不是人们自然而然做到的事情，特别是当他们
> 关心你并进入"修复模式"时，所以，我们有时必须明
> 确要求一个人这样做。你觉得哪个人是你可以明确要求
> 他这样做的？
>
> **来访者**：我觉得我妈可能是进行尝试的最好人选。

与认知行为疗法一样，人际关系疗法也经常遇到矛盾心理。同样，动机式访谈可以帮助解决特定行为和决策的矛盾心理。例如，在人际关系疗法中，抑郁情绪和其他症状可能与社会支持不足或不满意有关。因此，治疗的一个目标是改变来访者寻求他人支持的沟通方式。

**治疗师**：在上一次咨询中，你提到打算与你的丈夫谈谈请他帮忙在晚上看一小时孩子的事，这样你才能有自己的休息时间。进展如何？

**来访者**：好吧，我实际上从来没有和他谈过这件事。

**治疗师**：你对是不是正确的时机有些纠结。

**来访者**：是的，每次我们有时间沟通时，我都会退缩。

**治疗师**：你不确定该说些什么？

**来访者**：是的，我有点害怕他的反应——如果他生气或说"不"该怎么办？

**治疗师**：看起来你知道为了自己的身体健康，有休息时间至关重要，你希望可以更自在和更自信地提出要求。1到10分，10表示你对自己提出这一要求的能力非常有信心，你会打几分？

**来访者**：我觉得大概6分。

**治疗师**：为什么是6而不是0？

**来访者**：嗯，我很擅长友好而坚定地表达观点，而且我以前也成功地向他要求过一些事情。

**治疗师**：你肯定有能力做到这一点。

**来访者**：是的，我想我只需要为他的任何反应做好准备，并想清楚我该如何处理它们就好了。

**治疗师**：有道理，我们在这里练习一些情景，帮你做好准备，可以吗？

来访者：好的，我认为这将减轻一些焦虑感。

## 动机式访谈与复发预防

如上所述，抑郁症的复发率很高。复发预防的主要模式来自成瘾文献（Marlatt & George, 1984），重点是改变来访者对失误的看法，并帮助来访者理解失误和复发之间的区别（Curry, Marlatt, & Gordon, 1987）。如果来访者认为挫折或失误是无法挽救的失败，则更有可能复发。然而，如果将失误视为一种学习经验，则复发更有可能减少甚至消除。此外，动机式访谈的参与过程建议避免使用"失误"和"复发"这两个术语，而是表达对维持改变的困难的共情，以及支持维持改变的自主性和选择权（Miller, Forcehimes, & Zweben, 2011）。在接下来的部分，我们倾向于使用"反弹"和"维持"等词语，而不是"失误"和"复发预防"。

### 增加行为改变的重要性

一种唤起动机并解决反弹（以前叫失误）的方法是重新强调维持行为改变的重要性。这可以通过使用重要性量尺来完成。治疗师要求来访者按10分制来评定对指定目标的承诺水平。在对来访者的反应进行反映后，治疗师询问为什么来访者选择了该数字而不是更低的数字，以引导来访者说出自己对维持改变的重要性的理由。具体的语言表达在这里很重要。尽管早期治疗中的改变话语可能涉及渴望、能力、原因、需要和对做出初步改变的承诺，对维持改变的话语可以强调支持维持改变的理由（例如，"对于我来说保持活跃很重要，因为我不想再花很多时间躺在床上；自从我开始治疗以来，我感觉很好，我希望能保持这种状态"）。关于维持改变的话语也可能包括对继续接受治疗的渴望、信心、坚持的原因、需要和承诺（例如，"我知道我需要继续参加咨询，即使我感觉好些，因为我不想重新再来一遍"）。

### 增加自信

自我效能被认为是维持成功的关键预测因素。然而，很少有维持干预措施明确指出治疗师如何支持自我效能（Beshai, Dobson, Bockting, & Quigley, 2011; Herz et al., 2000; Lam & Wong, 2005; Marlatt & Donovan, 2005; Minami et al., 2008; Nigg, Borrelli, Maddock, & Dishman, 2008）。

动机式访谈有支持自我效能感的具体策略。一个是使用肯定（"你对自己能实现目标非常有信心"），而不是赞美（"我认为你能坚持是很好的"）。治疗师可能会询问多种类型的问题来支持自我效能，包括询问过去成功的改变经历或询问早期治疗中成功完成的目标，并讨论如何利用这些来维持改变。实际上，开放式问题可能有助于引导出自我肯定的话语。例如："你过去如何实现这些改变？"或"投入精力和努力来改变行为并取得成功的感觉如何？"

当来访者不容易确定个人优势时，特别是与维持行为改变有关时，探索其他人（朋友、家人）对他优势品质的看法可能会富有成效。肯定语句卡片分类活动也可以帮助来访者确定这些优势。来访者可以从优势列表中找到自己拥有的品质，然后回答关于这些品质在其生活中如何表现的问题，无论是与过去的成功还是行为改变的维持有关。例如："你提到你一直都是一个坚强的人。作为一个坚强的人，你可以做哪些事儿维持在克服抑郁症方面所做出的改变？"治疗师直接表达对来访者维持行为改变能力的希望和乐观态度也是至关重要的。这不一定是对改变的笼统信念，而是与某些条件相关联。例如，"当你得到家人的帮助时，我相信你可以回到正常状态（某次病情反弹后）。"研究表明，治疗师的乐观态度是带来积极治疗结果的共同因素（Lambert & Barley, 2001）。

　　增强自我效能感的另一种方法是使用自信心量尺——类似于前面描述的重要性量尺，在这里询问的是对维持特定行为或使用特定技能的信心。波利维和同事（Polivy & Herman，2002）的研究强调了关于自我效能感的一个重要观点，他们将"虚假希望综合征"定义为"对自我改变尝试的速度、程度、轻松程度和后果的不切实际的期望"（p.677）。过度自信和设定不切实际的目标往往会破坏成功的改变。事实上，他们的综述表明，治疗结束时的自我效能感比治疗开始时的自我效能感更能预测治疗的成功。他们指出，获得的信心比未获得的信心更有可能与未来的成功相关。此外，符合实际且灵活的目标设定也将有助于避免虚假希望综合征。这些策略说明在抑郁治疗中动机式访谈可以增加患者对改变的重要性的认识和维持改变的信心，并降低复发率。

# 总结和未来方向

　　动机式访谈具有明显的增强抑郁症治疗效果的潜力，既可以通过简短的动机式访谈直接处理抑郁症状，也可以将动机式访谈与其他心理治疗相结合。虽然一些研究支持使用简短的动机式访谈来减少有身体健康问题人群的抑郁情绪，但是缺乏针对基础医疗护理中其他人群抑郁情绪的研究（例如，在非慢性病患者和青少年人群中的亚临床抑郁症）。此外，缺乏针对原发性抑郁症人群的动机式访谈有效性的研究表明，这些人不一定有什么严重的健康问题。

　　一些研究将动机式访谈和认知行为疗法整合在有健康问题的抑郁症人群。这些研究的结果表明这种方法具有潜力，但仍然需要进一步的研究，尤其是将动机式访谈与针对抑郁症的心理疗法相结合的方法，与单独的抑郁症治疗相比是否能显著改善抑郁症和生活质量。这些研究应该在足够大和多样化的样本中进行，以理解患者的特定特征（比如人口统计学特征或疾病特征）是否影响（调节）治疗结果。

关于如何成功将动机式访谈和其他心理疗法整合融入"现实世界"环境的文献很少。例如，我们对于社区临床治疗师所需的训练时长和形式以产生有效结果这方面知之甚少。此外，在社区环境中常规临床服务的背景下，动机式访谈的可持续性也少有了解。莫耶斯和同事（Moyers, Houck, 2011）认为，将动机式访谈与其他心理治疗相结合往往需要治疗师在两种治疗方法具有相互竞争的目标或优先级时做出决策。对决策规则进行研究非常必要，以便为治疗师如何在不同的决策点推进咨询提供指导。

当动机式访谈与其他治疗方法相结合时，如何使用传统的动机式访谈保真度测量来记录互动，我们也知之甚少，需要进一步研究整合治疗的保真度测量。我们在动机式访谈和认知行为疗法整合家庭治疗的咨询会谈中有一些关于动机式访谈保真度的督导师评分量表的初步数据。在一项小型预研究中，督导师使用四点评分量表对治疗时的动机式访谈部分进行评分。Rasch测量模型的初步结果（Chapman, Sheidow, Henggeler, Halliday-Boykins, & Cunningham, 2008）富有前景：不同因素构成了单一维度，四点评分量表达到了预期表现，这些因素评估了治疗师和家庭的所有方面，并且可以区分样本中动机式访谈保真度的五个级别。最终版量表见表7.1。

最后，近年来出现了一种创新的抑郁症治疗方法——身体活动。在过去20年中，几个国家的横向研究和纵向研究都一致显示出运动与情绪改善之间的联系（Otto & Smits, 2011），而对70项干预研究的元分析显示，在非精神病人群中，运动可以让抑郁情绪有所改善（Conn, 2010）。一些研究表明，身体活动干预至少与使用抗抑郁药物或心理治疗同样有效，能改善临床和非临床样本中的抑郁情绪（Blumenthal et al., 2007; Stathopoulou, Powers, Berry, Smits, & Otto, 2006）。尽管有许多好处，但美国和其他发达国家的大多数成年人并没有进行足够多的身体活动来大幅度改善他们的身心健康（Lee et al., 2012）。对于患有抑郁症的人来说，采用运动计划可能更加困难。动机式访谈有可能增加运动动机，使运动干预变得更加有效。关于使用动机式访谈促进身体活动的文献越来越多（Martins & McNeil, 2009），未来的研究有必要探讨动机式访谈在鼓励身体活动以改善抑郁方面的应用。

**表7.1 认知行为疗法咨询中对动机式访谈保真度的测量**

| 项目 | 定义 |
|---|---|
| 1.治疗师培养来访者的共情与同理心 | 治疗师理解或努力理解来访者的观点和感受，并将自己的理解传达给来访者 |
| 2.治疗师促进来访者的合作 | 治疗师与来访者协商，避免权威立场。合作的隐喻是跳舞而不是摔跤 |
| 3.治疗师支持来访者的自主权 | 治疗师强调来访者的选择自由并传达改变的关键变量在于来访者自己，而非他人强加 |
| 4.治疗师致力于唤起来访者改变的想法和动机 | 治疗师传达改变的动机和能力主要在于来访者自己，并因此专注在治疗互动中引导和拓展它 |
| 5.治疗师平衡来访者的议程与聚焦目标行为 | 治疗师适当聚焦在特定的目标行为或与之直接相关的问题上，而同时仍然处理来访者关注的问题 |
| 6.治疗师使用反映式的倾听技巧 | 反映式陈述的频率与问题保持平衡 |
| 7.治疗师有策略性地使用反映 | 持续评估反映的质量——低质量的反映是不准确的、冗长的，或者不清晰的。高质量的反映用来表达共情、解决矛盾心理、加强改变话语、减少阻抗，并在总体上有策略地提升动机 |
| 8.治疗师强化来访者的优点和积极的行为改变 | 治疗师肯定来访者促进有效改变或在未来的改变努力中可以利用的个人品质或付出 |
| 9.咨询师有效使用总结 | 总结用于汇总两个或更多来访者之前陈述的观点。必须传达至少两个不同的想法，而不是对同一想法进行两次反映。总结是表达主动倾听，并反映来访者"故事"的一种方式。总结可以用于组织咨询结构并引导来访者一步步改变 |

续表

| 项目 | 定义 |
| --- | --- |
| 10.咨询师使用开放式问题 | 开放式问题让各种各样的潜在回答成为可能。封闭式问题可能只需要一个词回答。多项选择题也是开放的，尤其是对于那些难以回答开放或抽象问题的来访者 |
| 11.咨询师引导来访者做出反馈 | 咨询师要求来访者对信息、建议、反馈等做出回应。这与动机式访谈中的问—说—问或引导—提供—引导策略是类似的 |
| 12.咨询师处理来访者的矛盾心理 | 咨询师反映式地或有策略地回应矛盾心理。矛盾心理可能表现为反对改变的陈述，要么直接涉及目标行为，要么涉及参与治疗项目或关系中的不一致。有矛盾心理的来访者可能会将反对改变的陈述（维持话语）与改变话语混合在一起。有时候矛盾心理会以更间接的方式出现——没有完成家庭作业、咨询中最少化的交流，或者表示默许或部分同意改变计划的陈述，比如"我猜是的"或者"如果你想要我做的话我会去做" |

我们从未打算将动机式访谈发展成一种全新的心理治疗方法（Miller & Rollnick, 2009）。然而，研究表明仅仅使用动机式访谈就可以改善情绪（Bombardier et al., 2009; Naar-King et al., 2010; Watkins et al., 2011），并为其他干预方法中处理工作联盟和动机方面的问题提供坚实基础。

# 参考文献

American Psychiatric Association. (2010). *Practice guideline for the treatment of patients with major depressive disorder* (3rd ed.). Washington, DC: American Psychiatric Press.

Arkowitz, H., & Burke, B. L. (2008). Motivational interviewing as an integrative framework for the treatment of depression. *Motivational interviewing in the treatment of psychological problems* (pp. 145-172). New York: Guilford Press.

Armitage, R., Flynn, H., Hoffmann, R., Vazquez, D., Lopez, J., & Marcus, S. (2009). Early developmental changes in sleep in infants: The impact of maternal depression. *Sleep*, 32 (5), 693-696.

Beck, C. T., Gable, R. K., Sakala, C., & Declercq, E. R. (2011). Post-traumatic stress disorder in new mothers: Results from a two-stage U. S. national survey. *Birth*, 38 (3), 216-227.

Beshai, S., Dobson, K. S., Bockting, C. L., & Quigley, L. (2011). Relapse and recurrence prevention in depression: Current research and future prospects. *Clinical Psychology Review*, 31 (8), 1349-1360.

Blumenthal, J. A., Babyak, M. A., Doraiswamy, P. M., Watkins, L., Hoffman, B. M., Barbour, K. A., et al. (2007). Exercise and pharmacotherapy in the treatment of major depressive disorder. *Psychosomatic Medicine*, 69 (7), 587-596.

Bombardier, C. H., Bell, K. R., Temkin, N. R., Fann, J. R., Hoffman, J., & Dikmen, S. (2009). The efficacy of a scheduled telephone intervention for ameliorating depressive symptoms during the first year after traumatic brain injury. *Journal of Head Trauma Rehabilitation*, 24 (4), 230-238.

Burke, B. L. (2011). What can motivational interviewing do for you? *Cognitive and Behavioral Practice*, 18 (1), 74-81.

Burns, D. D., & Nolen-Hoeksema, S. (1991). Coping styles, homework compliance, and the effectiveness of cognitive-behavioral therapy. *Journal of Consulting and Clinical Psychology*, 59 (2), 305-311.

Burns, D. D., & Nolen-Hoeksema, S. (1992). Therapeutic empathy and recovery from depression in cognitive-behavioral therapy: A structural equation model. *Journal of Consulting and Clinical Psychology*, 60 (3), 441-449.

Carroll, K. M., Nich, C., & Ball, S. A. (2005). Practice makes progress?: Homework assignments and outcome in treatment of cocaine dependence. *Journal of Consulting and Clinical Psychology*, 73 (4), 749.

Castonguay, L. G., Goldfried, M. R., Wiser, S., Raue, P. J., & Hayes, A. M. (1996). Predicting the effect of cognitive therapy for depression: A study of unique and common factors. *Journal of Consulting and Clinical Psychology*, 64, 497-504.

Chapman, J. E., Sheidow, A. J., Henggeler, S. W., Halliday–Boykins, C. A., & Cunningham, P. B. (2008). Developing a measure of therapist adherence to contingency management: An application of the Many-Facet Rasch Model. *Journal of Child and Adolescent Substance Abuse*, 17 (3), 47-68.

Chen, X., Murphy, D. A., Naar-King, S., & Parsons, J. T. (2011). A clinicbased motivational intervention improves condom use among subgroups of youth living with HIV: A multicenter randomized controlled trial. *Journal of Adolescent Health*, 49 (2), 193-198.

Coffman, S. J., Martell, C. R., Dimidjian, S., Gallop, R., & Hollon, S. D. (2007). Extreme nonresponse in cognitive therapy: Can behavioral activation succeed where cognitive therapy fails? *Journal of Consulting and Clinical Psychology*, 75 (4), 531-541.

Conn, V. S. (2010). Depressive symptom outcomes of physical activity interventions: Meta-analysis findings. *Annals of Behavioral Medicine*, 39 (2), 128-138.

Cuijpers, P., Berking, M., Andersson, G., Quigley, L., Kleiboer, A., & Dobson, K. S. (2013). A meta-analysis of cognitive-behavioural therapy for adult depression, alone and in comparison with other treatments. *Canadian Journal of Psychiatry*, 58 (7), 376-385.

Curry, S., Marlatt, G. A., & Gordon, J. R. (1987). Abstinence violation effect: Validation of an attributional construct with smoking cessation. *Journal of Consulting and Clinical Psychology*, 55 (2), 145-149.

Dickinson, L. M., Rost, K., Nutting, P. A., Elliott, C. E., Keeley, R. D., & Pincus, H. (2005). RCT of a care manager intervention for major depression in primary care: 2-year costs for patients with physical vs psychological complaints. *Annals of Family Medicine*, 3 (1), 15-22.

Dieter, N., Field, T., Hernandez-Reif, M., Jones, N. A., Lecanuet, J., Salman, F., et al. (2001). Maternal depression and increased fetal activity. *Journal of Obstetrics and Gynecology*, 21 (5), 468-473.

Dimidjian, S., Hollon, S. D., Dobson, K. S., Schmaling, K. B., Kohlenberg, R. J., Addis, M. E., et al. (2006). Randomized trial of behavioral activation, cognitive therapy, and antidepressant medication in the acute treatment of adults with major depression. *Journal of Consulting and Clinical Psychology*, 74 (4), 658-670.

Ferrari, A. J., Charlson, F. J., Norman, R. E., Patten, S. B., Freedman, G., Murray, C. J., et al. (2013). Burden of depressive disorders by country, sex, age, and year: Findings from the global burden of disease study 2010. *PLoS Medicine*, 10 (11), e1001547.

Field, T., Diego, M., & Hernandez-Reif, M. (2006). Prenatal depression effects on the fetus and newborn: A review. *Infant Behavior and Development*, 29 (3), 445-455.

Flynn, H. A., Henshaw, E., O'Mahen, H., & Forman, J. (2010). Patient perspectives on improving the depression referral processes in obstetrics settings: A qualitative study. *General Hospital Psychiatry*, 32 (1), 9-16.

Henshaw, E. J., Flynn, H. A., Himle, J. A., O'Mahen, H. A., Forman, J., & Fedock, G. (2011). Patient preferences for clinician interactional style in treatment of perinatal depression. *Qualitative Health Research*, 21 (7), 936-951.

Herz, M. I., Lamberti, J. S., Mintz, J., Scott, R., O'Dell, S. P., McCartan, L., et al. (2000). A program for relapse prevention in schizophrenia: a controlled study. *Archives of General Psychiatry*, 57 (3), 277-283.

Hides, L., Carroll, S. P., Lubman, D. I., & Baker, A. (2010). Brief motivational interviewing for depression and anxiety. In J. Bennett-Levy, D. Richards, P. Farrand, & H. Christensen (Eds.), *Oxford guide to low intensity CBT interventions* (pp. 177-185). Oxford, UK: Oxford University Press.

Hoffman, S., & Hatch, M. C. (2000). Depressive symptomatology during pregnancy: Evidence for an association with decreased fetal growth in pregnancies of lower social class women. *Health Psychology*, 19 (6), 535-543.

Hollon, S. D., Thase, M. E., & Markowitz, J. C. (2002). Treatment and prevention of depression. *Psychological Science in the Public Interest*, 3 (2), 39-77.

Lam, D., & Wong, G. (2005). Prodromes, coping strategies and psychological interventions in bipolar disorders. *Clinical Psychology Review*, 25 (8), 1028-1042.

Lambert, M. J., & Barley, D. E. (2001). Research summary on the therapeutic relationship and psychotherapy outcome. P*sychotherapy : Theory, Research, Practice, Training*, 38 (4), 357-361.

Lee, I-M., Shiroma, E. J., Lobelo, F., Puska, P., Blair, S. N., & Katzmarzyk, P. T. (2012). Effect of physical inactivity on major non-communicable diseases worldwide: An analysis of burden of disease and life expectancy. *The Lancet*, 380 (9838), 219-229.

Marlatt, G. A., & Donovan, D. M. (2005). *Relapse prevention: Maintenance strategies in the treatment of addictive behaviors*. New York: Guilford Press.

Marlatt, G. A., & George, W. H. (1984). Relapse prevention: Introduction and overview of the model. *British Journal of Addiction*, 79 (3), 261-273.

Martins, R. K., & McNeil, D. W. (2009). Review of motivational interviewing in promoting health behaviors. *Clinical Psychology Review*, 29 (4), 283-293.

Miller, W. R., Forcehimes, A. A., & Zweben, A. (2011). *Treating addiction: A guide for professionals*. New York: Guilford Press.

Miller, W. R., & Rollnick, S. (2009). Ten things that motivational interviewing is not. *Behavioural and Cognitive Psychotherapy*, 37 (2), 129-140.

Miller, W. R., & Rollnick, S. (2013). *Motivational interviewing: Helping people change* (3rd ed.). New York: Guilford Press.

Miller, W. R., Taylor, C. A., & West, J. C. (1980). Focused versus broad-spectrum behavior therapy for problem drinkers. *Journal of Consulting and Clinical Psychology*, 48 (5), 590-601.

Minami, T., Wampold, B. E., Serlin, R. C., Hamilton, E. G., Brown, G. S.

J., & Kircher, J. C. (2008). Benchmarking the effectiveness of psychotherapy treatment for adult depression in a managed care environment: A preliminary study. *Journal of Consulting and Clinical Psychology*, 76 (1), 116-124.

Moyers, T. B., & Houck, J. (2011). Combining motivational interviewing with cognitive-behavioral treatments for substance abuse: Lessons from the COMBINE research project. *Cognitive and Behavioral Practice*, 18 (1), 38-45.

Murphy, D. A., Chen, X., Naar-King, S., Parsons, J. T., & the Adolescent Trials Network. (2012). Alcohol and marijuana use outcomes in the Healthy Choices motivational interviewing intervention for HIV-positive youth. *AIDS Patient Care and STDs*, 26 (2), 95-100.

Naar-King, S., Parsons, J. T., Murphy, D., Kolmodin, K., & Harris, D. R. (2010). A multisite randomized trial of a motivational intervention targeting multiple risks in youth living with HIV: Initial effects on motivation, self-efficacy, and depression. *Journal of Adolescent Health*, 46 (5), 422-428.

Naar-King, S., Parsons, J. T., Murphy, D. A., Chen, X., Harris, D. R., & Belzer, M. E. (2009). Improving health outcomes for youth living with the human immunodeficiency virus: A multisite randomized trial of a motivational intervention targeting multiple risk behaviors. *Archives of Pediatrics and Adolescent Medicine*, 163 (12), 1092-1098.

Naar-King, S., & Suarez, M. (2011). *Motivational interviewing with adolescents and young adults*. New York: Guilford Press.

Nigg, C. R., Borrelli, B., Maddock, J., & Dishman, R. K. (2008). A theory of physical activity maintenance. *Applied Psychology*, 57 (4), 544-560.

O'Mahen, H., Himle, J. A., Fedock, G., Henshaw, E., & Flynn, H. (2013). A pilot randomized controlled trial of cognitive behavioral therapy for perinatal depression adapted for women with low incomes. *Depression and Anxiety*, 30 (7), 679-687.

O'Mahen, H. A., & Flynn, H. A. (2008). Preferences and perceived barriers to treatment for depression during the perinatal period. *Journal of*

*Women's Health*, 17 (8), 1301-1309.

Otto, M. W., & Smits, J. A. (2011). *Exercise for mood and anxiety: Proven strategies for overcoming depression and enhancing well-being*. New York: Oxford University Press.

Polivy, J., & Herman, C. P. (2002). If at first you don't succeed: False hopes of self-change. *American Psychologist*, 57 (9), 677-689.

Project MATCH Research Group (1997). Project MATCH secondary a priori hypotheses. *Addiction*, 92, 1671-1698.

Righetti-Veltema, M., Conne-Perréard, E., Bousquet, A., & Manzano, J. (2002). Postpartum depression and mother-infant relationship at 3 months old. *Journal of Affective Disorders*, 70 (3), 291-306.

Robinson, W., Triana, A., & Olson, M. (2013). Treatment of depression in primary care: A motivational interviewing, stepped-care approach. *Consultant*, 53 (7), 495-499.

Rollnick, S., & Prout, H. (2008). Behavior change counselling. *Nutrition and Health*, 130-138.

Rost, K., Nutting, P., Smith, J., Werner, J., & Duan, N. (2001). Improving depression outcomes in community primary care practice. *Journal of General Internal Medicine*, 16 (3), 143-149.

Rost, K. M., Smith, J. L., & Dickinson, L. M. (2004). The effect of improving primary care depression management on employee absenteeism and productivity: A randomized trial. *Medical Care*, 42, 1202-1210.

Santaguida, P. L., MacQueen, G., Keshavarz, H., Levine, M., Beyene, J., & Raina, P. (2012). Treatment for depression after unsatisfactory response to SSRIs. AHRQ Comparative Effectiveness Reviews. *Rockville*, MD: Agency for Healthcare Research and Quality (US).

Shim, R. S., Baltrus, P., Ye, J., & Rust, G. (2011). Prevalence, treatment and control of depressive symptoms in the United States. *Journal of the American Board of Family Medicine*, 24, 33-38.

Stathopoulou, G., Powers, M. B., Berry, A. C., Smits, J. A., & Otto, M. W. (2006). Exercise interventions for mental health: A quantitative and qualitative review. *Clinical Psychology: Science and Practice*, 13 (2),

179-193.

Watkins, C. L., Wathan, J. V., Leathley, M. J., Auton, M. F., Deans, C. F., Dickinson, H. A., et al. (2011). The 12-month effects of early motivational interviewing after acute stroke: A randomized controlled trial. *Stroke*, 42 (7), 1956-1961.

Westra, H. A., & Arkowitz, H. (2011). Introduction. *Cognitive and Behavioral Practice*, 18 (1), 1-4.

Wisner, W. L., Sit, D. K. Y., McShea, M. C., Rizzo, D. M., Zoertich, R. A., & Hughes, C. L. (2013). Onset timing, thoughts of self-harm, and diagnosis of post partum women with screen-positive depression findings. *JAMA Psychiatry*, 79, 490-498.

Wright, J. H., Basco, M. R., & Thase, M. E. (2006). Learning cognitive-behavior therapy: An illustrated guide. *Arlington*, VA: American Psychiatric Press.

Young, A. S., Klap, R., Sherbourne, C., & Wells, K. B. (2001). The quality of care for depressive and anxiety disorders in the United States. *Archives of General Psychiatry*, 58 (1), 55-61.

# 第八章

# 利用动机式访谈
# 处理自杀意念

彼得·C.布里顿

2015年，美国约有40600人因自杀而死亡（Centers for Disease Control and Prevention，2015），自杀成为第10大死亡原因和65岁前失去潜在寿命的第4大原因。研究表明，因自杀而死亡的人群中超过90%患有可诊断的精神障碍（Cavanagh, Carson, Sharpe, & Lawrie, 2003; Yoshimasu, Kiyohara, & Kazuhisa, 2008）。这些人在死亡前不久经常寻求心理和其他问题的治疗，估计有20%的死者在自杀前一个月曾接触过心理健康服务机构，45%的人曾接触过基础医疗护理（Luoma, Martin & Pearson, 2002）。在这些环境中工作的治疗师必须能够获得循证疗法的资源，用于他们认为风险提升的患者。虽然已有证据表明，许多干预措施可以降低高风险患者自杀意图的风险（Tarrier, Taylor, & Gooding, 2008），但缺乏经验支持的简短治疗方法，而且没有一种采用动机性方法。

## 常规治疗

自杀研究者经常使用自杀未遂作为自杀的代理变量，因为它们更常见并且是自杀的最大预测因素（Harris & Barraclough, 1997; Owens, Horrocks, & House, 2002）。迄今为止，已有四种行为干预措施可降低高危人群自杀未遂的风险。辩证行为疗法（DBT）是一种为期1年的个人和团体模式的治疗，并已证明可以降低患有边缘型人格障碍女性的自杀未遂者再次自杀率（Linehan et al., 2006）；用于自杀预防的认知疗法（CT）是一种包含10次咨询的治疗，当与个案管理结合使用时已被证明可以减少自杀未遂者的再次自杀行为（Brown, Newman, Charlesworth, Crits-Christoph, & Beck, 2004）；用于预防自杀的简短认知行为疗法（B-CBT）是一种包含12次咨询的治疗方法，已被证明可以减少自杀未遂者再次自杀率或有自杀意念的军人的自杀率（Rudd et al., 2014）；问题解决疗法是一种在住院部或出院后在家中进行的包含五次咨询的治疗，也被证明可以减少自杀未遂者的再次自杀行为（Salkovskis, Atha, & Storer, 1990）。辩证行为疗法、预防自杀的认知疗法、预防自杀的简短认知行为疗法和问题解决疗法的明显好处是，它们已被证明可以降低自杀未遂的风险，其他方法则没有这个效果，因此应在可能的情况下将其融入实践中。这些治疗方法利用了认知-行为框架，因此治疗师熟悉相关的模式。

# 临床问题

然而，这些治疗方法确实存在局限性。其中大部分干预措施都需要高昂的费用，辩证行为疗法需要进行为期一年的个人和团体治疗，预防自杀的认知疗法使用个案管理以确保基本需求得到满足，简短认知行为疗法在军队中使用效果显著（军队提供住所、食物和收入），问题解决疗法需要在出院后在家中进行治疗。许多提供者没有这些资源，保险公司和医疗保健系统可能无法承担提供这些治疗所需的费用，此外，尚不清楚这些方法在没有这些昂贵技术支持的情况下是否仍然有效。用于预防自杀的辩证行为疗法、认知疗法和简短认知行为疗法也需要10次甚至更多次治疗，不适合急性风险下大量个体的治疗，比如急诊科和急性精神病住院部。除简短认知行为疗法外，这些方法可以降低患者再次尝试自杀的风险，但还不清楚是否能够降低自杀风险。出于多种原因，这种区别很重要。自杀未遂和自杀是不同的行为，因为大多数自杀未遂行为是过量用药，而大多数自杀都是使用枪支（Desai, Dausey, & Rosenheck, 2008; Kellermann et al., 1992; Wiebe, 2003）。尽管降低高风险自杀尝试者再次实施自杀行为的风险至关重要，但这些被引用的研究普适性有限，因为他们排除了大约50%甚至更多第一次尝试自杀就死亡的人（Isometsa & Lonnqvist, 1998）。三项研究（涉及辩证行为疗法、认知疗法和问题解决疗法）的大多数参与者也是女性，尚不清楚这些研究结果是否适用于在美国有较高自杀率的男性（Centers for Disease Control and Prevention, 2014）。

因此，必须开发和测试比10次咨询更短、需要更少资源、普适性更高并且适用于大多数情况的治疗方法。重要的是要注意这种方法有无成功先例。在一项针对拒绝接受后续治疗的有抑郁或自杀倾向的住院患者的研究中，让主治医师在5年内发送24封关怀信件，可以降低患者两年内的自杀率（Motto & Bostrom, 2001），同时也发现类似的干预措施可以降低非致命性自伤的风险（Carter, Clover, Whyte, Dawson, & D'Este, 2007; Carter, Clover, Whyte, Dawson, & D'Este, 2005），这些研究结果表明，简单的干预措施可以产生意想不到的效果。简单的干预措施也可以用作强度更高的治疗方法的辅助手段，比如辩证行为疗法、预防自杀的认知疗法、简短认知行为疗法以及面对面或电话随访。在五个中低收入国家的急诊护理患者中，进行一次1小时的教育干预（关于自杀风险、保护和治疗），并配合进行9次随访电话或家访，可以降低18个月内的自杀风险（Fleischmann et al., 2008）。

# 自杀意念的动机式访谈使用原理

## 将自杀作为一个动机问题来理解

提出将动机式访谈作为一个简短的一到三次咨询的自杀预防干预的原因之一是自杀可以理解为一个动机问题（Britton, Patrick, & Williams, 2011; Britton, Williams, & Conner, 2008; Zerler, 2008, 2009）。1977年，科瓦克斯和贝克（Kovacs & Beck，1977, p.361）将自杀行为描述为"生与死的愿望之间内部主观斗争的结果，而不是单一的单向动机的结果"。研究往往支持"内部斗争"的假设，这些研究发现那些生的愿望比死的愿望多得多的门诊病人会尝试更为不致命的自杀行为（Kovacs & Beck, 1977），并且更不可能死于自杀（Brown, Steer, Henriques, & Beck, 2005）。增加考虑自杀的患者活着的动机可能会降低他们继续思考和参与自杀行为的风险（Britton et al., 2008），并能大大增加他们参与心理健康或物质滥用治疗以解决个人问题的可能性（Britton et al., 2011）。

## 动机式访谈与自杀预防的理论

动机式访谈的理论可用于理解它是如何帮助患者重获生存动机的（Miller & Rose, 2009）。过程-效果研究表明，动机式访谈通过人际关系和技术途径发挥作用。在人际关系方面，动机式访谈为患者提供了一种促进开放、支持成长和发展的治疗关系，这就是动机式访谈的理念体现。同时，有一个期望的结果，治疗师利用他们的动机式访谈技能积极引导和强化改变话语（表明患者正在考虑做出改变）和承诺话语（表明患者将要做出改变），同时减少反对改变的话语（通常称为"维持话语"），所有这些都可以预测治疗后的改变（Moyers, Martin, Houck, Christopher, & Tonigan, 2009; Moyers et al., 2007）。类似的模型可以应用于有自杀倾向的患者（见图8.1）。在自杀意念的动机式访谈中，治疗师寻求为患者提供支持成长和适应的关怀式倾听。这种关系被假设为可以直接降低来访者思考和参与自杀行为的风险（即尝试自杀和实质自杀）。治疗师还使用动机式访谈技能唤起与生存相关的话语，并减少与死亡和自杀相关的话语。对生存的探索增加和对自杀的讨论减少被假设为可以降低来访者在咨询结束后思考或参与自杀行为的风险。如前所述（Miller & Rose, 2009），仅仅谈论生存不太可能降低一个人的自杀风险，但是当它是真实和有意义的时，这样的话语可能反映了对生存和死亡愿望的内部冲突解决。

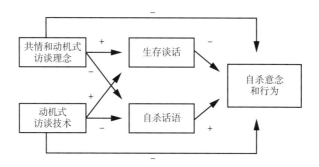

图8.1　假设的自杀意念的动机式访谈过程模型

# 临床应用和注意事项

### 作为治疗组成部分的自杀意念的动机式访谈

有自杀风险的个体组成了一个异质人群，他们通常有着复杂而长

期的问题，任何一到三次的治疗都不太可能足够。因此，自杀意念的
动机式访谈作为更强大的治疗辅助手段才是最有效的，因为有动力活
下去的人同样也有动力参与维持和增强生命的活动，例如治疗。这对
有自杀倾向的患者来说尤其重要，对于他们来说，如何精心照顾都不
为过。动机式访谈咨询不能取代用于识别需要解决的自杀关键风险因
素的结构化风险评估，例如自杀未遂史（Harris & Barraclough, 1997;
Owens et al., 2002）或获取枪支（Hemenway & Miller, 2002; Miller,
Azrael, & Hemenway, 2002; Miller & Hemenway, 1999）。患者还可能
需要额外的治疗来充分解决他们的风险，例如应对技能培训、问题解
决疗法或物质滥用治疗。因此在有自杀倾向的患者的治疗顺序中（见
图 8.2），最好将自杀意念动机式访谈作为治疗的组成部分，放在结构
性自杀风险评估之后，然后进行额外治疗以直接解决患者的自杀风险
或可能导致自杀风险的问题。尽管可以使用基于动机式访谈的方法实
施一些治疗，例如应对技能、问题解决疗法或减少物质使用，但是这
些组成部分必须在基本的自杀意念动机式访谈之后添加。

**图 8.2　自杀意念动机式访谈在治疗中的顺序**

## 动机式访谈的理念与自杀

将动机式访谈的理念应用于有自杀倾向的患者时也必须小心。动
机式访谈理念的概念由米勒和罗尔尼克（1991）提出并在 2013 年进
一步完善（Miller & Rollnick, 2013），以描述创造支持改变和成长的
人际环境所需的关系特征。

米勒和罗尔尼克（2013）最新的动机式访谈理念模型包括合作、
接受、同理心和引发。当使用动机式访谈时，治疗师努力与患者建立

良好的合作伙伴关系，接受将患者视为具有自己观点的同伴，保持同理心积极促进他人的福利和需求，并引导患者发掘自己的优势和资源而不是缺陷。当使用动机式访谈处理有自杀倾向的患者时，治疗师应该根据这些信念或价值观进行互动。但是，他们必须以不增加风险的方式谨慎行事。所有有自杀倾向的患者最终都是自主的，正如签署无伤害合同后以及住院期间和住院后的自杀未遂率和自杀率所表明的（Appleby et al., 1999; Goldacre, Seagroatt, & Hawton, 1993; Meehan et al., 2006; Qin & Nordentoft, 2005; Rudd, Mandrusiak, & Joiner, 2006）。否认患者的自主权会对治疗结果产生负面影响，因为以建立自主权为重点的权力斗争有时会加剧自杀行为的风险（Filiberti et al., 2001; Hendin, Haas, Maltsberger, Koestner, & Szanto, 2006）。尽管尊重有自杀倾向的患者的自主权很重要，但需要考虑物质滥用行为和自杀行为方面存在固有的差异。尊重物质滥用者的自主权的风险很小，因为复发是可以预期的，而且很少会导致死亡，并有可能增加患者解决物质使用问题的动机（Anglin, Hser, & Grella, 1997; Miller, Walters, & Bennett, 2001）。尊重有自杀倾向的患者的自主权显然存在更大的风险，因为自杀未遂往往导致严重的伤害并且有可能导致死亡。当使用动机式访谈处理有自杀倾向的患者时，治疗师可能会感到他们在尊重患者的自主权和提供充分保护之间陷入两难困境。

　　然而，所有处理自杀患者的治疗师都面临这一困境，因此需要一种明智和深思熟虑的方法来尊重患者的自主权。在探索患者值得活下去的动机和计划时，治疗师可以像处理物质滥用者一样支持患者的自主性。然而，当患者在积极思考自杀并对自己和他人构成立即的危险时，治疗师必须保留并行使保护患者的权利，无论他们是否正在使用动机式访谈。像所有治疗师一样，动机式访谈治疗师应该与患者分享机密性的限制，以及当患者对自己或他人构成危险时采取保护性措施的必要性，但应以尊重个人自主权的方式来进行。从动机式访谈的角度来看，治疗师澄清自己的偏好不是让患者住院或让他们继续住院，而是帮助他们找到生存的理由并协作制订保护他们安全的计划，治疗师会发现这样做是有帮助的。强调希望帮助来访者制订计划，让生活有价值以避免住院也是有帮助的。虽然在我们的经验中关于自主权的争论往往很少见，但应尽可能避免，因为几乎没有收获。当被压力所迫时，治疗师可以承认患者本质是自主的，最终将离开治疗师的办公室或医院，这两者都是真实的，但这不太可能增加风险。然而，治疗师应该避免尊重患者自杀的"权利"，因为患者可能会错误地认为治疗师认可这一选择。

## 动机式访谈的技术成分与自杀

在基于动机式访谈理念的支持性关系中，治疗师策略性地使用动机式访谈技能来促进生存话语、减少自杀话语，假设认为这样可以预测增加维持和增强生命的行为并减少与自杀相关的行为（见图8.1）。类似于使用动机式访谈处理物质滥用问题的治疗师，他们提开放式问题引出患者自己的观点；使用反映分享他们对患者关于生存的想法和感受的理解；使用肯定加强患者的动机并鼓励患者参与维持和强化生存的活动；使用总结将患者的想法、感受和行为整合进一个连贯的、肯定生存的叙述中。然而，动机式访谈理论和研究的最新进展以及我们的临床经验已经显著影响了我们将动机式访谈应用于自杀患者的策略方法。

在早期应用中（Britton et al., 2008, 2011），治疗师被指示通过询问患者为何考虑自杀来开始干预。这一想法是基于决策权衡的使用，对改变和不改变的利弊进行结构化的探索，以解决对改变的矛盾心理（Miller & Rollnick, 2002），研究结果表明，当对自杀的维持话语转变为对生存的改变话语时，积极改变就发生了（Bertholet, Faouzi, Gmel, Gaume, & Daeppen, 2010）。然而，使用动机式访谈处理有自杀倾向的患者的模型认为，引发生存话语应该可以减少自杀行为的风险，而引发自杀话语会增加自杀行为的风险，这表明决策权衡可能是无效的甚至有害的（Miller & Rose，in press）。事实上，最新版本的《动机式访谈》（Miller & Rollnick, 2013）认为使用决策权衡来实现改变是不合适的。相反，重点是引发和强化改变话语。临床经验也支持后一种观点。讨论自杀的原因往往会不必要地将患者带回到自杀状态的思维模式和压倒性情绪中。因为干预只有一到两次，因此花在探索患者自杀原因上的时间会挤占花在探索生存动机上的时间。使用动机式访谈处理自杀患者的治疗师应该避免有意唤起患者的自杀想法，而应该让患者有机会谈论他们生存的理由、希望、愿望和梦想。这可以通过对患者进行共情式的开放式问题来实现。

如果患者正在考虑自杀，治疗师可以询问：

> "我知道你很痛苦，一直在考虑自杀。我想知道为什么你认为与我交谈比尝试自杀更重要呢？"

如果患者曾尝试自杀并自行前往急诊部或医院，治疗师可以询问：

> "我知道你在这里是因为你试图自杀并打了911。显然你一直处于巨大的痛苦之中，而且你一直在考虑自杀也是情有可原的。我很好奇，你为什么要打911呢？"

当患者进行潜在致命的自杀尝试但并没有死亡或者其他人打了急救电话时，提出一个开放式问题可能具有挑战性，但治疗师可以询问以下问题：

> "你做了一次非常严肃的尝试，差点就死了。显然，在你尝试之
> 前，你非常痛苦。我想知道在你尝试之前，你是如何做到为生存
> 而抗争这么久的?"

　　如果治疗师认为患者没有参与，想要更好地理解患者，认为患者
没有准备好讨论生存的理由，或者起始问题未能引导患者说出生存的
理由，那么询问患者的个人价值观和信仰、能力或优势、成就，或者
事情进展顺利且感到生命有价值的时期可能是有帮助的。这些信息为
治疗师提供了自杀患者矛盾心理的积极方面，治疗师可以加强这些方
面，作为探索生存动机的第一步。

　　该模型还引出了一些问题，当患者讨论自杀时，治疗师应该如何
应对？这种情况必然会发生。根据动机式访谈的理论和研究以及箴言
"让患者成为你的向导"，治疗师应该以共情式的以患者为中心的方式
回应自杀话语，并且不唤起更多的自杀话语。在患者生存动机的语境
下反映他们的自杀话语，以这种方式进行回应，并且提供机会让患者
可以给出积极或至少中立的反应，可能特别有帮助。例如，如果患者
说"我仍然想自杀"，治疗师可以采取以下策略。

- 再定义："你需要一些帮助来解决导致你想要自杀的问题。"
- 带转折的同意："你有时候仍然会想自杀，但在努力寻找另一条
  出路。"
- 使用双面反映："一方面，你有时候仍然会想自杀，另一方面，

你知道自杀可能真的会伤害你的孩子。"

# 临床案例

理论上动机式访谈由四个阶段组成：（1）参与，（2）聚焦，（3）唤起，（4）计划（Miller & Rollnick, 2013）。这些阶段是连续但可循环的，因此每个阶段都建立在前一个阶段上，但要取得进展需要在需要时在不同阶段之间进行切换的能力。例如，患者必须在确定焦点之前参与这个过程，但治疗师可能必须提出问题以促进参与。因此，这些阶段更类似于指南针方向——允许灵活地在其他方向上行驶以避开湖泊和山脉——而不是地图，用于规划必要的绕道。

为了说明自杀意念动机式访谈，我们将研究一名高自杀风险的退伍军人的案例。该案例分为几个阶段，每个阶段从讨论在处理自杀患者时要考虑的关键话题开始，到展示该阶段的临床互动结束。为了尊重患者的隐私，描述的案例故意综合了许多已经接受治疗的患者的情况。在整个互动过程中，我们指出正在使用的动机式访谈技能，无论是反映、提开放式问题、肯定或总结还是其他技能，例如在适当的时候提供信息或帮助患者进行结构化。

## 参　与

治疗师应该尝试让患者参与治疗过程来开始咨询。尽管让正在考虑自杀的患者参与治疗的重要性显而易见，但是存在许多可能产生干扰的压力因素，例如害怕患者自杀身亡、本能地使用禁止自伤协议和住院，以及患者的个人特点（如挑战性的人际交往风格或对住院的恐惧）。当有自杀倾向的患者从不参与治疗或脱落时，治疗师就失去了帮助他们重新发现生存理由，并找到解决问题所需的动力的机会。为了让患者参与，治疗师应该帮助他们尽可能地感到舒适，让他们了解治疗过程是什么样子，并询问他们对此的看法。治疗师分享他们对治疗有自杀倾向的患者本身的看法也可能有所帮助，例如保密性的限制，以及他们希望通过帮助患者重新发现他们的生存动机并制订解决问题的计划来帮助患者实现避免住院的愿望。如前所述，向患者询问他们的价值观、信仰、优势、成就和渴望也可以促进参与。以下是强调动机式访谈中参与阶段的访谈示例：

> **治疗师**：所以，我们刚刚完成风险评估，看起来你一直在考虑自杀，甚至有过量服药的计划，尽管你说你不确定自己是否会这样做。
>
> **退伍军人**：是的，我一直在考虑……我不知道。
>
> **治疗师**：谈论这个对你来说很难。[反映]
>
> **退伍军人**：真的很难谈论这个，我不希望你送我去医院！
>
> **治疗师**：我可以给你一些关于我如何看待这个问题的信息吗？[征求许可]
>
> **退伍军人**：好的，你说吧。
>
> **治疗师**：自杀显然是一个非常严重的问题。就像任何其他治疗师一样，如果我认为你对自己或他人构成威胁，我有责任采取措施保护你或其他人。虽然我认为在某些情况下住院治疗是有帮助的，但我不认为这对每个人都是正确的选择，所以我的目标不是让你住院治疗。我真正想做的是与你合作，找出阻止你尝试自杀的东西，以及什么能给你度过这段困难时期的最佳机会。[提供信息]听起来怎么样？[提开放式问题]
>
> **退伍军人**：很有道理。我认为自杀是人们在跌入谷底时才会想到的事情。我跌入过很多次，我待在谷底太长时间，很难

想象是怎么走出来的。

**治疗师：** 这就是我们谈话的原因，因为听起来你内心有一部分想要活着走出这一困境。[反映]

**退伍军人：** 是的，我从未想到这一点，但我想我内心有声音在说我还不愿意死去。

## 聚　焦

在患者参与咨询后，下一步是让患者同意聚焦于重新发现生存的动机。当治疗焦点由背景决定时，这可能很容易。例如，当患者呼叫自杀危机热线时，患者和应答者都明白进行的讨论最有可能是解决自杀问题的。然而，在心理健康门诊等其他环境中，患者经常有许多问题，可能需要协商重点。如果存在分歧，治疗师确定焦点的方法可能会对治疗过程产生重大影响。在这种情况下，治疗师可以采取指导式的、跟随式的或引导式的方法。采取指导式的方法时，治疗师在不征求患者意见的情况下决定治疗的重点。对于有自杀倾向的患者，过早决定聚焦生存动机可能会让他们感到自己的痛苦被忽略，导致患者脱落，最终造成治疗的退步。当采取跟随式的方法时，治疗师允许患者确定焦点，这可能会让治疗师无法与有自杀倾向的患者讨论自杀与生存的问题。引导式的方法介于指导式的方法和跟随式的方法之间。在使用引导式的方法时，治疗师会试图理解每位患者的观点，但也会引入潜在的重要主题，例如生存的动机，并在患者偏离主题时将患者带回这些主题。尽管来访者有痛苦和自杀念头，这种灵活的方法使治疗师能够让来访者参与探索敏感话题的过程，例如他们生存的理由。以下是强调动机式访谈聚焦阶段的访谈示例：

**退伍军人：** 是的，我从未想到这一点，但我想我内心有声音在说我还不愿意死去。

**治疗师**：显然你正在承受巨大的痛苦。从评估中，我知道你感到抑郁，你的创伤后应激障碍症状已经复发，你一直在大量喝酒来缓解它们。你与妻子的关系也很紧张，你一直感到疏离和孤独。但是，你内心还有另一面，那一面并不想死去。[反映]

**退伍军人**：我不知道它是什么，但它让我没有做出任何无法挽回的事情。

**治疗师**：你有一种感觉，现在的这些感觉可能不是永久的，它们可能不会永远存在。[反映]

**退伍军人**：现在不是这种感觉，但基本上差不多。必须有所改变，因为我不能一直陷入这个黑洞。每次我再次跌入时，我会感到更加无助，好像我总有一天会永远陷入这个洞里。

**治疗师**：确实需要有所改变，我真的想谈谈这个。但是，我也非常好奇让你一直试图爬出那个洞的那一部分的你。[肯定，结构化陈述] 我们可以先探讨一下这个吗? [征求许可]

**退伍军人**：我知道它在那里，但我不知道它是什么。

## 唤 起

在唤起阶段，治疗师会引发、倾听并强化来访者生存的理由。他们试图识别表达出对生存的渴望（例如，"我不是真的想死"）、能力（例如，"我可以让我的生活变得有价值"）、理由（例如，"我需要为我的孩子活着）和需求（例如，"我需要活着"）的生存话语。为了强化每个来访者对生存的渴望、能力、理由和需要，并使这些更加个人化，治疗师承认它们、肯定它们并详细探讨它们。来访者的生存理由通常包括一些常见的事情，比如相信自己能够应对问题并幸存下来、对家人负责，或者存在与孩子有关的问题、道德或宗教信仰、对与自杀相关的痛苦或死亡的恐惧，或害怕别人不认同自己的自杀行为（Linehan, Goodstein, Nielsen, & Chiles, 1983）。然而，可能还有一些意想不到的原因，例如探索世界的渴望或者认识到生命中的小事物，比如草地上的露珠具有美感和意义。这些言语表明来访者正在考虑生存，并被认为是有准备的。它们通常先于表达出承诺（例如，"我不会自杀"）、激活（例如，"我要尝试治疗"）和采取行动解决问题（例如，"我已经处理掉了我的枪支"）的更强烈的话语。一些来访者可能难以表达他们的生存动机，有时治疗师的目标只是鼓励来访者开始思考生存。治疗师可以向来访者询问他们的核心信念和价值观，并探讨它们与生存的一致性、与自杀的差异，以及当生命有价值时生活是什么样子、一个有价值的生命是什么样的、需要做些什么来让生命变得有价值。在这个阶段结束时，治疗师应该要求来访者做出生存承诺，因为来访者听到自己大声说出来可能会有帮助。以下是一个强调动机式访谈唤起阶段的访谈示例：

**退伍军人**：我知道它在那里，但我不知道它是什么。

**治疗师**：你为什么今天来看我而不是尝试自杀？［提开放式问题］

**退伍军人**：老实说，我今天不想自杀。我醒来有点失望——但我真的没想过要自杀。我的意思是，我不是真的想死，但有时我认为这是我唯一可以做的让我停止感觉如此糟糕的事。

**治疗师**：虽然你还没有找到其他出路，但你真的不想自杀，至少不是所有时间。有些日子你更想活着，而不是想死。［反映］

**退伍军人**：但在糟糕的日子里，我忘记了我不想死。无论如何，我知道我需要帮助。

**治疗师**：承认你需要帮助需要很大的勇气。［肯定］那么，当你的生活过得好时，它是什么样子的？是什么让你觉得值得

活着？[提开放式问题]

**退伍军人：** 当我过得好时，我和妻子的关系很好，我们一起玩得很开心。她说我很坚强，很可靠，但那是在我的创伤后应激障碍变严重，以及我开始喝酒来处理我的问题之前。现在她恨不得躲得越远越好。

**治疗师：** 你重视与妻子和家人的关系。[反映]

**退伍军人：** 这就是困难所在。我觉得我的孩子，当然还有我的妻子，没有我会过得更好，但他们告诉我这不是真的。

**治疗师：** 和我说说你的孩子。[提开放式问题]

**退伍军人：** 我的孩子很优秀。我的儿子是一名医生，他有两个孩子，我的女儿是一名记者，经常旅行。

**治疗师：** 你为他们感到非常骄傲。[肯定]

**退伍军人：** 我很自豪。

**治疗师：** 如果你自杀，他们会很伤心。[反映]

**退伍军人：** 他们会崩溃，至少一段时间。我不想再伤害他们了，但我不知道该怎么办。

**治疗师：** 所以，你仍然活着的原因之一是，在某种程度上，你知道你的自杀会伤害你的家人，而你不想成为那种丈夫、父亲或祖父。你还说过，当你与他们相处融洽时，生活会更加愉快。[反映]

**退伍军人：** 我们相处融洽的时候感觉很棒！我觉得我很有价值，甚至都不会考虑自杀。

**治疗师：** 与家人共度美好时光让生活变得有价值。[反映]还有哪些让生活有价值的东西？[提开放式问题]

**退伍军人：** 我一直很喜欢户外活动，远足、狩猎、钓鱼等。但是我已经很久没有做这样的事情了。当我的创伤后应激障碍发作时，我不想离开家。我做噩梦，和妻子睡在不同的房间。我总是感到疲倦和脾气暴躁……对身边的人来说我是个恶魔般的存在。

治疗师：你的创伤后应激障碍让你远离你的家人和你喜欢的活动。你非常想念与大自然接触，这是一种特别的感觉。[反映]

退伍军人：这就像是我的灵性。我喜欢闻松树的味道，感受空气扑面而来。

治疗师：就像与家人一起度过美好时光一样，当你能够走进大自然，你真正感受到了生命的存在。这是你的亲身感受。[反映]

退伍军人：我没有宗教信仰，我不去教堂，但树林有点像我的教堂。

治疗师：你需要重新回到你的精神世界。它给你一种新的视角——有一些比你自身更伟大的存在。[反映]

退伍军人：我感觉自己还活着，我的问题也没什么大不了的。这感觉很好，我需要找到一种让自己去做我喜欢的事情的方法。

治疗师：这就是你在这里的原因之一。[反映]

退伍军人：那个……前几天我想到了我的第一个命令。每隔一段时间我会想起我在新兵训练营的时光，想起我背诵第一个命令的情景。在你接到命令之前，永远不要离开自己的岗位。

治疗师：服从命令是军人的天职，你不是那种会擅离职守的士兵。你不是那种会离开岗位的士兵。[反映]

退伍军人：我是一名优秀的士兵，这对我很重要。我为服务国家而感到自豪，并感到我在做一些重要的事情。我必须找到一种方法留在我的岗位上。

治疗师：你说服役让你有了一种意义感——你在为一个目标服务。[反映] 我想知道，你可以找到哪些支持你继续前进的目标？[提开放式问题]

退伍军人：我不知道。如果我能克服这个问题，我想做一些有价

　　　　　　　值的事情，比如帮助其他退伍军人。我甚至不在乎是否
　　　　　　　有报酬，但我告诉其他退伍军人他们并不孤单，我们可
　　　　　　　以互相支持。

**治疗师**：你必须坚守你的岗位，但没人说你必须独自完成。你可
　　　　　　　以找到的一个目标是帮助其他退伍军人，他们正在进行
　　　　　　　一场与你相同的斗争。[ 反映 ]

**退伍军人**：我可以帮助他们，他们也可以帮助我。

**治疗师**：所以，你有活下去的理由。你的妻子和孩子对你很重要，
　　　　　　　当你与他们相处时，生活很有意义，甚至很有趣。在精
　　　　　　　神上，大自然对你一直很重要，当你在树林里时，你会
　　　　　　　找到意义和平静。当你考虑继续前进的意义时，你会考
　　　　　　　虑帮助其他退伍军人——做一些你认为重要而且你可以
　　　　　　　为之自豪的事情。那么，在考虑了这些活下去的理由之
　　　　　　　后，你会对活下去有怎样的承诺？　[ 提开放式问题 ]

**退伍军人**：我承诺。我不自杀，但我不能继续这样生活。

## 计　划

　　当来访者充分探索了活下去的动机、口头承诺要活下去或已经采
取行动让生活更有价值，可能是时候引入制订计划的可能性了。治疗
师可以通过总结来访者的生存话语或承诺话语，并提出一个开放式问
题，比如"你认为可以做些什么来让生活变得有价值"来评估来访者
的准备情况。计划过程可能需要各种各样的策略。有些来访者没有想
法，需要从头开始制订计划；有些来访者有很多想法，必须做出选择
或确定优先事项；有些来访者明确地知道他们想做什么以及如何做。
活动应该与来访者的需求相匹配，可能包括头脑风暴、权衡各种选择
的利弊、解决问题或障碍、确定需要采取的步骤、制订备用计划以防
主要计划不成功或比预期更困难，并引发和强化来访者参与计划的动

机。治疗师可能会问，以书面形式写出计划是否会对来访者有帮助，因为它可以为来访者提供他们离开咨询后可以参考的资源，治疗师也可以在以后的咨询中参考。治疗师还可能想询问是否需要寻求他人的帮助，以便来访者在执行计划期间能够得到一些帮助。就像口头承诺要活下去一样，要求来访者承诺遵循计划，以让他们听到自己同意执行计划，也可能有所帮助。如果可以继续联系，治疗师还应该征得许可，在晚些时候询问来访者的进展情况，以便他们能够强化来访者做出任何改变，解决任何障碍，并在必要时修改计划。以下是强调动机式访谈计划阶段的访谈示例：

> **退伍军人**：我承诺。我不想自杀，但我不能继续这样生活。
>
> **治疗师**：你承诺活下去，但需要做出改变。[反映] 你可以做些什么来让生活更有价值？[提开放式问题]
>
> **退伍军人**：我一直在服用药物并接受治疗，但它们似乎没有起到应有的作用。
>
> **治疗师**：你觉得你的治疗需要一些调整。[反映]
>
> **退伍军人**：最近我的创伤后应激障碍症状非常严重。我不知道为什么，但由于噩梦我无法入睡，而且我一直都很紧张和易怒。我最近非常刻薄，所以我的家人无法忍受我——我也不怪他们。
>
> **治疗师**：我们可以谈谈我了解的一些选择吗？[征求许可]
>
> **退伍军人**：当然可以。
>
> **治疗师**：嗯，我知道他们最近在使用药物治疗噩梦方面取得了一些进步。我是一名心理治疗师，因此我不能开药，但在退伍军人事务部有熟悉药物的精神科医生，你可以和他们谈谈。听起来你可能还想讨论其他药物调整。[提供信息]
>
> **退伍军人**：如果有帮助治疗噩梦的方法，那将是很好的。我妻子

几年前就不再和我一起睡觉了，因为我会翻来覆去，不小心打到她。

**治疗师**：听起来我们一直在做的事情并没有帮助你改善创伤后应激障碍症状。我们有一些做循证心理治疗的创伤后应激障碍专家，也就是说，他们接受过经科学证明可以减轻退伍军人创伤后应激障碍症状的治疗方法的训练。[提供信息]

**退伍军人**：那也太好了。我一直在考虑自杀——事情已经变得如此糟糕——所以我会尝试任何事情。你不能帮我进行这种治疗吗？

**治疗师**：我了解这种治疗，可以谈论他们的工作原理，但是我没有像我的一些同事那样接受过培训、拥有相关的专业知识。[提供信息]我希望你能获得最好的治疗。[肯定]

**退伍军人**：好的，我们开始吧！

**治疗师**：你说你在喝酒。你对自己的喝酒状况有什么想法？[提开放式问题]

**退伍军人**：我得回去参加匿名戒酒互助会。它之前对我有用，我只是得回到那些治疗步骤上来。

**治疗师**：你过去曾成功改变饮酒习惯，并且已经知道你需要做些什么来改变饮酒。[肯定]你认为还有什么其他有帮助的事情吗？[提开放式问题]

**退伍军人**：我必须走出家门，找出一种在大自然中度过更多时间的方法，我也真的想帮助其他退伍军人——所以，我必须弄明白我该怎么做。但是很容易找到不去做的理由——我很累、我很沮丧、外面很冷，我不知道如何确保我去做。

**治疗师**：所以，重要的是要找出一种方法让你负责，这样你才能真正花时间在树林里。[反映]

**退伍军人**：我想如果我安排一次与妻子一起去徒步旅行或者和朋

友一起去钓鱼，我会更有可能这样做。

治疗师：让他人参与你的计划是确保你会这样做的一种方式，这也是与你的妻子和朋友建立关系的一种方式。[肯定]

退伍军人：他们一直想帮忙，问我他们能做什么，我一直告诉他们走开，别管我，因为他们不理解我。我不想再伤害他们了——但我也不能一直独自一人，我只会感觉更糟。

治疗师：在大自然中与他们共度时光，在那里你感到更加平静和有精神，是你可以在不生气的情况下与他们相处的一种方式。[反映]

退伍军人：我和妻子曾经喜欢去远足和露营。这是我们一直以来共同的喜好，但我们有了孩子，工作也变多了，就没有时间了。重拾这些爱好有益于我们的关系。

治疗师：这也许是你妻子也会喜欢的事情。这也可以帮助她弄清楚她可以如何帮助你。[反映]

退伍军人：这还能让我做一些运动。最近我的体重一直在增加，我的医生也一直在督促我多运动。

治疗师：这也可能有一些健康益处。[反映]

退伍军人：但我不知道如何帮助退伍军人。你知道我该怎么做吗？

治疗师：你是怎么有这个想法的？[提开放式问题]

退伍军人：我在退伍军人事务部看到一位同行专家，就在想我也想做那些事情。他说我可以了解美国的工作并提交申请。

治疗师：你觉得怎么样？[提开放式问题]

退伍军人：我还没有开始，但我会去做。

治疗师：听起来你已经采取了行动。[肯定]我也会调查一下，看看能否找到更多信息。[提供信息]你觉得还有其他有用的事情吗？[提开放式问题]

退伍军人：没有，我认为这是一个好的起点。

治疗师：你愿意在这张纸上写下你承诺要做什么吗？有时人们发

现写下他们的计划是有帮助的，这样当他们不确定该做什么或者感觉没有进展时就找回这张纸。这完全取决于你。[征求许可，提供信息]

**退伍军人**：当然可以（写下来）。我打算去看精神科医生，看看治疗做噩梦的药对我是否有用，看看其他药物是否可以帮助我。我会找一位在创伤后应激障碍方面接受过专业训练的治疗师，这样我就能解决我的症状。我要回到匿名戒酒互助会。我将和我的妻子和朋友每周安排一次大自然之旅。我也将找到一位退伍军人事务部的同行专家，看看是否有什么方式让我可以参与帮助其他退伍军人的志愿者活动。

**治疗师**：听起来你承诺要活下来，并致力于完成这个计划。[反映]

**退伍军人**：是的。我不想死，我只是想不出我需要做什么。有一个计划是好的。

**治疗师**：所以，你承诺活下去。你还没有准备好离开你的岗位，你想和你的家人，特别是你的妻子在一起。你也不想抛弃其他退伍军人，那些你可以帮助的人。你的计划是确保你通过询问精神科医生关于治疗噩梦的药物，并看看是否有其他可能有用的药物来获得最佳治疗。你会找一位心理治疗师，专注于治疗你的创伤后应激障碍症状，让你的症状不会影响你的生活，并且你将回到匿名戒酒互助会解决你的酗酒问题。当你身处大自然闻到松树的香味并感受风吹在脸上时，你也觉得生活是值得的。每周一次，你将与你的妻子或朋友一起去远足或钓鱼。这会让你能够与你的灵性保持联结，甚至可以修复你的人际关系。你还希望通过志愿服务来帮助其他退伍军人。服役给了你一种意义感，也许你可以通过帮助其他退伍军人继续找到意义。[总结]

> **退伍军人**：如果我可以在那里为其他退伍军人服务——帮助他们克服我一直在努力克服的困难——那么这些经历将是值得的。

> **治疗师**：你今天做了很多工作！［肯定］何不现在开始制订计划？我们会在几周后对其进行回顾，看看它进展如何，以及是否需要调整。［结构化］

# 当下的研究和初步结果

自杀意念动机式访谈的主要局限是目前没有证据表明它对有自杀倾向的来访者是一种有效的干预方式。因此，治疗师应该熟悉并使用已经证明有效的治疗方法。不过，关于自杀意念动机式访谈的研究正在进行中。

我和同事（Britton, Connor, & Maisto, 2012）进行了一项开放试验，以测试自杀意念动机式访谈对有自杀意念的精神病住院退伍军人的可接受性，评估了自杀意念严重程度的治疗前后测效应量大小，并检查出院后的治疗出勤率。如果住院患者是18岁以上的退伍军人、能够理解研究描述和知情同意程序、有资格在当地退伍军人事务部医疗中心或门诊部接受 VHA 医疗保健（这样他们才能回来做后续评估）、临床上批准参与（例如，不对工作人员或其他患者有攻击性或暴力倾向）、有自杀的想法，并且目前没有精神病、躁狂或痴呆，他们就有资格参与试验。如果在贝克的《自杀意念量表》（SSI; Beck, Kovacs, & Weissman, 1979）上超过2分则判定为当前存在自杀意念，该量表可以前瞻性地预测自杀死亡（Brown, Beck, Steer, & Grisham, 2000）。参与者接受筛查评估、基线评估、一到两次的自杀意念动机式访谈咨询（取决于他们的住院时间）、治疗后评估以及60天后的随访评估。

　　试验招募了13名退伍军人，9名（70%）完成了自杀意念动机式访谈咨询和治疗后评估，11名（85%）完成了随访评估。接受自杀意念动机式访谈的参与者认为咨询可以接受。《来访者满意度调查表》（CSQ-8，适用于评估对治疗的满意度）平均（SD）得分为3.58（0.40），表明参与者对干预措施介于"3=大多数满意"至"4=非常满意"之间。参与者的自杀意向严重程度也有所降低且前后测效应量较大，从1.66（对缺失数据使用基线观测值结转法［BOCF］）到1.95（对有缺失数据的参与者使用成列删除法［LWD］）。BOCF可能低估效果，因为它使用基线观测值替换缺失数据（趋向于确保没有观察到变化）。相反，LWD可能会高估效果，因为效果较差的来访者更有可能错过随访评估，因此会从数据库中删除。这两个指标一起计算可以提供对实际效果范围的粗略估计。此外，54%（BOCF）至64%（LWD）的分数在随访时降至3分，低于《自杀意念量表》的高风险界限值。所有参与者在出院后参加了一次心理健康或物质滥用治疗（表明开始了门诊治疗），其中11名参与者中，有8名（73%）的随访数据表明在出院后的2个月内完成了两次或更多次治疗，表明他们参与了治疗。其中一名参与治疗的来访者企图自杀，但他打了911寻求帮助后被警察挽救回来了。这些初步研究结果表明，自杀意念动机式访谈具有潜力，需要进行更严格的试验。

## 潜在问题

　　并非所有自杀意念动机式访谈治疗都像治疗师所希望的那样进行。即使在治疗师询问他们的个人价值观和信仰、能力或优势、成就或生活中曾经让他们感觉快乐的时光后，一些来访者仍然难以发现任何活下去的动机。对于这些来访者，治疗师可以尝试从改变的角度再定义他们的问题，并询问要改变什么才能让生命值得继续，以及为了实现这一目标需要改变什么。有自杀意图的来访者在愿意探索自己的生存动机之前可能还需要几天的住院治疗。此外，一些来访者可能处于很多的情绪或身体痛苦中，简短的干预对帮助他们解决自杀问题可能几乎没有帮助。对于这些来访者来说，专注于引导他们接受已被证明有效的治疗，或探索可能有帮助的未经尝试的治疗，可能更有帮助。虽然这种说法听起来可能有些冷酷无情，但治疗师至少可以帮助来访者意识到，治疗只有在他们活着的情况下才能发挥作用，因此他们应该在尝试完所有可能有帮助的治疗之前克制自己的自杀尝试（Jobes, 2010; Linehan, 1993; Wenzel, Brown, & Beck, 2009）。

# 总　结

可用于降低高风险患者自杀风险的简短干预措施是极其稀少的，也没有一个使用了动机性方法。有动力活下去的人，比起那些没有动力的人，更有可能参与可能挽救生命的活动，比如治疗。因此，自杀意念动机式访谈的目标是引发和强化生存动机并参与维持生命和加强生命的活动。对有自杀风险的来访者使用自杀意念动机式访谈的治疗师必须采取一定的预防措施。治疗师不应该将自杀意念动机式访谈作为独立治疗，而是作为治疗的一个组成部分，在之前先进行结构化风险评估，之后接受其他有经验支持的治疗。治疗师应该尽可能地支持来访者的自主性，但当患者被确定为对自己构成风险时，他们需要采取保护措施，并且严格避免支持"自杀"的权利。在来访者参与后，治疗师应该提出根据患者的经历量身定制的共情式问题开始探索每个来访者的生存动机。当他们听到生存话语时，治疗师应该请来访者说出更多细节、反映来访者的生存动机、肯定他们活着的理由，并构建支持内部斗争中生存方面的总结。治疗师应避免引起来访者考虑自杀的动机，因为这样做可能会使他们回到自杀状态。当治疗师听到自杀话语时，他们应该以共情的方式反映它，不要引起更多的自杀话语。在来访者表达了对生存的承诺之后，治疗师应该探索制订计划的可能性，确保生命值得活下去。尽管自杀意念动机式访谈具有前景，但仍需要进行严格的疗效研究。

# 鸣　谢

我要感谢肯尼斯 R. 康纳（Kenneth R. Conner）和斯蒂芬·马塞德（Stephen A. Maisto），感谢他们对本章讨论的工作的支持和宝贵的智力贡献。这项工作部分得到了退伍军人事务部临床科学研究和发展部的资助（编号IK2CX000641）。

# 参考文献

Anglin, M. D., Hser, Y., & Grella, C. E. (1997). Drug addiction and treatment careers among clients in the drug abuse treatment outcome study (DATOS). *Psychology of Addictive Behaviors*, 11 (4), 308-323.

Appleby, L., Shaw, J., Amos, T., McDonnell, R., Harris, C., McCann, K., et al. (1999). Suicide within 12 months of contact with mental health services: National clinical survey. *British Medical Journal*, 318 (7193), 1235-1239.

Beck, A. T., Kovacs, M., & Weissman, A. (1979). Assessment of suicidal intention: The scale for suicide ideation. *Journal of Consulting and Clinical Psychology*, 47 (2), 343-352.

Bertholet, N., Faouzi, M., Gmel, G., Gaume, J., & Daeppen, J. B. (2010).

Change talk sequence during brief motivational intervention, towards or away from drinking. *Addiction*, 105 (12), 2106-2112.

Britton, P. C., Connor, K. R., & Maisto, S. A. (2012). An open trial of motivational interviewing to address suicidal ideation with hospitalized veterans. *Journal of Clinical Psychology*, 68, 961-971.

Britton, P. C., Patrick, H., & Williams, G. C. (2011). Motivational interviewing, self-determination theory, and cognitive behavioral therapy to prevent suicidal behavior. *Journal of Cognitive Behavioral Practice*, 18 (1), 16-27.

Britton, P. C., Williams, G. C., & Conner, K. R. (2008). Self-determination theory, motivational interviewing, and the treatment of clients with acute suicidal ideation. *Journal of Clinical Psychology*, 64 (1), 52-66.

Brown, G. K., Beck, A. T., Steer, R. A., & Grisham, J. R. (2000). Risk factors for suicide in psychiatric outpatients: A 20-year prospective study. *Journal of Consulting and Clinical Psychology*, 68 (3), 371-377.

Brown, G. K., Newman, C. F., Charlesworth, S. E., Crits-Christoph, P., & Beck, A. T. (2004). An open clinical trial of cognitive therapy for borderline personality disorder. *Journal of Personality Disorders*, 18 (3), 257-271.

Brown, G. K., Steer, R. A., Henriques, G. R., & Beck, A. T. (2005). The internal struggle between the wish to die and the wish to live: A risk factor for suicide. *The American Journal of Psychiatry*, 162 (10), 1977-1979.

Carter, G. L., Clover, K., Whyte, I. M., Dawson, A. H., & D'Este, C. (2005). Postcards from the EDge project: Randomised controlled trial of an intervention using postcards to reduce repetition of hospital treated deliberate self poisoning. *British Medical Journal*, 331(7520), 805-809.

Carter, G. L., Clover, K., Whyte, I. M., Dawson, A. H., & D'Este, C. (2007). Postcards from the EDge: 24-month outcomes of a randomised controlled trial for hospital-treated self-poisoning. *British Journal of Psychiatry*, 191, 548-553.

Cavanagh, J. T. O., Carson, A. J., Sharpe, M., & Lawrie, S. M. (2003). Psychological autopsy studies of suicide: A systematic review. *Psychological Medicine*, 33 (3), 395-405.

Centers for Disease Control and Prevention. (2014). *Wisqars injury mortality reports* 2003-2010.

Desai, R. A., Dausey, D., & Rosenheck, R. A. (2008). Suicide among discharged psychiatric inpatients in the department of veterans affairs. *Military Medicine*, 173 (8), 721-728.

Filiberti, A., Ripamonti, C., Totis, A., Ventafridda, V., Conno, F., Contiero, P., et al. (2001). Characteristics of terminal cancer patients who committed suicide during a home palliative care program. *Journal of Pain and Symptom Management*, 22 (1), 544-553.

Fleischmann, A., Bertolote, J. M., Wasserman, D., De Leo, D., Bolhari, J., Botega, N. J., et al. (2008). Effectiveness of brief intervention and contact for suicide attempters: A randomized controlled trial in five countries. *Bulletin of the World Health Organization*, 86 (9), 703-709.

Goldacre, M., Seagroatt, V., & Hawton, K. (1993). Suicide after discharge from psychiatric inpatient care. *Lancet*, 342 (8866), 283-286.

Harris, E. C., & Barraclough, B. (1997). Suicide as an outcome for mental disorders: A meta-analysis. *British Journal of Psychiatry*, 170 (3), 205-228.

Hemenway, D., & Miller, M. (2002). Association of rates of household handgun ownership, lifetime major depression, and serious suicidal thoughts with rates of suicide across U. S. census regions. *Injury Prevention*, 8 (4), 313-316.

Hendin, H., Haas, A. P., Maltsberger, J. T., Koestner, B., & Szanto, K. (2006). Problems in psychotherapy with suicidal patients. *American Journal of Psychiatry*, 163 (1), 67-72.

Isometsa, E. T., & Lonnqvist, J. K. (1998). Suicide attempts preceding completed suicide. *British Journal of Psychiatry*, 173, 531-535.

Jobes, D. A. (2010). *Managing suicidal risk: A collaborative approach*. New York: Guilford Press.

Kellermann, A. L., Rivara, F. P., Somes, G., Reay, D. T., Francisco, J., Banton, J. G., et al. (1992). Suicide in the home in relation to gun ownership. *New England Journal of Medicine*, 327 (7), 467-472.

Kovacs, M., & Beck, A. T. (1977). The wish to die and the wish to live in attempted suicides. *Journal of Clinical Psychology*, 33 (2), 361-365.

Linehan, M. M. (1993). *Cognitive-behavioral treatment of borderline personality disorder*. New York: Guilford Press.

Linehan, M. M., Comtois, K. A., Murray, A. M., Brown, M. Z., Gallop, R. J., Heard, H. L., et al. (2006). Two-year randomized controlled trial and follow-up of dialectical behavior therapy vs therapy by experts for suicidal behaviors and borderline personality disorder. *Archives of General Psychiatry*, 63 (7), 757-766.

Linehan, M. M., Goodstein, J. L., Nielsen, S. L., & Chiles, J. A. (1983). Reasons for staying alive when you are thinking of killing yourself: The reasons for living inventory. *Journal of Consulting and Clinical Psychology*, 51 (2), 276-286.

Luoma, J. B., Martin, C. E., & Pearson, J. L. (2002). Contact with mental health and primary care providers before suicide: A review of the evidence. *American Journal of Psychiatry*, 159 (6), 909-916.

Meehan, J., Kapur, N., Hunt, I. M., Turnbull, P., Robinson, J., Bickley, H., et al. (2006). Suicide in mental health in-patients and within 3 months of discharge: National clinical survey. *British Journal of Psychiatry*, 188, 129-134.

Miller, M., Azrael, D., & Hemenway, D. (2002). Household firearm ownership and suicide rates in the United States. *Epidemiology*, 13 (5), 517-524.

Miller, M., & Hemenway, D. (1999). The relationship between firearms and suicide: A review of the literature. *Aggression and Violent Behavior*, 4 (1), 59-75.

Miller, W. R., & Rollnick, S. (1991). *Motivational interviewing: Preparing people to change addictive behavior*. New York: Guilford Press.

Miller, W. R., & Rollnick, S. (2002). *Motivational interviewing: Preparing people for change* (2nd ed.). New York: Guilford Press.

Miller, W. R., & Rollnick, S. (2013). *Motivational interviewing: Helping people change* (3rd ed.). New York: Guilford Press.

Miller, W. R., & Rose, G. S. (2009). Toward a theory of motivational interviewing. *American Psychologist*, 64 (6), 527-537.

Miller, W. R., & Rose, G. S. (2015). Motivational interviewing and decisional balance: Contrasting responses to client ambivalence. *Behavioral and Cognitive Psychotherapy*, 43 (2), 129-141.

Miller, W. R., Walters, S. T., & Bennett, M. E. (2001). How effective is alcoholism treatment in the United States? *Journal of Studies on Alcohol*, 62 (2), 211-220.

Motto, J. A., & Bostrom, A. G. (2001). A randomized controlled trial of postcrisis suicide prevention. *Psychiatric Services*, 52 (6), 828-833.

Moyers, T. B., Martin, T., Christopher, P. J., Houck, J. M., Tonigan, J. S., & Amrhein, P. C. (2007). Client language as a mediator of motivational interviewing efficacy: Where is the evidence? *Alcoholism: Clinical and Experimental Research*, 31 (Suppl. 3), 40S-47S.

Moyers, T. B., Martin, T., Houck, J. M., Christopher, P. J., & Tonigan, J. S. (2009). From in-session behaviors to drinking outcomes: A causal chain for motivational interviewing. *Journal of Consulting and Clinical Psychology*, 77 (6), 1113-1124.

Owens, D., Horrocks, J., & House, A. (2002). Fatal and non-fatal repetition of self-harm: Systematic review. *British Journal of Psychiatry*, 181, 193-199.

Qin, P., & Nordentoft, M. (2005). Suicide risk in relation to psychiatric hospitalization: Evidence based on longitudinal registers. *Archives of General Psychiatry*, 62 (4), 427-432.

Rudd, M. D., Bryan, C. J., Wertenberger, E., Delano, K., Wilkinson, E., Breitbach, J., et al. (2014, November). Brief cognitive behavioral therapy for suicidal military personnel: Results of a two-year randomized controlled trial. Paper presented at the annual meeting of the Association for Behavioral and Cognitive Therapies, *Philadelphia*, PA.

Rudd, M. D., Mandrusiak, M., & Joiner, T. E. J. (2006). The case against no-suicide contracts: The commitment to treatment statement as a practice alternative. *Journal of Clinical Psychology*, 62 (2), 243-251.

Salkovskis, P. M., Atha, C., & Storer, D. (1990). Cognitive-behavioural problem solving in the treatment of patients who repeatedly attempt suicide: A controlled trial. *British Journal of Psychiatry*, 157, 871-876.

Tarrier, N., Taylor, K., & Gooding, P. (2008). Cognitive-behavioral interventions to reduce suicide behavior: A systematic review and meta-analysis. *Behavior Modification*, 32 (1), 77-108.

Wenzel, A., Brown, G. K., & Beck, A. T. (2009). Cognitive therapy for suicidal patients with substance dependence disorders. In A. Wenzel, G. K. Brown, & A. T. Beck (Eds.), *Cognitive therapy for suicidal patients: Scientific and clinical applications* (pp. 283-310). Washington, DC: American Psychological Association.

Wiebe, D. J. (2003). Homicide and suicide risks associated with firearms in the home: A national case-control study. *Annals of Emergency Medicine*, 41 (6), 771-782.

Yoshimasu, K., Kiyohara, C., & Kazuhisa, M. (2008). Suicidal risk factors and completed suicide: Meta-analyses based on psychological autopsy studies. *Environmental Health and Preventive Medicine*, 13 (5), 243-256.

Zerler, H. (2008). Motivational interviewing and suicidality. In H. Arkowitz, H. A. Westra, W. R. Miller, & S. Rollnick (Eds.), *Motivational interviewing in the treatment of psychological problems* (pp. 173-193). New York: Guilford Press.

Zerler, H. (2009). Motivational interviewing in the assessment and management of suicidality. *Journal of Clinical Psychology*, 65 (11), 1207-1217.

# 第九章

# 动机性药物治疗：结合动机式访谈与抗抑郁治疗以改善治疗效果

伊万·C.巴兰

特里萨·B.莫耶斯

罗伯特·路易斯-费尔南德斯

本章描述了动机性药物治疗（MPT），它是通过将动机式访谈（Miller & Rollnick, 2013）与精神药物治疗相结合而开发的，以与动机式访谈一致的方式完成抗抑郁治疗的任务。典型的精神药物治疗的咨询往往很短，重点放在疾病史、当前症状、药物信息和剂量。虽然精神科医生的风格可以是温暖和愉快的，但这种互动通常由封闭式问题主导，这些问题让精神科医生可以快速评估来访者的当前状态并提供治疗。尽管人们认为治疗依从性对药物治疗的有效性至关重要，但它通常是以简单的、说教式的、劝诫式的方式进行讨论，并且没有强调如何指导来访者实现所需改变（即服用药物）。

进行精神药物治疗评估的来访者通常对服用抗抑郁药有矛盾心理。一方面，他们想要克服抑郁症及其对生活的负面影响；另一方面，他们担心可能的副作用、成瘾和关于服用精神病药物的文化禁忌（Vargas et al., in press）。在将动机式访谈整合进精神药物治疗时，我们的目标是创建一种尊重这种矛盾心理的干预措施，一旦克服了矛盾心理，产生动机的来访者就会持续服用药物。此外，我们寻求在整个治疗过程中建立以人为中心的互动，以帮助来访者表达对护理的任何担忧或疑虑，并鼓励他们与精神科医生一起寻找解决方案，而不是单方面决定停止治疗，从而延长他们的抑郁症。

与动机式访谈的四个过程（参与、聚焦、唤起和计划）一致，动机性药物治疗以动机式访谈的理念进行，花时间让来访者参与治疗并理解他们，从而为治疗提供坚实的关系基础。聚焦过程很简短，因为进入动机性药物治疗的来访者都是专门来讨论抗抑郁治疗的。接下来，我们将找到在咨询期间唤起改变话语的机会。这通常是通过将事实收集问题塑造成唤起性问题，并引导来访者说出服用抗抑郁药的潜在益处，而不是通过简单告知他们来实现的。

最后，非常重要的是，我们希望以合作的方式制订治疗计划，例如服用药物的决定、改变剂量或抗抑郁药的选择。这需要精神科医生改变药物治疗的传统角色，即精神科医生是专家，来访者只需接受精神科医生的建议。相反，我们试图创造一种来访者和治疗师互相认可对方专业知识的关系：精神科医生在药物方面的专业知识和来访者在依从性计划、问题和对抗抑郁药的身体反应方面的专业知识。通过重新定义这种关系，关于药物剂量和改变的决定是共同做出的，不仅仅是询问来访者是否接受精神科医生的决定，而是由精神科医生分享治疗方案，包括他们的利弊，以让来访者和精神科医生一起从中选择。

# 临床问题和相关研究

对治疗的不依从是精神障碍的药物治疗的一个主要挑战，无论依从性是定义为来访者不按要求服用药物、不参与预约的咨询还是过早终止治疗。对完全或部分药物不依从的文献回顾通常显示，在不同的治疗周期内，精神分裂症和双相情感障碍的不依从率的中位数大于

40%，重度抑郁症（MDD）的不依从率的中位数大于50%（Bulloch & Patten, 2010; Velligan et al., 2006, 2010）。例如，重度抑郁症来访者的治疗维持率非常低，30%的来访者在平均1个月后停止抗抑郁治疗，而45%～60%的来访者在3个月后停药（Velligan et al., 2010），远早于治疗指南的建议（美国精神病学会重度抑郁障碍工作小组，2010）。与非拉丁裔白人相比，缺乏治疗的种族/族群的不依从性在所有方面通常都表现出更差的比率（Harman, Edlund, & Fortney, 2004; Lanouette, Folsom, Sciolla, & Jeste, 2009; Schraufnagel, Wagner, Miranda, & Roy-Byrne, 2006; Warden et al., 2007）。

导致不依从性的因素包括对抗抑郁治疗的态度和期望、副作用、来访者-治疗师的不良关系、感知到较少的益处或改善，以及治疗成本和可获得性等结构性障碍（Cabassa, Lester, & Zayas, 2007; Interian et al., 2010; Lanouette et al., 2009; Lingam & Scott, 2002; Mitchell & Selmes, 2007）。虽然许多这些因素可以通过来访者与治疗师之间进一步的沟通、对抗抑郁治疗的教育以及对剂量或药物的改变来克服，但大多数来访者都是在没有咨询其治疗师的情况下停止服用抗抑郁药的（Demyttenaere et al., 2001; Maddox, Levi & Thompson, 1994）。

不依从性是精神药物治疗的主要目标，因为抗抑郁药在正确服用时常常是有效的。例如，STAR*D试验主要研究的是药物疗法的效果，如果来访者坚持完成四个治疗步骤，则累计缓解率为67%。然而，在每个步骤后退出治疗方案的来访者比例很大：在步骤1后退出的比例为20.9%，在步骤2后为29.7%，在步骤3后为42.3%（Rush et al., 2006）。接受抗抑郁药物治疗的来访者复发率的增加与不规律用药和过早停药有关，导致康复期缩短、严重程度增加、治疗缓解率降低、残疾恶化、重新住院和医疗费用增加（Edwards, 1998; Melfi et al., 1998; Roy-Byrne, Post, Uhde, Porcu, & Davis, 1986）。由于研发出真正具有创新意义的精神药物仍然需要很多年，因此让来访者最大限度地遵从包括药物治疗在内的现有治疗方法，可以带来最大的公共健康益处。

因此，研究人员对提高精神药物治疗依从性的干预措施给予了相当大的关注。实施这些措施的一个主要障碍是，简单的依从性干预措施效果非常差，更有效的干预措施并不简单。标准心理教育是一种典型的教导式的治疗方法，来访者只需要接受治疗信息（例如，持续时间、副作用）。这种方法仅能略微改善依从性或在有限时间内改善依从性（Zygmunt, Olfson, Boyer, & Mechanic, 2002）。更复杂的治疗方法更加有效，比如辅助病例管理、强化行为干预或积极性社区治疗团队。但需要投入大量的辅助人员、时间和成本，这可能会限制其实施，尤其是小型临床实践（Haynes, Ackloo, Sahota, McDonald, & Yao, 2008; Kreyenbuhl, Nossell, & Dixon, 2009; Zygmunt et al., 2002）。此外，高资源投入的干预措施不太可能消除护理上的种族/族群差异，因为少数族群通常是在资源高度受限的环境中接受治疗。另外，这种依从性干预实验很少在缺乏心理服务的种族/族群中进行，因此其跨文化有效性是存疑的。急切需要可持续的、经过文化验证的和有成本效益的方法来加强精神药物治疗的依从性。

奇怪的是，一种可能有成本效益的可以改善依从性的方法只得到有限的关注，这种方法依赖于重新思考精神药物治疗本身的实施方式。可以在整个护理过程中整合促进依从性的技术，而不是通过辅助人员进行额外干预来补充标准药物治疗。然而，为了得到广泛实施，干预措施需要避免复杂化或延长药物治疗过程，让它在繁忙的药物治疗实践中变得不再可行。因此，动机式访谈可能特别适用，因为它在简短干预中表现出改善治疗依从性的效果。

# 在药物治疗中使用动机式访谈的原理

即使在短暂的就诊期间，动机式访谈也能有效地提高多种健康状况下的治疗依从性（Burke, Arkowitz, & Menchola, 2003; Hettema, Steele, & Miller, 2005; Rubak, Sandbaek, Lauritzen, & Christensen, 2005）。在心理健康方面，它已与认知行为疗法相结合，用于提高各种精神问题的治疗启动和依从性（Arkowitz, Miller, Rollnick, & Westra, 2008; Arkowitz & Westra, 2009; Westra & Arkowitz, 2011）。然而，在精神药物治疗中，动机式访谈的应用仍然有限。迄今为止，它已作为独立干预或与认知行为疗法结合适用，以提供辅助心理治疗，来促进重度抑郁障碍患者（Interian, Martínez, Iglesias Rios, Krejci, & Guarnaccia, 2010; Interian, Lewis-Fernández, Gara, & Escobar, 2013）和精神病性障碍患者（依从性疗法；Kemp, Kirov, Everitt, Hayward, & David, 1998）的药物治疗依从性。这些已经显示出初步疗效，尽管没有重现依从性疗法的原始结果（Drymalski & Campbell, 2009）。

# 临床应用

本章基于在纽约州精神病学研究所拉丁裔治疗项目中开展的两项动机性药物疗法研究，该研究所是纽约市一家主要拉丁裔社区的门诊精神病学研究诊所。两项研究的参与者都被告知治疗包括免费的抗抑郁药物。在第一项研究中，开发了一项干预措施，并在50名患有重度抑郁症的拉丁裔门诊患者的公开试验中进行了预试验，治疗为期12周（Lewis-Fernández et al., 2013）。第二项研究是一项随机临床试验，试验刚刚完成，将动机性药物疗法与重度抑郁症标准药物治疗进行比较，该研究旨在更加贴近典型门诊环境下的治疗方案。在研究期间，对参与者进行了 36 周的随访，随访先是每周一次，然后每两周一次，最后再变为每月一次。参与者没有因未参与治疗或不服用抗抑郁药而被停止参与研究，他们可以利用治疗咨询来讨论他们对抗抑郁治疗的矛盾心理。可用的抗抑郁药包括 SSRIs、SNRIs、安非他酮、米氮平和去甲替林；剂量改变和药物改变遵循一种模拟标准实践的算法（Crismon et al., 1999）；药物是免费的。参与者没有在诊所接受心理治疗，包括在咨询期间从他们的精神科医生那里获得治疗，然而，那些感兴趣的人被转介到其他地方接受辅助治疗。我们在这里提供的病例材料来自随机临床试验参与者的治疗，从原始西班牙语逐字转录翻译。

## 动机性药物治疗的发展

我们现在描述动机式访谈与标准抗抑郁治疗相结合以开发动机性药物疗法的具体方式。我们的目标是传达可能对治疗师有用的干预培训手册的摘要，包括病例说明。然而，首先，我们讨论了在为研究对象量身定制干预措施时所考虑的文化和临床问题。其次，我们的研究人群是低收入、大部分只讲西班牙语、美国拉丁裔的重度抑郁症门诊患者。

从一开始，我们就考虑了需要做出哪些调整才能让动机性药物疗法对患有抑郁症的拉丁裔最有效。跨文化的易用性通常归因于动机式访谈聚焦于唤起、反映和共情，这可能有助于弥合来访者和治疗师之间的文化差异。通过强调自我效能感和发掘自身优势，治疗师引导来访者探索问题的解决方案，而不是直接推荐解决方案，否则可能会暴露出来访者和治疗师之间的文化不协调。此外，动机式访谈对共情的聚焦有助于澄清意想不到的文化特殊含义，并让来访者和治疗师之间更多地协商，以达成共同的目标。然而，与此同时，这种促使来访者自发寻找解决方案的做法需要高水平的活动和参与度，对有抑郁障碍的来访者来说可能有点困难，因为情绪通常会干扰他们的能力、动机和注意力。我们针对患有抑郁症的拉丁裔来访者调整动机性药物治疗时，不得不在这两个要求之间进行权衡。

在文化适应方面，我们在动机性药物治疗中嵌入了"表面-结构"和"深层-结构"的文化元素（Resnicow, Baranowski, Ahluwalia & Braithwaite, 1999）。表面结构调整涉及将干预材料与目标人群进行匹配，例如使用来访者偏好的语言来进行干预（无论是西班牙语还是英语），在描述抑郁症时使用来访者的语言，用来访者的语言描述心理困扰（例如在拉丁语中描述神经质的习语"nervios"；Guarnaccia, Lewis-Fernández, & Rivera, 2003），以及在编辑咨询材料时使用健康知识有限的来访者易于理解的方式。相反，深层结构调整"需要理解影响目标人群中目标健康行为的文化、社会、历史、环境和心理力量"（Resnicow et al., 1999, p.12），正是这些调整决定了干预措施的有效性。

动机性药物治疗中还嵌入了各种深层结构元素。咨询期间使用的讲义内容（即不依从的潜在原因列表）来自精神科主治医师的临床专业知识和我们的一项有关抑郁拉丁裔来访者治疗依从性和维持率的形成性质性研究结果（Lewis-Fernández, 2003）。这些资料反映了拉丁裔来访者通过其文化视角表达的对抗抑郁药物治疗的担忧。另一种深层结构修订则考虑了许多拉丁裔来访者关于"神经症药物治疗"的担忧（即药物是否会引起成瘾，因为只有"疯子"才会因为神经症而吃药）而进行抗抑郁药物治疗，同时也遵守了经过批准的重度抑郁障碍治疗指南。例如，我们强调在最短起效期内开出最低剂量的药物，以减少副作用或过度依赖药物的风险；我们讨论了短暂药物假期（例如，在某些周末不服药）的利弊，以回应来访者对中断药物有时会促使身体自行康复的印象；我们鼓励来访者把自我应对当作实现poner de su parte（尽自己的一份力）这一文化价值观的方式，从而减少对抗抑郁药的依赖；我们就有一天不再需要用药的希望达成共识，同时也不鼓励过早停药（Vargas et al., in press）。

动机性药物疗法中纳入的其他深层结构元素涉及与精神科医生-来访者互动相关的文化规范。例如，我们担心精神科医生和来访者之间在文化预期上的权力差异可能导致后者限制他们对问题或分歧的表达，以避免"不尊重"（Laria & Lewis-Fernández, 2006）。在治疗困难的背景下，这种尊重往往导致来访者停止治疗而不是与精神科医生讨论困难以共同寻求解决方案。因此，精神科医生必须经常努力预先阻止治疗中止，哪怕没有明显的阻抗迹象，例如维持话语或不一致，这些预示着来访者存在不接受治疗或不同意治疗师提供的指导的可能性。有时，临床治疗师在进行动机性药物治疗时通常会先说"许多人向我表达了这样的担忧……"之类的陈述，或者提供关于依从性和维持的常见障碍的手册，以引导来访者说出自己的担忧或障碍，这样有助于规范化和促进对这些话题的讨论。

我们还担心精神科医生弱化专家角色的合作方法可能会削弱他们在来访者眼中的地位，从文化角度来看，他们期望精神科医生提供与治疗相关的权威答案和建议。在动机性药物治疗中，通过划分临床治疗师和来访者各自拥有的专业领域来解决这个问题。当来访者对精神科医生作为"专家"的期望出现时（例如，"嗯，你是医生，你认为我应该做什么"），精神科医生会提到他们各自的专业领域——临床治疗师是精神病治疗领域的专家，来访者是其个性化健康知识、期望和护理相关行为领域的专家。从而维护了精神科医生的专业地位，而来访者的地位也被提升为治疗中真正的合作者。使用这些方法，我们发现来访者是愿意表达和愿意参与的。尽管如此，文化规定角色的影响以及医生和来访者的期望可能因群体而异，在对其他人群进行这一干预时应牢记这一点。

为了使动机性药物治疗适应抑郁来访者的临床需求，我们努力帮助来访者在咨询期间保持活跃。例如，虽然通过对话可以有效引导来访者说出自己的担忧、价值观或治疗障碍，但我们也发现动机式访谈干预措施中典型的更结构化和预先准备的材料（即不依从的潜在原因列表、自信心量尺、价值观卡片分类——后面将介绍）在让来访者参与方面非常有用。值得特别关注的是如何在抑郁症可能阻碍其自我效能感的来访者中培养自我效能感。出于这个原因，我们专门在第1周咨询中添加了建立自信的练习。这些练习将在后面详细讨论，包括引导来访者说出成功达成看似无法达成的目标的故事。如果来访者自己想不到这样的故事，那么精神科医生就会提出拉丁裔移民经常遇到的几个挑战（例如，实现他们定居美国的目标）。我们发现这些调整足以促进来访者参与动机性药物治疗的咨询。

## 动机性药物治疗概述

典型的动机性药物治疗的咨询遵循标准格式，如表9.1所示。精神科医生从欢迎来访者开始每次咨询，肯定他的到来证明了承诺接受治疗，并提出咨询的简要结构。精神科医生提开放式问题询问来访者可能注意到的自身状况的变化，包括副作用。通过使用反映突出改善，并进行探索以唤起更多改变话语；如果改善很少或者出现恶化，就以共情的态度进行反映，并使用提开放式问题和反映进行评估。咨询中还要探讨药物依从性，并且要强调和肯定成功的依从性（即使不是最理想的），以帮助建立与治疗依从性相关的自我效能感。接下来通常会要求来访者描述哪些方法或支持能够让他依从治疗（例如，"我把药片放在我每天早上不会忘记的地方"，"我丈夫帮我记住"）。

然后，引导来访者说出影响药物治疗依从性的障碍，讨论克服它们的策略。为了培养自我效能感，在临床治疗师提出任何其他解决方案之前，要求来访者制订他们自己的策略。

表9.1　动机性药物治疗咨询的框架

| 步骤 | 目的 |
|---|---|
| 1.欢迎来访者参加咨询 | a.肯定来访者想要变得更好的承诺<br>b.解释咨询的结构 |
| 2.讨论来访者的状态/症状 | a.评估症状/副作用，主要使用提开放式问题和反映<br>b.反映状态的改善，并进一步探讨以引发更多的改变话语 |
| 3.评估治疗依从性 | a.强调和肯定成功的依从性<br>b.合作找到克服依从障碍的方法 |
| 4.使用动机式访谈技巧来引发改变话语和承诺话语（早期咨询） | a.目标和价值观卡片分类（第0周）<br>b.自信心量尺以及克服障碍的故事（第1周） |
| 5.引导来访者说出治疗障碍并解决（治疗中期） | a.依从性障碍的列表（第4周）<br>b.提前终止治疗的想法（第8周） |
| 6.回顾药物剂量和治疗计划 | 一起做出关于治疗的决定 |

咨询结束时，治疗师会和来访者一起回顾治疗方案，并就任何可能的治疗改变一起做出决定。治疗的确切步骤会根据来访者在咨询期间的优先级有所不同。下面，我们提供一份记录，说明第2周咨询的典型交流情况。

**精神科医生**：很高兴见到你，这是我们第三次见面——太棒了！现在我们有机会继续谈论心理治疗、药物治疗进展如何、你对药物治疗的想法、药物治疗过程中可能遇到的障碍，以及我们可以如何克服这些障碍。听起来怎么样？

**来访者**：挺好的。

**精神科医生**：跟我说说上次我们见面之后你过得怎么样？

**来访者**：真的，到目前为止，一切都挺顺利。我感觉好多了，看起来这种药对我帮助很大，让我精力更充沛，比以前更有动力。

**精神科医生**：真的吗？你注意到了什么？

**来访者**：实际上，它帮我实现了以前无法做到的事情。我正在备考电脑课和学习 GED 的课程……我想做更多的事情。以前，我没能做到这一点。我尝试了好几次，但由于同样的问题［抑郁症］我没有动力去做，但现在，我觉得更有动力了。

**精神科医生**：好！所以动力增加了很多，你甚至都迈出这一步了。是什么让你做出这个决定的？

**来访者**：我一直都想做这件事。我以前就尝试过参加 GED 的课程，但从来没有做到，因为时间一到，我就会陷入抑郁，只想待在家里，不关心任何事情，这对我影响很大，但现在我感觉很好。

**精神科医生**：好！那是什么让你继续参与治疗？

**来访者**：我看到的改善，我在好转，直到现在治疗丝毫没有影响到我……

**精神科医生**：您没有注意到治疗的任何问题。

**来访者**：是的，没有问题。

**精神科医生**：好，那很好。你注意到精力更充沛、更加专注，你告诉我……

**来访者**：更加专注，现在我看待事物更加现实，比以前更加积极——原来看似重要的事情或问题，现在看来微不足道。现在我用不同的方式看待现实，甚至会为我曾经过分看重不值得的事情而发笑。

**精神科医生**：哇！你现在思路更开阔了……

**来访者**：我现在思考事情的方式跟以前大不相同。

**精神科医生**：是如何改变的？

**来访者**：我注意到，我会以更贴近实际、更现实的方式看待事物。我对很多事情更加从容了，有些事情真的不重要。

**精神科医生**：哇，这些都是非常重要的改变！

**来访者**：就好像它们把我身上的所有东西都带走了，所有负面的东西。我希望它能继续下去……

**精神科医生**：负面的东西消失了……你现在说的是这个……

**来访者**：是的，我不再拥有它们了。

**精神科医生**：好，好。

**来访者**：我还注意到的一件事是，我的恐惧已经消失了，我的意思是，我不再恐惧了。

**精神科医生**：听起来很棒！那么，你定期吃药感觉如何？

**来访者**：我总是在同一时间吃药。我开始思考，什么时候吃药比较好？我什么时候睡觉？什么时候肚子饿？我找到了吃药的好时机。

**精神科医生**：你已经养成了吃药的习惯。你对药物本身是否有任何疑虑或问题？是否有什么阻碍你吃药？

**来访者**：没有。

**精神科医生**：一个都没有？

**来访者**：没有。

**精神科医生**：好吧，如果在任何时候出现任何问题……

**来访者**：是的，如果我发现任何问题或对治疗有任何疑问，我会立即告诉你。

**精神科医生**：完美。

在整个治疗过程中，进行动机性药物治疗的精神科医生与来访者合作，一起找出并克服可能出现的阻碍治疗依从性和治疗维持的任何障碍。用于实现这些目标的主要方法是提开放式问题、肯定、反映和总结。通常要尽可能避免提封闭式问题和说教劝告，因为它们往往会破坏来访者的主动性，将咨询的焦点转向临床治疗师，无论是作为负责收集信息以得出结论的专家，还是作为为何需要治疗的主要动机持有者。当然，一些临床情况要求精神科医生停止建立动机的特定任务，以便处理诸如自杀或杀人意念的危急问题或评估可能存在危险的副作用（例如，皮疹）。在这些时候，精神科医生会采用"暂停"技术，明确表示需要先详细探讨来访者所说的内容，然后再进行剩下的咨询。然后，临床治疗师会进行必要的评估，并通过感谢来访者提供的宝贵信息来"关闭"暂停期。当在治疗过程中需要调整或更换药物时，临床治疗师会和来访者合作，一起做出关于药物剂量或种类改变的决定。在获得来访者许可以提供选择或建议后，临床治疗师向来访者提供几种替代方案来解决这一情况（即再等一周看是否会有更大的改善、增加剂量或更换药物）。实际上，精神科医生会与来访者分享他们关于可能的下一步行动的想法，并邀请来访者提出自己的治疗修改建议。后面的情景是这种方法的一个特别有趣的例子，因为它描述了一个在做治疗选择时，选择用比精神科医生更激进方法的来访者。

来访者参加第4周的咨询，抱怨过去2周的头痛困扰。到目前为止，他在抑郁症状方面的改善很少，将头痛归因于2周前舍曲林剂量增加至75毫克的副作用。下面，临床治疗师和来访者将讨论处理头痛的可能步骤。虽然来访者并未表示对继续治疗的矛盾心理，但这种改善很少和副作用很大的组合表明治疗终止的风险很高。在这种情况下，精神科医生倾向于采用更谨慎的治疗方法，以尽量减少副作用和早期治疗终止的潜在风险。

**精神科医生**：所以，这两周你一直服用75毫克剂量，我们有很多替代方案，我想和你讨论一下，看看你的想法。第一个方法是继续保持75毫克2周，看看情况如何，看看即便你还头痛，是否有在减轻。第二个方法是我们将剂量减少到50毫克，第三个方法是我们将剂量稍微提高到100毫克，即两个50毫克的药片。请记住，我是药物方面的专家，但你是你身体的专家，可以感受这些东西，并决定你是否愿意或多或少地忍受一下。你怎么想？你对此有何看法？

**来访者**：嗯，昨天和今天我吃了药，头痛有点……

**精神科医生**：它正在消失，现在减轻了。

**来访者**：……就像吃药一样，身体正在适应。

**精神科医生**：它已经适应得更好点了。那么，这对你的决定有何影响，你想保持75毫克还是稍微提高一点？你想要怎么做？

**来访者**：我希望提高到100毫克。我认为这样更好。

**精神科医生**：是的，我们可以做到。请记住，如果这周发生任何事情，请给我打电话，我很乐意帮你处理。如果你发现你不能忍受100毫克，就降到75毫克。正如你所说的，你一开始观察到一些副作用，一段时间后它们会减轻。所以，你怎么看？那我们就这样做？

**来访者**：好的，当然。

**精神科医生**：好的，那我们提高到100毫克。我们可以等等看，接下来两周会发生什么，但是，请记住如果你需要，请随时给我打电话。

这些"典型"的动机性药物治疗咨询的形式在第0周、第1周、第4周和第8周增加了一系列更结构化的流程和任务，以产生四次

"增强"咨询。这些额外技术被安排在治疗的早期阶段，解决了抗抑郁药物治疗中的不依从性问题（Demyttenaere, 1997, 1998; Pekarik, 1992），以建立和维持抗抑郁药物治疗的动机。这些"增强"咨询的时间安排也让我们在患者脱落或终止咨询之前针对依从性问题和行为进行干预，患者脱落或终止咨询通常发生在第一次或第二次咨询后，而在三次或更多次咨询后的终止咨询与拉丁裔族群无法持续治疗相关（Olfson et al., 2009）。下面将详细描述增强咨询。

### 第0周：建立改变动机并解决改变障碍

本次咨询的具体目标是让来访者决定开始抗抑郁治疗。第一次咨询首先肯定来访者的到来并简要介绍咨询的内容，其次向来访者提出问题询问他/她对治疗计划的看法。在探讨抑郁症如何影响来访者的生活后，精神科医生询问来访者对服用抗抑郁药有什么担忧。如果来访者对说出自己的担忧都犹豫不决，精神科医生会提出其他来访者通常表达的担忧，以便让担忧正常化，并促使他们在咨询期间放开地说。临床治疗师提出的具体担忧来自我们诊所之前对拉丁裔抑郁患者的研究，包括"抗抑郁药会让人上瘾""服用药物会伤害身体""服用药物意味着这个人疯了"（Vargas et al., in press）。同样有助于引导来访者说出自己的担忧，从而减轻来访者对早期挑战精神科医生的焦虑。用"神经药物"而不是"抗抑郁药"来表达这个问题，对于不太熟悉生物医学术语的来访者特别有用。为了防止过多地讨论担忧而影响咨询，咨询开始时会让来访者填一份担忧列表，但会在正式治疗之后再次提及。

此时，咨询的重点转移到建立对参与治疗的重要性的认识，重点探讨来访者生活中的重要价值观以及这些价值观如何受到抑郁症的影响（Miller & Rollnick, 2013）。这些价值观探索可以成为强调来访者当前状态与他希望的状态之间的差异的有效方式（Grube, Rankin, Greenstein, & Kearney, 1977; Rokeach, 1973; Schwartz & Inbar-Saban, 1988）。动机式访谈经常使用价值观"卡片分类"来促进价值观的探索并引发改变话语（Graeber, Moyers, Griffith, Guajardo, & Tonigan, 2003; Miller, C'de Baca, Matthews, & Wilbourne, 2001; Moyers & Martino, 2006）。在动机性药物治疗中，给来访者一副24张卡片，每张卡片上列有一个价值观（包括两张空白卡片，让来访者可以写出未包含在卡片中的个人价值观），并要求来访者选择三个最重要的价值观。这些价值观来自拉丁裔来访者列出的内容，包括一系列生活领域，比如"做一个好母亲""不失去希望""支持在我的国家的家人""工作"和"献身于上帝"。精神科医生唤起来访者对这些价值观重要性的描述，并选择性地反映陈述，强调在抑郁症发作前它们在来访者生活中的重要性。一旦探讨了所选择的价值观，临床治疗师就会对讨论进行总结，并询问抑郁症如何影响来访者的生活以及践行这些价值观的能力。当来访者感受到他当前状态与他想要的状态之间的不一致时，就会产生临床治疗师期望的差异。例如：

> "我看到，对你来说，家庭、平安、快乐和不失去希望，以及去教堂和以基督徒的方式抚养你的孩子是非常重要的。你的抑郁症是如何影响这些事情的——照顾孩子、不失去希望，等等？"

通过强调来访者的差异感并确定抑郁症是其来源，精神科医生奠定了治疗的基础，随后会提出一个关于来访者应对这种情况的计划的关键问题。这个问题通常是："那么，你对这一切有什么看法"或"那么，你认为现在需要做什么"。因为价值观练习已经帮助来访者建立起克服抑郁症的动机，并且来访者正在参加第一次基于抗抑郁药的治疗，对这个问题的回答往往聚焦在需要（改变话语的一个例子）采取一些行动来应对抑郁症，包括关于"给这种药一个机会"的评论。然后，精神科医生使用反映回应这些陈述，以突出和放大来访者的改变决定（例如，"你真的厌倦了抑郁症给你带来的问题，你愿意尝试一种新的应对方式"）。

一旦参与治疗的动机出现，精神科医生就会讨论在咨询更早时候出现的对抗抑郁治疗的担忧。与动机式访谈风格一致，精神科医生使用引导（对治疗的担忧）—提供（治疗信息）—引导（来访者的反应）的方法，以个性化的信息或建议来解决来访者的具体问题并维持合作关系。这种方法避免了提供已知的信息。必要时，精神科医生也会征求许可后提供有关重度抑郁症、抗抑郁药以及其他来访者如何处理类似问题的信息。一旦完成该步骤，焦点转移到向来访者提供关于他自己的抗抑郁治疗的信息（即，药物的选择、剂量、用药频率、起效速度）。为了维持来访者在这个讨论中的参与度，每说完两到三点后，精神科医生会询问来访者的感受以及他是否想要更多信息。来访者还会收到一份关于抗抑郁药常见问题的信息表，并可选择在咨询结束后自行回顾这些内容。关于治疗的互动和决定是在合作的前提下进行的，精神科医生明确表示，是否开始治疗是来访者决定的，改变剂量或更换药物的决定也是共同做出的。表达愿意开始抗抑郁治疗的来访者将获得研究药物；那些仍然存在矛盾心理的人被要求在第二次咨询时继续讨论治疗方案的选择。咨询以对来访者的一般预防性声明结束，这些来访者有时会在离开咨询室后决定不继续接受治疗。即使来访者停止服药，他也会被要求回来接受一次咨询，讨论导致这一决定的原因。

第1周：建立依从治疗的自信

第二次咨询的重点是建立对治疗维持和药物依从性的信心和自我

效能感。这次咨询也会继续处理动机式访谈的第二个目标，减少改变的障碍，并引入第三个目标，维持改变的动机。

按照前面描述的标准开场，焦点转移到两个练习。第一个是自信心量尺（Rollnick, Butler, & Mason, 1999），向来访者询问依从性问题："0到10的量表，0代表完全没有信心，10代表非常自信，你对自己每天吃药有多大的信心？"接下来询问，"为什么是……而不是0？"从来访者那里引导出自信和承诺接受治疗的陈述（即"因为我已经经历过更糟糕的事情了""因为其他药物我都可以每天吃""因为我知道一旦我决定做某事，我就会做到"）。然后，精神科医生才询问来访者如何将选定的信心度提高几个等级。这通常有助于识别其他药物依从性障碍，并在之后加以解决。

第二个建立自信的练习要求来访者讲述一个成功的故事，但有一个转折。要求来访者回忆一项最初他们不确定是否可以完成的挑战，但由于他们的坚持不懈最终成功完成。如果来访者无法提供案例，则要求他们谈论相关的来访者群体常见的情况，例如在移民过程中遇到的障碍，或者在通常危险的市区环境中用有限资源抚养孩子的挑战。在整个故事中，精神科医生有选择地反映有关自信和决心的陈述，并探讨来访者在对实现目标绝望时所做的事情。这项练习的目的是帮助来访者认识到他们在面对挑战时的坚持不懈，这些很容易在他们陷入抑郁情绪时被忽视。这项练习以精神科医生将来访者在过去成功的情况下的坚持不懈与为克服抑郁而坚持治疗的预期积极效果联系起来而结束。咨询的其余部分遵循动机性药物治疗咨询的典型模式。

### 第4周：维持承诺并克服治疗依从性的障碍

本次咨询的目标是通过回顾来访者的治疗进展强化他对改变的承诺来维持改变动机。咨询还侧重于探讨和克服药物治疗依从性的障碍。

在这次咨询中，只有一个附加程序被添加到典型的动机性药物治疗模式中。在讨论药物治疗依从性时，向来访者提供了21个障碍清单，这些障碍是从我们在对拉丁裔抑郁患者的形成性研究中选出的（Lewis-Fernández, 2003）。通过列举其他人遇到的困难来正常化障碍的存在。这一程序帮助来访者开放表达影响他的障碍，与精神科医生合作克服这些障碍并继续接受治疗。项目包括"我不想让人们认为我疯了""我忘了吃药""它们有太多副作用"，以及一个空白行，用于填写没有列出但之后识别出来的其他问题。然后，精神科医生和来访者共同解决这些识别出来的障碍，首先引发来访者的解决方案，然后在必要时通过引发—提供—引发的方法补充这些解决方案。对于没有报告任何障碍的来访者，要肯定他们对治疗的承诺，并邀请他们在随后的咨询中根据需要提出未来的障碍。

第8周：维持承诺并克服完成治疗的障碍

最后一次增强咨询的重点是通过庆祝他们在解决治疗依从性和维持治疗的障碍方面取得的成就和成功来加强来访者对改变的承诺。这些目标是通过两个练习来实现的。

第一个练习，精神科医生会再次与来访者核查继续治疗的可能障碍，使用一份列出了14个在治疗中期（通常是在改善开始后）突出的障碍清单。我们从与这个人群的形成性研究中编制了这份清单，其中的障碍包括："我不想对药物上瘾""我已经感觉好多了""停止吃药会告诉我是否还需要它们"，以及一个空白声明（"_____"），供来访者填写未列出的问题。然后询问来访者关于过早终止治疗的想法，以解决任何可能会干扰来访者符合指南持续时间的任何担忧。与第4周一样，对于没有表达任何担忧的来访者，精神科医生邀请他们在将来随时根据需要提出。尽管与有药物治疗依从性的来访者谈论治疗维持的潜在障碍似乎与动机式访谈不一致，但我们希望促进和正常化这种类型的讨论，这样，如果将来出现停止治疗的想法，来访者在采取行动之前对于自行提出它们不会感觉为难。

第二个练习侧重于强调来访者当前状态与基线状态之间的差异，以加强对治疗的承诺并维持改变动机。询问来访者两件事：（1）自治疗开始以来发生了哪些改变；（2）与作为基线的第一次咨询相比，他们目前如何看待未来。在随后的对话中，临床治疗师选择性地反映和探讨改变话语，以将个人的改善与来访者参与抗抑郁治疗联系起来，从而最大化依从性。该练习结束时，精神科医生总结来访者报告的改变，并对他持续承诺治疗表示肯定。

在这次的动机性药物治疗咨询中，来访者经常会报告提前终止治疗的想法，包括但不限于回应咨询开始时提供的潜在障碍清单。通常这些想法与初步改善的出现有关。下面，我们将说明在第20周时精神科医生如何与来访者协商过早终止治疗的决定。动机性药物治疗允许精神科医生不同意来访者的决定，但同时也会强化后者在决策中的作用。通过与动机式访谈一致的方法，来访者和临床治疗师能够达成联合解决方案，降低来访者的矛盾心理并使他能够继续接受治疗。

在治疗的前几周内使用25毫克舍曲林实现了实质性改善后，来访者抑郁和焦虑的基线症状在第8周和第16周之间重新出现。在第16周咨询期间，来访者和精神科医生决定将剂量增加至50毫克，以巩固治疗效果。在第20周时，来访者表示在增加剂量后出现了头痛、恶心、心悸和腹泻，持续了4～5天。他自行将剂量减少到25毫克，但（考虑到他已经获得的症状改善）来访者断定他的身体正在排斥药物，并在第20周咨询前5天停用舍曲林，并坚持认为他不能服用这种药物或研究中的任何其他抗抑郁药。他在咨询过程中，告诉精神科医生他做了什么。在探讨了来访者的决定并共情地反映了来访者的经历之后，精神科医生（在后面的记录中）重申了来访者有是否服用药物的自主权，并制订了一个计划：

> **精神科医生**：那么，你的计划是什么——下一步该怎么做？
>
> **来访者**：你是医生，所以你来决定……我们已经决定我会在接下来的9个月内服用药物，但由于我不得不停止用药——不是因为我想停止，而是因为我的身体排斥——我想继续这9个月的治疗，并在这3个月里观察我在没有吃药的情况下身体的反应。我不知道你是否同意。
>
> **精神科医生**：所以你继续来咨询，但评估是否需要用药；不一定非要吃药，但要评估你在不用药的情况下的身体反应，并且观察是否需要停药。
>
> **来访者**：如果你愿意，甚至可以给我开药，但我不会服用。如果出现问题，我有药……
>
> **精神科医生**：可以服用。
>
> **来访者**：是的，如果发生任何事情，我可以服药。但最重要的是，我希望你在这3个月内对我进行评估，看看我不吃药的话反应如何。
>
> **精神科医生**：你提出的建议很有意思。我理解这就像是一个延长的评估，像是不必服药的情况下继续评估你，根据情况决定是否需要。我觉得很好。这是一个我们共同评估需要做什么的过程。
>
> **来访者**：你是专家，你对这些事情了解更多。
>
> **精神科医生**：我认为这原则上是可以的。让我告诉你我的想法，我们可以谈论一下，好吗？你提出的建议好的方面是，我们可以在你不服药的情况下评估你的情况。没有人会强迫你吃你的身体告诉你——在这个特定的时间——不

应该吃的东西……这样做的好处是我们可以继续评估你，而你不必服药，这对你来说可能是最有利的，因为你的身体正在向你发送信息。

**来访者**：实际上，我已经接受这种治疗这么长时间了，我希望你继续以这种方式给我提供治疗，看看会发生什么。

**精神科医生**：是的，我觉得这很好。我担心的问题——我们可以谈论但不必今天做出决定——是如果你服药的时间少了，抑郁症可能会更快地复发。也就是说，你已经服用了几个月的药物，这很好，你的身体已经适应了这种治疗方式，没有人可以从你身上夺走，它可能足以保护你。

**来访者**：我已经吃了6个月的药，我认为如果我吃满9个月的药，对我来说会好得多——但在这种情况下，不是我在做决定。

**精神科医生**：是的，是你的身体。

**来访者**：是的，我的身体，如果我继续服药，可能会有一些后果，比如头痛或呕吐。

**精神科医生**：我明白了。我唯一想补充的是，抑郁症复发的风险可能略微增加。一方面，停药对你的身体不会有任何影响；另一方面，抑郁症复发的风险可能会略微增加。这就是我们不得不考虑的平衡。而我的角色确实是为你提供信息，以便我们都掌握必要的信息来做出决定。

**来访者**：如果是我来作决定的话……我应该吃更长时间的药，如果可能的话，我会继续吃药。但实际上——也许这听起来不合逻辑——真的是我的身体在排斥药物。

**精神科医生**：不，并非不合逻辑，我听到了，这很清楚。我喜欢你的计划，不如我们这样做。我们达成一致，你继续坚持这9个月的治疗，评估你的情况并继续咨询。我在咨询期间会询问你的情况，并在此基础上决定是否尝试再次开始服药。我们执行那个决定一个月，然后再次评估和询问你的情况并据此作决定，在接下来的咨询中我们也继续以这种方式作决定并执行。这听上去怎么样？

**来访者**：好的，好的。

**精神科医生**：如果这是接下来3个月发生的情况，那么很好，你不需要重新开始服药。如果有变化……我们将根据每个月的情况来决定。我甚至可以给你开一些药，当你决定吃药的时候手边有一些备用——如果不需要，也可以不吃。就像你建议的那样，只是把药物放在那里以防万一。

**来访者**：是的，实际上我把没吃的药片拿回来了，所以我可以把它们带回去。我不喜欢吃药，除非不得不吃，但现在我不需要这些药。

**精神科医生**：真的，你告诉我你现在感觉非常好……

**来访者**：是的，我感觉很好——就像我之前告诉过你的那样，我现在感觉身体强壮、心理积极，所以我认为我现在不需要服药。但是，正如你所说，也许将来我可能会复发。

**精神科医生**：嗯，但我认为我们可以继续谈论这件事，并且不要有任何心理负担，我们可以做任何我们认为可行的事情。

**来访者**：不，我真的想继续来这里，我希望我停药的决定不会改变治疗中的任何事情。

**精神科医生**：我同意，我们的想法是继续治疗。完美。那我们就这样做。

随后，来访者询问精神科医生关于抗抑郁药如何在体内起作用以及药物将在他的体内停留多长时间的问题，精神科医生回答了这些问题。虽然精神科医生花了一些时间来了解来访者的经历以及他对继续服用药物的矛盾心理，但整个咨询只持续了19分58秒。来访者在第

24周回来咨询时说道，在他上一次咨询结束的10天后，重新出现抑郁症状并开始每天服用25毫克舍曲林。他继续服用药物，抑郁症状得到持续改善，并完成了36周的全部治疗。

首先，动机性药物治疗展示了如何将动机式访谈嵌入精神药物疗法中，以便以临床实践可行的方式解决药物依从性的矛盾心理。这一整合使得治疗师与接受药物治疗的来访者的互动方法和治疗师与精神健康的来访者的互动方法大不相同。根据我们的经验，动机性药物治疗中的来访者-临床治疗师的互动比标准的精神药物疗法更加以人为中心、协作和个性化。动机式访谈对药物治疗的一个主要贡献是重塑临床治疗师和来访者之间的关系，将其视为一起探索采取什么治疗方案的平等专家关系。临床治疗师是抗抑郁治疗的专家，而来访者是治疗期望、主观药物效果、治疗障碍以及克服这些障碍的能力的专家。在动机式访谈框架内，来访者的专业知识对治疗的成功更为关键，因为是否坚持治疗由他们决定。

其次，动机式访谈在药物治疗中强调基本的咨询技巧（即提开放式问题、肯定、反映和总结）。这一贡献将互动的重点从评估和开药重塑为理解来访者的治疗经验并做出相应的回应。这种方法促进了临床治疗师和来访者之间的沟通和参与度的改善，也使临床治疗师能够更充分地理解可能出现的依从性障碍，以及来访者带来的个人优势，这些优势可以用来克服这些障碍。

最后，动机式访谈可以帮助药物治疗重点关注培养来访者通过抗抑郁治疗克服抑郁症的愿望，以及对克服障碍实现预期目标的能力的信念。在动机性药物治疗中，临床治疗师变得注意改变话语，以便衡量和影响咨询的动向。这不是标准药物治疗咨询的重点，标准药物治疗的重点是寻问患病史、当前症状、副作用、剂量依从性等方面。相比之下，在动机性药物治疗中，精神科医生倾向于花费更少的时间来追寻症状变化的细节，同时花更多的时间来管理来访者的动机、药物治疗依从性的阻碍以及增强依从性的策略。这意味着精神科医生必须相信，通过询问来访者的一般情况，来访者会提出重要的症状改善情况、药物副作用和对服药的担忧，偶尔需要进行更详细的评估。在许多从业者中，这可能会引起对错过一些基本信息的担忧，在我们的试验中，精神科医生在动机性药物治疗的开发过程中也面临着这种担忧。然而，重要的是要平衡这种担忧与认识到，通过过度关注症状诱发，来访者可能会提前终止治疗。实际上，动机性药物治疗并不是在标准药物治疗过程中添加一系列动机式访谈技术，而是要求药物治疗师在咨询期间限制使用一些典型方法，并用更符合动机式访谈原则的互动模式替换它们。在这样做时，这些咨询的长度仍然与标准药物治疗的时长相当，并且可以与常规精神科医疗实践兼容（Lewis-Fernández et al., 2013）。

### 研究发现

我们的预研究发现，50名患有重度抑郁症的第一代拉丁裔来访者中，只有20%在第12周停止了治疗，平均治疗时间为84天中的74.2天。来访者的症状、心理社会功能和生活质量显著提高。治疗12周后，82%的来访者被认为是"反应者"（定义是抑郁症状下降≥50%），68%的来访者是"痊愈者"（最终症状评分在正常范围内的反应者）。与已发表的拉丁裔终止治疗的比例（32%～53%）和我们诊所使用标准精神药物治疗并使用相似样本和药物（36%～46%）的先前研究相比，这些研究结果表明动机性药物治疗可以有效减少寻求抗抑郁治疗的拉丁裔抑郁症来访者的终止治疗比例。比较动机性药物治疗与标准抗抑郁治疗的随机临床试验的数据分析目前正在进行中。

另一种基于动机式访谈的提高抗抑郁药依从性的方法称为抗抑郁

药物动机增强疗法（META），它使用心理治疗师进行干预（Interian et al., 2010, 2013），而不是针对开药者本身的行为。动机增强疗法是一个三个60分钟咨询的干预过程，通过一个迭代过程开发出来，该过程识别出可能影响抗抑郁药依从性的拉丁裔文化价值观和信念，并将其纳入干预措施（Interian et al., 2010）。在共情参与者对抗抑郁治疗的担忧的同时，动机增强疗法也唤起了患者克服抑郁症的信心。具体的组成部分包括提供有针对性的抗抑郁药信息、非评判性地分享依从性反馈、探讨以前的不依从性事件、预测和解决未来依从性的潜在障碍，以及通过邮件发送书面依从性计划。

在评估干预效果的预研究中，参与者被随机分配到常规护理组（UC）或常规护理+动机增强疗法组（Interian et al., 2013）。在基线评估和第5周评估之间提供了两次动机增强疗法咨询，在第5周和第5个月的评估之间进行了一次增强咨询。研究参与者从他们平时的治疗师那里接受了自然的精神药理学/心理治疗护理，其内容在研究中没有改变。动机增强疗法参与者在第5周时（72.9%比40.8%；$p < 0.01$）和第5个月时（61.5%比31.7%；$p < 0.01$）表现出比接受常规护理的来访者更高的服用抗抑郁药物依从性。在第5个月时，一半的动机增强疗法参与者的症状得到缓解，基于《贝克抑郁量表-Ⅱ》的结果，而常规护理参与者仅为20.8%。因此，动机增强疗法似乎是另一种有前景的基于动机式访谈的提高抗抑郁药物依从性的方法。

## 潜在问题

虽然动机式访谈方法在改善抗抑郁治疗中的治疗维持和依从性方面似乎很有希望，但迄今为止的研究结果也强调，这些干预不是对所有来访者都有效。显然，我们需要理解动机性药物治疗和动机增强疗法对谁更有帮助，但我们也需要理解对谁没有帮助，以及这些方法可能对谁是禁忌的。

第二个挑战关注的是谁提供干预。以上讨论的两种干预措施提供两种不同的方法，每种方法都有其优缺点。动机性药物治疗的一个好处是它不需要其他心理健康专业人员参与，因为它是由开药者自己实施的。这也使开药者能够持续评估来访者在整个药物治疗过程中接受治疗的动机，并立即解决可能导致来访者过早停药的问题。然而，治疗师需要2～3天的培训才有开展动机性药物治疗的专业知识，而且并非在所有环境中都可以实施，特别是在社区心理健康中心，精神科医生面临相当大的临床责任和资源限制。在某些情况下，使用辅助提供者进行动机干预（就像动机增强疗法所做的那样）可能更为可行。然而，动机增强疗法仅仅在博士级心理学家中进行了测试，在资源匮乏的环境中通常是找不到这类人的。研究表明，在心理治疗和咨询方面接受了广泛正式培训的人学习动机式访谈更容易一些。动机增强疗法未来可能采取的一个步骤是测试其在临床培训较少的治疗师中的可行性和有效性。

最后，提供动机性药物治疗的精神科医生会认为，这是精神药物治疗咨询方式的重大转变。并非所有的临床治疗师都接受这种方法，尤其是它对来访者自主权的重视。对于来访者而言，我们看到这种不适表现为两种方式。首先，在开药时，当治疗师询问来访者是否需要有关药物的更多信息时，如果来访者回答"否"，那么临床治疗师提供的信息就比平时更少。其次，它更明确地将是否服用药物的决定权交给来访者。这一挑战对于特定人群的来访者尤其困难，例如有精神病或自杀意念的来访者，并且可能被视为会与潜在的非常负面的结果相关联。精神科医生还必须适应不在每次就诊时评估许多特定症状，并相信开放式问题可以充分揭示来访者的状况以唤起关键信息。

# 总 结

动机性药物治疗和动机增强疗法似乎都是提高抗抑郁治疗依从性和维持率的有希望的干预措施。虽然干预措施的结构和提供者各不相同，但动机式访谈显然在它们两者中都发挥了作用，这可以在很多方面看出来，比如更加关注来访者对药物担忧的共情调适、使用价值观来建立动机，以及提供关于抗抑郁药物信息的个性化方法。这种与动机式访谈一致的框架与通常鼓励来访者服用抗抑郁药的做法形成鲜明对比，后者是开药者以专家的角色劝告来访者关于药物的益处以说服他吃药。对药物的担忧和期望通常会被低估为可以轻易克服的障碍，不应该阻碍药物的服用。虽然这种方法对一些考虑服用抗抑郁药的来访者来说可能足够，但动机性药物治疗和动机增强疗法有可能在更广泛的开抗抑郁药的患者群体中提高治疗依从性、维持率和其他临床结果，这些来访者可以从更加细致地考虑他们的担忧和药物的潜在益处的讨论中获益。

动机增强疗法和动机性药物治疗的下一步是评估其对其他临床和文化人群的治疗依从性和维持率的影响。动机式访谈已被用于增加焦虑症和精神分裂症来访者对心理治疗和药物治疗的参与度（Drymalski & Campbell, 2009; Graeber et al., 2003; Merlo et al., 2010; Simpson et al., 2010; Westra, Arkowitz, & Dozois, 2009），这些干预可能会告诉我们如何使动机性药物治疗和动机增强疗法最好地适应这些人群。

动机性药物治疗和动机增强疗法都被证明适合为第一代拉丁裔进行文化调整，因为动机式访谈目前在世界各地使用，研究表明它在不同文化和社会群体中都有效（Hettema et al., 2005）。这一经验表明，动机增强疗法和动机性药物治疗可以根据其他文化群体的具体情况进行调整。值得注意的是，这两种干预措施的研究应用在来访者和治疗师之间具有种族匹配的优势，这在社区临床环境中通常是不可能的。需要进一步研究动机式访谈过程在文化匹配与不匹配交互中的差异，以及动机式访谈干预对特定文化群体进行正式文化调整的附加价值。

最后，比较动机性药物治疗和动机增强疗法的研究也非常有价值，特别是在确定哪些来访者可能从每种方法中获益最多，以及在社区临床环境中实施这些干预措施面临哪些挑战。

虽然动机性药物治疗在改善拉丁裔抑郁症患者的治疗维持和依从性方面的功效还需等待当前随机临床试验完成后的结果，且动机增强疗法仅在预试验中进行了研究，但迄今为止的经验表明，这两种基于动机式访谈的干预措施可能都是帮助来访者参与药物治疗的有价值的工具。这将极大地促进他们参与可能带来症状和功能改善的有效治疗。

# 鸣　谢

该项目由国家精神卫生研究所直接资助，研究资助号R21 MH 066388和R01 MH 077226。辉瑞（Pfizer）公司提供研究药物（舍曲林）和额外的经费支持。这些研究部分得到了纽约州精神病学研究所（受资助人Roberto Lewis-Fernández）的机构基金支持。本章的部分内容已发表于以下论文：Balán, I., Moyers, T., & Lewis-Fernández, R. (2013). Motivational pharmacotherapy: combining motivational interviewing and antidepressant therapy to improve treatment adherence. Psychiatry: Interpersonal and Biological Processes, 76(3), 203-209. Copyright 2013 by Taylor & Francis. Reprinted by permission of Taylor & Francis and The Washington School of Psychiatry。

# 参考文献

Alegría, M., Atkins, M., Farmer, E., Slaton, E., & Stelk, W. (2010). One size does not fit all: Taking diversity, culture, and context seriously. *Administration and Policy in Mental Health*, 37, 48-60.

American Psychiatric Association Work Group on Major Depressive Disorder. (2010). Practice guideline for the treatment of clients with major depressive disorder, 3rd edition. *American Journal of Psychiatry*, 167, S1-S118.

Arkowitz, H., Miller, W. R., Rollnick, S., & Westra, H. (2008). *Motivational interviewing in the treatment of psychological problems*. New York: Guilford Press.

Arkowitz, H., & Westra, H. A. (Eds.). (2009). Special issue on motivational interviewing and psychotherapy. *Journal of Clinical Psychology: In Session*, 65 (11).

Bulloch, A. G. M., & Patten, S. B. (2010). Nonadherence with psychotropic medications in the general population. *Social Psychiatry and Psychiatric Epidemiology*, 45, 47-56.

Burke, B. L., Arkowitz, H., & Menchola, M. (2003). The efficacy of motivational interviewing: A meta-analysis of controlled clinical trials. *Journal of Consulting and Clinical Psychology*, 71, 843-861.

Cabassa, L. J., Lester, R., & Zayas, L. H. (2007). "It's like being in a labyrinth": Hispanic immigrants' perceptions of depression and attitudes toward treatments. *Journal of Immigrant Health*, 9, 1-16.

Crismon, M. L. Trivedi, M., Pigott, T. A., Rush, J. A., Hirschfeld, R. M. A., Kahn, D. A., et al. (1999). The Texas Medication Algorithm Project: Report on the Texas Consensus Conference Panel on medication treatment of major depressive disorder. *Journal of Clinical Psychiatry*, 60, 142-156.

Demyttenaere, K. (1997). Compliance during treatment with antidepressants. *Journal of Affective Disorders*, 43, 27-39.

Demyttenaere, K. (1998). Noncompliance with antidepressants: Who's to blame? *International Clinical Journal of Psychopharmacology*, 13 (Suppl. 2), S19-S25.

Demyttenaere, K., Enzlin, P., Walthère, D., Boulanger, B., De Bie, J., De Troyer, W., et al. (2001). Compliance with antidepressants in a primary care setting. 1: Beyond lack of efficacy and adverse events. *Journal of Clinical Psychiatry*, 62 (Suppl. 22), 30-33.

Drymalski, W. M., & Campbell, T. C. (2009). A review of motivational interviewing to enhance adherence to antipsychotic medication in patients with schizophrenia: Evidence and recommendations. *Journal of Mental Health*, 18, 6-15.

Edwards, J. (1998). Long term pharmacotherapy of depression. *British Medical Journal*, 316, 1180-1181.

Graeber, D. A., Moyers, T. B., Griffith, G., Guajardo, E., & Tonigan, S. (2003). A pilot study comparing motivational interviewing and an educational intervention in patients with schizophrenia and alcohol use disorders. *Community Mental Health Journal*, 39, 189-202.

Grube, J. W., Rankin, W. L., Greenstein, T. N., & Kearney, K. A. (1977). Behavior change following self-confrontation: A test of the value-mediation hypothesis. *Journal of Personality and Social Psychology*, 35, 212-216.

Guarnaccia, P. J., Lewis-Fernández, R., & Rivera, M. (2003). Toward a Puerto Rican popular nosology: Nervios and ataques de nervios. Culture, *Medicine and Psychiatry*, 27, 339-366.

Harman, J. S., Edlund, M. J., & Fortney, J. C. (2004). Disparities in the adequacy of depression treatment in the United States. *Psychiatric Services*, 55, 1379-1385.

Haynes, R. B., Ackloo, E., Sahota, N., McDonald, H. P., & Yao, X. (2008). Interventions for enhancing medication adherence. *Cochrane Database of Systematic Reviews*, 2, Art. No. CD000011.

Hettema, J., Steele, J., & Miller, W. R. (2005). Motivational interviewing. *Annual Review of Clinical Psychology*, 1, 91-111.

Interian, A., Ang, A., Gara, M. A., Link, B. G., Rodríguez, M. A., & Vega, W. A. (2010). Stigma and depression treatment utilization among Latinos: Utility of four stigma measures. *Psychiatric Services*, 61, 373-379.

Interian, A., Martínez, I., Iglesias Ríos, L., Krejci, J., & Guarnaccia, P. J. (2010). Adaptation of a motivational interviewing intervention to improve antidepressant adherence among Latinos. *Cultural Diversity and Ethnic Minority Psychology*, 16, 215-225.

Interian, A., Lewis-Fernández, R., Gara, M. A., & Escobar, J. I. (2013). A randomized, controlled trial of an intervention to improve antidepressant adherence among Latinos. *Depression and Anxiety*, 30, 688-696.

Kemp, R., Kirov, G., Everitt, B., Hayward, P, & David, A. (1998). Randomised controlled trial of compliance therapy: 18-month follow-up. *British Journal of Psychiatry*, 172, 413-419.

Kreyenbuhl, J., Nossell, I. R., & Dixon, L. B. (2009). Disengagement from mental health treatment among individuals with schizophrenia and strategies for facilitating connections to care: A review of the literature. *Schizophrenia Bulletin*, 35, 696-703.

Lanouette, N. M., Folsom, D. P., Sciolla, A., & Jeste, D. V. (2009). Psychotropic medication nonadherence among United States Latinos: A comprehensive literature review. *Psychiatric Services*, 60, 157-174.

Laria, A., & Lewis-Fernández, R. (2006). Issues in the assessment and treatment of Latino patients. In R. Lim (Ed.), *Clinical manual of cultural psychiatry: A handbook for working with diverse patients* (pp. 119-173). Washington, DC: American Psychiatric Press.

Lewis-Fernández, R. (2003). Role of cultural expectations of treatment in adherence research. Presentation at the National Institute of Mental Health training conference "Beyond the Clinic Walls: Expanding Mental Health, Drug and Alcohol Services Research Outside the Specialty Care System" in Rockville, MD.

Lewis-Fernández, R., Balán, I., Patel, S., Moyers, T., Sanchez-Lacay, A.,

Alfonso, C., et al. (2013). Impact of motivational pharmacotherapy on treatment retention among depressed Latinos. *Psychiatry: Biological and Interpersonal Processes*, 76 (3), 210-222.

Lingam, R., & Scott, J. (2002). Treatment nonadherence in affective disorders. *Acta Psychiatrica Scandinavica*, 105, 164-172.

Maddox, J., Levi, M., & Thompson, C. (1994) The compliance with antidepressants in general practice. *Journal of Psychopharmacology*, 8, 48-53.

Melfi, C. A., Chawla, A. J., Croghan, T. W., Hanna, M. P., Kennedy, S., & Sredl, K. (1998). The effects of adherence to antidepressant treatment guidelines on relapse and recurrence of depression. *Archives of General Psychiatry*, 55, 1128-1132.

Miller, W. R., C'de Baca, J., Matthews, D. B., & Wilbourne, P. L. (2001). Personal values card sort.

Miller, W. R., & Rollnick, S. (2013). *Motivational interviewing: Helping people change* (3rd ed.). New York: Guilford Press.

Merlo, L. J., Storch, E. A., Lehmkuhl, H. D., Jacob, M. L., Murphy, T. K., Goodman, W. K., et al. (2010). Cognitive behavioral therapy plus motivational interviewing improves outcome for pediatric obsessive-compulsive disorder: A preliminary study. *Cognitive Behavior Therapy*, 39, 24-27.

Mitchell, A. J., & Selties, T. (2007). Why don't patients take their medicines?: Reasons and solutions in psychiatry. *Advances in Psychiatric Treatment*, 13 (5), 336-346.

Moyers, T. B., & Martino, S. (2006). "What's important in my life": The Personal Goals and Values Card Sorting Task for individuals with schizophrenia.

Olfson, M., Mojtabai, R., Sampson, N. A., Hwang, I. Druss, B., Wang, P. S., et al. (2009). Dropout from outpatient mental health care in the United States. *Psychiatric Services*, 60, 898-907.

Pekarik, G. (1992). Relationship of clients' reasons for dropping out of treatment to outcome and satisfaction. *Journal of Clinical Psychology*,

48, 91-98.

Resnicow, K., Baranowski, T., Ahluwalia, J. S., & Braithwaite, R. L. (1999). Cultural sensitivity in public health: Defined and demystified. *Ethnicity and Disease*, 9, 10-21.

Rokeach, M. (1973). *The nature of human values*. New York: Free Press.

Rollnick, S., Butler, C. C., & Mason, P. (1999). *Health behavior change: A guide for practiotioners*. Philadelphia: Elsevier.

Roy-Byrne, P., Post, R., Uhde, T., Porcu, T., & Davis, D. (1985). The longitudinal course of recurrent affective illness. *Acta Psychiatrica Scandinavica*, 71 (Suppl. 317), 1-34.

Rubak, S., Sandbaek, A., Lauritzen, T., & Christensen, B. (2005). Motivational interviewing: A systematic review and meta-analysis. *British Journal of General Practice*, 55, 305-312.

Rush, A. J., Trivedi, M. H., Wisniewski, S. R., Nierenberg, A. A., Stewart, J. W., Warden, D., et al. (2006). Acute and longer-term outcomes in depressed outpatients requiring one or several treatment steps: A STAR*D report. *American Journal of Psychiatry*, 163, 1905-1917.

Schraufnagel, T. J., Wagner, A. W., Miranda, J., & Roy-Byrne, P. P. (2006). Treating minority patients with depression and anxiety: What does the evidence tell us? *General Hospital Psychiatry*, 28, 27-36.

Schwartz, S. H., & Inbar-Saban, N. (1988). Value self-confrontation as a method to aid in weight loss. *Journal of Personality and Social Psychology*, 34, 396-404.

Simpson, H. B., Zuckoff, A. M., Maher, M. J., Page, J. R., Franklin, M. E., Foa, E. B., et al. (2010). Challenges using motivational interviewing as an adjunct to exposure therapy for obsessive-compulsive disorder. *Behaviour Research and Therapy*, 48, 941-948.

Vargas, S., Cabassa L. J., Nicasio, A. V., De La Cruz, A. A., Jackson, E., Rosario, M., et al. (in press). Toward a cultural adaptation of pharmacotherapy: Latino views of depression and antidepressant therapy. Transcultural Psychiatry.

Velligan, D. I., Lam, Y. W. F., Glahn, D. C., Barrett, J. A., Maples, N. J.,

Ereshefsky, L., et al. (2006). Defining and assessing adherence to oral antipsychotics: A review of the literature. *Schizophrenia Bulletin*, 32, 724-742.

Velligan, D., Sajatovic, M., Valenstein, M., Riley, W. T., Safren, S., Lewis-Fernández, R., et al. (2010). Methodological challenges in psychiatric treatment adherence research. *Clinical Schizophrenia and Related Psychoses*, 4, 74-91.

Warden, D., Trivedi, M. H., Wisniewski, S. R., Davis, L., Nierenberg, A. A., Gaynes, B. N., et al. (2007). Predictors of attrition during initial (citalopram) treatment for depression: A STAR*D report. *American Journal of Psychiatry,* 164, 1189-1197.

Westra, H. A., & Arkowitz, H. (Eds.). (2011). Special issue on integrating motivational interviewing with cognitive behavioral therapy for a range of mental health problems. *Cognitive and Behavioral Practice*, 18, 1-81.

Westra, H. A., Arkowitz, H., & Dozois, D. J. A. (2009). Adding a motivational interviewing pretreatment to cognitive behavioral therapy for generalized anxiety disorder: A preliminary randomized controlled trial. *Journal of Anxiety Disorders*, 23, 1106-1117.

Zygmunt, A., Olfson, M., Boyer, C. A., & Mechanic, D. (2002). Interventions to improve medication adherence in schizophrenia. *American Journal of Psychiatry*, 159, 1653-1664.

# 第十章

# 利用动机式访谈
# 治疗成瘾

威廉·R.米勒

"成瘾"长期以来一直是适用于各种过度行为的通用术语（Peele, 1985），它也是该领域最古老的科学期刊之一的名字。成瘾是发生在整个连续体上，尽管这一术语有时只与更严重的一端相关。与公共卫生模型相一致，《精神障碍诊断与统计手册》（第五版）（APA, 2013）取消了先前"滥用"和"依赖"之间的区别，并将物质使用障碍视为连续分布的疾病。例如，酒精使用障碍在一个连续体上变化，包括风险性使用、有害或有问题的使用和依赖（Institute of Medicine, 1990; Miller & Muñoz, 2013）。滥用酒精、烟草和其他成瘾物质越来越多地被认为是应该在主流医疗保健中解决的公共卫生问题。

## 成瘾与动机

动机式访谈最初是作为处理酗酒问题的工具出现的（Miller, 1983），并迅速应用到解决其他药物和赌博问题上。成瘾是动机式访谈的典型焦点，因为它本质上是一个动机问题。我并不是从道德意义上认为患有成瘾的人在某种程度上动机不足或有缺陷。相反，我的意思是，所谓的成瘾现象涉及强大且经常相互冲突的强化来源（Meyers & Smith, 1995; Miller, 2006）。一些滥用药物会直接激活大脑的中枢奖励通道。物质使用也受到社会强化和示范的强烈影响。生理依赖和戒断反应建立了持续使用的负强化模式。更广泛的行为依赖模式包括与其他对药物使用进行正强化的自然来源逐渐分离（Edwards & Gross, 1976）。真正的或想象的有价值的强化物的获得（例如，经济上的、人际关系的、性的）也可以与酒精和其他药物的使用联系起来。因此，任何阻止成瘾行为的尝试都会与持续使用的强大动机竞争。这种坚持的悖论是物质使用障碍的特征（这是本章的重点），也是过程成瘾的特征，例如病态赌博（参见Hodgins, Swan, & Diskin, 第十一章）和饮食失调（见Cassin & Geller, 第十四章）。所有这些都涉及尽管有明显伤害或伤害风险但仍然持续的行为，通常伴随着个人控制削弱的主观感觉（Baumeister, Heatherton, & Tice, 1994; Brown, 1998; Miller & Atencio, 2008）。

然而，尽管成瘾会削弱自我控制，但绝大多数戒烟、戒酒或戒其他药物的人并没有接受任何正式治疗。"疾病模型"计划最终呼吁个人每天做出戒除的决定（AA World Services, 2001; Nowinski, 2003）。法院很少由于个人酒精/药物中毒而判定其无罪；更多的时候这只会加重而不是减轻刑罚。无论怎么说，我们通常倾向于将成瘾视为一种选择问题。

# 动机式访谈与其他治疗方法

20世纪80年代和90年代，动机式访谈的临床风格与主流的成瘾治疗模式形成鲜明对比（Miller & Rollnick, 1991）。人们普遍认为，成瘾的人具有独特的病理性格，其特点是高度不成熟的防御机制，比如否认，尽管这一点从未得到科学证据的支持。事实上，在《精神障碍诊断与统计手册》的前两版中，美国精神病学会（1968）将酒精/药物问题归类为人格障碍。这一分类为高度对抗性的治疗风格提供了理由，这一风格被认为是克服否认的关键（e.g., Janzen, 2001），但事实证明，它在很大程度上是一种无效甚至有害的方法（White & Miller, 2007）。最终，即使是明尼苏达模型的旗舰项目Hazelden（Cook, 1988a, 1988b）也放弃了这种对抗性方法（Hazelden Foundation, 1985）。该领域已准备好采用不同的方法。

令人高兴的是，现在有一系列令人印象深刻的循证心理治疗可以帮助物质使用障碍的人们（Fletcher, 2009; Miller, Forcehimes, & Zweben, 2011）。社区强化方法旨在建立或重建不依赖于物质使用的自然竞争性奖励来源（Meyers & Miller, 2001; Meyers & Smith, 1995; Smith, Meyers, & Miller, 2001）。家庭成员可以学习支持戒酒（Meyers & Smith, 1997; Meyers & Wolfe, 2004），药物治疗可以阻止酒精和其他药物的激励特性（O'Malley & Kosten, 2006）。十二步戒酒法为戒酒提供了即时的社会支持（Longabaugh, Wirtz, Zweben, & Stout, 1998）。因此，动机式访谈只是众多选择中的一种临床工具。它可以与其他循证心理治疗结合使用（e.g., Anton et al., 2006; Obert et al., 2000），并且这样做可以提高两种治疗方法的疗效（Hettema, Steele, & Miller, 2005）。动机式访谈还可以在简短的医疗保健咨询中被有效使用（Rollnick, Miller, & Butler, 2008）。

## 动机式访谈治疗成瘾的原理

从历史上看，许多成瘾计划已经假设，甚至要求将做好改变的准备作为治疗的先决条件。流行且循环论证的"触底"概念意味着需要经历足以引发改变的痛苦过程，而那些看起来没有足够动机或顺从的人有时会被告知，"等你准备好了再回来。"

相反，改变的跨理论模型的传播（Prochaska & DiClemente, 1984）表明，人们对改变的准备是可塑的，并且帮助来访者提高对改变的准备度是临床治疗师任务的重要组成部分。动机式访谈的最初描述提出，成瘾治疗中遇到的高水平的"阻抗"在很大程度上是对抗性咨询风格的产物。如果人们对他们的物质使用行为感到矛盾，那么一个强烈表达支持改变理由的治疗师很可能会唤起来访者矛盾心理的另一面，即反对改变的理由。在动机式访谈中，治疗师试图安排对话，以让来访者自己提出改变的理由。实质上，来访者通过表达自己的动机说服自己改变而不是逃避改变。随后的过程研究支持来访者的言论与治疗结果之间的关系（Miller & Rose, 2009），并证实与动机式访谈一致的咨询可以增加来访者的改变话语（Glynn & Moyers, 2010; Moyers, Houck, Glynn, & Manuel, 2011; Moyers & Martin, 2006）。

此外，越来越多的证据表明，治疗师对来访者的治疗结果影响很大（Najavits & Weiss, 1994; Project MATCH Research Group, 1998）。随机对照研究表明，治疗师共情水平和以人为中心的其他咨询技巧越高，来访者的治疗结果越好（1965; Truax & Carkhuff, 1967）；而治疗师共情水平越低，来访者的治疗结果不好（Miller, Taylor, & West, 1980; Moyers & Miller, 2013; Valle, 1981）。

动机式访谈不是唯一旨在增强治疗和改变动机的策略。强制性干预措施旨在迫使"缺乏动机"的人接受治疗（Johnson, 1986; Trice & Beyer, 1984）。虽然传统的约翰逊研究所干预可以使少数最初拒绝寻求帮助的人参与治疗，但许多家庭最终拒绝接受治疗（Miller, Meyers, & Tonigan, 1999），约翰逊研究所自己也不再采用这一方法。通过与有关家庭成员的单方面工作，社区强化和家庭培训（CRAFT）方法可有效吸引约三分之二的最初缺乏动机的酒精/药物使用者参与治疗（Azrin, Sisson, Meyers, & Godley, 1982; Meyers, Miller, Hill, & Tonigan, 1999; Meyers, Miller, Smith, & Tonigan, 2002; Meyers & Smith, 1997; Meyers & Wolfe, 2004; Miller et al., 1999）。

# 动机式访谈与成瘾的研究

也许学习和实践动机式访谈最有说服力的理由是它作为一种简短干预治疗成瘾的方法的有效性证据。在被确定为动机式访谈或与动机式访谈相关的干预措施的200多项随机试验中，最多的试验仍然集中在酒精/药物问题上。

一种评估设计将动机式访谈作为简短的干预措施与没有干预或简单建议进行了比较。元分析反映了动机式访谈在解决酒精、烟草和其他物质使用问题方面的显著益处，不同研究的效应大小差异很大，平均处于小到中等范围（Burke, Arkowitz, & Menchola, 2003; Lundahl et al., 2013; Lundahl, Kunz, Brownell, Tollefson, & Burke, 2010）。

一种不同类型的试验将动机式访谈与其他循证心理治疗进行了对比，接受动机式访谈干预的咨询次数通常较少。尽管动机式访谈干预的强度更小，但这些研究通常发现来访者的治疗结果没有差异（Hettema et al., 2005; Project MATCH Research Group, 1997; UKATT Research Team, 2005）。也就是说，更简短的动机式访谈通常（但并不总是）能够产生与更强的治疗方法类似的效果，比不接受任何治疗更可取（e.g., Miller, Benefield, & Tonigan, 1993）。

添加性设计测试了动机式访谈与其他主动治疗方法相结合的价值。动机式访谈可以增强其他循证心理治疗方法的维持率和依从性，并且这种协同效应可以解释为什么动机式访谈在添加性试验中可以发挥更持久的效果（Hettema et al., 2005）。动机增强疗法将动机式访谈的临床风格与个性化评估反馈相结合（Ball et al., 2007; Miller, Zweben, DiClemente, & Rychtarik, 1992; Project MATCH Research Group, 1997; UKATT Research Team, 2005），对那些几乎没有或根本没有准备改变的来访者引发不一致（即，在一个人现在的状态和想要的状态之间）方面特别有用（Miller & Rollnick, 2013）。

成瘾治疗结果在相同的项目或治疗方法中工作的治疗师之间通常差异很大（Anderson, Ogles, Patterson, Lambert, & Vermeersch, 2009; Crits-Christoph et al., 2009; McLellan, Woody, Luborsky, & Goehl, 1988; Valle, 1981），动机式访谈也是如此（Moyers & Miller, 2013; Project MATCH Research Group, 1998）。治疗师保真度和结果的差异可能解释了为什么动机式访谈在多地点研究中在某些地点有用，而在其他地点没有用（e.g., Ball et al., 2007），因为治疗师的技术产生的效果和他们的工作地点对咨询效果的影响相互混淆。治疗师的动机式访谈技能和实践中的保真度的变化也会导致动机式访谈治疗效果和试验结果发生改变（Miller & Rollnick, 2014）。

# 特殊问题与挑战

## 参　与

参与是成瘾治疗中最容易被忽视的任务和机会之一。"受理"通常被概念化为治疗前收集事实的过程。有一次，我工作的公共治疗机构要求潜在来访者在与行政人员两至三次访问期间回答3～4小时的问题。毫不奇怪，很多人在见到一个治疗师之前就退出了。后来我发现，为了获得第一次咨询的费用所需的实际信息量只需要20分钟左右。公共项目因为等待名单长而负担过重，与它们相比，私人营利项目不太可能犯这种错误。也许经受住受理的考验（有意或无意）是一种对动机的预筛选。

我认为，治疗是从第一次接触开始的。既然这么多人最终只参加了一次咨询，为什么不在第一次咨询时就给他们一些有用的东西呢？毕竟，正如卡尔·罗杰斯观察到的，来访者已经知道我们将要询问的所有信息！在第一次咨询过程中提供动机式访谈可以促进改变，具有讽刺意味的是，它还可以增加来访者继续接受治疗的可能性。

如果做得好，动机式访谈从参与的过程开始，发展出合作的工作联盟。这可以在几分钟内开始，主要通过OARS技能（即提开放式问题、肯定、反映和做总结）来促进，这些技能直接源自罗杰斯及其学生开发的以人为本的方法。参与过程的主要目标是理解来访者自己的经验以及对他们生活状况的看法。甚至聚焦过程也是如此，更不用说唤起和计划了。参与过程涉及通过良好的倾听建立信任和工作关系。

## 聚　焦

不同的目标是专业成瘾治疗中的共同问题。通常情况下，治疗师或项目拥护的目标可能与潜在来访者的目标不同。像通常发生的那样，当宣布的目标总是终身戒除所有精神物质（可能烟草除外）时，这一点尤其明显。人们可以而且确实自己做出选择，那么，为什么不讨论来访者自己的目标而是擅自宣布它们呢？试图为他们设定目标可能会引起阻抗。

当来访者在咨询时没有讨论物质使用时，在服务环境中聚焦的挑战有所不同。例如，在基础医疗护理中，人们或多或少都带着具体的医疗问题来就诊。询问吸烟情况已经成为医疗护理中的常规，但现在还鼓励医生对酒精和其他药物使用情况进行筛查，并尽可能揭示问题的原因。物质使用也可能与当前的医疗问题相关。物质使用障碍的人也在那些接受心理治疗、社会服务或在矫正系统中的占比较高。这里的挑战是提出一个来访者不一定希望讨论的敏感话题。当指出这类讨论时，征求许可是有用的："我想知道我们是否可以谈一下你的饮酒情况。我们可以花几分钟来讨论吗？"

来访者改变动机的水平通常因他们使用的药物而异。一个人可能渴望停止使用兴奋剂、愿意减少饮酒，但不愿意考虑戒烟。另一个人可能准备戒酒、考虑戒烟，但不愿意停止使用兴奋剂。告诉这些人，除非他们愿意立即戒掉所有东西，否则我们不会帮助他们，这是一个相当可预测的结果。从动机式访谈的角度来看，我们从来访者所处的现状开始，致力于他们愿意做出的改变，这种方法有时被称为伤害减少（Marlatt, 1998; Tatarsky & Marlatt, 2010）。

一些治疗师关注的伦理问题是，如果治疗目标不是戒掉物质使用，这样的建议是否符合来访者的利益。在基础医疗护理中，现在对重度饮酒者的常见建议是减少他们的饮酒量，而且有基于研究的指南可以估计达到适度或戒除目标的相对可能性，这取决于酒精使用问题的严重程度（Miller & Munoz, 2013）。追求一个中期目标与不提供任何治疗要好得多。因此，聚焦涉及探索人们愿意考虑的改变，然后制订达成共识的目标。

然而，假设你是一名心理健康专业人员，你关心的这个人的物质使用障碍，但他似乎并不关心。物质使用障碍可能会导致心理问题，并阻碍治疗。抑郁来访者可能正在使用酒精或其他抑制剂药物。兴奋剂会使焦虑症和精神分裂症的治疗复杂化。在这些情况下提出你的关心是适当的，但如何以不引起来访者抵制和反对的方式进行呢？

这里关键是要记住，人们可以做出自己的选择，所以尊重他们的自主权。这最好是通过征求来访者许可，并以尊重来访者自主权的语言提出你的关心来实现：

> "这里有些令我担心的事情。你可能没有关注，但我想知道是否可以告诉你我的想法。"
>
> "我想多问一下你的饮酒问题。当然，怎么做取决于你，但我想知道酒精是否会让你的抑郁加重。你觉得有可能吗？"

通过这种方式，你可以提出可能需要讨论和处理的话题，但从真正意义上讲，除非你的来访者同意，否则它还不是一个目标。

## 唤　起

动机式访谈中唤起的过程就是引导来访者自己说出改变的理由。有些治疗师会忘记这样做，只是坚持以人为中心地倾听。其他治疗师会遵循自己的纠正本能，并提供自己的理由来促进来访者改变，预期的结果是主动或被动的阻抗。唤起涉及对来访者自己感知到的可以作为改变的理由进行询问和保持好奇。如果你在来访者尚未准备好并有足够多的动机向前迈进之前就推进计划（如何），改变是不太可能发生的。永远不要超越来访者自己的准备水平。

唤起改变话语最常见的方式是询问来访者。问开放式问题，自然的答案就是改变话语。

> "如果你决定停止使用兴奋剂，你觉得最好的方法是什么？"
>
> "你认为戒酒的三个最好的理由是什么？"
>
> "你认为戒烟对你来说有多重要？从 0 到 10，0 表示完全不重要，10 表示你生命中最重要的事情，你会打几分？……为什么你选择＿＿而不是 0？"
>
> "你已经使用了几种不同的药物——当然这由你决定——但我想知

道你是否愿意考虑在药物使用上做出一些改变。"

在动机式访谈中，当你听到改变话语时，也有特定回应方式让来访者更有可能继续诉说：

● 询问更多关于它的内容。要求来访者举例或详细说明（"以什么方式……"）。
● 反映改变话语。不要只是重复它，而是提供一个复杂的反映，猜测这个人的意思。
● 肯定它。
● 总结你听到的改变话语。将你听到的每个自我激励的陈述想象成一朵花，并收集这些花。当你听到两三个促进改变的主题时，把它们组合成花束并询问："还有什么别的吗？"

唤起的另一个例子是让你的来访者向前看。"从现在开始的 5 年后，你希望自己的生活有什么不同？"（对一些人来说，特别是青少年，时间短一些更好。）探索这个人的希望、目标和梦想："你的药物使用如何与这些目标相适应？"另一种将向前看作为触发改变话语的方式是询问："假设你不改变你的饮酒/吸毒行为，只是保持现状。你觉得你接下来的生活会怎样？"重要的是以开放的好奇心提出这些问题，而不是以讽刺或愤世嫉俗的语气。即使是语气也会引起反击，你的来访者会告诉你你是否做得对。当你听到改变话语时，那是你的来访者在告诉你你处在正确的轨道。当你开始听到防御性话语和对现状合理化时，那是你的来访者在建议你尝试不同的方法。

出于某种原因，在对有物质使用障碍的来访者进行咨询时，进行"决策权衡"的理念变得流行起来。通常的方法是询问和探索所有的利弊，所有改变和不改变的理由。这甚至被认为是动机式访谈

（Miller & Rollnick, 2009）。如果你想保持中立，不影响来访者朝向还是远离改变，那么决策权衡是一个合理的临床工具。它最初是作为一种非指导性的方法帮助人们做出困难的决定，并且不影响他们的选择（Janis & Mann, 1977）。然而，如果你希望帮助有矛盾心理的人做出具体的改变，使用动机式访谈会更好。当与有矛盾心理的人工作时，决策权衡干预往往会降低对改变的承诺（Miller & Rose, in press）。如果你的目标是鼓励改变，目前还没有理论或实证依据来系统唤起和探索一个人所有的反对改变动机。

## 计　划

一旦出现足够多的动机，动机式访谈就会进入计划过程，考虑如何最好地改变。一些来访者在进入治疗时已经做好准备："我决定戒烟。我该怎么做呢？"在这种情况下，来访者的目标很明确，可能不需要唤起过程。只要有足够多的参与度，你就可以开始计划。如果计划为时过早，它很快会变得清晰。

但是，成瘾治疗专业人员和项目经常会直接进入"如何做"的阶段，很少关注参与、聚焦（达成共同目标）并唤起来访者自己的改变动机。与大多数行为卫生保健相比，成瘾治疗服务更多采用一种专家模式："我知道什么对你最好，我会告诉你。"除非他们已做好改变准备，否则大多数人不会对这种方法做出良好回应，结果可能是咨询中的阻抗、未完成的家庭作业、低治疗依从性、错过预约和治疗中途退出。这些行为是讨论计划为时过早的信号。

另一个极端是计划不足。"好的，我会戒烟"可能表示最好的意图，对某些人来说，戒烟的决定就足够了。然而一个良好的计划过程需要充分思考如何最好地执行，并预见过程中可能遇到的障碍。下一步应该做什么？什么时候做？怎么做？执行意图的研究表明，当人们有一个具体的行动计划并表达自己实现它的意图时，他们更有可能完成这些行动（Gollwitzer, Wieber, Myers, & McCrea, 2010）。

　　成瘾治疗也充满了黑白思维。任何偏离目标的行为都被视为"复发"——一个很少用于其他行为的奇怪概念。如果因抑郁症或焦虑症而接受治疗的来访者症状加重，他们很少被告知他们"复发"了。从成瘾中恢复的过程通常是渐进的，症状发作时间会变短、症状更轻、发生频率更低。缓解期变得更长，对于任何其他慢性问题，这都会被视为巨大的成功（McLellan, Lewis, O'Brien, & Kleber, 2000; McLellan, McKay, Forman, Cacciola, & Kemp, 2010）。注意不要被不公平的黑白"复发"思维打击（无论是你自己还是你的来访者），这种想法会破坏完美的良好进展（Miller, 1996; Miller, Westerberg, Harris, & Tonigan, 1996）。

　　计划不是一次性事件，而是随时间发展的过程。在实施改变的过程中，人们会遇到需要制订新计划的障碍。改变的动机也可能出现波动，需要回到之前的唤起、聚焦，甚至参与过程（Miller & Rollnick, 2013）。

### 临床案例

　　治疗成瘾问题不应该只是专业人员的事情，而应该成为主流心理和精神健康服务的一部分（Miller & Brown, 1997; Miller et al., 2011）。紧跟抑郁症之后，物质使用障碍是普通人群和临床实践中第二常见的疾病。以下案例发生在社区精神健康中心，从最初的接触咨询开始。筛查问卷提醒治疗师，来访者可能存在重度酒精使用的问题，但当下表现的问题是抑郁症。在最初的问候和引导后，临床治疗师以开放式问题开始了咨询。

## 参 与

**治疗师**：好吧，告诉我今天你来咨询
的原因是什么——有什么问
题困扰着你。

**来访者**：我的医生说我应该看看我的抑
郁症。我实际上并没有感到悲
伤或任何情绪，但我睡不好，
我似乎没有精力。她说我的身
体没有任何问题，但是她可以
给我开抗抑郁药，或者我可以
去找治疗师。

**治疗师**：然后你选择来这里。 反映（继续这一段）。

**来访者**：嗯。如果可以不吃药，我尽
量不吃。

**治疗师**：你担忧药物会对你产生影响。 复杂的反映，做出猜测。

**来访者**：我只是不喜欢依赖药物。感
觉像拄着根拐杖。

**治疗师**：你希望依靠自己处理问题。 复杂的反映，做出猜测。
这对你来说很重要。

**来访者**：是的，确实如此。

**治疗师**：好吧，和我说说你的经历吧。 提开放式问题。

**来访者**：我以前可以一觉睡到天亮，
但我现在很难入睡，而且会
在半夜醒来。我以前是一个
精力旺盛的人，但我现在不
想做太多事情，所以我待在
家里。

**治疗师**：这对你来说是一个巨大的改变——不再像正常的你。你没有做你非常喜欢的事情。

治疗师继续使用复杂的反映作为参与过程的核心，没有问很多问题。

**来访者**：这不像我。我甚至吃东西都不开心，我的体重也减轻了——家庭医生也注意到这一点儿。

**治疗师**：你非常健康，但你感觉不像往常的自己了。你想回到以前的状态。

总结性反映。

**来访者**：或者可以比以前更好。

**治疗师**：比以前的状态更好！在哪些方面呢？你要怎么做才能变得更好呢？

简单反映，然后提出一个开放式问题以唤起更多的改变话语。

**来访者**：我觉得我一直在低谷，有一阵子了，没有任何变化。没有什么进展。

## 聚　焦

**治疗师**：你想有什么变化？

提开放式问题开始探索目标。聚焦参与过程中提到的话题。

**来访者**：我不知道。我认为我是一个有创造力的人，但我现在没有做任何有创意的事情。

**治疗师**：你有一些才能最近一直得不到施展。什么样的才能呢？

复杂的反映，肯定。提开放式问题。

**来访者**：我是一个陶艺制作人，我甚至有自己的转盘。我记不起

321

上一次使用它是什么时候
了。我喜欢讲故事，我过去
常常在图书馆给孩子讲故
事，也写过一些故事。

治疗师：从无到有创造东西，陶艺、　　复杂的反映。
　　　　故事。你真的很喜欢这些，
　　　　给孩子讲故事。

来访者：我曾经很喜欢做这些。

治疗师：这是你想要重新拥有的东西。　　复杂的反映。

来访者：是的。


　　这种对来访者抑郁症各个方面的探索可能会持续一段时间，而动
机式访谈可以专注于从抑郁症中恢复（见第六章）。治疗师还记得筛
查问卷，过了一会儿决定探索酒精使用。


治疗师：如果可以的话，我想问你另外　　询问许可。
　　　　一件事情。在等候室中你填了
　　　　一份问卷，我很感谢你抽时间　　肯定。
　　　　做这件事。有一个问题是，你
　　　　多久喝四杯以上的酒，我记得
　　　　你说超过一周一次。和我说说　　引导谈话。
　　　　这个情况吧。

来访者：我没有算过，我也不是一个
　　　　酗酒者，但我会在家喝。我
　　　　喜欢啤酒，有时候看电视时
　　　　也喝威士忌。

治疗师：我问的原因是酒精是一种抑　　提供信息。

| | | |
|---|---|---|
| | 制性药物。你明白我想说什<br>么吗？ | 引导谈话。 |
| **来访者**： | 真的吗？它会让人抑郁吗？ | |
| **治疗师**： | 大剂量的话会的。 | 提供信息。 |
| **来访者**： | 我喝酒的时候通常感觉更好。 | |
| **治疗师**： | 所以，在某种程度上，酒精<br>似乎更像是一种帮助，而不<br>是障碍。 | 复杂的反映（避免纠正本能）。 |
| **来访者**： | 这很滑稽，因为我刚刚说我<br>不喜欢依赖药物。 | 用矛盾心理的另一面进行回应。 |
| **治疗师**： | 你希望不依靠药物自己应付。 | 反映关于饮酒的潜在改变话语。 |
| **来访者**： | 你觉得呢？ | |
| **治疗师**： | 嗯，你在问卷上的回答引起<br>我的注意，因为酒精会干扰<br>睡眠，而作为药物，它是一<br>种抑制剂。你明白吗？ | 提供信息。<br><br><br>引导谈话。 |
| **来访者**： | 实际上，我认为它帮助我入睡。 | |
| **治疗师**： | 是的！它可以让你镇定到足<br>以入睡，但通常这是一种不<br>安稳的睡眠，你会在半夜醒<br>来。这只是一个想法。看起<br>来你不喜欢这个想法。 | 反映非语言线索。 |
| **来访者**： | 我只是从来没有这样想过。 | |
| **治疗师**： | 你是否还想了解其他关于酒精<br>如何影响你的睡眠的信息。 | 提开放式问题，寻找改变话语。 |
| **来访者**： | 你觉得我喝得太多了吗？ | 给予许可。 |
| **治疗师**： | 我们还没有真正谈论过这个<br>问题，所以我不确定。你回 | |

|  |  |
|---|---|
| 答的问题是是否一次喝四杯以上的酒，因为这是一个不正常的量，可能导致健康问题。这让你感到惊讶吗？ | 提供信息。<br><br><br><br>引导谈话。 |
| **来访者**：有点惊讶，也有点不惊讶。 |  |
| **治疗师**：不惊讶是因为…… | 提开放式问题。 |
| **来访者**：有时候我记不得发生什么事情了。 | 提供一些脆弱信息——改变话语。 |
| **治疗师**：当你喝酒的时候。 | 补充谈话。 |
| **来访者**：对，这让我很苦恼。 | 改变话语。 |
| **治疗师**：当你记不起来发生了什么或者做了什么的时候，会有点害怕。还有其他问题吗？ | 反映。 |
| **来访者**：我注意到我经常买好几瓶苏格兰威士忌。 |  |
| **治疗师**：这让你感到惊讶。 | 反映。 |
| **来访者**：我花了很多钱。 |  |
| **治疗师**：哦，我明白了。所有那些花费。 | 反映。 |
| **来访者**：我听说不应该独自喝酒。 |  |
| **治疗师**：嗯，我的担忧是：这是否影响了你正在经历的抑郁。我不认为戒酒就能解决所有问题，但它可能有帮助。这只是拼图中的一块。 | 提供信息。 |
| **来访者**：哦。 |  |
| **治疗师**：那么，让我看看我是否正确理解了你的意思，然后我们可以继续。你在问卷上说， | 总结改变话语主题。 |

你一次喝四杯以上酒精的频率超过每周一次，这个频率在医学上是有风险的。你有时候会惊讶于自己买了多少酒，尤其是你喜欢的苏格兰威士忌。你被抑郁以及睡眠问题困扰，酒精会加剧这些问题。而且有时候你不记得在你喝酒时发生了什么，你也不喜欢这样。我们一起思考是否改变你的酒精使用量，可能是解决问题的一部分。你现在怎么想？这完全取决于你。

提开放式问题。

强调个人选择。

**来访者**：我想我愿意思考一下这个问题。你认为我应该怎么做？

来访者表示愿意做出一些计划。

## 计划

**治疗师**：嗯，我只是想知道你认为你愿意尝试什么。

提开放式问题，避免直接给出解决方案。

**来访者**：我不知道我是否应该减少饮酒量还是索性完全戒酒一阵子。

**治疗师**：减少饮酒量或者完全不喝酒。对你来说，两个选择都是可行的。

反映和再定义。

对能力的反映。

**来访者**：除非必须，我还是不想完全戒酒。

**治疗师**：你更喜欢不要完全戒酒，但

双面反映；"但"一词更强调后

听起来你愿意做任何符合你  半部分（改变话语）。

最大利益的事。

**来访者**：是的。必须有所改变。　　改变话语。

**治疗师**：这很重要。　　　　　　对改变话语的反映。

**来访者**：我只是想再做回正常的自己。

**治疗师**：不惜一切代价。对你有好处！　对改变话语的反映；肯定。

　　计划过程可以继续探讨来访者是否需要一些特定的支持或治疗来改变饮酒习惯。当然，计划也将关注其他可能的治疗抑郁症的方法。

## 总　结

　　与其说动机式访谈是一种技术，不如说它是具有特定风格的、可以促进改变的对话。它最初是为了帮助酗酒者而开发的，似乎在治疗成瘾方面特别有用，矛盾心理是成瘾中的一种核心动力。动机式访谈只是一种工具，本身并不是一种完整的治疗方法，它可以很好地与其他治疗工具比如认知行为疗法或十二步戒酒法相结合。我发现它非常适合于嗜酒者互诚协会的创始人之一比尔·威尔森所描述的"与他人合作"的理念（AA World Services, 2001）。事实上，我们不能为来访者做出生活选择，但我们可以以一种唤起他们追求健康和完整的自然动机的方式与他们交谈。

## 参考文献

AA World Services. (2001). *Alcoholics Anonymous: The story of how many thousands of men and women have recovered from alcoholism* (4 ed.).

New York: Author.

American Psychiatric Association. (1952). *Diagnostic and statistical manual of mental disorders*. Washington, DC: Author.

American Psychiatric Association. (1968). *Diagnostic and statistical manual of mental disorders* (2nd ed.). Washington, DC: Author.

American Psychiatric Association. (2013). *Diagnostic and statistical manual of mental disorders* (5th ed.). Arlington, VA: Author.

Anderson, T., Ogles, B. M., Patterson, C. L., Lambert, M. J., & Vermeersch, D. A. (2009). Therapist effects: Facilitative interpersonal skills as a predictor of therapist success. *Journal of Clinical Psychology*, 65 (7), 755-768.

Anton, R. F., O'Malley, S. S., Ciraulo, D. A., Cisler, R. A., Couper, D., Donovan, D. M., et al. (2006). Combined pharmacotherapies and behavioral interventions for alcohol dependence: The COMBINE study: A randomized controlled trial. *JAMA*, 295 (17), 2003-2017.

Azrin, N. H., Sisson, R. W., Meyers, R. J., & Godley, M. (1982). Alcoholism treatment by disulfiram and community reinforcement therapy. *Journal of Behavior Therapy and Experimental Psychiatry*, 13, 105-112.

Ball, S. A., Martino, S., Nich, C., Frankforter, T. L., van Horn, D., Crits-Christoph, P., et al. (2007). Site matters: Multisite randomized trial of motivational enhancement therapy in community drug abuse clinics. *Journal of Consulting and Clinical Psychology*, 75, 556-567.

Baumeister, R. F., Heatherton, T. F., & Tice, D. M. (1994). *Losing control: How and why people fail at self-regulation*. New York: Academic Press.

Brown, J. M. (1998). Self-regulation and the addictive behaviors. In W. R. Miller & N. Heather (Eds.), *Treating addictive behaviors* (2nd ed., pp.61-74). New York: Plenum Press.

Burke, B. L., Arkowitz, H., & Menchola, M. (2003). The efficacy of motivational interviewing: A meta-analysis of controlled clinical trials. *Journal of Consulting and Clinical Psychology*, 71, 843-861.

Cook, C. H. (1988a). The Minnesota model in the management of drug and alcohol dependence: Miracle, method, or myth? Part II. Evidence and conclusions. *British Journal of Addiction*, 83, 735-748.

Cook, C. H. (1988b). The Minnesota model in the management of drug and alcohol dependency: Miracle, method, or myth? Part I. The philosophy and the programme. *British Journal of Addiction*, 83, 625-634.

Crits-Christoph, P., Gallop, R., Temes, C. M., Woody, G., Ball, S. A., Martino, S., et al. (2009). The alliance in motivational enhancement therapy and counseling as usual for substance use problems. *Journal of Consulting and Clinical Psychology*, 77 (6), 1125-1135.

Edwards, G., & Gross, M. M. (1976). Alcohol dependence: Provisional description of a clinical syndrome. *British Medical Journal*, 1, 1058-1061.

Fletcher, A. M. (2009). *Sober for good: New solutions for drinking problems-advice from those who have succeeded*. Boston: Houghton-Mifflin.

Glynn, L. H., & Moyers, T. B. (2010). Chasing change talk: The clinician's role in evoking client language about change. *Journal of Substance Abuse Treatment*, 39, 65-70.

Gollwitzer, P. M., Wieber, F., Myers, A. L., & McCrea, S. M. (2010). How to maximize implementation intention effects. In C. R. Agnew, D. E. Carlston, W. G. Graziano, & J. R. Kelly (Eds.), *Then a miracle occurs: Focusing on behavior in social psychological theory and research* (pp.137-161). New York: Oxford University Press.

Hazelden Foundation. (1985). You don't have to tear'em down to build'em up. *Hazelden Professional Update*, 4 (2), 2.

Hettema, J., Steele, J., & Miller, W. R. (2005). Motivational interviewing. *Annual Review of Clinical Psychology*, 1, 91-111.

Institute of Medicine. (1990). *Broadening the base of treatment for alcohol problems*. Washington, DC: National Academy Press.

Janis, I. L., & Mann, L. (1977). *Decision making: A psychological analysis of conflict, choice and commitment*. New York: Free Press.

Janzen, R. (2001). *The rise and fall of Synanon*. Baltimore: Johns Hopkins University Press.

Johnson, V. E. (1986). *Intervention: How to help someone who doesn't want help*. Center City, MN: Hazelden.

Longabaugh, R., Wirtz, P. W., Zweben, A., & Stout, R. L. (1998). Network support for drinking, Alcoholics Anonymous and long-term matching effects. *Addiction*, 93, 1313-1333.

Lundahl, B., Moleni, T., Burke, B. L., Butters, R., Tollefson, D., Butler, C., et al. (2013). Motivational interviewing in medical care settings: A systematic review and meta-analysis of randomized controlled trials. *Patient Education and Counseling*, 93 (2), 157-168.

Lundahl, B. W., Kunz, C., Brownell, C., Tollefson, D., & Burke, B. L. (2010). A meta-analysis of motivational interviewing: Twenty-five years of empirical studies. *Research on Social Work Practice*, 20 (2), 137-160.

Marlatt, G. A. (Ed.). (1998). *Harm reduction: Pragmatic strategies for managing high-risk behaviors*. New York: Guilford Press.

McLellan, A. T., Lewis, D. C., O'Brien, C. P., & Kleber, H. D. (2000). Drug dependence, a chronic medical illness: Implications for treatment, insurance, and outcomes evaluation. *Journal of the American Medical Association*, 284, 1689-1695.

McLellan, A. T., McKay, J. R., Forman, R., Cacciola, J., & Kemp, J. (2010). Reconsidering the evaluation of addiction treatment: From retro-spective follow-up to concurrent recovery monitoring. *Addiction*, 100, 447-458.

McLellan, A. T., Woody, G. E., Luborsky, L., & Goehl, L. (1988). Is the counselor an "active ingredient" in substance abuse rehabilitation? An examination of treatment success among four counselors. *Journal of Nervous and Mental Disease*, 176, 423-430.

Meyers, R. J., & Miller, W. R. (2001). *A community reinforcement approach to addiction treatment*. Cambridge, UK: Cambridge University Press.

Meyers, R. J., Miller, W. R., Hill, D. E., & Tonigan, J. S. (1999). Community reinforcement and family training (CRAFT): Engaging unmotivated drug users in treatment. *Journal of Substance Abuse*, 10 (3), 1-18.

Meyers, R. J., Miller, W. R., Smith, J. E., & Tonigan, J. S. (2002). A randomized trial of two methods for engaging treatment-refusing drug users through concerned significant others. *Journal of Consulting and Clinical Psychology*, 70, 1182-1185.

Meyers, R. J., & Smith, J. E. (1995). *Clinical guide to alcohol treatment: The community reinforcement approach*. New York: Guilford Press.

Meyers, R. J., & Smith, J. E. (1997). Getting off the fence: Procedures to engage treatment resistant drinkers. *Journal of Substance Abuse Treatment*, 14, 467-472.

Meyers, R. J., & Wolfe, B. L. (2004). *Get your loved one sober: Alternatives to nagging, pleading and threatening*. Center City, MN: Hazelden.

Miller, W. R. (1983). Motivational interviewing with problem drinkers. *Behavioural Psychotherapy*, 11, 147-172.

Miller, W. R. (1996). What is a relapse? Fifty ways to leave the wagon. Addiction, 91 (Suppl.), S15-S27.

Miller, W. R. (2006). Motivational factors in addictive behaviors. In W. R. Miller & K. M. Carroll (Eds.), *Rethinking substance abuse; What science shows and what we should do about it* (pp.134-150). New York: Guilford Press.

Miller, W. R., & Atencio, D. J. (2008). Free will as a proportion of variance. In J. Baer, J. C. Kaufman, & R. F. Baumeister (Eds.), *Are we free?: Psychology and free will* (pp.275-295). New York: Oxford University Press.

Miller, W. R., Benefield, R. G., & Tonigan, J. S. (1993). Enhancing motivation for change in problem drinking: A controlled comparison of two therapist styles. *Journal of Consulting and Clinical Psychology*, 61, 455-461.

Miller, W. R., & Brown, S. A. (1997). Why psychologists should treat alcohol and drug problems. *American Psychologist*, 52 (1269-1272).

Miller, W. R., Forcehimes, A. A., & Zweben, A. (2011). *Treating addiction: Guidelines for professionals*. New York: Guilford Press.

Miller, W. R., Meyers, R. J., & Tonigan, J. S. (1999). Engaging the unmotivated in treatment for alcohol problems: A comparison of three strategies for intervention through family members. *Journal of Consulting and Clinical Psychology*, 67, 688-697.

Miller, W. R., & Muñoz, R. F. (2013). *Controlling your drinking* (2nd ed.). New York: Guilford Press.

Miller, W. R., & Rollnick, S. (1991). *Motivational interviewing: Preparing people to change addictive behavior*. New York: Guilford Press.

Miller, W. R., & Rollnick, S. (2009). Ten things that motivational interviewing is not. *Behavioural and Cognitive Psychotherapy*, 37, 129-140.

Miller, W. R., & Rollnick, S. (2013). *Motivational interviewing: Helping people change* (3rd ed.). New York: Guilford Press.

Miller, W. R., & Rollnick, S. (2014). The effectiveness and ineffectiveness of complex behavioral interventions: Impact of treatment fidelity. *Contemporary Clinical Trials*, 37 (2), 234-241.

Miller, W. R., & Rose, G. S. (2009). Toward a theory of motivational interviewing. *American Psychologist*, 64, 527-537.

Miller, W. R., & Rose, G. S. (2015). Motivational interviewing and decisional balance: Contrasting procedures to client ambivalence. *Behavioural and Cognitive Psychotherapy*, 43 (2), 129-146.

Miller, W. R., Taylor, C. A., & West, J. C. (1980). Focused versus broad spectrum behavior therapy for problem drinkers. *Journal of Consulting and Clinical Psychology*, 48, 590-601.

Miller, W. R., Westerberg, V. S., Harris, R. J., & Tonigan, J. S. (1996). What predicts relapse? Prospective testing of antecedent models. Addiction, 91 (Suppl.), S155-S171.

Miller, W. R., Zweben, A., DiClemente, C. C., & Rychtarik, R. (1992). *Motivational Enhancement Therapy manual: A clinical research guide for therapists treating individuals with alcohol abuse and dependence* (Vol. 2). Rockville, MD: National Institute on Alcohol Abuse and Alcoholism.

Moyers, T. B., Houck, J. M., Glynn, L. H., & Manuel, J. K. (2011). Can specialized training teach clinicians to recognize, reinforce, and elicit client language in motivational interviewing? (Abstract). *Alcoholism:*

*Clinical and Experimental Research*, 335 (S1), 296.

Moyers, T. B., & Martin, T. (2006). Therapist influence on client language during motivational interviewing sessions. *Journal of Substance Abuse Treatment*, 30, 245-252.

Moyers, T. B., & Miller, W. R. (2013). Is low therapist empathy toxic? *Psychology of Addictive Behaviors*, 27 (3), 878-884.

Najavits, L. M., & Weiss, R. D. (1994). Variations in therapist effectiveness in the treatment of patients with substance use disorders: An empirical review. *Addiction*, 89, 679-688.

Nowinski, J. (2003). Facilitating 12-step recovery from substance abuse and addiction. In F. Rotgers, J. Morgenstern & S. Walters (Eds.), *Treating substance abuse* (pp. 31-66). New York: Guilford Press.

Obert, J. L., McCann, M. J., Marinelli-Casey, P., Weiner, A., Minsky, S., Brethen, P., et al. (2000). The matrix model of outpatient stimulant abuse treatment: History and description. *Journal of Psychoactive Drugs*, 32 (2), 157-164.

O'Malley, S. S., & Kosten, T. R. (2006). Pharmacotherapy of addictive disorders. In W. R. Miller & K. M. Carroll (Eds.), *Rethinking substance abuse: What the science shows and what we should do about it* (pp. 240-256). New York: Guilford Press.

Peele, S. (1985). *The meaning of addiction*. San Francisco: Jossey-Bass.

Prochaska, J. O., & DiClemente, C. C. (1984). *The transtheoretical approach: Crossing traditional boundaries of therapy*. Homewood, IL: Dow/Jones Irwin.

Project MATCH Research Group. (1997). Matching alcoholism treatments to client heterogeneity: Project MATCH posttreatment drinking outcomes. *Journal of Studies on Alcohol*, 58, 7-29.

Project MATCH Research Group. (1998). Therapist effects in three treatments for alcohol problems. *Psychotherapy Research*, 8, 455-474.

Rogers, C. R. (1965). *Client-centered therapy*. New York: Houghton Mifflin.

Rollnick, S., Miller, W. R., & Butler, C. C. (2008). *Motivational interviewing in health care: Helping patients change behavior*. New York: Guilford

Press.

Smith, J. E., Meyers, R. J., & Miller, W. R. (2001). The community rein-forcement approach to the treatment of substance use disorders. *The American Journal on Addictions*, 10, 51-59.

Tatarsky, A., & Marlatt, G. A. (2010). State of the art in harm reduction psychotherapy: An emerging treatment for substance misuse. *Journal of Clinical Psychology*, 66, 117-122.

Trice, H. M., & Beyer, J. M. (1984). Work-related outcomes of the constructive-confrontation strategy in a job-based alcoholism program. *Journal of Studies on Alcohol*, 45, 393-404.

Truax, C. B., & Carkhuff, R. R. (1967). *Toward effective counseling and psychotherapy*. Chicago: Aldine.

UKATT Research Team. (2005). Effectiveness of treatment for alcohol problems: Findings of the randomised UK alcohol treatment trial. *British Medical Journal*, 331 (7516).

Valle, S. K. (1981). Interpersonal functioning of alcoholism counselors and treatment outcome. *Journal of Studies on Alcohol*, 42, 783-790.

White, W. L., & Miller, W. R. (2007). The use of confrontation in addiction treatment: History, science, and time for change. *Counselor*, 8 (4), 12-30.

# 第十一章

# 使用动机性方法对赌博
# 问题进行的简短治疗

大卫·C.霍金斯

詹妮弗·L.斯万

凯瑟琳·M.迪斯金

赌博通常被理解为以有组织的方式纳入风险因素，个人冒着风险将他拥有的东西当成赌注以希望获得更多东西。赌博的各种形式在人类的各个时代和文化中已经存在很长时间了。在公元前3500年的洞穴中发现了由绵羊的趾骨制成的原始骰子（Bernstein, 1996），而截至2015年1月，超过3 100个在线赌场和赌博网站向公众开放（Casino City, 2015）。即使在赌博没有被合法认可时，非法赌博机会也是存在的，比如悬浮纸牌游戏、博彩公司、彩票和非法老虎机。除了犹他州和夏威夷之外，某些形式的赌博在加拿大所有省份和美国的各个州都是合法的，当地和地区政府参与提供赌博机会和分享赌博收入。

与大多数饮酒者一样，大多数赌博的人不会因其赌博活动而受到不利影响，然而，过度赌博几个世纪以来一直是带来严重困扰的根源。无法支付赌债的罗马人被卖身奴隶（National Research Council, 1999），而问题性赌徒和病理性赌徒的与赌博相关的自杀未遂率目前是7%～26%（Hodgins, Mansley, & Thygesen, 2006）。

尽管在19世纪初期，"赌博上瘾"被认为是一种"偏执狂"，但直到1980年，病理性赌博才首次作为一种冲动控制障碍被列入美国精神病学会的《精神障碍诊断与统计手册》（APA，1980）。病理性赌博障碍的标准在随后的版本中不断修改。《精神障碍诊断与统计手册》（第五版）（APA, 2013）将赌博障碍定义为"持续和反复的导致临床上显著损害或痛苦的问题赌博行为"（p.585）。赌博障碍的标准结合了与赌博影响相关的标准（例如，人际关系问题、隐藏损失）和在物质滥用中遇到的标准（耐受性、戒断），并且还包括把赌博当作逃避问题或缓解焦虑情绪的一种手段。据估计，全球过去一年病理性赌博或赌博障碍的患病率在0.2%~5.3%，不同国家的患病率取决于合法赌博和其他文化因素的可用性，但大多数估计值在0.3%~1%，另外1%~2%呈现亚临床症状，通常被标记为问题性赌博（APA, 2013; Hodgins, Stea, & Grant, 2011）。在本章中，"失调性赌博"一词将用于描述问题性赌博和病理性赌博，以及《精神障碍诊断与统计手册》（第五版）定义的赌博障碍。

失调性赌博的影响广泛。赌徒患有与压力有关的身体疾病和共病精神障碍的风险很高。显然，失调性赌博影响的不仅仅是赌徒。家人、朋友、雇主、社会卫生服务系统和社会福利系统都会受到问题性赌博的影响。由于利用非法途径获取赌博资金，赌徒通常会面临严重的法律问题。更具体地说，失调性赌徒比娱乐性赌徒更有可能离婚、领取社会福利、经历破产、被逮捕，以及存在身心健康问题（国家赌博影响研究委员会最终报告，引用于 Volberg, 2001）。赌博机会增加的相对速度使得准确估计赌博问题导致的经济和社会成本变得困难。

# 常规治疗

基于对导致和维持赌博问题的因素的理解，治疗这种来访者的方式包括精神分析、以人为中心的支持性治疗、各种形式的团体治疗、婚姻治疗、认知行为疗法，其中认知行为疗法包括自助手册、12步匿名戒赌会（GA）组织和药物治疗（Hodgins et al., 2011; Stea & Hodgins, 2011）。最近一项系统性综述对赌博的面对面个体心理治疗进行了研究，其中包括14项随机对照试验，研究了简短、中度或密集治疗的效果（Cowlishaw et al., 2012）。在14项研究中，11项研究了认知行为干预、4项研究了使用动机式访谈的治疗、2项研究评估了综合治疗、1项研究评估了以12步匿名戒赌会的12个步骤为模型的团体治疗。作者得出结论认为，认知行为疗法目前在所评估的治疗方法中是最具实证支持的。然而，作者指出，包括动机式访谈在内的一些治疗方法显示出治疗赌博问题的前景，但需要进一步研究其潜在的益处。

最近，一项随机对照试验的系统性综述和元分析包括针对失调性赌博的面对面、互联网和基于电话的动机式访谈（Yakovenko, Quigley, Hemmelgarn, Hodgins, & Ronksley, 2015）。元分析包括五项对照试验，比较了动机式访谈与非动机式访谈干预措施，如认知行为疗法，并发现动机式访谈干预对治疗后的赌博天数和赌博金额都有显著的积极作用。在随访过程中，动机式访谈干预的效果对赌博天数的影响仍然显著，但在赌博金额方面不显著。这项元分析的结果表明动机式访谈对失调性赌博有短期的积极效果，然而，效果的长期维持不太清楚。

## 使用动机式访谈处理赌博问题的原理

出于多种原因，动机式访谈可以很自然地适用于失调性赌博领域。首先，很明显，控制和动机的受损是这种障碍的重要特征。其次，失调性赌博的概念化是一个有争议的问题：一些理论家认为它与物质滥用障碍等成瘾性障碍是相似的；一些人认为失调性赌博是一种冲动控制障碍；而另一些人则认为它属于强迫症谱系（Mudry et al., 2011）。《精神障碍诊断与统计手册》（第四版）的先前版本和当前版本的诊断标准反映了缺乏明确的共识：先前的诊断标准以物质依赖为模型，但直到最近，这一障碍才被归类到冲动障碍（APA, 2000, 2013）。目前，《精神障碍诊断与统计手册》（第五版）将赌博障碍重新归类到物质相关和其他成瘾性障碍。无论如何，各种概念化方式都认识到对赌博的控制受损是这种障碍的核心特征，因此，与动机因素的斗争是治疗结果的关键。通常会利用从物质滥用障碍治疗模型（例如认知行为治疗）改编的治疗方法来处理病理性赌博。

希瑟认为，成瘾可能是一种"动机障碍"，基于"成瘾者"选择以违背自己长期利益的方式行事的观点。这个定义不仅包括这个人正在做一些社会认为不可接受的事情，这一事情也是个人自己（至少有时候）想要改变的事情，导致"一种由相互矛盾的激励和遏制构成的动机冲突……当然，这种冲突的解决是动机式访谈的核心"（Heather, 2005, pp.4-5）。

动机式访谈与失调性赌博非常契合的第二个原因是观察到在不需要治疗（即自然恢复）的情况下，从赌博问题中恢复是常见的（Hodgins, Wynne, & Makarchuk, 1999）。自主恢复的存在与动机是改变过程中的核心概念是一致的。对康复的失调性赌徒的访谈证实，认知动机因素被认为是维持不赌博的主要因素（Hodgins & el-Guebaly, 2000）。

## 临床应用

与许多心理健康障碍一样，寻求治疗的比例低于该障碍的患病率估

计值。不到10%的失调性赌徒会寻找可用的治疗方法（Cunningham, 2005;
Suurvali, Hodgins, Cordingley, & Cunningham, 2009）。如果低治疗寻求
率与动机和缺乏可用治疗有关，两种可能的互补解决方案是增加个人寻
求正式治疗的动机，并通过提供更多可用的治疗类型来扩大治疗选择。
我们提供了使用动机式访谈的这两种方法的示例。首先，我们介绍了使
用简短的动机干预来提高自助手册对于失调性赌博的治疗效果。其次，
我们描述了一种一次性的动机干预，以鼓励减少赌博行为。

　　动机式访谈对赌博治疗的第三种应用涉及治疗依从性。心理社会和
药物临床试验中的治疗脱落率都高得离奇（Grant, Kim, & Potenza, 2003;
Hodgins & Petry, 2004; Toneatto & Ladouceur, 2003）。澳大利亚的一项
研究说明了各种改善依从性的干预措施在增加问题性赌博的门诊认知行
为治疗中到访率的价值（Milton, Crino, Hunt, & Prosser, 2002）。提高依
从性的干预措施包括对到访进行书面和口头强化、鼓励对结果的乐观态
度和自我效能感、提供评估结果的反馈、在咨询期间定期使用决策权衡
练习，以及讨论参与治疗的障碍。许多这些策略都是根据动机式访谈文
献改编的。这些改善依从性的干预措施将治疗完成率从35%的基线提
高到了65%。


## 通过使用动机增强来促进失调性赌徒的自我康复

　　为了满足一些失调性赌徒在没有正式帮助的情况下渴望恢复的愿
望（Cunningham, Cordingley, Hodgins, & Toneatto, 2011; Cunningham,
Hodgins, & Toneatto, 2009），我们开发了一本自助手册，其中包含了
康复赌徒认为在康复过程中有显著作用的技巧（Hodgins & Makar-
chuk, 2002）。该自助手册的内容包括自我评估、目标设定、认知行为
策略、复发预防策略以及有关更正式治疗资源的信息。

　　我们在临床试验中评估了给不希望接受正式治疗的病态赌徒提供

自助材料的有效性。通过媒体招募，我们找到了那些担忧自己的赌博行为但不想接受治疗的个体，并将两种不同的自助方案与 1 个月的等待组进行比较（Hodgins, Currie, & el-Guebaly, 2001）。第一种方法是在简短的电话评估后仅仅通过邮件（仅自助手册组）提供自助手册；第二种方法是在收到自助手册（动机组）之前进行一次通过电话的动机式访谈。手册装订成小册子进行分发，并指导参与者按照自己的节奏完成练习。参与者在接受自助方案的过程中进行了 24 个月的追踪，以跟踪自助方案的进展情况。

动机式访谈需要 20~45 分钟，并使用动机式访谈策略进行（Miller & Rollnick, 2002; 2013）。除了收集基本的评估信息之外，访谈还有四个与动机式访谈的核心过程相一致的目标：参与、聚焦、唤起和计划（Miller & Rollnick, 2013）。访谈的一般目的是支持和共情，并表现出对来访者问题的兴趣，以提高参与度。治疗师试图引导赌徒说出他们的担忧，包括他们遇到的困难（聚焦）。例如：

> "你对自己的赌博行为有哪些担忧？是什么让你认为需要改变赌博行为？"

治疗师的问题集中于赌博行为对财务、法律状况、人际关系和情绪功能的影响，并引导赌徒思考戒赌的好处。访谈的第二个和第三个目标遵循了唤起的中心过程，旨在探讨赌徒对改变的矛盾心理并增强自我效能感：

> "实现赌博行为的改变有哪些困难？你认为你会成功吗？回顾过去，什么会让你相信你可以做到？"

最后，治疗师根据过去成功的改变尝试提出具体的策略给个体（计划）。这些策略与自助手册的某一部分相关联。例如：

> "听起来，开始运动对你戒酒有帮助。自助手册中有一部分建议进行新的活动——这可能会有帮助。"

访谈结束后，临床治疗师为赌徒准备了一份简短的个性化便条，随自助手册一起邮寄。该便条着重于肯定个人关于赌博的目标。

许多美国州和加拿大省会提供问题性赌博帮助热线，以向个人提供治疗信息和个人支持。动机干预方案非常适合整合到这样的服务中，就像在俄勒冈州的全州赌博治疗系统和新西兰的全国帮助热线中所做的那样。我们的研究经验表明，它成功吸引了对正式治疗不感兴趣的人。

一个典型参与者

贝琳达已婚，40多岁。她的丈夫负责他们的财务状况，最近告诉她，如果她不能控制她的老虎机赌博，他将离开她。她尝试过12步匿名戒赌会组织，但发现她不喜欢其中的宗教因素，而且听其他人谈论赌博使她的赌博冲动更强烈。她还发现很难将自己视为12步匿名戒赌会组织的人。她对一种可以按照自己的节奏工作并通过电话与某人交谈的治疗方法产生了浓厚兴趣。

在动机访谈中，贝琳达谈了很多关于她的自我形象以及她不认为自己是那种会上瘾的人。虽然她认识到赌博对她的婚姻、财务和自尊的负面影响，但她认为挑战感和暂时逃避无聊生活的乐趣是玩老虎机带给她的重要积极方面。贝琳达形容自己高度自我导向，并具有合理的自我控制能力。她很有兴趣地听了很多成功地从赌博中恢复正常生活的例子。当问及之前的行为改变时，她描述了她在青少年时成功减了很多体重。治疗师将她曾用于减轻体重的策略——制定短期目标、定期与朋友一起锻炼，并提醒自己的长期目标——与自助手册的内容相关联。

电话咨询持续了大约40分钟，最后治疗师根据动机式访谈的建议做出总结陈述。在咨询结束时，治疗师告诉贝琳达：

> "我对你谈论自己的困境如此坦诚的态度感到印象深刻。听起来你喜欢玩老虎机，并且喜欢它给你独处的时间。另外，它给你带来了许多问题——你和丈夫都对财务成本感到不安、你开始花费你的积蓄，这将影响你退休后住到海岸边的长期目标。此外，你是一个坚强的人，所以赌博会影响你的自尊。你很难相信自己会继续赌博。你以前解决过很多困难的个人问题——你的体重——听起来你可能已经准备好解决这个问题了。"

事实上，贝琳达根据自助手册中的建议设定了一些针对赌博的短期目标。这些目标包括2周内不进行赌博作为评估期。她安排每天下班后和朋友一起去散步来改变自己的行为，以往这段时间她通常会去赌场。她决定更密切地追踪自己的财务状况，以监控她不赌博而节省的"储蓄"。她还准备好如何通过分散注意力和提醒自己长期目标来处理赌博的冲动。

贝琳达在2周后曾经赌过一次，但立刻意识到自己希望这是最后一次。她重新承诺了自己的目标和策略，并且没有再次赌博。

研究结果

上述描述的研究构成了一项随机临床试验，将动机增强加自助手册组与仅有自助手册组和等待组进行比较。结果显示接受动机干预的组具有显著优势。例如，在3个月时，42%的动机增强组已经不再赌博，39%被归类为有改善，而仅有自助手册组的数据为19%和56%（Hodgins et al., 2001）。在24个月时，尽管不同小组都有37%的人戒赌，但动机增强组54%的人有改善，仅有自助手册组是25%（Hodgins, Currie, el-Guebaly, & Peden, 2004）。这些结果表明，简短的电话动机干预是一种明智的资源投入，可以提高个人戒赌成功的可能性。

为了重复和扩展这些研究结果，一项研究比较了等待组、仅有自助手册组、动机性电话干预加自助手册组（简短组），以及除最初的动机性电话干预外再接受五个月的每月一次的增强电话干预组（简短增强组）（Hodgins, Currie, Currie, & Fick, 2009）。设计最后一组的目的是确定动机增强干预是否会随着时间的推移保持和改善治疗结果。结果表明，简短组和简短增强组具有短期优势。例如，在治疗后的6周，简短组中有25%的参与者、简短加强组中有23%的参与者戒除赌博，而仅有自助手册组和等待组的这一比例为14%。在前6个月的随访中，相比于仅有自助手册的对照组，简短组和简短增强组的参与者赌博天数显著减少，然而，不同组之间的赌博花费没有显著差异。在12个月后的随访中，三组均有改善，无显著差异。虽然在随访期间加入增强电话干预并未产生更大改善，但本研究的结果为简短动机式访谈干预解决问题性赌博提供了额外支持。

### 失调性赌博的一次性动机式访谈

前面描述的促进自我康复的方法专注于为寻求行为改变的个体提供电话联系和书面材料。下一项研究比较了面对面的动机式和不包含动机式干预的临床咨询，以确定接触中的动机式访谈要素是否影响了治疗反应（详见 Diskin & Hodgins, 2009）。我们对那些对自己的赌博问题感到担忧的参与者进行了广告宣传。参与者不需要有想要减少赌博行为的想法，只需要有一定程度的担忧即可。该研究的纳入标准有意尽可能广泛。参与研究的唯一排除标准是潜在参与者必须在过去的2个月进行过赌博，并且在加拿大问题性赌博指数上获得3分或更高分数（Ferris, Wynne, & Single, 1998），这表明他们处于"有风险"水平。参与者被随机分配到两组中的一组。一半参与者接受了动机性访谈（详见后文）。另一半参与者花了相同时间与治疗师谈论他们的赌博问题并完成各种半结构化的人格测量。两位临床治疗师都进行了动机式和非动机式访谈。所有参与者都得到了一份自助手册，并在12个月内接受了随访，分别在第1、3、6和12个月时进行。

在开发一个可以用于有着不同程度赌博问题和对赌博问题担忧程度不同的个体的简短访谈时，我们的主要目标是寻求将动机式访谈的理念及其四个核心过程融入干预中。这次访谈旨在提供一个合作的机会——一场关于赌博的对话。我们希望为赌徒提供一个机会，让他们在非评判性环境中探索他们对赌博的担忧和矛盾心理。为了达到这个目的，治疗师需要真诚地认同一个理念，即改变的动力和责任必须来自赌徒自己。我们发现，相比接受非动机式访谈的赌徒，接受动机式干预的赌徒在接受访谈后的12个月内赌博行为显著减少。


访　谈

干预措施严格遵循构成动机式访谈的四个核心过程。这些基本组成部分包括对赌博习惯的简要讨论（参与）；讨论人们对赌博有哪些喜欢和不喜欢的方面（聚焦）；常规化和个性化的反馈部分；决策权衡练习、自我效能探索、面向未来的想象练习，以及对改变动机和信心的评估（唤起）；如果合适，讨论参与者自己对于改变赌博行为的想法（计划）。关于潜在改变的讨论由治疗师自行决定，以便对来访者进行个性化的访谈。一些参与者还没有准备好考虑改变，或者觉得自己没有问题。坚持讨论可能的改变策略可能会使这些参与者疏远，从而偏离了访谈目的，即让参与者有时间思考并反思自己对所做的事情的想法和感受。尽管如果可能的话，预期访谈中会包括所有组成部分，但治疗师可以自行决定每个组成部分的顺序和相对比重，以提高灵活性。例如，如果关于赌博的"吸引你的方面"的问题引起了一连串的担忧，我们并不要求个人停止表达他们的担忧。相反，我们跟随他们的思路并询问更多信息。我们会在后面的访谈中询问"吸引你的方面"，也许会从历史角度提出这个问题，例如：

> "你告诉我很多关于你在赌博方面遇到的问题，但我想知道在一开始，是什么吸引你赌博——你喜欢赌博的哪些方面？"

目的是让治疗师保持对访谈方向的控制，同时让参与者讨论对他来说重要的事情。我们经常会简要总结讨论，继而转到下一部分的访谈。

访谈是如何进行的？

所有访谈都以一个关于每个参与者赌博的一般性问题开始的。在描述了他们的赌博偏好和赌博频率之后，赌徒经常会开始描述他们当前的困难，这顺利引导到对当前问题的初步讨论。对于那些在访谈中遇到一些困难的人，我们询问是什么促使他们参加这项研究。对于那些似乎不关心或不确定他们为什么自愿参加的人，我们询问其他人是否对他们的赌博"说了什么"。如果其他人表达了担忧，我们会询问赌徒是否有任何担忧，或者他是否认为所发现的问题并不是问题。对于不太健谈的赌徒，我们有时会要求他们描述一个典型的赌博日，这通常会引发关于就业（或没有工作）的讨论、某些日子让赌博变得特别有吸引力的情境因素，以及他们在赌博之前和之后的感受。

访谈通常以以下方式开始：

"我们在寻找那些一直在思考自己赌博行为的人。你能告诉我一些
你的赌博情况吗?"

● "好吧，我一开始为了好玩去了拉斯维加斯，但现在觉得不好玩了。"
● "我去酒吧玩老虎机，花掉了我需要买其他东西的钱。"
● "我和妻子大约在2年前分居，我很孤独，所以我想出去，但
我知道我应该花更多时间陪孩子，而不是浪费我的钱。"

# 关于赌博的讨论

我们接下来花时间探索赌徒喜欢赌博的哪些方面。这种问题通常
会产生复杂反应，赌徒会开始谈论赌博的一些积极方面，但也会开始
引入负面因素。我们试图确保赌徒有机会探索赌博对他们的吸引
力——最初吸引他们的是什么以及他们仍然喜欢什么。例如：

"告诉我你喜欢［或曾经喜欢］赌博的原因——你最喜欢哪些方面
……还有什么……?"

● "它给了我一个去认识人的地方，我经常在那里见到同样的人。"
● "我喜欢那种紧张感——这次我可能会赢的感觉。"
● "赢的感觉非常好。我会兴奋，并幻想我可以摆脱债务。"
● "我会忘记在家里发生的事情。"

然后我们将讨论赌博不好的方面。例如：

"你已经告诉我你对赌博的一些担忧［总结］。你还有哪些担忧?
哪些是你觉得赌博不好的方面?"

- "如果我输了，我会感到沮丧，觉得自己是个傻瓜，像个失败者。"
- "我想到我原本可以为孩子们买的东西。"
- "我的债务会越积越多，不知道该怎么支付账单。"
- "我从来没有多余的钱。"
- "我担心别人会发现并认为我很愚蠢。"

在讨论赌博时，我们鼓励治疗师保持敏感和专注、使用反映式倾听鼓励来访者探索情绪反应和多个问题。在讨论不好的方面时，情绪往往即将浮现出来，而治疗师通常可以使用初步陈述来探讨赌博的影响。例如，在回应"我想到我原本可以为孩子买的东西"时，治疗师可以简单反映感知到的情绪——"想到因为赌博而错过陪伴孩子的机会，这让你感到难过"——并让参与者有时间体会这种感觉。或者，治疗师可以选择深入探索赌博对参与者家庭的影响。例如：

> "听起来赌博影响了你为孩子买东西的能力。赌博会以其他方式影响你与他们的关系吗？"

### 反　馈

在给赌徒提供机会谈论赌博和探索矛盾心理之后，询问他们是否有兴趣知道他们在问题性赌博量表上的得分与参与调查的其他人相比的信息。我们使用最近一次本地调查的数据，将参与者在赌博严重程度上的得分与之比较。这些信息可在大多数州和省以及全球许多地方获得。反馈部分是干预的组成部分中唯一一个不是米勒和罗尔尼克（2002，2013）描述的"经典"动机式访谈的一部分，尽管它被描述为被称为"动机增强疗法"的相关简短干预方法的一个关键要素（Miller & Rollnick, 2013）。反馈传递的方法与一般的动机式访谈方法一致。首先询问参与者是否有兴趣了解他们的分数与其他成年艾伯塔人的比较。在他们被告知他们的分数与其他人的比较以及与他们的分数相关的风险类别后，参与者被问到他们对反馈的反应。

研究参与者中没有人拒绝将他们的分数与一般人群进行比较的提议。有些人对此毫不惊讶；有些人则非常苦恼；有些人很难相信自己的赌博水平是如此不同寻常。我们没有与那些有这种感觉，或者认为其他受访者隐瞒了自己的赌博习惯的参与者争论。相反，我们对他们的反应进行了反映，例如"在你看来，很多人像你一样非常喜欢赌"或"很难相信有些人根本不赌博"。反映而不是争论，使我们可以进一步探讨与其他人相比，他们的赌博参与程度是否异常，并考虑他们如何以及与谁共度时间。如果参与者表示反馈证实了他们的担忧，治疗师会强化他们的担忧并询问更多，例如，"这是你一直在思考的事情吗？你有没有想过你可能想对此做些什么吗？"在为期12个月的随访结束时，我们询问赌徒是否记得收到过常规化反馈。接受过常规化反馈的赌徒中有大约三分之二的人记得这一点，除了一个人外，其他赌徒都觉得这很有帮助。

### 常规化反馈

"当给你打反馈电话时，研究助理会向你询问一些关于赌博行为的问题——这是一份发给数千人的调查问卷。你想看看你的分数与其他人相比如何，好吗？你属于［有中度风险出现赌博问题，还是存在大量与赌博相关问题］的群体。这让你感到惊讶吗？"

● "这有点让我沮丧……"

● "不，这就是我来的原因。"

● "哇！太可怕了。"

● "这证实了我有问题。"

● "人们在回答这个问题时撒谎——我说的是实话。"

● "我认识很多和我一样频繁进出赌场的人。"

## 个人化的反馈

"如果你有兴趣，我们还有另一种方式来看待你和你的赌博问题。我们可以比较一下你每个月的花销和开支。你告诉研究助理，你每个月的收入大约为$____。你还说到，在过去2个月你花了多少钱在赌博上，平均约为$____。我说得对吗？如果将你的开销除以你的收入，我们就可以看到每月你的收入中用于赌博的比例。看起来你大约用了收入的____%在赌博上。对此你有什么看法?"

● "这让我感觉更糟，但我决心改变。"

● "这让我有点沮丧——我可能会停止买刮刮乐，但我真的很喜欢赌场。"

● "我不知道我为什么会这样做，我是个聪明人。"

### 决策权衡

决策权衡练习被引入咨询。这是以纸笔形式完成的，并且给了赌徒一份复印件带回家。决策权衡是通过假设的成本-效益练习完成的。要求参与者考虑他们保持现状、以目前频率继续赌博的成本（进一步探索关于赌博的不好的方面）。然后要求他们考虑这样做的好处（再次对他们来说探索赌博的重要性）。接下来向他们询问改变的成本 —— 探索如果他们做出改变需要放弃什么（这让他们有机会表达他们对改变赌博行为的一些恐惧和担忧）。最后，要求他们考虑不赌博的好处（让他们有机会想象一个不赌博的未来）。这一讨论框架基于这样的想法，即他们可能正在考虑对赌博行为做出一些改变的可能性——除非赌徒提到，否则不要提到戒除或减少赌博的话题。通过保持讨论的假设性质，参与者可以自由谈论可能会有什么不同，而不需要承诺做任何改变。

> "我们已经谈了一些赌博对你来说好的和不好的方面——这是一个有点相似的练习，但给了我们一个以不同的视角看待事物的机会。即使你不确定是否要戒除或减少赌博，我们仍然可以看看这些问题。"

保持不变的代价。我们以如果赌博行为没有改变，生活会是什么样来开始——如果他在行为上没有做任何改变，包括先前讨论的一些问题，赌徒的成本是什么。

- "我会过上双面生活——对家人和朋友撒谎。"
- "偷窃。"
- "感到内疚。"
- "债务越来越多。"
- "我会破产。"
- "我会一直担心钱的问题。"
- "我可能会破产。"

保持不变的好处。接下来我们讨论不改变的好处——维持赌博行为有什么重要意义？这是一个理解人们为什么喜欢赌博的机会，以及赌博在生活中起到的作用。

- "我可能会赢。"
- "这是一种娱乐方式。"
- "这是一个实现梦想的机会。"
- "我喜欢这种兴奋感、刺激感。"
- "逃离家庭琐事，进行社交。"

- "这是一种逃避。"

许多人想不出任何保持不变的好处——通常这个问题会产生快速反应——"没有什么好处。"在反映这种感觉后，我们将进入下一块内容。我们经常发现，当人们开始考虑改变赌博行为的成本（他们会放弃的是什么）时，他们更能够确定他们坚持赌博的原因，当这些想法产生时，会被作为感知到的好处进行讨论。

改变的成本。这是一个非常有用的探索领域——它引发了很多关于赌徒要放弃什么以及改变可能有什么困难的想法。它也是赌徒为其当前活动找到替代方案的跳板。

- "我会失去外出的机会，感到无聊。"
- "我将失去逃离家庭的机会。"
- "改变很难。"
- "负责任很难。"
- "我将不再有赢钱的机会。"

改变的好处。如果做出改变，他能想象到有什么不同？ 这是一个设想未来的机会——一个思考赌博以外重要事情的机会。同样，可以讨论和扩展之前讨论中提出的观点。

- "我可以更加信任自己，不再感到内疚。"
- "我可以用这些钱做其他事情：吃更健康的食物、旅行、给孩子更多、偿还债务、买房子。"
- "我可以减轻压力、保持健康、与孩子和朋友共度时光。"
- "我的配偶就不会和我离婚。"

鼓励自我效能

这是一个更一般地谈论改变的机会，可以询问个体如何在生活中进行改变。即使没有完全成功，人们通常也可以想到他们已经取得了一些成就。即使他们没有成功改变行为，他们也经常可以产生一些关于什么有效和无效的想法。这是一次重要机会来重申来访者是"他是怎样的人"和"最有可能知道自己愿意为改变做什么努力"的最佳权威。如果人们想要改变，他们往往会通过使用以前成功的策略来产生关于如何改变赌博行为的想法。如果他们没有关于改变的个人经验或想法，我们可能会问他们是否知道其他人使用过的策略。我们还询问了当他们有机会赌博却选择不去的情况，以探索他们在这些情况下做了哪些不同的事情。

> "我们一直在谈论做出改变的想法——你有没有在生活的其他方面做出过改变？什么对你最有效？"
> - "我需要彻底戒掉赌博。"
> - "告诉人们，对他们坦诚，寻求帮助。"
> - "接受咨询"。
> - "只是决定——做了一个我不想要的决定。"
> - "我必须与那些涉及同样事情［例如，饮酒、吸毒］的人断绝关系。"

未来导向的想象练习

我们要求人们思考他们在 5 年或 10 年后的生活。基于两种情景，让他们想象自己的生活会是什么样子——如果他们改变了赌博行为和如果他们没有改变？

> "如果你决定不改变你的赌博行为，你认为在 5 年或 10 年后你的生

活会变成什么样？"

- "可能一样，也可能更糟。"

- "我将无家可归。"

- "我会消失，变得孤独。"

- "我会更加沮丧。"

- "我会失去我的家人。"

"如果你决定对你的赌博行为做一些改变，你认为在5年或10年后你的生活会变成什么样？"

- "我可能会有一套不同的房子。"

- "我会更健康，不再焦虑。"

- "更好的婚姻。"

- "我可以帮助我的孩子，照顾孙子孙女。"

- "结婚，组建家庭，拥有一个漂亮的房子。"

- "我会没有债务。"

对动机和自信度进行评分

这个练习是了解赌徒对自己的赌博行为和改变可能性的感受的另一种方式。我们让人们想象一把刻度从0到10的尺子，并问他们两个问题：

"如果我们面前有一把尺子，尺子上的0代表'对改变赌博行为一点动力都没有'，10代表'非常有动力改变赌博行为'——你现在在哪个位置？"

"如果你决定要改变赌博行为，你对自己有多大信心，0代表一点信心都没有，10代表非常有信心，只要你决定做一定可以做到？"

在每个练习后，我们都会探讨为什么选择特定数字。如果某人将自己的动机评为5分，我们可能会提出更多问题。如果他们看起来非常消极但选择了5，我们可能会评论，"哇，听起来你虽然担心改变会带来什么，但你仍然把你的动机评为5分。"这之后可以继续提问，比如 "你为什么选择5分而不是0分？"或"你需要什么才能让你的动机提升到7分或8分？需要做些什么？"回应的范围从热情——例如有些人甚至在10分量表上打12分——到非常值得怀疑。这是赌徒思考他们是否真的对改变赌博行为感兴趣的另一个机会。

### 决策讨论

在访谈结束时，我们总结了讨论内容，并承认与陌生人讨论赌博问题可能非常困难。这不仅是为了继续肯定来访者（动机式访谈的核心理念），还为了让他们知道我们意识到他们愿意向我们分享他们生活中痛苦和困难的部分。我们也对他们愿意参加访谈表示感激，并承认通过这样做，他们不仅为我们的研究提供了帮助，而且还做了一些事情来帮助自己。接下来我们询问参与者在完成访谈后的想法。对于这个问题，我们遇到了各种各样的回答。大多数赌徒表达了对改变的矛盾心理；也有少部分人非常明确表示他们想要戒除或大幅减少赌博行为，并且非常具体地描述了想要做出的改变。我们对这些计划进行了强化，并鼓励受访者进一步思考和计划如何做出改变。还有一些人没有准备好考虑任何改变。对于没有准备好改变的参与者，我们鼓励他们继续思考讨论内容，并在以后有兴趣时参考自助手册。我们承认，我们在访谈中涵盖了很多领域，参与者是对自己应该做什么（或不做什么）最有权威的人。

"我们今天谈了很多事情，你对这些事情有什么想法？"

● "我感到不知所措，这让我感到恶心。"

- "如果我真的认为这是一个问题，或者它开始影响我的健康，我会放弃。"

- "我真的必须做点什么。"

- "我必须远离赌场/酒吧，以及那些赌徒朋友。"

- "我必须对金钱做出一些不同的安排。"

- "我必须开始锻炼。"

- "我必须彻底戒除赌瘾。"

- "我可以列出我想花钱买的东西，而不是浪费它。"

- "这让我想到了我可能失去的一切。"

- "我现在不想改变。"


研究结果

这项研究涉及一项随机临床试验，比较了面对面的动机性干预与由传统的封闭式评估问题构成的对照组访谈（Diskin & Hodgins, 2009）。我们计划对问题性赌徒使用动机式访谈干预的有效性进行相当严格的测试。每个人都收到了一本自助手册，每个人花了大约45分钟到一个小时与一位受过临床训练的治疗师交谈。考虑到这一人群的高自然康复率，随访期我们选择12个月。

在访谈结束后，要求参与者马上评估他们对访谈和治疗师的体验。两组参与者对治疗师的评价没有差异，他们都对治疗师在共情、可信度、尊重和理解方面给予了很高的评价。但是，两个小组对他们接受的访谈的评价却是不同的。赌徒根据几个变量对动机性干预做出了更高评价，包括帮助程度、总体满意度以及问题是否得到有效处理。

由于参与研究并不要求参与者戒除赌博（或者甚至对赌博行为做出任何改变），我们决定把每月赌博的天数和每月赌博支出作为因变量。在访谈前的两个月内，两个小组每月赌博的平均金额约为1 300加元，两个小组每月赌博天数都约为7天。

对于完成研究的参与者，我们发现在12个月期间，接受动机性干预的赌徒赌博的频率和支出均少于对照组。在最终访谈前的3个月内，动机组每月赌博天数约是2.2天，而对照组每月赌博天数约是5天。在为期12个月的访谈之前的最后3个月内，与控制组相比，动机组每月的赌博金额也更少。动机干预组参与者每月平均花费大约340加元赌博，但对照组参与者平均每月花费912加元。

一个非常有趣和意想不到的结果与问题性赌博的严重程度有关。研究中几乎所有赌徒都遇到了严重的赌博问题。我们原本预期，相比于问题较轻的赌徒，问题严重的赌徒可能会发现动机性干预更有帮助。但是，结果发现，对于完成12个月随访的人来说，那些症状较轻的人无论是接受动机式访谈还是处于控制组，都出现了类似的改善。那些问题更严重的人如果接受了动机性干预就会大大减少他们的赌博行为，但在控制组中则不会。

在研究过程中，问题较轻的、接受动机式访谈后的赌徒每月花在赌博上的费用约为325加元，而对照组的赌徒每月花费约265美元（这种差异在统计上并不显著）。对于那些赌博问题相对不那么严重的人来说，动机性干预似乎并没有比仅接受自助手册和参与研究本身产生更大影响。两组中严重程度较低的参与者在12个月内都大量减少了赌博支出。

然而，严重程度较高的、接受动机式访谈后的赌徒每月赌博支出约为300加元。对照组的每月支出约1 100加元。对于严重程度较高的群体来说，动机性干预有助于减少赌博支出和减少参与赌博的天数。研究中的所有参与者都愿意做出一些努力探索他们对赌博的担忧（足以预约和进行访谈）。对于那些问题不太严重的人来说，这种努力和自助手册可能已经足够了。对于那些问题更严重的人来说，参加动机式访谈会产生重大影响。目前尚不清楚访谈的哪些要素可以有效帮助有严重问题的人在12个月内维持改变。在遵循动机式访谈理念的基础上，让赌徒有机会在非评判性的氛围中探索他们对赌博的矛盾心理，有助于他们自主决定是否做出重大改变。

问题和建议的解决方案

通常，动机式访谈在治疗多数人的失调性赌博时表现良好。然而，第一个潜在的复杂因素是赌博障碍与心理健康障碍（物质滥用障碍、情绪和焦虑障碍、人格障碍）共病率极高，这会影响赌博问题的发展和结果（Hodgins & el-Guebaly, 2010; Lorains, Cowlishaw & Thomas, 2011）。迄今为止，关于共病对赌博治疗的影响还知之甚少。目前尚不清楚应该优先解决哪种障碍，或者治疗是同时进行（单独干预）还是或整合进行，或者是否应该根据来访者的偏好决定治疗顺序。在缺乏循证指南的情况下，解决方案是治疗师根据来访者的需要灵活调整的，这需要大量培训和经验。能够针对每种共病障碍，调用相应的专业知识是理想情况。正如本书各章所示，动机式访谈方法可以根据每种心理健康障碍的特征灵活进行调整。

第二个潜在的复杂因素是在治疗中需要关注财务问题。个人通常不能快速偿还巨额债务，因此必须学会有效管理这些债务。如果不加以处理，财务压力会削弱动机并增加复发的风险（Hodgins & el-Guebaly, 2004）。处理赌博问题的治疗师即使只是提供简短的动机性干预，也必须要么具备财务咨询的专业知识，要么提供该领域的必要帮助。

治疗的易获取性和便利性是第三个潜在的复杂因素。在线赌博机会正在增加，这提供了足不出户就可以赌博的便捷方式。基于网络的治疗代表了一种便利、易获取且具有潜在成本效益的方法，可用于触达问题性赌徒，并且可以纳入共享和阶梯式护理治疗模型（Gainsbury & Blaszczynski, 2011）。我们目前正在进行一项研究，查看基于网络、自我导向的动机增强干预对问题性赌徒的影响（Hodgins, Fick, Murray, & Cunningham, 2013）。该程序是一个基于文本的交互式工具，使用从以前研究中转录的动机式访谈开发而来的（Hodgins et al., 2009）。虽然以基于网络的形式向赌徒提供自助工具已经初现成效（e.g., Carlbring & Smit, 2008），但是先前没有探索过对问题性赌徒提供基于网络形式的动机增强干预。这项正在进行的研究将动机性程序与基于网络的工具进行比较，该工具为赌徒提供简要评估和反馈。招募正在进行中，将在12个月内对参与者进行追踪，以了解他们的赌博参与情况。

# 总　结

我们在这里展示的研究和我们的临床经验支持了动机式访谈对于失调性赌博的价值。在三项研究中，与仅有自助手册组相比，动机性干预加上自助手册明显具有更好的治疗结果。两项研究通过电话进行干预，另一项采用面对面干预。两项研究招募了寻求解决赌博问题但没有使用正式治疗的个体，另一项研究招募了对赌博行为有担忧但不准备改变的个体。此外，对动机式访谈干预失调性赌博的五项受控试验进行的元分析（包括我们讨论的三项）发现，动机式访谈对失调性赌博的短期影响较明显，但干预措施的长期影响尚不清楚。简短的动机性干预是传统治疗的有益补充，并鼓励不愿改变的赌徒开始改变。

许多领域还需要进一步完善和研究。共病率很高，共病对康复和治疗的影响尚不清楚。对于更复杂的临床表现，将动机式访谈纳入强度更高的治疗干预比提供简短的干预更有益。考虑到报告的高脱落率，使用动机性原则进一步开发提升治疗依从性的方法也很重要。脱落可能在共病障碍患者中更为常见。

随着动机式访谈的持续发展，动机式访谈有可能在治疗赌博障碍的过程中发挥重要作用。与其他心理健康障碍相比，对病理性和问题性赌博的治疗仍处于起步阶段。因此，该系统可能更容易受到有效性的经验研究的影响。

# 参考文献

American Psychiatric Association. (1980). *Diagnostic and statistical manual of mental disorders* (3rd ed.). Washington, DC: Author.

American Psychiatric Association. (2000). *Diagnostic and statistical manual of mental disorders* (4th ed., text rev.). Washington, DC: Author.

American Psychiatric Association. (2013). *Diagnostic and statistical manual of mental disorders* (5th ed.). Arlington, VA: Author.

Bernstein, P. L. (1996). *Against the gods: The remarkable story of risk*. New York: Wiley.

Carlbring, P., & Smit, F. (2008). Randomized trial of Internet-delivered selfhelp with telephone support for pathological gamblers. *Journal of Consulting and Clinical Psychology*, 76, 1090-1094.

Casino City. (2015). *Retrieved January* 15, 2013.

Cowlishaw, S., Merkouris, S., Dowling, N., Anderson, C., Jackson, A., & Thomas, S. (2012). Psychological therapies for pathological and problem gambling. *Cochrane Database of Systematic Reviews*, 11.

Cunningham, J. A. (2005). Little use of treatment among problem gamblers. *Psychiatric Services*, 56, 1024-1025.

Cunningham, J. A., Cordingley, J. C., Hodgins, D. C., & Toneatto, T. (2011). Beliefs about gambling problems and recovery: Results from a general population survey. *Journal of Studies on Gambling*, 27 (4), 625-631.

Cunningham, J. A., Hodgins, D. C., & Toneatto, T. (2009). Natural recovery from gambling problems: Results from a general population survey. Sucht, *Journal of Addiction Research and Practice*, 55, 99-103.

Diskin, K. M., & Hodgins, D. C. (2009). A randomized controlled trial of a single session motivational intervention for concerned gamblers. *Behaviour Research and Therapy*, 47 (5), 382-388.

Ferris, J., Wynne, H., & Single, E. (1998). Measuring problem gambling in *Canada: Interim report to the inter-provincial task force on problem gambling*. Toronto: Canadian Interprovincial Task Force on Problem Gambling.

Gainsbury, S. M., & Blaszczynski, A. (2011). Online self-guided interventions for the treatment of problem gambling. *International Gambling Studies*, 11, 289-308.

Grant, J. E., Kim, S. W., & Potenza, M. N. (2003). Advances in the pharmacological treatment of pathological gambling disorder. *Journal of Gambling Studies*, 19, 85-109.

Heather, N. (2005). Motivational interviewing: Is it all our clients need? *Addiction Research and Theory*, 13, 1-18.

Hodgins, D. C., Currie, S. R., Currie, G., & Fick, G. H. (2009). Randomized trial of brief motivational treatments for pathological gamblers: More is not necessarily better. *Journal of Consulting and Clinical Psychology*, 77 (5), 950-960.

Hodgins, D. C., Currie, S. R., & el-Guebaly, N. (2001). Motivational enhancement and self-help treatments for problem gambling. *Journal of Consulting and Clinical Psychology*, 69, 50-57.

Hodgins, D. C., Currie, S. R., el-Guebaly, N., & Peden, N. (2004). Brief motivational treatment for problem gambling: A 24-month follow-up. *Psychology of Addictive Behaviors*, 18, 293-296.

Hodgins, D. C., & el-Guebaly, N. (2000). Natural and treatment-assisted recovery from gambling problems: A comparison of resolved and active gamblers. *Addiction*, 95, 777-789.

Hodgins, D. C., & el-Guebaly, N. (2004). Retrospective and prospective reports of precipitants to relapse in pathological gambling. *Journal of*

*Consulting and Clinical Psychology*, 72, 72-80.

Hodgins, D. C., & el-Guebaly, N. (2010). The influence of substance dependence and mood disorders on outcome from pathological gambling: Five year follow. *Journal of Studies on Gambling*, 26 (1), 117-127.

Hodgins, D. C., Fick, G., Murray, R., & Cunningham, J. A. (2013). Internet-based interventions for disordered gamblers: Study protocol for a randomized controlled trial of online self-directed cognitive-behavioral motivation therapy. *BMC Public Health*, 13, 10.

Hodgins, D. C., & Makarchuk, K. (2002). *Becoming a winner: Defeating problem gambling*. Edmonton: AADAC.

Hodgins, D. C., Mansley, C., & Thygesen, K. (2006). Risk factors for suicide ideation and attempts among pathological gamblers. *American Journal on Addictions*, 15 (4), 303-310.

Hodgins, D. C., & Petry, N. M. (2004). Cognitive and behavioral treatments. In J. E. Grant & M. N. Potenza (Eds.), *Pathological gambling: A clinical guide to treatment*. New York: American Psychiatric Association Press.

Hodgins, D. C., Stea, J. N., & Grant, J. E. (2011). Gambling disorders. *The Lancet*, 378, 1874-1884.

Hodgins, D. C., Wynne, H., & Makarchuk, K. (1999). Pathways to recovery from gambling problems: Follow-up from a general population survey. *Journal of Gambling Studies*, 15, 93-104.

Lorains, F. K., Cowlishaw, S., & Thomas, S. A. (2011). Prevalence of co-morbid disorders in problem and pathological gambling: Systematic review and meta-analysis of population surveys. *Addiction*, 106, 490-498. doi:10.1111/j.1360-0443.2010.03300.x

Miller, W. R., & Rollnick, S. (2002). *Motivational Interviewing: Preparing people for change* (2nd ed.). New York: Guilford Press.

Miller, W. R., & Rollnick, S. (2013). *Motivational Interviewing: Helping people change* (3rd ed.). New York: Guilford Press.

Milton, S., Crino, R., Hunt, C., & Prosser, E. (2002). The effect of complianceimproving interventions on the cognitive-behavioral treatment of pathological gambling. *Journal of Gambling Studies, 18*, 207-230.

Mudry, T. E., Hodgins, D. C., el-Guebaly, N., Wild, T. C., Colman, I., Patten, S. B., et al. (2011). Conceptualizing excessive behaviour syndromes: A systematic review. *Current Psychiatry Reviews, 7*, 138-151.

National Research Council. (1999). *Pathological gambling. A critical review.* Washington, DC: National Academy Press.

Stea, J. N., & Hodgins, D. C. (2011). A critical review of treatment approaches for gambling disorders. *Current Drug Abuse Reviews, 4*, 67-80.

Suurvali, H., Hodgins, D. C., Cordingley, J., & Cunningham, J. A. (2009). Barriers to seeking help for gambling problems: A review of the empirical literature. *Journal of Gambling Studies, 25*, 407-424.

Toneatto, T., & Ladouceur, R. (2003). Treatment of pathological gambling: A critical review of the literature. *Psychology of Addictive Behaviors, 17*, 284-292.

Volberg, R. A. (2001). *When the chips are down: Problem gambling in America.* New York: Century Foundation Press.

Yakovenko, I., Quigley, L., Hemmelgarn, B. R., Hodgins, D. C., & Ronksley, P. (2015). The efficacy of motivational interviewing for disordered gambling: Systematic review and meta-analysis. *Addictive Behaviors, 43*, 72-82.

# 第十二章

# 青少年戒烟的
# 动机式访谈

苏珊娜·M.科尔比

在美国，吸烟仍然是导致疾病和过早死亡的主要原因，每年约有440 000人因此死亡（U.S. Department of Health and Human Services, 2010）。最近对美国男性和女性50年吸烟相关死亡趋势的分析表明，吸烟与肺癌、慢性阻塞性肺病、缺血性心脏病和中风导致的死亡之间有着强烈关联。然而，任何年龄的戒烟都会显著降低与吸烟有关的死亡概率（Thun et al., 2013）。特别是，最近已经证明，在40岁以前戒烟几乎可以将与吸烟有关的死亡概率降至与几乎从不吸烟的人一样的程度，而继续吸烟的人可能会因吸烟而平均失去十年的寿命（Jha et al., 2013）。

绝大多数成年吸烟者在青春期开始吸烟，这种现象导致1995年时任美国食品和药物管理局局长大卫·凯斯勒将尼古丁成瘾描述为"儿科疾病"（Hilts, 1995）。根据国家"监测未来"研究的最新调查结果，近一半的高中生尝试过吸烟，近一个月内大约十分之一的青少年（八年级、十年级和十二年级）报告曾吸过烟；2013年，大约每11名高中毕业生中就有1人报告经常每天吸烟（Johnston, O'Malley, Bach-man, & Schulenberg, 2014）。然而，吸烟率差异很大，白人青少年

（与黑人/非裔美国人和拉丁裔青年相比）和农村地区的吸烟率较高。总体而言，自20世纪90年代末以来，吸烟率大幅降低。20世纪90年代，青少年一个月的吸烟率是现在的两倍多（28%），高中生每天吸烟率达到25%。其中大部分原因是美国烟草管控工作严格了，所以青少年吸烟行为形成和发展的比例降低，例如美国出台了《公共健康与吸烟法案》《清洁空气法修正案》、广告限制、反烟草媒体宣传和烟草销售的最低年龄限制。研究表明，这些策略往往具有协同作用，在单独实施时效果较差，这凸显了全方位和多角度的烟草管控政策的必要性（Lantz et al., 2000; Levy, Chaloupka, & Gitchell, 2004）。为了最大限度地造福公众健康，一个强有力的理由已经提出，广泛推广有效的戒烟治疗，将其作为烟草管控的一个组成部分，也就是说，需要有效的治疗来提高戒烟率，并最大限度地降低吸烟率（Aveyard & Raw, 2012）。

虽然物质使用的尝试可能被认为是正常的青少年行为，但尼古丁带来的高依赖性导致吸烟在成年期仍然维持较高的水平。因此，例如，虽然酒精和其他药物的使用往往从青春期开始，在成年早期达到高峰，然后逐渐减少，但吸烟遵循不同的发展轨迹，在整个生命周期稳步增加。当青少年开始尝试吸烟时，他们以为吸烟只是短暂的行为。在一项针对高中生吸烟者的研究中，只有5%的人预期在高中毕业后还会继续吸烟，而实际上，75%的人在5年后仍在吸烟（Charlton, Media, & Moyer, 1990）。

与成人吸烟相比，青少年吸烟的特点是每天吸烟量较少、日常模式不连续、吸入强度较低、吸烟史较短。烟雾暴露生物标志物（例如呼出的一氧化碳水平和可替宁水平，可替宁是一种尼古丁代谢物）的研究也表明，与成人吸烟者相比，青少年吸烟者的暴露水平较低。可以合理假设，与成人相比，更少尼古丁暴露的较轻吸烟模式将导致青少年的治疗结果更好，但事实恰恰相反。有许多治疗方法可以有效帮助成人戒烟，例如尼古丁替代疗法和其他药物治疗（包括伐尼克兰和安非他酮），但这些治疗方法都没有得到青少年研究的强有力支持。造成这些差异的原因尚不清楚，但涉及多个因素，包括与成人相比，青少年的治疗动机、参与度和治疗维持水平较低。

　　青少年戒烟研究文献的状况很差。与涉及成人吸烟者的治疗研究相比，青少年戒烟研究文献总体上临床试验数量极少，并且特定干预措施的试验也较少。与成人试验相比，那些已经完成的试验规模往往较小、治疗维持率更低、戒烟率也要低很多。对青少年吸烟治疗文献的大多数综述得出的结论是，提供治疗比不提供治疗可以获得更好的治疗结果，但目前没有一种治疗方法可以明确推荐。有效治疗青少年吸烟者仍然是当务之急，因为每三名吸烟的青少年中，就有两名会持续吸烟直至成年，并有一名会因吸烟而过早死亡。

# 常规治疗

　　青少年戒烟干预措施已经由 Cochrane 协作网进行了系统评估（Grimshaw & Stanton, 2010）。Cochrane 协作网对各种健康问题的治疗进行全面评估，并被国际公认为是循证心理治疗评估的黄金标准。这项评估包括24项随机试验，参与者超过5 000名青少年吸烟者。作者发现，大多数参与测试的干预措施都是多方面的，结合了不同理论背景的不同方法。成功治疗的最有力证据来自11项试验，这些试验将治疗重点放在增强青少年的改变动机上。这些试验的内容各不相同，但大多数使用了动机式访谈或动机增强疗法，有的可能有辅助治疗，如认知行为疗法。与没有将治疗重点放在增强青少年动机的干预措施相比，这些以增强改变动机为重点的干预措施更有可能在随访时出现戒烟。使用跨理论模型（TTM; Prochaska & Velicer, 1997）的试验对戒烟也产生了类似效果，其中的干预信息和策略根据青少年的改变准备状态进行了个性化调整，但这样的试验只进行了两项。为测试美国肺脏协会的电子烟教育和戒烟干预的治疗效果进行了四项试验（Horn, Dino, Kalsekar, & Mody, 2005），这是一种包含多次咨询的认知行为干预，结果证明这种干预有效。戒烟干预措施与戒烟可能性增加的相关性边缘显著。最后，没有足够的证据推荐任何类型的药物干预措施用于青少年戒烟，这既是因为试验的数量太少，也是因为进行的试验未能证明药物干预在青少年中的有效性。

Cochrane协作网强调了在评估青少年戒烟方法时需要记住的一些重要方法论。首先，重要的是考虑用于评估每个方案的具体结果指标。最严格的试验在随访中使用了延长戒烟作为测量指标（例如，连续戒烟30天）。但许多试验使用不那么严格的评估标准，比如短至过去的24小时没有抽烟。其次，涉及青少年的试验已经表明，自我报告的结果并不总是可靠的。与生物标志物分析相比，青少年倾向于报告更多的戒烟成功（例如，青少年声称已经戒烟，但唾液中的可替宁含量很高），自我报告和生物标志物数据之间的差异可能非常大。因此，完全依赖于青少年吸烟者自我报告结果的试验可能会导致关于治疗成功的错误结论。稍后将重新讨论这一点。

我们对社区中年轻吸烟者实际可获得的治疗类型了解多少？苏珊·库里博士及其同事进行了一项独特的研究（Curry et al., 2007），记录了美国青少年（12～24岁）社区戒烟计划的特点和可用性。根据美国408个县的分层随机样本，研究人员对在前一年治疗过36 000名年轻吸烟者的591个项目的项目管理员进行了个别访谈。超过三分之一的县没有针对年轻吸烟者的戒烟项目。这些县要么经济不发达，要么位于偏远地区。在有青少年戒烟计划的县中，大多数只有一至两个项目，并且覆盖范围有限。大多数项目每年治疗的吸烟者不到50人；大约一半只治疗了20名或更少的青年。项目管理员表示，招募足够多数量的年轻吸烟者，并在他们开始接受治疗后将他们留在项目中，是运营这些项目最具挑战性的方面。正如作者所得出的结论，在所采样的郡县中，这些识别到的治疗项目所服务的参与者数量"仅占样本县中年轻吸烟者的微小比例"。

然而，对那些可以获得治疗的美国年轻吸烟者来说，这些项目通常会提供什么样的治疗，以及如何提供呢？根据库里的研究，大多数（约90%）为年轻人提供的戒烟计划都是在学校进行的。其余项目没有集中在特定类型的环境中，而是分散在各种环境中，包括社区中心、健康诊所、医院和（最不常见的）教堂或其他宗教中心。年轻吸烟者的治疗主要通过多次面对面的团体咨询进行，许多项目还包含其他组成部分，包括一对一咨询、自助材料、电话咨询或基于网络的支持治疗。令人鼓舞的是，大多数项目管理人员报告称他们是根据研究证据来选择项目的。管理员通常会购买预包装的项目，例如美国肺脏协会的戒烟干预项目（Horn, Dino, Kalsekar, & Fernandez, 2004; Horn et al., 2005）或"Project EX"（Sussman, Dent, & Lichtman, 2001），这两个项目都被美国物质滥用和心理健康服务管理局的国家循证项目和实践登记处指定为示范项目。治疗通常由教师、护士、学校治疗师或社会工作者在他们的本职工作职责以外提供。这些治疗的提供者大多数接受了实施该计划的特定培训，遵循书面手册，并在随访时评估戒烟效果（通常依赖于自我报告的效果）。

在大多数项目中，青少年吸烟治疗的内容非常相似。几乎所有项目都讨论了吸烟的短期和长期效果，以及烟草行业诱使年轻人吸烟的策略。大多数项目教授了文献中推荐的用于成人和青少年戒烟的各种认知行为策略。此外，针对青少年吸烟者的项目包含与其发展阶段相关的主题，例如讨论他们的生活目标以及吸烟与其他问题行为（如药物使用）之间的关系。很少有针对青少年的项目提供戒烟药物。

库里及其同事的报告（2007）强调了青少年获取治疗的问题。首先，大多数年轻吸烟者不主动寻求治疗来支持他们的戒烟努力。这是有问题的，因为青少年吸烟者中几乎所有没有得到帮助的戒烟尝试都以失败告终（Gwaltney, Bartolomei, Colby, & Kahler, 2008）。其次，非常需要增加这些项目的可用性。以我所在的罗得岛州为例，它有五个县。我住在肯特县。根据库里的研究，我所在的县大约有一到两个戒烟项目，都是在高中进行的。那些没有机会接触到这些项目的人是谁呢？肯特县总共有33所公立和私立初中和高中；如果2所学校有戒烟计划，那么其余31所学校的学生将无法获得戒烟治疗。从高中毕业或辍学的年轻吸烟者同样无法获得治疗。即使在有戒烟项目的一至两所学校的学生中，那些试图在暑假甚至学年中但不在项目周期内尝试戒烟的学生同样也无法获得治疗，以支持他们的戒烟努力。总之，虽然向年轻吸烟者提供的治疗方案的质量令人鼓舞，但大多数年轻吸烟者要么无法获得治疗，要么不会主动寻求治疗。如果主动筛查青少年的吸烟状况，然后让他们能够获取增强戒烟动机和支持戒烟努力的治疗方案，将有效促进青少年戒烟。

# 使用动机式访谈帮助青少年戒烟的原理

考虑到青少年戒烟服务的现状，动机式访谈有许多优势与之契合。首先，动机式访谈的灵活性是一个重要特征。动机式访谈可以作为典型的多个组成部分、多次咨询的干预措施的辅助手段。动机式访谈可以很容易地纳入现有的计划，因为许多项目已经在提供辅助性的一对一咨询。例如，动机式访谈可以作为团体治疗的预处理，增强后续治疗的参与度和完成率。此外，动机式访谈可以作为一种独立的干预措施应用在没有其他治疗项目的地方，例如在农村地区，要招募到足够多数量的青少年吸烟者以提供团体干预是具有挑战性的。我们的研究证明，在医院、健康诊所和儿科医生办公室中，动机式访谈可以用于青少年患者，并且是可接受的（Colby et al., 2012）。与每年提供一次或两次的多次团体治疗相比，动机式访谈可以根据需要更容易地作为"不用预约的"治疗方案提供。

动机式访谈在青少年戒烟中的另一个优势是，它以解决矛盾心理为导向并增加与吸烟相关的改变动机。青少年吸烟和戒烟行为的特点是具有高度的矛盾性。研究一致表明，大多数青少年吸烟者希望戒烟，而且大多数人在过去一年中都尝试过戒烟（Breland, Colby, Dino, Smith & Taylor, 2009）。但是，促使成年人戒烟的主要因素，如健康后果，可能不会以同样的方式激励青少年（Apodaca, Abrantes, Strong, Ramsey, & Brown, 2007），这也许是因为吸烟造成的最严重的疾病需要几十年的时间才会出现。此外，尽管青少年吸烟程度较轻且间歇较多，但在戒烟时会出现类似成人的负面反应，包括渴望感、负面情绪和戒断症状的大幅增加（Bidwell et al., 2012; Colby et al., 2010）。我们已经证明，吸一支烟就可以立即缓解青少年的这些症状（Colby et al., 2010），这可能会削弱青少年在戒烟初期的戒烟动机。由于动机式访谈能够认识到与做出艰难的行为改变相关的矛盾心理，因此它非常适合解决这些动机性的挑战。

现有的青少年戒烟治疗项目的其他特点非常适合动机式访谈的协作方法和对治疗参与的强调。动机式访谈的参与过程，即在青少年和治疗师之间建立健康的联系和工作关系（Miller & Rollnick, 2013），可以促进他们在具有挑战性的治疗环境中一起工作。例如，有时，青少年参与吸烟治疗是作为对违法行为（比如持有烟草或未成年吸烟）

的处罚而被强制参加的（Curry et al., 2007）。被强制或强迫参加治疗可能导致治疗参与者的敌意和防御。虽然动机式访谈没有专门针对强制参与的青少年吸烟者进行测试，但大学生饮酒文献中有充分的证据表明，动机式访谈可有效降低同样强制接受治疗的学生的酒精相关伤害（Borsari & Carey, 2005; Borsari et al., 2012）。动机式访谈也被推荐作为降低被强制接受治疗的家庭暴力犯罪者的防御性和敌意的一种方法（Carbajosa, Boira & Tomás-Aragones, 2013），并在这方面显示出初步的前景（Kistenmacher & Weiss, 2008）。除了强制治疗外，还有很多数据表明，通常用于戒烟治疗的更具指导性的方法更容易引起阻抗，而像动机式访谈这样的治疗引起阻抗的可能性较低（Miller, Benefield, & Tonigan, 1993）。

即使是自愿参加戒烟治疗的青少年也往往并非治疗寻求者，他们被招募到治疗项目中，这些项目并不要求他们有戒烟动机。大多数青少年吸烟者的研究试验主动招募那些不一定有动力戒烟的青少年，这可能部分地解释了与成人试验相比，青少年实验报告的治疗出勤率较低，并且治疗结果也更差。在这些类型的干预中，以人为中心的参与和唤起青少年自身动机的动机式访谈过程尤为重要。

# 临床应用和相关研究

支持使用动机式访谈进行青少年戒烟治疗的证据正在不断积累；尽管最早的研究为动机式访谈的前景提供了初步支持（Colby et al., 1998），但个别试验往往样本量小、统计检验力不足、无法检测动机式访谈治疗与对照组之间的显著差异。然而，最近由哈特曼及其同事（Hettema & Hendricks, 2010）进行的元分析以及哈克曼及其同事（Heckman, Egleston, & Hofmann, 2010）的汇总分析澄清了我们对动机式访谈的效果的理解，并提供了更令人信服的使用动机式访谈戒烟效果的证据，无论是总体上还是特别针对青少年吸烟者。从2010年以来，又发表了两项青少年戒烟的动机式访谈试验（Audrain-McGovern et al., 2011; Colby et al., 2012）。下面我将回顾10项试验和2篇综述的证据。

表12.1总结了1998—2012年发表的10项动机式访谈治疗青少年戒烟的随机临床试验的特征。所有10项试验随机分配参与者进入治疗状态，几乎所有这些以个体为单位的实验都是按站点随机化的（Woodruff, Conway, Edwards, Elliott, & Crittenden, 2007），并且所有试验都报告了足够多的数据来计算意向治疗戒烟率。前七项试验被纳入了哈特曼（Hettema & Hendricks, 2010）的元分析；前八项被纳入哈克曼及其同事（Heckman et al., 2010）的汇总分析。两项分析的结果均表明，使用动机式访谈使青少年戒烟率显著高于比较状态，例如提供简要的戒烟建议、烟草教育或自助材料。哈克曼及其同事（Heckman et al., 2010）发现，在中长期的随访（5.5～6个月）中，接受动机式访谈的青少年的戒烟率显著高于控制组（分别为11.5%与6.0%）。此外，在分析了青少年和成人的动机式访谈试验的数据后，这些作者发现动机式访谈的效应并没有因参与者的不同特征而有所不同，包括种族和性别、基线吸烟率或者更重要的是，参与者是否一直在寻求吸烟治疗。无论是谁提供治疗（治疗师/治疗师、工作人员/干预人员、护士/助产士、心理学家、医生、健康教育工作者或受训人员），动机式访谈的效果都是相似的。考虑到目前对青少年提供戒烟治疗的社区提供者的范围，这一点也很重要。

**表12.1　针对青少年戒烟的动机式访谈的随机临床试验的描述（1998—2012）**

| 序号 | 研究 | 样本 | 动机式访谈组 | 对照组 |
|---|---|---|---|---|
| 1 | Colby et al., 1998 | 40名急诊和门诊患者 | 1次30分钟动机式访谈 | 5分钟简短建议 |

续表

| 序号 | 研究 | 样本 | 动机式访谈组 | 对照组 |
|---|---|---|---|---|
| 2 | Brown et al., 2003 | 191 个有精神障碍的患者 | 2 次 45 分钟的动机式访谈 + 尼古丁替代疗法 | 简短建议 + 尼古丁替代疗法 |
| 3 | Lipkus et al., 2004 | 402 个从商场/游乐场招募的青少年 | 3 次动机式访谈电话咨询 | 自助资料 |
| 4 | Colby et al., 2005 | 85 个急诊和门诊患者 | 1 次 35 分钟动机式访谈 | 简短建议 |
| 5 | Hollis et al., 2005 | 589 个基础护理患者（过去 30 天吸烟者） | 1 次 5 分钟动机式访谈 +10 分钟电脑程序 +1～2 次 10 分钟加强 | 膳食简短建议 |
| 6 | Horn et al., 2007 | 75 个急诊患者 | 1 次 15～30 分钟动机式访谈 +3 次电话咨询 | 简短建议 |
| 7 | Woodruff et al., 2007 | 136 个从高中招募的吸烟者 | 7 次 45 分钟虚拟现实网络对话 | 仅评估 |
| 8 | Helstrom et al., 2007 | 81 个少年犯 | 1 次动机式访谈 | 烟草教育 |
| 9 | Audrain-McGovern et al., 2011 | 355 个青少年服药患者 | 3 次 45 分钟动机式访谈 +2 次 30 分钟动机式访谈 | 简短建议 |
| 10 | Colby et al., 2012 | 162 个从急诊、诊所和高中招募的青少年 | 1 次 45 分钟动机式访谈 +10 分钟电话 +10 分钟父母动机式访谈电话 | 简短建议 |
| 注：完整引用参见参考文献部分。 | | | | |

　　哈特曼及其同事（Hettema, 2010）采用不同的分析方法得出了类似结论。首先，他们对青少年动机式访谈试验的分析显示，与替代组相比，在短期和长期随访中，动机式访谈都显著增加了戒烟率。这些作者还分析了来自青少年和成人试验的数据，发现动机式访谈的效果

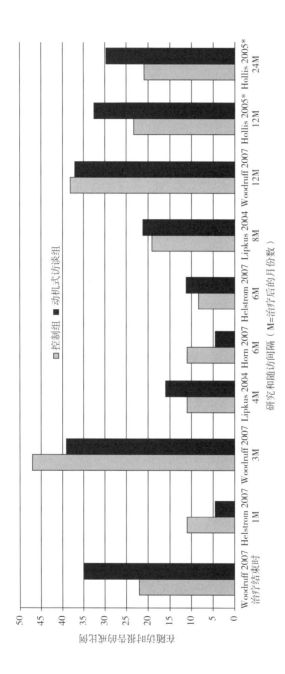

图 12.1　按研究、随访间隔和是否治疗分组的自我报告戒烟率

★戒烟率不包含在基线时的非吸烟者和实验者

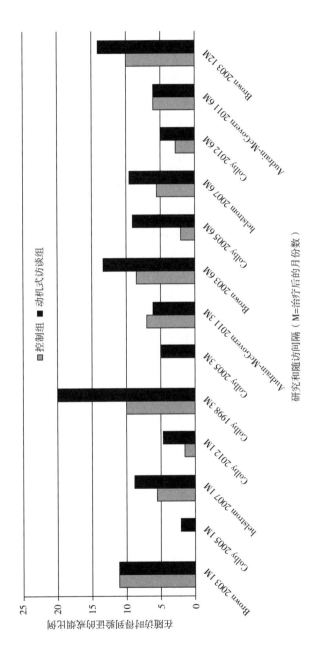

图 12.2　按研究、随访间隔和是否治疗分组的生物化学方法验证过的戒烟率

与治疗的总持续时间或动机式访谈是否与其他治疗（如药物治疗或行为技能训练）相结合无关。

从所有10项试验的数据来看，通过对呼吸样本进行一氧化碳水平（或唾液样本中的可替宁水平）的生物标志物分析方法来验证自我报告戒烟的真实性的价值变得清晰。图12.1和12.2对比了在不同随访节点治疗组的戒烟率，图12.1仅基于自我报告，图12.2基于生物标志物分析。数据并不完全一致，因为并非所有研究都同时报告了这两个指标。然而，可用的数据显示，仅基于自我报告的戒烟率往往远高于有生物标志物分析的戒烟率（即青少年对戒烟情况存在夸大报告）。此外，评估已验证的戒烟率更一致地支持了动机式访谈优于对照组。换句话说，使用更准确的戒烟数据有助于证明动机式访谈对吸烟干预的有效性。

尽管动机式访谈对戒烟的效果确实很小，但它们在各种环境、提供者和参与者特征下是一致的。由于干预的持续时间往往很短（平均1.5小时），动机式访谈的广泛应用是可行的，并且有可能对公共健康产生具有成本效益的积极影响。

# 临床案例

我们的研究小组将动机式访谈重点应用于青少年吸烟的起源，可以追溯到我们早期在因酒精相关事件（比如车祸、袭击或严重中毒）而来急诊科接受治疗的青少年中测试动机式访谈减少酒精相关伤害（Monti, Barnett, O'Leary, & Colby, 2001）。在该试验的筛选和招募阶段，我们注意到青少年急诊患者的吸烟率高于平均值，并考虑针对酒精使用的动机式访谈是否适用于急诊环境中的吸烟者。在急诊中，对于吸烟而言，动机式访谈的聚焦过程与对酒精的不同。急诊的背景

（与酒精相关的事件）很好地建立了关于酒精的对话重点。相反，吸烟干预更具偶然性；青少年来急诊接受任何类型的紧急护理治疗，通常与吸烟无关。在这种情况下，青少年可能不会与治疗师分享他/她的吸烟问题；聚焦过程用于确定双方接受的咨询目标。

## 治疗方案

以下是我们在三项已经发表的随机试验中提供的干预方案的各部分描述。由于我们在咨询期间提供了个性化反馈，因此这种干预被认为是动机增强疗法。咨询持续了30~45分钟，之前需要完成一份20~25分钟的标准化评估。干预由研究干预人员提供，他们受教育程度和临床培训经验不同，从拥有1~2年临床研究经验本科级别的治疗师到博士后研究员和执照临床心理学家。由于干预人员临床经验的多样性，并且由于这种动机增强疗法是作为标准化的研究干预提供的，因此治疗方案被手册化和半脚本化，但是干预者可以自行决定在多大程度上偏离脚本材料，跳过不适合参与者的部分，或以不同顺序覆盖主题。这种灵活性与动机式访谈强调的以动机式访谈的整体理念进行咨询相一致；严格遵循手册可能会破坏动机式访谈的有效使用（例如，试图与尚不愿意做出改变的青少年制订改变计划可能是不利于治疗的，有将青少年从矛盾心理转变为反对改变的风险）。

动机增强疗法咨询包括以下过程：

1.参与。这涉及与青少年建立融洽的关系，并发展出促进合作的工作联盟。使用以人为中心的技能，尊重青少年的价值观和想法，并支持他们对自己的健康行为做出决策的个人权威和责任。

2.聚焦。澄清谈话和咨询的目标。

3.唤起。这个过程用于引导青少年说出对吸烟的感受以及他自己的改变动机。治疗师策略性地唤起并强化青少年的改变话语，并对其进行反映和总结。

4. 提供个性化反馈。在动机增强疗法中，根据标准化评估的结果给予青少年反馈。只有在征求青少年许可的情况下才提供反馈，并以动机式访谈风格进行反馈。

5. 计划。当青少年对做出改变表现出足够的准备时，治疗师和青少年会共同制订改变计划，包括与青少年做出改变的兴趣水平相一致的目标和策略。

## 导　向

咨询从导向开始，包括参与和聚焦过程。导向为咨询定下基调，让青少年知道可以期待什么，并在早期提出任何问题或说出任何担忧。目标是与青少年建立融洽的关系，治疗师把自己定位在共情、关切、非权威的和非评判的角色。聚焦过程用于确定对话的目标并确保这些目标是双方都能接受的。咨询以介绍性访谈作为青少年谈论对吸烟的想法和感受的机会开始。治疗师强调咨询的目的不是告诉他们该做什么，而是由他们自己做出有关吸烟的决策和选择。

"现在我想谈谈你的吸烟问题。在我们开始之前，我想让你知道，并不是由我来告诉你你该怎么做，而是由你自己做出这些决定。但我想听听你对吸烟的想法和感受，以及你是否戒烟的决定。如果你愿意，我们可以谈谈你是否有兴趣减少吸烟量或停止吸烟，但这取决于你。这样可以吗？我们可以试试吗？"

在参与过程中，治疗师从一开始就采用以人为中心的咨询技巧和非评判性的风格，以尽量减少青少年的防御性，增加考虑新信息和与治疗师合作的开放性。重点是从青少年的角度理解吸烟问题，并支持青少年在决定是否吸烟方面的自主权。

## 评估动机

咨询早期会从青少年的角度探讨吸烟的利弊。因为我们的试验中没有一个参与者在寻求吸烟治疗，大多数人处于前意向阶段（即不考虑戒烟）或者在改变的意向阶段的早期，我们发现这个练习是理解吸烟在青少年生活中的作用、理解他们对吸烟的个人关注，以及产生不一致的有用方法。鼓励青少年尽可能多地做出回应，并谈论对他们最重要的影响。使用开放式问题，例如：

"你喜欢吸烟的哪些方面？还有其他吗？"
"你不太喜欢吸烟的哪些方面？还有其他吗？"
"在你喜欢吸烟的方面中，[例如……]，哪个对你最重要？"
"在你不喜欢吸烟的方面中，[例如……]，哪个对你最重要？"

在这次谈话中，治疗师使用反映式倾听的技巧，体验并传达准确的共情。目标是让治疗师理解青少年对吸烟的体验，并以促进治疗动力的方式将这种理解反映给他们。在总结这一部分的讨论时，治疗师总结了主要的利弊信息，使用双面反映来突出青少年对吸烟的矛盾心理。治疗师策略地将信息联系起来并强调某些要点，特别强调在谈话期间引发的改变话语。[需要注意的是，在第三版的《动机式访谈》（Miller & Rollnick, 2013）中，为了尽量减少维持话语，已不再使用这种决策权衡练习。]

## 提供个性化反馈

接下来，治疗师针对青少年完成的与吸烟有关的标准化评估提供个性化反馈。在征得青少年许可后，才提供这些信息。

> "我可以与你分享关于你回答的调查问卷的一些信息吗？"

个性化反馈提供了许多方面的信息，包括有关社会规范影响、社会后果、对健康的影响、成瘾和吸烟的财务成本的信息。目标是根据问卷回答提供与个人相关的信息，而不是关于吸烟影响的一般教育性信息。因此，只有在青少年的回答与特定信息存在个人相关性时，才提供该方面的信息。

社会规范影响部分旨在纠正有关青少年吸烟的社会规范性误解。大多数青少年过高估计同辈群体（同年龄、同性别）的吸烟比例；在这一部分中，展示给青少年一张图表，说明他们认为的吸烟者比例和实际吸烟比例的差异。如有必要，会解释虚假共识效应（吸烟的人倾向于与其他吸烟者有更多接触，因此可能认为吸烟行为比实际的更常见）。

关于社会后果的反馈是由青少年对以下问题的回答引起的：（1）父母和朋友对自己吸烟的担忧；（2）感到吸烟的压力或吸烟时感觉社交更自信；（3）担忧自己的二手烟对他人的影响；（4）担忧自己的吸烟行为被年幼儿童模仿。

关于健康后果的反馈反映了青少年报告与吸烟有关的健康影响的程度、受吸烟影响的其他健康状况（如哮喘）的恶化程度或对健康未来影响的担忧。虽然肺癌和慢性阻塞性肺疾病（COPD）等危及生命的疾病在吸烟者身上需要数十年才能发现，但青少年经常报告对健康产生的即时影响，例如运动时呼吸更加困难。这部分重点讨论引起青少年个人关注的健康影响，而不是提供有关吸烟对健康的负面影响的一般教育性信息。同时还向青少年提供关于他们自己呼出的肺泡一氧化碳（CO）水平的信息、不同水平的一氧化碳的生理效应的信息，以及他们的一氧化碳水平与非吸烟者相比的信息。

关于成瘾主题的反馈涵盖了青少年认同的任何反映尼古丁依赖迹象的项目，例如耐受性的形成、戒断反应、在一天早些时候吸烟更多，以及过去戒烟尝试遇到的困难。开放式问题用于鼓励青少年谈论与这些尼古丁依赖指标相关的个人经验。

最后，关于吸烟财务成本的反馈计算了青少年一年在香烟上的花费，与烟草制造商生产它们的成本进行对比。治疗师提供了各种烟草使用量（例如，青少年目前的使用量与目前的使用量减少一半的对比）的年度和月度成本。

对于每个主题，治疗师与青少年一起讨论、反馈，询问青少年的反应，并根据需要提供澄清。青少年的自主权始终得到支持（例如，"这可能是你担心的问题，也可能不是。你对此有何看法"）。信息以少量提供，与青少年沟通并引出他们自己的感知和反应，遵循"引导—提供—引导"的顺序（Rollnick, Miller, & Butler, 2008）。治疗师通过总结讨论内容的要点结束反馈部分，并用开放式问题引发青少年的反应，例如"我们讨论过的哪些信息最让你感到惊讶？我们谈到的哪个方面最让你担忧？"在整个过程中，治疗师密切关注青少年表达的对吸烟及其后果的担忧，改变意向的迹象，以及与戒烟有关的自我效能的陈述。治疗师将对改变话语进行更详细地探讨，并进行反映和总结。

### 展望未来

在反馈讨论之后，治疗师会引导青少年说出如果吸烟行为保持不变会发生什么的想法，以及如果吸烟行为减少甚至完全停止又会发生什么。这是一种唤起策略，青少年可以考虑并表达改变吸烟行为的好处，或如果他继续保持吸烟行为会发生什么的担忧。这一部分的提示可能包括：

### 想象不吸烟的生活

"告诉我，如果你戒烟了，在你想象中一年后的生活会变成什么样？"

"从现在开始一年不吸烟的话，会遇到什么困难？"

"你能想到的最好的事情是什么？"

（如果青少年有困难）：

"在你开始吸烟之前，生活有什么不一样？"

"那时候的生活是什么样的？"

### 想象吸烟的生活

"告诉我，如果你继续吸烟，想象一下，一年后你的生活会变成什么样？"

"哪些方面是好的，哪些方面不太好？"

"我可以告诉你一些我自己的担忧吗？"

在这一部分，治疗师可以总结之前提到过的对吸烟的担忧。治疗师将戒烟遇到的困难当成做出改变的潜在障碍，并在目标部分加以解决。在考虑戒烟可能带来的好处的同时，如果青少年遗漏了之前提到的重要因素，治疗师可以再次提出这些因素。当引出改变话语时，治疗师反映、强化并进一步探索，肯定和鼓励青少年。治疗师总结咨询的这一部分，准确反映了青少年的陈述，同时策略性地将支持改变的要点联系起来。

## 计　划

干预的最后一部分是帮助青少年确定他们在吸烟方面想做出哪些改变。这部分包括确定行为改变的目标、探索这些改变的障碍、提供建议和来访者可以从中选择的一些策略（如果适用）。这部分谈话从关于青少年对改变的兴趣的开放式问题开始：

"现在你对烟草有多大的依赖?"

"你接下来要怎么办?"

"你希望做出哪些改变?"

"对你来说,一个好的开始可能是什么?"

"你有哪些选择? …… 你认为[第一选择]有用吗?"

"你有兴趣了解更多关于如何减少吸烟次数或抵制烟草的方法吗?"

根据回答,治疗师与青少年合作制订与他们做出改变的准备程度相匹配的行为改变计划。如果青少年准备考虑减少吸烟量或戒烟,治疗师将引导青少年说出他们可接受的行动步骤,然后探索如何实现这些步骤。关键是计划应该来自青少年而不是治疗师。青少年可能对改变感兴趣但不确定如何进行。青少年和治疗师可以填写一份名为"你想尝试达成哪些目标"的工作表。有一份可以让青少年从中选择的适用于各种改变准备阶段的短期和长期目标清单。对于每个目标,用一列专门写下尝试达成时间,以及一个复选框用于记录是否达成。还有一个区域可以让青少年写下他们想到的额外的或替代的改变目标。治疗师还会引导青少年说出实现目标的潜在障碍,然后一起寻找克服障碍的方法。

"你在做这些改变时可能会遇到什么问题?"

"你以前试图戒烟(或减少吸烟次数)时,是什么感觉?"

"你认为在什么时候不吸烟最难?"

"你认为你可以做些什么来抵制吸烟的冲动或压力?"

在这一部分,治疗师旨在帮助青少年从过去的经验中学习、预见挑战(如戒断反应),并讨论新的应对方式。如果合适,可以提供如何应对常见挑战(例如管理戒断症状)和成功戒烟的策略的手册。治疗师力求支持青少年做出改变的自我效能，强调青少年对决定如何处理吸烟问题的个人责任。治疗师会引导青少年回顾过去的成功经验，无论是戒烟还是克服其他障碍（"是什么让你相信自己可以做出这些改变"）。青少年的回应提供了肯定他们的优点并支持自我效能的机会。

最后，治疗师总结了这次咨询的内容，将重要观点联系起来、强化青少年对改变计划的承诺、反映青少年的决定，并肯定他们实现所选目标的愿望和能力。

# 问题和建议解决方案

我们在将用于酒精使用的动机增强疗法适用于吸烟时遇到的挑战是，如何接近行为改变目标。与可适度安全饮用的酒精不同，任何程度的吸烟都是不安全的（United States Department of Health and Human Services, 2010）。因此，吸烟干预往往是强戒断导向的（Lawson, 2012）；除完全戒烟（例如减少吸烟，或改用无烟烟草）以外的其他结果被认为是不可接受的。在开发我们针对吸烟的动机式访谈治疗方法时，我们寻求（在参与者许可的情况下）提供有关吸烟的有害后果和完全戒烟的好处的客观准确信息。同时，与动机式访谈一致，我们强调青少年有责任对自己的吸烟做出个人决定，治疗师支持为达到戒烟目标的行为改变（例如，减少每天吸烟的数量），因为促进戒烟的做法仍然是一种进展。在我们针对吸烟的动机增强疗法的大多数试验中，我们将动机增强疗法与传统的简短建议进行了对比，这些建议包括尽可能完全戒烟的强指导性建议，同时也对比了旨在支持戒烟的自助材料和治疗转介。通过这种方式，我们能够在主动招募的大多数没有动力戒烟的青少年吸烟者样本中，对每种方法的相对优点进行实证检验。

# 总 结

虽然在降低成人和青少年的吸烟率方面取得了重大进展，但吸烟率仍然高得令人无法接受，并且越来越多地集中在经济贫困、治疗机会少并存在心理健康问题的弱势个体中。吸烟和其他烟草使用的治疗是全面烟草管控的重要组成部分，但青少年获得治疗的机会很少，支持治疗效果的证据也往往有限。

在过去几年中，已经出现支持动机式访谈和动机增强疗法治疗成人和青少年吸烟的证据。大多数证据表明，动机式访谈对吸烟有一个虽小但一致的影响，效果的一致性似乎并不取决于使用环境、提供者的类型、是否与其他治疗方法相结合或者来访者是否有动力戒烟。解决矛盾心理的取向特别适合一般的吸烟者和青少年吸烟者，动机式访谈在实施环境方面的灵活性使其非常适合现有的青少年治疗体系。尽管大多数现有的青少年吸烟干预措施都是学校提供的，但迫切需要增加提供治疗的学校数量。此外，许多研究表明，动机式访谈或动机增强疗法可以很容易地整合到医疗保健服务系统中，医疗改革的变化使医疗服务提供者更容易让治疗吸烟的来访者获得报销。将针对吸烟行为的动机式访谈完整地整合到医疗保健服务中可以大大增加青少年吸烟者获得治疗的机会。

# 参考文献

Apodaca, T. R., Abrantes, A. M., Strong, D. R., Ramsey, S. E., & Brown, R. A.(2007). Readiness to change smoking behavior in adolescents with psychiatric disorders. *Addictive Behaviors*, 32, 1119-1130.

Audrain-McGovern, J., Stevens, S., Murray, P. J., Kinsman, S., Zuckoff, A., Pletcher, J., et al. (2011). The efficacy of motivational interviewing versus brief advice for adolescent smoking behavior change. *Pediatrics*, 128, e101-e111.

Aveyard, P., & Raw, M. (2012). Improving smoking cessation approaches at the individual level. *Tobacco Control*, 21, 252-257.

Bidwell, L. C., Leventhal, A. M., Tidey, J. W., Brazil, L., Niaura, R. S., & Colby, S. M. (2013). Effects of abstinence in adolescent tobacco smokers: Withdrawal symptoms, reactive irritability and cue reactivity. *Nicotine and Tobacco Research*, 15, 457-464.

Borsari, B., & Carey, K. B. (2005). Two brief alcohol interventions for mandated college students. *Psychology of Addictive Behaviors*, 19, 296-302.

Borsari, B., Hustad, J., Mastroleo, N. R., O'Leary Tevyaw, T., Barnett, N. P., Kahler, C. W., Short, E. E., & Monti, P. M. (2012). Addressing alcohol use and problems in mandated college students: A randomized clinical trial using stepped care. *Journal of Consulting and Clinical Psychology*, 80, 1062-1074.

Breland, A. B., Colby, S. M., Dino, G., Smith, G., & Taylor, M. (2009). Youth smoking cessation interventions: Treatments, barriers, and recommendations for Virginia. Richmond, Viginia: Virgina Commonwealth University, Institute for Drug and Alcohol Studies. Unpublished manuscript.

Brown, R. A., Ramsey, S. E., Strong, D. R., Myers, M. G., Kahler, C. W., Lejuez, R., et al. (2003). Effects of motivational interviewing on smoking cessation in adolescents with psychiatric disorders. *Tobacco Control*, 12(Suppl 4), iv3-iv10.

Carbajosa, P., Boira, S., & Tomás-Aragonés, L. (2013). Difficulties, skills and therapy strategies in interventions with court-ordered batterers in Spain. *Aggression and Violent Behavior*, 18, 118-124.

Charlton, A., Melia, P., & Moyer, C. (1990). *A manual on tobacco and young people for the Industrialized World International Union Against Cancer* (UICC). Geneva, Switzerland.

Colby, S. M., Leventhal, A. M., Brazil, L., Lewis-Esquerre, J., Stein, L. A.

R., Rohsenow, D. J., et al. (2010). Smoking abstinence and rein-statement effects in adolescent cigarette smokers. *Nicotine and Tobacco Research*, 12, 19-28.

Colby, S. M., Monti, P. M., Barnett, N. P., Rohsenow, D. J., Weissman, K., Spirito, A., et al. (1998). Brief motivational interviewing in a hospital setting for adolescent smoking: A preliminary study. *Journal of Consulting and Clinical Psychology*, 66, 574-578.

Colby, S. M., Monti, P. M., O'Leary-Tevyaw, T. A., Barnett, N. P., Spirito, A., et al. (2005). Brief motivational intervention for adolescent smokers in a hospital setting. *Addictive Behaviors*, 30, 865-874.

Colby, S. M., Nargiso, J., Tevyaw, T., Barnett, N. P., Metrik, J., Woolard, R. H., et al. (2012). Enhanced motivational interviewing versus brief advice for adolescent smoking cessation: A randomized clinical trial. *Addictive Behaviors*, 37, 817-823.

Curry, S. J., Emery, S., Sporer, A. K., Mermelstein, R., Flay, B. R., Berbaum, M., et al. (2007) A national survey of tobacco cessation programs for youths. *American Journal of Public Health*, 97, 171-177.

Grimshaw, G., & Stanton, A. (2010). Tobacco cessation interventions for young people. *Cochrane Database of Systematic Reviews*, 4, Art. No. CD003289.

Gwaltney, C. J., Bartolomei, R., Colby, S. M., & Kahler, C. W. (2008). Ecological momentary assessment of adolescent smoking cessation: A feasibility study. *Nicotine and Tobacco Research*, 10, 1185-1190.

Heckman, C. J., Egleston, B. L., & Hofmann, M. T. (2010). Efficacy of motivational interviewing for smoking cessation: A systematic review and meta-analysis. *Tobacco Control*, 19, 410-416.

Helstrom, A., Hutchison, K., & Bryan, A. (2007). Motivational enhancement therapy for high-risk adolescent smokers. *Addictive Behaviors*, 32, 2404-2410.

Hettema, J. E., & Hendricks, P. S. (2010). Motivational interviewing for smoking cessation: a meta-analytic review. *Journal of Consulting and Clinical Psychology*, 78, 868-884.

Hilts, P. J. (1995, March 9). F.D.A. head calls smoking a pediatric disease. *New York Times*, pp. A22.

Hollis, J. F., Polen, M. R., Whitlock, E. P., Lichtenstein, E., Mullooly, J. P., Velicer, W. F., et al. (2005). Teen reach: Outcomes from a randomized, controlled trial of a tobacco reduction program for teens seen in primary medical care. *Pediatrics*, 115, 981-989.

Horn, K., Dino, G., Hamilton, C., & Noerachmanto, N. (2007). Efficacy of an emergency department–based motivational teenage smoking intervention. *Preventing Chronic Disease*, 4(1), 1-12.

Horn, K. A., Dino, G. A., Kalsekar, I. D., & Fernandes, A. W. (2004). Appalachian teen smokers: Not On Tobacco 15 months later. *American Journal of Public Health*, 94, 181-184.

Horn, K., Dino, G., Kalsekar, I., & Mody, R. (2005). The impact of Not on Tobacco on teen smoking cessation: End-of-program evaluation results, 1998—2003. *Journal of Adolescent Research*, 20, 640-661.

Jha, P., Ramasundarahettige, C., Landsman, V., Rostron, B., Thun, M., Anderson, R. N., et al. (2013). 21st-century hazards of smoking and benefits of cessation in the United States. *New England Journal of Medicine*, 368, 341-350.

Johnston, L. D., O'Malley, P. M., Bachman, J. G., & Schulenberg, J. E. (2014). *Monitoring the Future national survey results on adolescent drug use: Overview of key findings, 2013*. Ann Arbor: Institute for Social Research, The University of Michigan.

Kistenmacher, B. R., & Weiss, R. L. (2008). Motivational interviewing as a mechanism for change in men who batter: A randomized control trial. *Violence and Victims*, 23, 558-570.

Lantz, P. M., Jacobson, P. D., Warner, K. E., Wasserman, J., Pollack, H. A. Berson, J., et al. (2000). Investing in youth tobacco control: A review of smoking prevention and control strategies. *Tobacco Control*, 9, 47-63.

Lawson, G. P. (2012). Tobacco harm reduction: Thinking the unthinkable. *British Journal of General Practice*, 62, 314.

Levy, D. T., Chaloupka, F., & Gitchell, J. (2004). The effects of tobacco control policies on smoking rates: A tobacco control scorecard. *Journal of Public Health Management Practice,* 10, 338-353.

Lipkus, I. M., McBride, C. M., Pollak, K. I., Schwartz-Bloom, R. D., Tilson, E., & Bloom, P. N. (2004). A randomized trial comparing the effects of selfhelp materials and proactive telephone counseling on teen smoking cessation. *Health Psychology*, 23, 397-406.

Miller, W. R., Benefield, R. G., & Tonigan, J. S. (1993). Enhancing motivation for change in problem drinking: A controlled comparison of two therapist styles. *Journal of Consulting and Clinical Psychology*, 61, 455.

Miller, W. R., & Rollnick, S. (2013). *Motivational interviewing: Helping people change* (3rd ed.). New York: Guilford Press.

Monti, P. M., Barnett, N. P., O'Leary, T. A., Colby, S. M. (2001). Brief motivational enhancement for alcohol-involved adolescents. In P. M. Monti, S. Colby, & T. A. O'Leary (Eds.). *Adolescents, alcohol and substance abuse: Reaching teens through brief interventions* (pp. 145-182). New York: Guilford Press.

Monti, P. M., Colby, S. M., Barnett, N. P., Spirito, A., Rohsenow, D. J., Myers, M. G., et al. (1999). Brief interventions for harm reduction with alcoholpositive older adolescents in a hospital emergency department. *Journal of Consulting and Clinical Psychology*, 67, 989-994.

Prochaska, J. O., & Velicer, W. F. (1997). The transtheoretical model of health behavior change. *American Journal of Health Promotion*, 12, 38-48.

Rollnick, S., Miller, W. R., Butler, C. C. (2008). *Motivational interviewing in health care.* New York: Guilford Press.

Sussman, S., Dent, C. W., & Lichtman, K. L. (2001). Project EX: Outcomes of a teen smoking cessation program. *Addictive Behaviors*, 26, 425-438.

Thun, M. J., Carter, B. D., Feskanich, D., Freedman, N. D., Prentice, R., Lopez, A. D., et al. (2013). 50-year trends in smoking-related mortality in the United States. *New England Journal of Medicine*, 368, 351-364.

U.S. Department of Health and Human Services. (2010). *How tobacco smoke causes disease: The biology and behavioral basis for smoking–attributable disease: A report of the surgeon general.* Atlanta, GA: U.S. Department of Health and Human Services, Centers for Disease Control and Prevention, National Center for Chronic Disease Prevention and Health Promotion, Office on Smoking and Health.

Woodruff, S. I., Conway, T. L., Edwards, C. C., Elliott, S. P., & Crittenden, J. (2007). Evaluation of an Internet virtual world chat room for adolescent smoking cessation. *Addictive Behaviors, 32,* 1769-1786.

# 第十三章

## 针对亲密伴侣暴力的动机式访谈

埃瑞克·M.伍丁

亲密伴侣暴力（IPV）已从被视为私人家庭事务发展成为公认的重大公共健康问题。亲密伴侣暴力可以采取多种形式，包括针对当前或以前的亲密伴侣进行身体上的攻击以及言语和心理上的虐待行为。随着我们对亲密伴侣暴力重要性的理解发生改变，试图改善亲密伴侣暴力对社会的影响的努力也在不断变化。不幸的是，许多早期干预措施仅取得了有限的成功，因此研究人员、临床治疗师和公共政策专家正在积极寻找经过实证检验的方法，这些方法可能更适合在亲密关系背景下改善行为调节的问题。动机式访谈是一种在预防和治疗各种人群的亲密伴侣暴力方面显示出巨大潜力的方法。

## 临床问题

亲密伴侣暴力是一种常见的人际行为，会对受害者造成严重的负面影响。一项文献综述回顾了111篇报告亲密伴侣暴力伤害发生率的论文，发现身体上的亲密伴侣暴力（包括推、撞、抓等行为）的汇总患病率男性约占22%，女性约占28%（Desmarais, Reeves, Nicholls, Telford, & Fiebert, 2012）。非身体形式的亲密伴侣暴力则更为常见，至少40%的女性和32%的男性报告了口头的或情感的亲密伴侣暴力，如喊叫、咒骂和侮辱，41%的女性和43%的男性报告了被强制控制，包括情感虐待、性胁迫和跟踪（Carney & Barner, 2012）。暴露于心理上和身体上的亲密伴侣暴力会对受害者造成实质性的影响，包括糟糕的身体健康状况、心理健康状况、认知功能受损以及经济和社会方面幸福感的降低（Lawrence, Orengo-Aguayo, Langer, & Brock, 2012）。此外，暴露于心理上的亲密伴侣暴力比暴露于身体上的亲密伴侣暴力所造成的影响更大（Coker et al., 2002）。

亲密伴侣暴力有多种形式。有两种形式的亲密伴侣暴力可被明确区分开来，一种是亲密恐怖主义，主要指男性单方面的身体暴力、控制和虐待行为模式，另一种是情境性夫妻暴力，指的是非控制性的双向暴力，通常作夫妻之间冲突的升级产物出现（Johnson, 1995）。与情境性夫妻暴力相比，亲密恐怖主义与更高风险的严重亲密伴侣暴力以及更大的身体和心理社会影响相关（Johnson & Leone, 2005）。法律系统中更可能遇到亲密恐怖主义，而在临床和社区样本中则更可能发现情境性夫妻暴力（Graham-Kevan & Archer, 2003）。因此，考虑到亲密伴侣暴力的形式和影响，不同的治疗方法差异很大。

# 常规治疗

实施亲密伴侣暴力的一个常见组成部分是，个人通常不会意识到这样的行为是有问题的。即使在婚姻治疗的环境中，男性和女性也常常认为亲密伴侣暴力是一个短暂或不重要的问题（Ehrensaft & Vivian, 1996）。鉴于这种关注的缺乏，对亲密伴侣暴力的治疗往往是由法院命令或其他外部力量（如来自伴侣的压力）强制进行的（Saunders, 2000）。亲密伴侣暴力最古老、最常用的治疗方法是法院强制执行的小组治疗项目；然而，这些项目只取得了有限的成功。试图解决传统方法的一些缺点的替代疗法包括伴侣治疗和普遍预防计划，然而，这些方法也有其局限性。

## 小组治疗

单纯的刑事制裁似乎不是对反复的亲密伴侣暴力犯罪的有效威慑（Maxwell & Garner, 2012）。因此，许多州和省已经颁布了强制性治疗措施，针对被判犯有亲密伴侣暴力罪行的个人，主要是男性。最早的针对亲密伴侣暴力的小组治疗借鉴了女性主义者的观点，即认为亲密伴侣暴力反映了更大的男性主导女性的父权制社会体系（Dobash & Dobash, 1979）。因此，基于这种方法的大多数常规治疗。例如，Duluth模型（Pence & Paymar, 1993），通过专门旨在打破阻力的指令性和对抗性干预措施，明确针对父权制的信念和价值体系。许多州的法规现在明确要求法院强制执行的亲密伴侣暴力治疗措施采用女性主义观点（Maiuro & Eberle, 2008）。

最近，一些小组治疗计划也纳入了基于认知行为疗法的干预措施，重点是认知重构、技能培养和建立更强的情绪调节等干预措施（e.g., Wexler, 2006）。尽管通常不像Duluth模型那样具有对抗性，但认知行为疗法方法也主要是指导性的，并假设参与者已经准备好改变。目前，许多小组治疗计划都纳入了女性主义理论和认知行为疗法取向的元素，使得两种方法之间的区别难以分辨。

在亲密伴侣暴力小组治疗领域，高质量的随机对照试验很少，因此我们对传统治疗方法的有效性知之甚少。在最近的一篇综述中（Eckhardt et al., 2013），只有20项实验或准实验研究测量了屡犯行为（罪犯或伴侣报告的亲密伴侣暴力行为）。14项研究评估了Duluth模型，其余研究评估了包含认知行为疗法或其他基于技能的元素的模型。与无治疗对照组相比，只有约一半的研究表明小组治疗对亲密伴侣暴力具有显著影响，并且其中几项研究存在显著的方法学缺陷。此外，在亲密伴侣暴力小组治疗项目的元分析中（Babcock, Green, & Robie, 2004），对22项实验或准实验研究的检查发现，小组治疗对亲密伴侣暴力再犯有轻微但显著的影响，但不同治疗模式之间（例如，Duluth模型、认知行为疗法）没有显著差异。

亲密伴侣暴力小组治疗的效果微不足道，治疗脱落率也极高，许多人只参加了一次或更少的治疗（Daly & Pelowski, 2000）。此外，早期脱落与未来亲密伴侣暴力行为的更大再犯风险有关（Bennett, Stoops, Call, & Flett, 2007）。例如，在199名法庭强制要求参加施暴者干预治疗的男性样本中，脱落率为40%，并且脱落的参与者的再犯风险是其他参与者的两倍多（Eckhardt, Holtzworth-Munroe, Norlander, Sibley, & Cahill, 2008）。因此，亲密伴侣暴力的小组治疗对完成治疗的个体仅产生很小的改变，并且还具有极高的治疗拒绝率。

亲密伴侣暴力小组治疗效果有限的可能原因包括缺乏改变的内在动机、共病如阻碍改变的精神疾病或物质使用障碍、重要治疗目标的多样性以及暴露于反社会的同辈群体中传染效应的风险（Murphy & Meis, 2008）。毫不奇怪，法院转介的个人的内在改变动机是特别低的。例如，根据改变的跨理论模型（Prochaska & DiClemente, 1984），在199名法院强制要求参与施暴者干预治疗的男性中，76%的人报告自己主要处于改变的前意向或意向阶段（Eckhardt et al., 2008）。同样，在参与施暴者干预治疗的292名男性中，只有13%的人报告处于改变的行动阶段（Levesque, Gelles, & Velicer, 2000）。因此，个体参加亲密伴侣暴力小组治疗往往具有很低的内在改变动机，这表明指导性的和对抗性的干预方法可能对大多数参与者来说并不合适。

## 伴侣治疗

鉴于伴侣间的家庭暴力往往是双向的（Langhinrichsen-Rohling, Misra, Selwyn, & Rohling, 2012），并且关系困扰与亲密伴侣暴力行为密切相关（Stith, Smith, Penn, Ward, & Tritt, 2004），因而伴侣治疗方法也被开发出来用于治疗亲密伴侣暴力。在有限的随机对照试验中，伴侣治疗的小组治疗在减少亲密伴侣暴力行为和增加关系调整方面，通常与性别特定的小组治疗（O'Leary, Heyman, & Neidig, 1999）和伴侣治疗的个体治疗（Stith, Rosen, McCollum, & Thomsen, 2004）具有相同或更好的效果。由于担心治疗期间暴力升级，伴侣治疗通常仅建议适合仍处于完整关系中且仅有中低水平的亲密伴侣暴力、没有严重受伤史且对伴侣没有明显恐惧的夫妇，因此不适合许多有亲密伴侣暴力行为史的人。伴侣治疗计划通常也建立在女性主义和认知行为疗法原则的基础上，采用相应的对抗性或指导性的干预措施，因此传统伴侣治疗能否成功仍然受到改变动机低问题的影响。

## 普遍性预防

鉴于旨在治疗亲密伴侣暴力的干预措施的效果有限，近年来越来越多的注意力转向年轻亲密伴侣暴力行为的预防。亲密伴侣暴力预防计划主要是普遍性的（例如，针对一个群体的所有成员，无论其亲密伴侣暴力行为的风险高低）和心理教育性质的，并且是针对刚刚开始亲密关系的青少年和年轻成年人。许多计划在学校环境中实施，有些也在其他社区环境，或直接面向夫妻或父母（O'Leary, Woodin, & Fritz, 2006）。一般而言，普遍的心理教育计划，特别是在学校环境中进行的计划，在减少亲密伴侣暴力犯罪方面效果很小（Whitaker, Murphy, Eckardt, Hodges, & Cowart, 2013）。普遍预防计划往往是标准化的和教导性的，因此可能无法处理亲密伴侣暴力犯罪者的异质性。

此外，由于这些干预措施针对的主要是非攻击性的年轻人群体，因此强度往往非常有限，效应量可以忽略不计。向有风险的个体提供有针对性的亲密伴侣暴力预防计划往往比普遍性预防计划产生更大的效果，可能是因为他们采用了更大程度的个性化和个体化措施，包括使用更具互动性的和高强度的干预措施（O'Leary et al., 2006）。

## 使用动机式访谈治疗亲密伴侣暴力的原理

鉴于许多解决亲密伴侣暴力的治疗方法的有效性有限，迫切需要开发有经验支持且灵活的治疗模型，以应对亲密伴侣暴力犯罪的挑战和多样性。如上所述，低改变动机被视为传统亲密伴侣暴力治疗的主要问题，而且动机确实是一个重要的考虑因素。例如，在107名被法庭强制要求治疗的男性样本中，准备改变的动机是工作联盟的最强预测因子（Taft, Murphy, Musser, & Remington, 2004）。此外，亚历山大及莫里斯（Alexander & Morris，2008）证明，进入小组治疗的男性中，准备改变程度较低的人报告的困扰、暴力和愤怒问题也更少，即使他们的伴侣报告的暴力加害程度相对于其他参与者是相等的。因此，对改变准备度低的个体可能会低估他们自己的损害程度，并且在建立强大的工作联盟方面更加困难，因此不太可能成功地参与治疗过程。

表示阻抗的行为（例如，愤怒、烦躁、反对和怀疑）与各种障碍的不良治疗结果有关（e.g., Beutler, Moleiro, & Talebi, 2002），然而，没有证据表明对抗是解决阻抗的最佳方案。相反，强制和敌对的治疗师行为往往会导致来访者的不信任（Ackerman & Hilsenroth, 2001），而有阻抗的个体最不可能从指导性质的治疗中受益（Beutler et al., 2002）。此外，采用指导对抗风格的酒精使用简短干预会产生高水平的来访者阻抗，实际上预测了治疗后饮酒率的增加（Miller, Bene-field, & Tonigan, 1993）。因此，对抗性策略可能会限制传统团体疗法的有效性，甚至可能重新创造出他们试图克服的等级和控制的动态（Murphy & Baxter, 1997）。最近，干预提供者提出，治疗方案的选择应该侧重于在治疗过程中让参与者产生更大的内在动机，即使对于开始治疗时改变动机很低的参与者来说也是如此（McMurran, 2002）。

酒精治疗领域经历了一段非常相似的历史，即使用对抗性干预来打破否认和迫使改变的尝试基本上不会成功（e.g., Polich, Armor, & Braiker, 1981）。改变的跨理论模型（Prochaska & DiClemente, 1984）和动机式访谈的治疗技术（Miller, 1983）的发展在很大程度上是对现有治疗的局限性的回应。酒精和亲密伴侣暴力治疗领域在频繁的治疗阻抗性和对抗性方法的有限功效方面的相似性，导致呼吁使用动机性方法来治疗亲密伴侣暴力（e.g., Daniels & Murphy, 1997; Murphy & Baxter, 1997）。此外，亲密伴侣暴力和高风险的酒精使用的患病率都在成年早期达到峰值，这是一个有相当多冲动性风险行为和身份形成的时期（Arnett, 2000; O'Leary & Woodin, 2005），这表明两种行为可能存在一些共同的潜在风险因素，因此可能适合采用类似的治疗方式。

# 临床应用

鉴于上述现有治疗方法的局限性，斯图亚特等人（Stuart, Temple & Moore, 2007）认为需要对现有治疗方法进行系统的经验性修改。他们建议将动机性策略纳入现有治疗方案，以促进与参与者建立更强大的工作联盟，因为参与者往往尚未准备好参与具体的行为改变策略。迄今为止，动机式访谈已经以多种方式纳入现有的治疗方案中，包括作为物质使用或亲密伴侣暴力小组治疗方案中的依从性问题的辅助治疗、作为与现有亲密伴侣暴力小组治疗方案相互交织的额外组成部分，以及作为针对高风险个体的独立且有针对性的预防方法。

## 动机式访谈在物质使用中作为传统治疗的辅助方法

鉴于有害的物质使用与亲密伴侣暴力行为显著相关（Foran & O'Leary, 2008），动机式访谈用于物质使用的一个自然产物是作为亲密伴侣暴力治疗的辅助手段。在一项早期试验中，22名被法庭强制要求接受愤怒管理培训的男性接受了关于物质使用的一次小组动机式访谈咨询（Easton, Swan, & Sinha, 2000）。动机式访谈环节包括使用与动机式访谈一致的框架，关注与药物相关的问题和可能的解决方案。结果表明，在动机式访谈干预前后，对物质使用的改变动机显著增加，然而，研究人员没有在后续随访中评估任何物质使用行为的改变。

一个受动机式访谈启发的针对物质使用的短暂干预措施也被当作亲密伴侣暴力的伴侣治疗的辅助方法开发出来（McCollum, Stith, Miller, & Ratcliffe, 2011）。在第六次伴侣治疗期间，有酒精或药物使用风险的参与者参加了一次动机式访谈干预。动机式访谈干预以团体或个人形式单独提供给男性和女性，主要包括谈论药物使用的方式和与饮酒相关的心理教育、探讨物质使用的利弊、通过调查问卷鼓励参与者考虑药物使用的可能后果，以及一份旨在帮助参与者决定他们希望在药物使用中做出哪些改变（如果有的话）的工作表。在整个干预过程中，治疗师以动机式访谈的方式回应来访者。迄今为止，尚未发表对这种疗法效果的评估。

动机式访谈与个性化反馈相结合，被称为动机增强疗法，也被当作减少酒精使用的方法进行了研究。迄今为止最大的研究是在施暴者干预项目中将252名有危险饮酒行为的男性随机分配，在参加标准亲密伴侣暴力小组治疗之前，接受90分钟关于危险酒精使用的动机增强疗法或进入无干预控制组（Stuart et al., 2013）。在3个月的随访中，动机增强疗法的参与者报告的饮酒量显著减少、戒酒率增加、身体上的暴力严重程度降低、心理上的暴力程度减轻、伴侣受伤减少；然而，在6个月和12个月的随访中，效果已基本消退。因此，用于物质使用的动机增强疗法是增加标准亲密伴侣暴力治疗方案功效的有希望的辅助手段，但其功效可能会随着时间的推移而减少。

## 动机式访谈作为提升亲密伴侣暴力小组治疗依从性的辅助治疗

在首次直接将动机式访谈用于亲密伴侣暴力小组治疗的辅助治疗的研究中，在进行亲密伴侣暴力小组治疗之前，有学者（Kistenmacher & Weiss, 2008）将33名被法院强制要求接受治疗的男性随机分配到接受两次以亲密伴侣暴力为中心的动机增强疗法的干预组，或无干预的控制组。动机增强疗法干预包括根据参与者对亲密伴侣暴力行为实施和改变阶段的自我报告进行个性化反馈，然后在第二次咨询中，治疗师使用与动机式访谈一致的立场进一步讨论他们的亲密伴侣暴力和开始治疗。在动机增强疗法干预后，动机增强疗法组的男性在改变阶段上表现出更大的成长和对自己亲密伴侣暴力行为的外部归因的减少，然而，研究人员没有报告行为结果，例如小组治疗的依从性或亲密伴侣暴力再犯率。

一项更大规模的研究同样评估了包含两次咨询的以动机增强疗法为核心的干预过程，与在法院强制执行的认知行为疗法团体治疗之前完成的结构化干预作为对照组进行比较（Musser, Semiatin, Taft, & Murphy, 2008）。该动机增强疗法咨询包括完成评估亲密伴侣暴力改变准备度的《家庭暴力案件危险性评估量表》（SIRC; Begun et al., 2003），以及随后45分钟的动机式访谈环节和完成自我报告问卷。第二次咨询包括利用个性化的书面和口头反馈实施动机增强疗法，反馈内容涉及参与者自我报告的亲密伴侣暴力、愤怒、关系功能和风险物质使用的，以及随后进行的第二次动机式访谈。除了咨询内程序外，治疗师还在第一和第二次咨询之间向参与者发送个性化的动机性笔记，并在参与者错过预约后通过电话和邮件联系他们。与对照组相比，动机增强疗法组与更具建设性的咨询内行为、更高的家庭作业依从性、由治疗师评分的更好的工作联盟以及更多的外部求助行为相关。在咨询出勤率、自我报告的改变准备度或由来访者评分的工作联盟中没有发现显著影响。最后，在用认知行为疗法干预6个月后，动机增强疗法组在伴侣报告的亲密伴侣暴力上有边缘显著的效果优势。作者指出，由于目标行为是咨询参与而不是降低亲密伴侣暴力本身，因此动机增强疗法在降低亲密伴侣暴力方面的效果可能不如预期。

在对改变的调节变量的后续分析中，墨菲等人（Murphy, Linehan, Reyner, Musser & Taft, 2012）发现，最初不愿改变的男性比那些已经有动力改变的男性更有可能在动机增强疗法干预后报告在改变阶段上的进步。此外，对于最初声称已经解决问题的男性来说，动机增强疗法实际上与在改变阶段上更多的后退和更多的家庭作业依从性有关，这表明动机增强疗法促使这些人重新考虑他们可能仍需要付出努力。对于有强烈改变意向的男性，动机增强疗法还与更好的工作联盟相关；而对于有强烈愤怒特质的男性，动机增强疗法与更高的咨询出勤率有关。

斯科特等人（Scott, King, McGinn & Hosseini, 2011）为高度抗拒法院强制执行的男性开发了一个为期六次咨询的小组治疗预处理方案，其中融入了动机式访谈的主题，包括聚焦共情、创造不一致和建立自我效能。然后，这些人参加了Duluth模型小组治疗项目。作者发现，相比于仅接受标准小组治疗的高度抗拒的男性，接受动机性预处理小组的高抗拒的男性的治疗脱落率更低；然而，小组领导者对咨询期间的参与度的评分没有显著差异。此外，没有后续研究分析干预后亲密伴侣暴力的再犯率。

克兰及同事（Crane & Eckhardt, 2013）评估了作为法院强制执行的小组治疗辅助手段的单次动机式访谈咨询。动机式访谈包括45～55分钟讨论最近的亲密伴侣暴力事件、探讨参与者对居家安全量表的回答（Begun et al., 2003），以及在某些情况下完成标准化的改变计划。治疗师以符合动机式访谈理念的方式回应参与者。结果表明，与控制组相比，动机式访谈组有更好的咨询出勤率和治疗依从性。此外，改变准备度在其中起调节作用，改变准备度低的参与者在咨询出勤率和治疗依从性方面表现出显著效果，而改变准备度高的参与者无论干预条件如何都有很好的参与性。他们发现，干预6个月后的再犯率无显著差异，然而，在两种条件下，亲密伴侣暴力特定再犯率都非常低。他们还指出，随着两种条件下的依从率越来越接近，动机式访谈的效果似乎在治疗中期消失，他们认为在治疗中期加入第二次动机式访谈的强化咨询可能是一种有效补充。

## 将动机式访谈主题融入小组治疗

亚历山大等人（Alexander, Morris, Tracy & Frye, 2010）在研究中回应了现有治疗方法的局限性，他们将528名男性施暴者随机分配到两个组，一个组进行为期26周的改变阶段动机式访谈（SOCMI）的小组干预，另一个组接受标准认知行为疗法性别再教育小组干预。改变阶段动机式访谈干预的前14次咨询利用了与改变的前意向阶段和意向阶段相一致的体验性改变过程，而最后12次咨询由行为改变过程组成。小组领导者以与动机式访谈一致的方式进行所有改变阶段动机式访谈咨询。结果表明，与认知行为疗法条件相比，改变阶段动机式访谈组的成员在治疗后更少实施身体上的亲密伴侣暴力行为。与理论预测一致，对于改变准备度较低的男性，在参与改变阶段动机式访

谈条件之后实施的身体上的亲密伴侣暴力显著减少，而对于改变准备
程度较高的男性，与改变阶段动机式访谈条件相比，参与认知行为疗
法条件的男性实施的身体上的亲密伴侣暴力显著减少。

## 总　结

总而言之，动机式访谈和动机增强疗法最常被用作亲密伴侣暴力
小组治疗的辅助手段，重点关注物质使用或亲密伴侣暴力行为。大多
数研究表明，动机式访谈和动机增强疗法的干预会提高改变的准备
度，许多研究也证明治疗出勤率和依从性有所改善。少量研究报告了
动机式访谈和动机增强疗法干预后亲密伴侣暴力的变化，然而，有证
据表明这些方法至少可以暂时减少亲密伴侣暴力行为。最后，动机式
访谈和动机增强疗法似乎对改变动机较低的个体产生较大的行为改
变，而更具结构性的干预措施（如认知行为疗法）对具有较高改变动
机的个体则可以产生相同甚至更大的改变。

# 临床案例

针对有风险的大学生约会情侣，我们开发了独立的动机增强干预
约会检查计划（Woodin & O'Leary, 2010）。我们希望创建一个对于
在关系中经历低至中等水平的身体上的亲密伴侣暴力的关系完整情侣
有帮助的计划，旨在提供一种简单的个性化干预措施，为那些通常对
强度更大的干预措施不太了解或不感兴趣的青旅提供有针对性的预防
方法。我们尤其希望对处于"新兴成年期"发展阶段的情侣进行干预，
这一阶段往往以高风险行为和身份认同发展为特征（Arnett, 2000），同
时也是发生亲密伴侣暴力的高风险阶段（O'Leary & Woodin, 2005）。
此外，我们对干预男性亲密伴侣暴力特别感兴趣，因为过去的研究表

明，男性亲密伴侣暴力对受害者影响更加严重（Lawrence et al., 2012）。与此同时，我们认识到大多数情侣可能会报告双向的亲密伴侣暴力（Magdol et al., 1997），因此我们特意设计了灵活的且适用于男性和女性的评估和干预程序。

基于这些目标，我们设计了一项将动机增强疗法与控制组进行比较的研究，控制组包括简短的非动机性的反馈和心理教育（Woodin & O'Leary, 2010）。我们从纽约州立大学石溪大学校园招募情侣。我们的纳入标准是两个伴侣都在18~25岁，他们有至少3个月的未婚和非同居的约会关系，并且他们在最近三个月内至少经历了一次由男性伴侣实施的身体上的轻度暴力行为（扔可能让人受伤的东西、拖拽手臂、拉扯头发、推或撞、抓脸或身体、扇耳光）。

### 评估咨询

符合纳入标准的情侣被邀请参加2小时的评估咨询。在第一个小时内，情侣被分开并在不相邻的房间完成一系列计算机化的问卷调查。我们使用《冲突策略量表修订版》（CTS2; Straus, Hamby, Boney-McCoy, & Sugarman, 1996）评估前几个月内的身体上的亲密伴侣暴力水平（分别报告施害和受害情况）。我们还评估了亲密伴侣暴力的常见危险因素，包括《冲突策略量表修订版》中的心理上的亲密伴侣暴力、《沟通模式问卷》（CPQ; Christensen & Sullaway, 1984）中的口头冲突模式、《生活事件量表》（LES; Sarason, Johnson, & Siegel, 1978）中的压力感知，以及《酒精使用障碍识别测验》（AUDIT; Saunders, Aasland, Babor, de la Puente, & Grant, 1993）中的危险酒精使用行为。最后，我们还评估了亲密伴侣暴力的常见后果，包括《配偶适应量表》（DAS; Spanier, 1976）中的关系满意度、《贝克抑郁量表修订版》中的抑郁症状（BDI-II; Beck, Steer, & Brown, 1996）和《贝克焦虑量表》中的焦虑症状（BAI; Beck,

Epstein, Brown, & Steer, 1988）。

在计算机化评估完成后，我们首先检查评估结果，看是否存在《冲突策略量表修订版》测量到的与亲密伴侣暴力相关的严重受伤史，或是否存在使用《伴侣恐惧量表》（FPS; O'Leary, Foran, & Cohen, 2013）测量到的对伴侣的任何显著恐惧。出于安全原因，报告受伤或显著恐惧的情侣被排除在参与反馈咨询之外。我们的排除协定要求与每个伴侣就个人的即时和长期安全进行个人和保密的解说，并提供大学生咨询中心、当地紧急庇护所和暴力热线的转介。

在评估咨询的最后一步，一位治疗师对一对伴侣进行了访谈，使用口述历史访谈询问他们关系的历史和发展情况（OHI; Buehlman, Gottman, & Katz, 1992）。口述历史访谈是一个半结构化的访谈，包括第一次是如何相遇的、吸引彼此的原因是什么以及他们的关系如何发展的问题。为了落实保密责任，我们没有专门询问有关亲密伴侣暴力的问题，几乎没有任何一对情侣在访谈期间自愿讨论亲密伴侣暴力。我们选择让情侣完成口述历史访谈，这通常被认为是一次愉快和享受的访谈，以与治疗师建立融洽的关系，并为治疗师提供反馈咨询的背景信息。

## 动机增强疗法反馈咨询

动机增强疗法的反馈咨询与每个伴侣最多持续45分钟，参与者被分配到反馈咨询后，首先收到关于亲密伴侣暴力行为的书面个性化反馈（出于保密原因，仅基于每个伴侣的自我报告）以及关于身体上的亲密伴侣暴力风险因素的书面反馈（心理亲密伴侣暴力、言语冲突、压力、酒精使用）和亲密伴侣暴力的可能后果（关系满意度、抑郁、焦虑）。根据从其他大学生群体中收集的调查问卷的常模数据，为每位伴侣提供个性化的反馈信息，即将他们的自我报告评分与同性别的大学生自我报告平均分进行比较。反馈根据每个问卷的分数总结为"低""中"或"高"，并且为每个伴侣提供了分数含义的简要描述。此外，亲密伴侣暴力反馈以相对于纽约州立大学石溪分校学生的百分位分数呈现，这是根据我们实验室小组过去的研究数据得出的。我们提供这种个性化的常模反馈与以下证据一致，即在有害酒精使用的简短干预措施中，对酒精使用的常模感知是重要的改变机制（Borsai & Carey, 2000），同样来自亲密伴侣暴力领域的证据表明，那些报告他们目前的亲密伴侣暴力行为与他们对亲密伴侣暴力的态度（例如，认知失调）之间存在差异的年轻成年人最有可能随着时间的推移降低亲密伴侣暴力行为，即使控制态度改变变量也是如此（Schumacher & Slep, 2004）。

在反馈咨询期间，治疗师以共情和非对抗的方式提供个性化反馈，讨论当前影响以及亲密伴侣暴力对个人和双方关系可能带来的未来风险，从而引发对行为改变可能手段的讨论。适当讨论了导致亲密伴侣暴力的常见诱发事件（例如，重度酒精使用、心理上的亲密伴侣暴力、关系冲突、压力）。此外，重点讨论了亲密伴侣暴力对个人福祉和关系的潜在影响。参与者被要求回应这些反馈，并对任何表明改变这些行为的动机的陈述给予关注和强化。

动机性反馈咨询的最后一次面谈是15分钟，包括两位伴侣，因此没有具体提到个人反馈。相反，治疗师要求情侣讨论他们对关系中优点和问题的总体印象。与个人访谈一样，治疗师关注并强化表明有改变任何身体上的亲密伴侣暴力风险因素（例如，频繁的冲突、酒精使用）的动机的陈述。

### 治疗结果

伍丁等人（Woodin & O'Leary, 2010）报告了把有风险的大学生情侣的约会计划当成独立的动机增强疗法干预的治疗效果的研究。与非动机性控制组相比,动机增强疗法干预组在干预后9个月内与较少的身体上的亲密伴侣暴力、较少的酗酒和较低的心理上的亲密伴侣暴力接受程度相关。在后续分析中,伍丁等人(Woodin, Sotskova & O' Leary,2012)发现,与动机式访谈一致的治疗师行为预测了在接受动机增强反馈咨询后身体上的亲密伴侣暴力的显著降低,表明动机增强疗法程序通过假设的机制发挥了作用。

## 一次典型的动机增强疗法反馈咨询的描述

卡莉和亚当已经交往了8个月。卡莉是来自柬埔寨的第一代大学生,亚当是第二代乌克兰裔美国人。他们通过共同的朋友相识,都住在校内学生宿舍。他们都将在这学期结束时毕业,正在经历一些压力,因为他们不确定毕业后将何去何从。他们还面临来自家人的压力,因为家人不赞成他们与自己文化群体之外的人约会,并且希望在关系变得更加认真之前分手。卡莉报告说,最初亚当吸引了她是因为他的外表和友好的风度,亚当报告说他被卡莉吸引是因为她外向、讨人喜欢。他们描述他们的关系总体上是牢固并且充满爱意的,但他们也在嫉妒问题上产生困扰,尤其是在社交聚会上,并经常经历"失控"的冲突。

在卡莉的动机性反馈咨询期间,她对大部分个性化反馈并不感到惊讶,特别是在她和亚当的关系中有大量的言语冲突和心理上的亲密伴侣暴力。相比之下,与石溪大学学生的平均分相比,她和亚当在身体上的亲密伴侣暴力频率方面的得分高于平均分90%,这让她感到非常惊讶和震惊。她最初的反应是:"这是家庭暴力吗?"她接着说,她从来没有想过他们的推搡是非常严重的事情,因为她认为大多数情侣都会时不时发生这种行为。治疗师对她的惊讶进行了反映,并努力帮助她进一步开发和探索她尚未挖掘出的不一致。然后，治疗师努力引导卡莉说出自我激励性的陈述，特别是围绕她有效解决冲突的目标，以使他们的关系不那么紧张。卡莉有一些关于如何更有效地处理冲突的想法，特别是在亚当与其他女人交谈时她感觉到的嫉妒。在治疗师的帮助下，她能够指出有自我效能的领域，她觉得她强大的人际交往能力有助于她更有效地沟通。

在亚当的动机性反馈咨询期间，他没有像卡莉那样对他身体上的亲密伴侣暴力行为的反馈感到惊讶，但他对这种情况感到悲伤。他描述自己在孩提时代经常目睹父母在身体上的冲突，他发誓永远不会在自己的关系中重复同样的模式。他说，在他与卡莉的冲突中，他经常感到不知所措，当他突然试图离开房间"冷静下来"时，他们的争吵会变成肢体冲突。亚当很快再次承诺在他们的关系中不使用暴力的目标，"那不是我想成为的男人"。治疗师随后让亚当想出一些当他感到不知所措时可以采取的替代方法，亚当能够想出几种策略，包括他需要从对话中暂时抽离，以免事态升温。

在最后的联合反馈咨询中，治疗师引导这对情侣思考他们关系的总体优势和挑战，并探讨他们如何应对挑战。卡莉和亚当都认为他们之间坚固的纽带和让关系持续的决心是他们最大的优势，他们共同关注关系中的冲突和嫉妒问题，认为这是他们的重要挑战。这对情侣表达了希望找到更好的方法来解决冲突的愿望，并且每个人都描述了自己感到不安时会使用的一些关键策略。治疗师对这些自我激励的陈述进行了反映，并重申了这对情侣的优势领域，作为实现这些改变的自我效能的证据。

# 动机式访谈过程

动机性反馈咨询被设计为灵活的和个性化的，以便在各个阶段治疗师都能够与每个参与者以适当的节奏进行动机式访谈。在整个咨询期间，治疗师要保持共情和非对抗立场，同时保持高质量动机式访谈执行的标准。治疗师专注于提出开放式问题，使用更多的反映而不是提问题，并尽可能使用复杂的反映。治疗师也避免在未经许可的情况下提供建议。

## 提供标准化反馈

反馈过程的第一阶段通常是向参与者征求提供书面的标准化反馈的许可，然后询问他们对于反馈的反应："根据你填写的问卷，你的酒精使用水平属于高水平。通常我们说得分高于7分的人有饮酒问题的风险，你的得分是18分，远远超过这个水平。"治疗师以灵活的方式提供这种反馈，如果参与者对特定主题产生共鸣，则可以根据需要跳过不需要的步骤。相反，如果参与者在某些步骤得分较低（例如，他们的酒精使用量在健康范围内），治疗师将强化这种优势来源，然后继续讨论对个人来说可能更突出的问题。

## 探索参与者的反应

在提供每项测量的反馈后，治疗师会要求参与者做出回应。"你对此有何看法？""这与你如何看待自己有什么关系？"许多参与者对他们在肢体上的亲密伴侣暴力得分感到特别惊讶，不少人提到他们认为这种行为在他们的社交圈中很常见。治疗师对这些断言做出了共情和非对抗性的回应，其中包括诸如"在你看来，你的很多朋友会时不时地发生身体冲突"。

### 引发改变谈话

在整个咨询期间，治疗师努力引导来访者说出改变话语，并有选择地进行关注，包括参与者愿意谈论他们的亲密伴侣暴力行为时、考虑与亲密伴侣暴力相关的问题时，以及直接评论他们希望停止亲密伴侣暴力时。治疗师通过开放式问题引出这些陈述，例如：

> "告诉我更多关于你推搡伴侣时的感受。其中有什么积极的方面？消极方面又是什么？你对冲突以及为你自己和你们的关系而努力的担忧是什么？"
>
> "告诉我你和伴侣争吵时你观察到什么。让你担忧的是什么，哪些可能是问题或有可能成为问题？"
>
> "是什么让你认为你可能需要在关系中改变？"

治疗师试图引发尽可能多的改变话语，同时承认不同人的动机可能差异很大。大学约会情侣的常见动机通常围绕亲密伴侣暴力对他们的关系、他们自己的身心健康和福祉，或者他们的学业表现和应对学业压力的能力的影响。治疗师通常会在来访者说出改变话语后立即将这些改变话语的陈述反映给来访者，然后在此过程结束时进行总结反映。

> "德里克，对你而言，最大的问题是，当你们发生肢体冲突时，实际上并没有解决问题，但从长远来看往往会让问题变得更糟糕。你担心这种压力会影响你们的关系，这使你在学习时很难集中注意力。这也会让你感觉不好，因为这违背了你的信念，即'男人不能打女人'。"

### 引发改变的想法

在治疗师引出改变话语并进行反映之后，下一步通常是询问参与者对改变亲密伴侣暴力行为的想法。相反，许多参与者会自发提出自己的改变想法，治疗师可以通过反映来强化这些想法。常见的治疗师问题可能包括：

> "既然你已经考虑过你的攻击行为问题，你认为下次当你感到嫉妒时你会怎么做？"
>
> "就你想在你们的关系中采取什么行动而言，现在你应该怎么做？"
>
> "你对这一切有什么想法？你接下来打算怎么做？有什么可能有帮助？"
>
> "你对未来有什么期望？如果情况比现在好很多，会是什么样子？你会如何实现这一目标？"

在这一过程中，治疗师要避免提出建议，而是引导参与者说出自己的改变想法然后进行反映。治疗师还强调，参与者如何以及是否改变自己的行为是参与者自己的决定。治疗师也不会就参与者是否应该保持关系或终止关系提出建议，而是以中立的方式回应参与者在这方面的任何想法。

如果参与者直接征求建议或向治疗师提问，治疗师会尽可能以客观的建议回应，但通常会再次强调个人责任和自主权的主题。

> "选择什么对你有用是你的权利，但我可以说，对于很多人来说，如果感到非常沮丧，暂时离开可能会有很大的改变。"
>
> "既然你提到你们大部分的激烈争吵都发生在你们两人喝了很多酒的时候，一个可能有帮助的方法是在晚上外出时减少饮酒量。"

### 提供多种选择

动机性反馈咨询的最后阶段包括为参与者提供关于建立健康关系

的小册子，以及一份校内和校外资源的转介清单。再次提醒参与者，这些只是在他们特定情况下可能有用的选择，但对于那些正在处理关系暴力的人来说，这些是有用的资源。

## 问题和建议解决方案

由于动机式访谈的共情和非对抗性质，这种方法通常比标准治疗方法更能有效地吸引那些不愿意将自己标记为有亲密伴侣暴力问题的人（Alexander et al., 2010; Crane & Eckhardt, 2013; Kistenmacher & Weiss, 2008; Murphy et al., 2012; Scott et al., 2011）。话虽如此，针对亲密伴侣暴力的动机式访谈仍然会有问题，需要一些问题解决方法。

任何动机式访谈咨询中可能出现的一个关键问题（但在与法院强制执行或被迫接受的个体动机式访谈中更有可能出现）是个人可能对接受动机式访谈或动机增强疗法表达出高度"阻抗"。在这种情况下，传统的动机式访谈工具是关键。治疗师可以直接承认这种犹豫（"你真的不想来这里"）甚至放大参与者的担忧（"这是你现在最不想做的一件事"）。对矛盾心理的双面反映也很有帮助（"有一部分的你认为这个过程是在浪费时间，但另一部分的你认为其中一些真的让你感到惊讶"）。有时候改变话题也是有效的（"让我们换个话题，谈谈你最近承受的压力"）。在整个过程中，治疗师会提醒参与者他们自己的个人自主权和责任感，始终对参与者的经历保持一种共情和非评判性的态度。最重要的是，治疗师避免直接对抗、争论或给予建议，因为这些行为可能会增加参与者的不信任和犹豫。

在亲密伴侣暴力的动机式访谈中，经常出现的另一个问题是，参与者可能正在经历使行为改变更加困难的共病。事实上，在施暴者治疗中，男性的物质使用和心理健康问题显著预测了更差的治疗结果

（Tollefson & Gross, 2006）。在这种情况下，动机式访谈技术也可用于增加获得其他服务（例如物质使用障碍的治疗、心理健康调节）的动机。这与选择的方法有关，可以被视为参与者停止亲密伴侣暴力的个性化计划的一部分。

最后，如果伴侣存在严重伤害的风险，禁止把动机式访谈当作亲密伴侣暴力的独立治疗方法。如前所述，我建议将动机式访谈作为独立治疗方法的情况，仅适用于没有严重伤害或极端胁迫史的个体，或是双方对参与该过程都没有恐惧感的伴侣。如果风险升高，应鼓励参与者参加长期治疗计划，目的是理性解决在有安全问题的环境中学习更好的行为调节方法。此外，至少在行为调节得到显著改善之前，伴侣应分别接受治疗，以减轻暴力升级和伤害的风险。

# 结　论

动机式访谈是一种灵活的且易于获取的治疗亲密伴侣暴力的方法，克服了现有治疗的许多局限性。虽然仍需要额外的随机对照试验来验证动机式访谈和动机增强疗法在处理亲密伴侣暴力方面的有效性和可行性，但初步结果似乎是有希望的。一个提醒是，很少有研究考察干预后实际亲密伴侣暴力行为的改变（Alexander et al., 2010; Crane & Eckhardt, 2013; Musser et al., 2008; Stuart et al., 2013; Woodin & O' Leary, 2010，作为例外情况），甚至更少有研究能够获得伴侣对亲密伴侣暴力行为的报告，这往往是再犯率最可靠的指标，再犯率往往很难获得（尤其是对于被法院强制要求接受治疗的男性的情况）。动机式访谈在处理亲密伴侣暴力方面的另一个可能的限制是，其效果似乎在第一年内消退。正如几位作者建议的那样，在初次动机式访谈咨询之后进行 6 个月的加强咨询可能有助于延长治疗所取得的效果。或者，一些研究中观察到的有效性减退可能是将包含一次或两次咨询的动机式访谈与对抗性和指导性的团体治疗计划相结合的结果。在这种情况下，干预改进的一个关键点可能是，在整个治疗过程中保持与动机式访谈一致的立场。最后，与其他情况一样，针对亲密伴侣暴力的动机式访谈可能对亲密伴侣暴力问题意识较低或对改变亲密伴侣暴力行为动机较低的个体最有用。因此，准备好改变的个人可能会从以改变为导向的指导性方法中获益更多。尽管有这些注意事项和限制，动机式访谈仍然是一种令人兴奋的干预方法，它将亲密伴侣暴力干预领域推进到经验性治疗方案的下一阶段，这些项目有可能显著改善目前正在努力保持无暴力生活的更广泛人群的治疗结果。

# 参考文献

Ackerman, S. J., & Hilsenroth, M. J. (2001). A review of therapist characteristics and techniques negatively impacting the therapeutic alliance. *Psychotherapy: Theory, Research, Practice, Training*, 38, 171-185.

Alexander, P. C., & Morris, E. (2008). Stages of change in batterers and their response to treatment. *Violence and Victims*, 23, 476-492.

Alexander, P. C., Morris, E., Tracy, A., & Frye, A. (2010). Stages of change and the group treatment of batterers: A randomized clinical trial. *Violence and Victims*, 25, 571-587.

Arnett, J. J. (2000). Emerging adulthood: A theory of development from the late teens through the twenties. *American Psychologist*, 55, 469-480.

Babcock, J. C., Green, C. E., & Robie, C. (2004). Does batterers' treatment work? A meta-analytic review of domestic violence treatment. *Clinical Psychology Review*, 23, 1023-1053.

Beck, A. T., Epstein, N., Brown, G., & Steer, R. A. (1988). An inventory for measuring clinical anxiety: Psychometric properties. *Journal of*

*Consulting and Clinical Psychology*, 56, 893-897.

Beck, A. T., Steer, R. A., & Brown, G. K. (1996). *Beck Depression Inventory*—Second Edition (BDI-II), Manual. San Antonio, TX: Psychological Corp.

Begun, A. L., Murphy, C., Bolt, D., Weinstein, B., Strodthoff, T., Short, L., et al. (2003). Characteristics of the Safe at Home instrument for assessing readiness to change intimate partner violence. *Research on Social Work Practice*, 13, 80-107.

Bennett, L. W., Stoops, C., Call, C., & Flett, H. (2007). Program completion and re-arrest in a batterer intervention system. *Research on Social Work Practice*, 17, 42-54.

Beutler, L. E., Moleiro, C., & Talebi, H. (2002). Resistance in psychotherapy: What conclusions are supported by research? *Journal of Clinical Psychology*, 58, 207-217.

Borsai, B., & Carey, K. B. (2000). Effects of a brief motivational intervention with college student drinkers. *Journal of Consulting and Clinical Psychology*, 68, 728-733.

Buehlman, K. T., Gottman, J. M., & Katz, L. F. (1992). How a couple views their past predicts their future: Predicting divorce from an oral history interview. *Journal of Family Psychology*, 5, 295-318.

Carney, M., & Barner, J. R. (2012). Prevalence of partner abuse: Rates of emotional abuse and control. *Partner Abuse*, 3, 286-335.

Christensen, A., & Sullaway, M. (1984). *Communication Patterns Questionnaire*. Unpublished manuscript, University of California, Department of Psychology, Los Angeles.

Coker, A. L., Davis, K. E., Arias, I., Desai, S., Sanderson, M., Brandt, H. M., et al. (2002). Physical and mental health effects of intimate partner violence for men and women. *American Journal of Preventive Medicine*, 23, 260-268.

Crane, C. A., & Eckhardt, C. I. (2013). Evaluation of a single-session brief motivational enhancement intervention for partner abusive men. *Journal of Counseling Psychology*, 60, 180-187.

Daly, J. E., & Pelowski, S. (2000). Predictors of dropout among men who batter: A review of studies with implications for research and practice. *Violence and Victims*, 15, 137-160.

Daniels, J. W., & Murphy, C. M. (1997). Stages and processes of change in batterers' treatment. *Cognitive and Behavioral Practice*, 4, 123-145.

Desmarais, S. L., Reeves, K. A., Nicholls, T. L., Telford, R. P., & Fiebert, M. S. (2012). Prevalence of physical violence in intimate relationships, Part 2: Rates of male and female perpetration. *Partner Abuse*, 3, 1-54.

Dobash, R. E., & Dobash, R. (1979). *Violence against wives: A case against the patriarchy*. New York: Free Press.

Easton, C., Swan, S., & Sinha, R. (2000). Motivation to change substance use among offenders of domestic violence. *Journal of Substance Abuse Treatment*, 19, 1-5.

Eckhardt, C., Holtzworth-Munroe, A., Norlander, B., Sibley, A., & Cahill, M. (2008). Readiness to change, partner violence subtypes, and treatment outcomes among men in treatment for partner assault. *Violence and Victims*, 23, 446-475.

Eckhardt, C. I., Murphy, C. M., Whitaker, D. J., Sprunger, J., Dykstra, R., & Woodard, K. (2013). The effectiveness of intervention programs for perpetrators and victims of intimate partner violence. *Partner Abuse*, 4, 196-231.

Ehrensaft, M. K., & Vivian, D. (1996). Spouses' reasons for not reporting existing marital aggression as a marital problem. *Journal of Family Psychology*, 10, 443-453.

Foran, H. M., & O'Leary, K. (2008). Alcohol and intimate partner violence: A meta-analytic review. *Clinical Psychology Review*, 28, 1222-1234.

Graham-Kevan, N., & Archer, J. (2003). Intimate terrorism and common couple violence: A test of Johnson's predictions in four British samples. *Journal of Interpersonal Violence*, 18, 1247-1270.

Johnson, M. P. (1995). Patriarchal terrorism and common couple violence: Two forms of violence against women. *Journal of Marriage and the Family*, 57, 283 - 294.

Johnson, M. P., & Leone, J. M. (2005). The differential effects of intimate terrorism and situational couple violence: Findings from the National Violence against Women Survey. *Journal of Family Issues*, 26, 322-349.

Kistenmacher, B. R., & Weiss, R. L. (2008). Motivational interviewing as a mechanism for change in men who batter: A randomized controlled trial. *Violence and Victims*, 23, 558-570.

Langhinrichsen-Rohling, J., Misra, T. A., Selwyn, C., & Rohling, M. L. (2012). Rates of bidirectional versus unidirectional intimate partner violence across samples, sexual orientations, and race/ethnicities: A comprehensive review. *Partner Abuse*, 3, 199-230.

Lawrence, E., Orengo-Aguayo, R., Langer, A., & Brock, R. L. (2012). The impact and consequences of partner abuse on partners. *Partner Abuse*, 3, 406-428.

Levesque, D. A., Gelles, R. J., & Velicer, W. F. (2000). Development and validation of a stages of change measure for men in batterer treatment. *Cognitive Therapy and Research*, 24, 175-199.

Magdol, L., Moffitt, T. E., Caspi, A., Newman, D. L., Fagan, J., & Silva, P. A. (1997). Gender differences in partner violence in a birth cohort of 21-yearolds: Bridging the gap between clinical and epidemiological approaches. *Journal of Consulting and Clinical Psychology*, 65, 68-78.

Maiuro, R. D., & Eberle, J. A. (2008). State standards for domestic violence perpetrator treatment: Current status, trends, and recommendations. *Violence and Victims*, 23, 133-155.

Maxwell, C. D., & Garner, J. H. (2012). The crime control effects of criminal sanctions for intimate partner violence. *Partner Abuse*, 3, 469-500.

McCollum, E. E., Stith, S. M., Miller, M., & Ratcliffe, G. (2011). Including a brief substance-abuse motivational intervention in a couples treatment program for intimate partner violence. *Journal of Family Psychotherapy*, 22, 216-231.

McMurran, M. (2002). *Motivating offenders to change: A guide to enhancing engagement in therapy*. New York: Wiley.

Miller, W. R. (1983). Motivational interviewing with problem drinkers. *Behavioural Psychotherapy*, 11, 147-172.

Miller, W. R., Benefield, R. G., & Tonigan, J. S. (1993). Enhancing motivation for change in problem drinking: A controlled comparison of two therapist styles. *Journal of Consulting and Clinical Psychology*, 61, 455-461.

Murphy, C. M., & Baxter, V. A. (1997). Motivating batterers to change in the treatment context. *Journal of Interpersonal Violence*, 12, 607-619.

Murphy, C. M., Linehan, E. L., Reyner, J. C., Musser, P. H., & Taft, C. T. (2012). Moderators of response to motivational interviewing for partnerviolent men. *Journal of Family Violence*, 27, 671-680.

Murphy, C. M., & Meis, L. A. (2008). Individual treatment of intimate partner violence perpetrators. *Violence and Victims*, 23, 173-186.

Musser, P. H., Semiatin, J. N., Taft, C. T., & Murphy, C. M. (2008). Motivational interviewing as a pregroup intervention for partner-violent men. *Violence and Victims*, 23, 539-557.

O'Leary, K. D., Foran, H., & Cohen, S. (2013). Validation of Fear of Partner Scale. *Journal of Marital and Family Therapy*, 39, 502-514.

O'Leary, K., Heyman, R. E., & Neidig, P. H. (1999). Treatment of wife abuse: A comparison of gender-specific and conjoint approaches. *Behavior Therapy*, 30, 475-505.

O'Leary, K., & Woodin, E. M. (2005). Partner aggression and problem drinking across the lifespan: How much do they decline? *Clinical Psychology Review*, 25, 877-894.

O'Leary, K., Woodin, E. M., & Fritz, P. T. (2006). Can we prevent the hitting?: Recommendations for preventing intimate partner violence between young adults. *Journal of Aggression, Maltreatment and Trauma*, 13, 121-178.

Pence, E., & Paymar, M. (1993). *Education groups for men who batter: The Duluth model*. New York: Springer.

Polich, J. M., Armor, D. J., & Braiker, H. B. (1981). *The course of alcoholism four years after treatment*. New York: Wiley.

Prochaska, J. O., & DiClemente, C. C. (1984). *The transtheoretical approach: Crossing traditional boundaries of change.* Homewood, IL: Dorsey.

Sarason, I. G., Johnson, J. H., & Siegel, J. M. (1978). Assessing the impact of life changes: Development of the Life Experiences Survey. *Journal of Consulting and Clinical Psychology*, 46, 932-946.

Saunders, G. B. (2000). Feminist, cognitive, and behavioral group interventions for men who batter: An overview of rationale and methods. In D. B. Wexler (Ed.), Domestic violence 2000: *An integrated skills program for men: Group leader' s manual* (pp. 21-31). New York: Norton.

Saunders, J. B., Aasland, O. G., Babor, T. F., de la Puente, J. R., & Grant, M. (1993). Development of the Alcohol Use Disorders Screening Test (AUDIT). WHO collaborative project on early detection of persons with harmful alcohol consumption—II. *Addiction*, 88, 791-804.

Schumacher, J. A., & Slep, A. M. S. (2004). Attitudes and dating aggression: A cognitive dissonance approach. Prevention Science, 5, 231-243.

Scott, K., King, C., McGinn, H., & Hosseini, N. (2011). Effects of motivational enhancement on immediate outcomes of batterer intervention. *Journal of Family Violence*, 26, 139-149.

Spanier, G. B. (1976). Measuring dyadic adjustment: New scales for assessing the quality of marriage and similar dyads. *Journal of Marriage and the Family*, 38, 15-28.

Stith, S. M., Rosen, K. H., McCollum, E. E., & Thomsen, C. J. (2004). Treating intimate partner violence within intact couple relationships: Outcomes of multi-couple versus individual couple therapy. *Journal of Marital and Family Therapy*, 30, 305-318.

Stith, S. M., Smith, D. B., Penn, C. E., Ward, D. B., & Tritt, D. (2004). Intimate partner physical abuse perpetration and victimization risk factors: A metaanalytic review. *Aggression and Violent Behavior*, 10, 65-98.

Straus, M. A., Hamby, S. L., Boney-McCoy, S., & Sugarman, D. B. (1996).

The revised Conflict Tactics Scales (CTS2): Development and pre-liminary psychometric data. *Journal of Family Issues*, 17, 283-316.

Stuart, G. L., Shorey, R. C., Moore, T. M., Ramsey, S. E., Kahler, C. W., O'Farrell, T. J., et al. (2013). Randomized clinical trial examining the incremental efficacy of a 90-minute motivational alcohol intervention as an adjunct to standard batterer intervention for men. *Addiction*, 108, 1376-1384.

Stuart, G. L., Temple, J. R., & Moore, T. M. (2007). Improving batterer intervention programs through theory-based research. *JAMA*, 298, 560-562.

Taft, C. T., Murphy, C. M., Musser, P. H., & Remington, N. A. (2004). Personality, interpersonal, and motivational predictors of the working alliance in group cognitive-behavioral therapy for partner violent men. *Journal of Consulting and Clinical Psychology*, 72, 349-354.

Tollefson, D. R., & Gross, E. R. (2006). Predicting recidivism following participation in a treatment program for batterers. *Journal of Social Service Research*, 32, 39-62.

Wexler, D. B. (2006). *Stop domestic violence: Innovative skills, techniques, options, and plans for better relationships*. New York: Norton.

Whitaker, D. J., Murphy, C. M., Eckhardt, C. I., Hodges, A. E., & Cowart, M. (2013). Effectiveness of primary prevention efforts for intimate partner violence. *Partner Abuse*, 4, 175-195.

Woodin, E. M., & O'Leary, K. (2010). A brief motivational intervention for physically aggressive dating couples. Prevention Science, 11, 371-383.

Woodin, E. M., Sotskova, A., & O'Leary, K. (2012). Do motivational interviewing behaviors predict reductions in partner aggression for men and women? *Behaviour Research and Therapy*, 50, 79-84.

# 第十四章

## 使用动机式访谈治疗进食障碍

斯蒂芬妮·C.凯辛

乔西·盖勒

　　进食障碍是指过于在乎体重或与身材相关的广泛临床特征，包括饮食限制、暴饮暴食和补偿行为。神经性贪食症和暴食症的特征在于暴饮暴食的反复发作，定义为在2小时内摄入大量食物并且失去对进食的控制（APA, 2013）。它们之间主要根据是否存在旨在预防体重增加的补偿行为来区分。自我评价严重受体重和身材影响且经常进行补偿行为的个体被诊断为神经性贪食症，补偿行为包括自我诱发的呕吐、禁食、过度运动或滥用泻药、利尿剂或灌肠，而那些对暴饮暴食感到极度困扰但没有经常进行补偿行为的个体被诊断为暴食症。

　　神经性厌食症的特征在于持续限制能量摄入，导致体重明显低于相同性别、年龄和身高的标准。减重是通过节食、禁食和过度运动来实现的。尽管体重较轻，但患有神经性厌食症的人对体重增加有强烈的恐惧或坚持进行干扰体重增加的行为，并表现出对自身形象的扭曲认知。例如，体型可能被高估或可能成为自我评价的主要决定因素之一。患有神经性厌食症而不进行暴饮暴食或补偿行为的人被诊断为神经性厌食症限制类型，而那些进行这种行为的人被诊断为神经性厌食症暴食/清除型。

《精神障碍诊断与统计手册》（第五版）诊断的进食障碍的患病率从神经性厌食症的 0.5% 到暴食症的 3%（APA, 2013），与之相比，"进食障碍"的患病率要高得多。术语"进食障碍"包括对更广泛的引起显著困扰或损害的饮食行为进行概念化。例如，个体可能符合神经性贪食症或暴食症的所有标准，但清除或补偿行为发生频率较低（每周少于一次）或持续时间较短（少于 3 个月）；或者可能符合神经性厌食症的所有标准，但体重在正常范围内；或者可能尽管没有暴饮暴食，但仍有规律性的代偿行为。除了这些明确定义的饮食或进食障碍（APA, 2013），一些其他形式的进食障碍包括试图遵守严格的饮食规则，包括什么时候吃、吃什么或吃多少，无论这些尝试是否真的成功（即高度节制饮食）。例如，一个人可能试图在晚餐后什么都不吃，避免所有"禁食食物"，每天摄入少于 1 000 卡路里的热量。

动机式访谈在治疗进食障碍方面具有很大的吸引力，有几个原因：第一，进食障碍与动机式访谈最初主要治疗领域——成瘾行为之间存在许多相似之处；第二，进食障碍经常满足重要和有价值的功能；第三，使患有进食障碍的个体参与治疗很困难，因此脱落率和治疗后的复发率都很高。下面将讨论进食障碍的常规治疗方法和使用动机式访谈的基本原理，然后概述动机式访谈在进食障碍中的临床应用。

# 常规治疗

英国国家卫生与临床优化研究所（NICE, 2004）建议门诊使用持续至少 6 个月的认知行为疗法或人际关系疗法治疗神经性厌食症，或针对患有神经性厌食症的儿童和青少年进行家庭干预。如果个体在门诊治疗期间显著恶化（例如，显著的体重减轻或身体并发症）或在治疗过程中没有观察到显著改善，则建议使用强度更大的治疗形式。例如，可能需要接受强度更大的以重新进食、体重恢复和心理康复为重点的住院治疗或日间治疗。在体重恢复后，患有神经性厌食症的个体应继续接受门诊心理治疗和身体监测，持续至少12个月。

在治疗神经性贪食症和暴食症时，应鼓励个体首先遵循循证自助计划，例如参考一本可用的认知行为自助手册。使用诸如《战胜暴食的CBT-E方法》（Fairburn, 1995）这类指导性自助手册已被发现对一部分的神经性贪食症患者有效（Wilson, 2005）。如果在自助或指导性自助手册干预后症状持续存在，则应在5~6个月内提供16~20次的认知行为疗法咨询。认知行为疗法已被证明可以消除来访者30%~50%的暴饮暴食和清除行为，并改善大量其他来访者的暴饮暴食、清除行为、功能失调和身体意象（NICE, 2004）。此外，症状的改善通常在1年及超过1年的随访期间得到很好的维持。然而，并非所有患者都对认知行为疗法反应良好，这时可以把人际关系疗法当作认知行为疗法的替代方案，尽管人际关系疗法通常需要8~12个月才能达到相同的效果（NICE, 2004）。如果门诊治疗后症状持续存在，并且个体需要更密切地监测症状以防止症状恶化，神经性贪食症可能需要强度更大的治疗形式，例如住院治疗或日间治疗。

在更广泛的"进食障碍"治疗中，包括明确定义的饮食或进食障碍，建议根据与个人饮食问题最相似的临床问题进行治疗（NICE, 2004）。例如，对于频率较低的暴饮暴食和有补偿行为的个体，建议使用认知行为疗法。

# 使用动机式访谈的原理

患有进食障碍的个体通常将其饮食行为描述为与成瘾相似（Cassin & von Ranson, 2007）。我们观察到在暴饮暴食行为和最初开发动机式访谈所针对的成瘾行为之间有许多相似之处，包括对物质（即精神活性物质或药物）的沉迷、渴望和反复的消耗冲动，以及在消耗物质之前紧张感的不断增加，以及随后行为的失控——经常导致物质的过度消耗（Cassin & von Ranson, 2007; Gold, Frost-Pineda, & Jacobs, 2003; Wilson, 1991）。此外，个人通常很难减少或停止这类行为，无论他们对身体或心理的不良影响的了解程度如何。

　　饮食限制、暴饮暴食和补偿行为往往具有重要和有价值的功能，因此，经历进食障碍的个体通常对参与治疗和解决症状感到矛盾。一方面，患有神经性厌食症的人报告饮食限制和相关的体重减轻使他们有更好的控制感、安全感和保护感，并使他们感觉更瘦以及更有吸引力（Serpell, Treasure, Teasdale, & Sullivan, 1999），而那些患有神经性贪食症的人报告说，暴食然后清除进食可以让他们吃"禁食食物"而不增加体重，并且可以避免或调节他们的情绪（Serpell & Treasure, 2002）。另一方面，他们也承认与进食障碍相关的许多成本，例如破坏他们的身体健康、限制他们的社交和学业/职业机会，并且自相矛盾地使他们感到更多的情绪失调和失控（Serpell et al., 1999; Serpell & Treasure, 2002）。动机式访谈非常适合帮助进食障碍的个体探索和解决他们的矛盾心理，并在进行行动导向的治疗之前增强他们改变饮食行为的内在动机。

　　通常用于治疗进食障碍的行动导向治疗，例如认知行为疗法，对于参与和完成治疗的许多个体是有效的（NICE, 2004; Wilson, 2005）。然而，这些以行动为导向的治疗方法可能会错误地假设参与治疗的个体已准备好做出改变。关于改变的准备程度不仅随着时间的推移而波动，而且还会因症状不同而波动（Geller, Cockell, & Drab, 2001）。例如，个体可能会寻求治疗以减少暴饮暴食行为，但对减少饮食限制、泻药使用和运动感到极度矛盾。同样，个体可能已经准备好改变他们的进食障碍行为，但不准备改变认知（例如，对体重和体型的过度评价）。因此，治疗中的参与度可能较低，并且脱落率和复发率可能较高。对于参与认知行为疗法的神经性贪食症患者，不到一半的患者在其暴饮和清除行为方面有显著改善，并且随着时间的推移维持这些改变（Wilson & Fairburn, 2007）。同样，在一项针对神经性厌食症的大型认知行为疗法试验中报告了33%的治疗脱落率，并且只有38%的参与治疗的患者在治疗后体重指数（BMI）达到18.5（Fairburn et al., 2013）。对改变的准备度是一个重要的治疗目标，因为它已被证明可以前瞻性地预测对高强度的日间治疗的参与、完成与康复相关的活动、体重增加、治疗的脱落和治疗后的复发（Bewell & Carter, 2008; Geller et al., 2001; Geller, Drab-Hudson, Whisenhunt, & Srikameswaran, 2004; Rieger et al., 2000）。

# 临床应用

动机式访谈可以用来探索和解决与多种进食障碍行为和认知相关的矛盾心理，包括暴饮暴食、补偿行为（例如，呕吐、使用泻药、过度运动）、饮食限制、饮食控制、对体重和体型的过度评价。动机式访谈已被用于寻求治疗的样本中，作为行动导向性治疗（例如，强度更大的住院治疗或日间治疗计划、门诊认知行为疗法）的预处理方案，以增加治疗的进入和依从性（e.g., Geller, Brown, & Srikameswaran, 2011; Katzman et al., 2010; Treasure et al., 1999）。它甚至已被纳入评估过程本身（例如，准备和动机式访谈；Geller et al., 2001）。此外，动机式访谈还被用作单次的独立干预措施，用于从社区招募的有进食障碍的个体（Cassin, von Ranson, Heng, Brar, & Wojtowicz, 2008; Dunn, Neighbors, & Larimer, 2006）。下面我们使用一些说明性的例子来描述针对进食障碍的动机式访谈治疗方案中包含的关键组成部分。

## 参　与

动机式访谈的核心技巧（OARS，即提开放式问题、肯定、反映、总结）最初用于让来访者进行有关改变的谈话，并且在组成动机式访谈的聚焦、唤起和计划过程中同样重要（Miller & Rollnick, 2013）。临床治疗师首先开启关于来访者饮食行为的对话："我想更多地了解一下你的饮食习惯。你能告诉我你为什么决定来诊所吗？"这个对话的目的是探讨来访者的饮食行为并引发改变话语（即关于改变行为原因的自我激励性的陈述）。如果来访者暗示需要改变，临床治疗师接下来可以带着兴趣追问："是什么让你觉得你需要改变你的饮食行为？"如果参与治疗项目的来访者在开始治疗前例行进行诊断评估，我们建议在评估过程中将动机式访谈的精神纳入，使用像心理预备和动机式访谈这样的临床工具（Geller et al., 2001）。毕竟，提封闭式问题会让来访者习惯提供简短而明确的回应，并让来访者处于与临床治疗师的"专家"角色相对的被动角色（Miller & Rollnick, 2013），而不是鼓励详细说明，最终导致来访者脱落。

## 聚　焦

聚焦的程度在一定程度上取决于治疗背景。例如，对于自愿参与特定形式的进食障碍的治疗效果研究（例如，针对暴饮暴食的动机式访谈）的来访者，通常很少需要聚焦。相比之下，对于进入进食障碍治疗计划并且有各种适应不良的饮食行为（例如，饮食限制、暴饮暴食、补偿行为）的患者，可能需要更多关注，特别是来访者并非自愿进入治疗的情况。对于那些向基础医疗护理医生抱怨各种心理和医疗问题，但没有公开承认自己有进食障碍的来访者，可能需要更高水平的聚焦。建议邀请来访者列出任何他们可能想要讨论的问题，然后治疗师在征求许可的情况下讨论他们认为重要的问题，但这个问题可能不是来访者自发提出的（Miller& Rollnick, 2013）。

### 唤　起

有进食障碍的患者很少会在接受治疗时准备好针对明确和特定的目标采取行动。如果他们已经准备好采取行动，那么建议临床治疗师直接进入计划过程（Miller & Rollnick, 2013）。通常情况下，有进食障碍的来访者对做出改变感到非常矛盾，因为他们的饮食行为具有重要和有价值的功能。动机式访谈对这样的来访者特别有帮助，因为它有很多种策略来唤起来访者自身的改变动机，例如讨论受进食障碍影响的生活领域、评估和增强改变的重要性以及来访者对自己做出改变的能力的信心、想象有和没有进食障碍的未来。唤起过程的总体目标是增加来访者说出的改变话语的量。这可以通过向来访者策略性地发问来实现，这些问题通过让来访者表达赞成改变的观点来鼓励他们说服自己做出改变（Miller & Rollnick, 2013）。例如，临床治疗师可能会提出一个问题，例如"如果你决定停止暴饮暴食，你的健康可能会有什么改善?"下面介绍了其中的一些策略，然而，需要注意的是，动机式访谈不是一种"一刀切"的方法，不能提供结构化的治疗方案。因此，临床治疗师在临床时，应该根据每个来访者的独特需求选择最合适的动机式访谈策略、时机以及个性化的治疗方法。

探索饮食行为并引发改变话语

如果来访者在改善饮食行为方面表达了高度的矛盾心理，并表达了很多维持话语，那么临床治疗师应该探讨当前饮食习惯对某些生活领域的影响。例如，临床治疗师可能会问："我想知道你的饮食习惯影响了你生活的哪些方面，如果有的话。例如，你的饮食习惯如何影响你的身体健康？"来访者可能会提到暴饮暴食对身体的影响（例如，恶心、腹胀）和与体重减轻相关的医疗并发症（例如，注意力不集中、低血压）。一些常见的回应包括：

> "每次暴饮暴食后，我感到非常不舒服，整个晚上不能再做其他事情。"
> "我体重增加了，如果继续这样下去，我担心会出现健康问题，比如糖尿病。我已经有高血压了。"
> "我体重很低时经常感到头晕，注意力不集中。"
> "我将来想要孩子，我意识到我需要增加体重才能恢复例假。"

如果来访者提供的回答模糊不清，例如"我的健康状况恶化了"，临床治疗师会鼓励来访者提供示例以详细说明他们的回答。例如，临床治疗师可能会问，"哪些方面恶化了"或"你能稍微多说一点吗"。在总结了来访者的饮食习惯对身体健康产生的影响之后，临床治疗师可以问："你的饮食习惯对你的身体健康有多大影响，影响程度从1（对身体健康没有任何影响）到10（严重影响身体健康）？"然后临床治疗师继续探讨饮食模式对心理健康、财务状况和人际关系的影响。

在探讨饮食模式对这些生活领域的影响后，临床治疗师可以总结一下："你似乎已经注意到你的饮食习惯对……方面的影响最大，以及在……方面的影响最小。这符合你的看法吗？你对这个怎么看？你有没有观察到我没有问到的其他受影响的生活方面？"这些问题都旨在鼓励来访者说出改变的原因，从而增加咨询期间所表达的改变话语的数量。如果来访者继续表达大量的维持话语，临床治疗师可以使用放大反映："你的饮食从未给你带来什么实际麻烦。"放大的反映意味着夸大来访者所说的内容，以期让来访者表达相反的观点，即改变话语（Miller & Rollnick, 2013）。

### 重要性和自信心量尺

在计划改变之前，临床治疗师应该从来访者的角度评估改变的重要性，以及来访者对自己改变能力的自信心。如前所述，经常出现进食障碍的人通常认为停止这样的行为是重要的，但不愿意做出改变，因为他们对自己成功改善饮食行为的能力缺乏自信，他们过去改善饮食行为的尝试都以失败告终。对失败的恐惧会导致对做出改变的矛盾心理。因此，在制订具体的改变计划之前，重要的是增强来访者对自己停止暴饮暴食行为的能力的信心。临床治疗师可以通过以下方式开启讨论："我们一直在谈论你的饮食行为以及做出一些改变的可能性。如果我们面前有一张量表，量表上的0代表'改变我的饮食行为一点都不重要'，量表上的10代表'改变我的饮食行为非常重要'——你现在在哪个位置？"

如果来访者将改变的重要性评为6，那么临床治疗师可以问："你是如何得出6这个评分的？为什么是6分而不是0分？"一些常见的回答包括：

> "我担心自己的健康，所以我现在真的需要做点什么。"
> "如果我不这样做，我会继续增加/减轻体重。"
> "当我暴饮暴食时，我对自己感觉非常糟糕，我不能继续这样下去。"
> "我感到孤立，因为我不能在吃饭时见我的朋友。"

除了从来访者的角度确定改变的重要性之外，这个问题也可以有效地引发准备和动员改变话语。接下来，临床治疗师可能会问，"如果将它提高一点，到7或8，需要什么？"一些常见的回应包括：

"如果我知道如何停止暴饮暴食。"

"如果我知道我能成功。"

"如果我没有因为一想到体重增加就感到不知所措！"

这样的回答会自然而然地引导出来访者对自身改变能力的信心的讨论。临床治疗师可以通过以下方式开始这个对话："好的，现在我们用同样的方式来评估自信心。如果你决定改变你的饮食习惯，你对自己的成功有多大信心？如果0意味着你'完全没有信心'，10意味着'只要你下定决心，就非常自信'——你现在在哪个位置？"临床治疗师接下来可以询问与之前相同的问题。如上所述，患有进食障碍的来访者提供的自信度评分通常比重要性评分低，因为他们之前有许多失败的尝试，并且他们觉得自己缺乏成功做出改变的应对技巧。当被问及如何将他们的自信心提升一定程度时，他们通常会回答，有一些策略会有所帮助，如果有证据表明他们正在做出小幅改进，他们的自信心也会得到提高。

### 提升自我效能

重要性和自信心量表练习可以自然而然地引入关于自我效能的对话。来访者通常会承认改变饮食行为的重要性，然而，鉴于他们存在大量失败的尝试，他们通常对自己做出改变的能力感到悲观。如前所述，进食障碍可以实现重要的和有价值的功能，来访者常常觉得他们没有足够的应对资源来管理他们在尝试改变时所感受到的焦虑。如果来访者认为任何改变的尝试都是徒劳的，那么从来访者的角度来说，提高改变的重要性就是没有用的。因此，增强自我效能感是用动机式访谈治疗进食障碍的关键。我们小组的研究表明，单次的动机式访谈干预后立即评估的自我效能可预测4个月后的行为改变（即减少暴饮暴食）（Cassin et al., 2008）。

提高自我效能感的一种方法是引导来访者说出自己曾经成功做出重要改变的例子。临床治疗师可能会问："到目前为止，我们已经稍微谈到了改变饮食的想法。你以前是否曾在生活的其他方面做出过改变？"一些例子可能包括戒烟、减少饮酒或增加运动量。然后，临床治疗师可以问："当时你决定改变时，做了哪些事情？"临床治疗师可以通过鼓励来访者反思他们过去使用的策略是否可以帮助改变饮食行为，来提高自我效能感。例如，如果一个患有神经性贪食症的患者多年来每天吸一包烟后能够戒烟，那么临床治疗师可以回应："你真棒！戒烟非常困难，你需要每天做出25次不吸烟的决定。你以前拿起一支烟时，是如何抑制吸烟冲动的？你面临着哪些障碍，你是如何克服它们的？当你暴饮暴食时，我想知道这些策略是否也有利于你克服暴饮暴食的冲动？"

提高自我效能感的另一种方法是询问来访者以前在有暴饮暴食的冲动时有没有成功克服的情况。大多数来访者不是每天都会暴饮暴食，所以临床治疗师可以询问："你有没有想要暴饮暴食但最终没有暴饮暴食的日子？那些日子你做了什么不一样的事？"如果来访者每天都在暴饮暴食，临床治疗师可以询问来访者延迟暴饮暴食，或者抑制一天内多次有暴饮暴食冲动的时候。除了提高自我效能感之外，这种对话还提供了思考改善饮食行为的策略的机会，这些策略最终可以在制订改变计划时使用。

相反，对于体重不足并限制进食的来访者，临床治疗师可以询问他们是否曾经有过能够多吃一些的时候。许多来访者可以识别在哪些条件下更容易进食，例如某个人的存在（或缺席）、一天中的特定时间，或者当他们感到更放松并专注于他们的长期目标时。

### 呈现不一致

临床治疗师可能通过回顾受来访者饮食行为影响的生活区域，来呈现来访者更高的价值观与其当前行为之间的不一致。例如，如果来访者表示担心当前的进食习惯会导致身体健康状况恶化，从而没有精力与孩子玩耍，或担心给孩子树立一个坏榜样，临床治疗师可以说："你之前提到，为你的孩子树立一个好榜样，并有能力与他们一起玩耍对你来说非常重要。你能否说一下你的饮食行为怎样才能与这一点相符吗？"临床治疗师也可以请来访者描述他们的理想生活，然后询问当前的饮食习惯如何与这个理想生活相符。行为通常与个人更广泛的价值观相冲突，而认知失调理论（Festinger, 1957）表明，当这种不一致足够大时，行为通常会发生改变。

### 展望未来

引发改变话语的另一种方式是让来访者想象有和没有进食障碍行为的未来。例如，临床治疗师可能会说："我们已经谈了很多改变饮食行为的想法。如果你决定改变饮食习惯，你希望你的未来有什么不一样？"接下来，可以问："假设你没有做任何改变，继续现在的状态或者饮食行为变得更糟。如果你决定不改变饮食习惯，你认为未来会怎么样？"在总结来访者的回答后，临床治疗师可能会鼓励他们进行反思性写作练习。例如，临床治疗师可能会建议："这些是你在咨询结束后可能想要更多考虑的问题。有些人发现通过给一位好朋友写两封假想的信件来反思这些问题是有帮助的：一封信描述他们5年后继续现在的进食行为的生活，另一封信描述5年后成功使饮食习惯恢复正常的生活。"来访者随后可以反思这两封信之间的差异。

## 计　划

如果在整个干预期间改变话语增加而维持话语减少，那么焦点就可以转向制订具体的改变计划。建议临床治疗师在帮助来访者制订改变计划过程时，询问"考虑一下如何改变你的饮食习惯会有意义吗"。然后，临床治疗师可以总结目前为止所讨论的内容：

"我们今天已经谈了很多与你饮食有关的事情。你提到暴饮暴食 [或限制进食] 曾经给你带来愉悦感，但现在它给你带来了很多困扰。你担心它对你的身体健康产生影响，也让你感到更加抑郁和焦虑。我们还讨论了你对改变饮食习惯能力的信心，以及一些可能提升信心的事情，例如制订具体的计划并成功做出一些小改变。我们还讨论了你过去成功实现的一些改变（例如，戒烟），以及你当时使用的一些可能有助于改变饮食习惯的策略。此时此刻，你想对你的饮食行为做些什么？"

如果来访者讲出更多的改变话语并再次确认做出改变的承诺，临床治疗师可能会问："你认为你可以做些什么来改变你的饮食行为？"最好使用开放式问题并引导来访者说出改变的想法，因为如果来访者能够自己产生改变的想法，通常会增加自我效能。如果来访者无法产生改变饮食行为的任何策略并要求提供许多建议，临床治疗师可能会说："我可以给你一些其他人尝试过的方法，但我真的不知道什么对你最有效。你是最了解自己的专家。你想听听其他人发现的有用策略吗？"

动机式访谈计划阶段的其余部分与循证进食障碍治疗方法（例如，认知行为疗法）非常兼容。在咨询中一起完成"改变计划"工作表非常有用，这样来访者在离开咨询时就会有一个具体的计划。临床治疗师可以通过询问以下问题指导来访者完成工作表：

"你想做出哪些改变？"

- "将我的暴饮暴食减少到每周不超过一次"或"本周三天不要
  跳过任何一餐"。
- "本周吃三次早餐"或"本周锻炼不超过3小时"。

"你想要做出这些改变的最重要的原因是什么？"

然后，来访者可能会回顾决策权衡中"保持现状的成本"和"改
变的收益"部分来完成这一部分。来访者可能提供的答案包括：

- "学习更多适应性应对技巧来控制焦虑。"
- "改善我的身体健康（例如，增加精力，提高注意力）。"
- "改善我与家人和朋友的关系。"

"你计划采取哪些步骤来进行改变？"

这些步骤可能包括来访者在动机式访谈干预的前几部分中产生的
想法（即有助于改变其他行为的策略、在能够做出改变的日子里有用
的策略、当被问及如何改善进食障碍时产生的想法）。然而，可能也
包括临床治疗师在获得来访者许可的情况下提供的一些想法（即"你
是否希望了解其他人发现的一些有用策略？你是最了解自己的专家，
因此你将更好地了解哪些策略对你最有效。"）。

- "全天每3~4小时吃一顿正餐和小吃。"
- "制定一份当我有暴饮暴食的冲动时我可以参与的替代活动
  清单。"
- "当暴饮暴食的冲动很强时，避免购物或带一张购物清单和有
  限的钱去杂货店。"
- "告诉一些人（例如，妈妈、姐姐）我的计划。"

- "在公共场合适量地吃一些诱人的'禁食食物'，而不是把暴饮暴食的食物放在家里，秘密进食。"
- "在指定用餐区域（例如厨房、餐厅、咖啡厅）吃饭，而不是在分心时吃（例如，在电视或电脑前）。"
- "不要每天称自己的体重。"

"其他人可以做些什么帮助你？"

同样，临床治疗师应首先尝试引导访者说出一些想法，但也可以根据"其他人发现的一些有用策略"提供一系列选项。

- "我可以告诉我的妈妈和姐姐我的计划，这样我会觉得更有责任感。"
- "如果我有暴饮暴食冲动，我可以打电话给我的妈妈、姐姐或朋友来帮助分散注意力。"
- "下班后我可以和朋友一起散步，或者与姐姐一起制订计划，这段时间我通常会暴饮暴食。"
- "我可以请朋友过来看电影，而不是在健身房过度锻炼。"

"你怎么知道你的计划是否有效？"

鉴于自我效能通常会因为早期的成功而增加，因此设置一些中期目标非常重要，以便来访者可以开始看到正在取得的进展。例如，一个目前每天暴饮暴食的来访者不太可能立即将暴饮暴食的频率降低到每周一次，但是通过注意到每天和每周取得的成功，他们会更有动力继续保持自己对改变的承诺。

- "如果我监控我的食物摄入量，食物记录显示我每天吃了三餐和两三个零食，而且多数时间都是如此。"

- "如果我能够在指定用餐区域吃饭和吃零食，并且晚上可以不分心地吃。"
- "如果我发现我暴饮暴食的频率逐周减少。"

"你预料到有什么困难吗？可能会遇到什么样的障碍，你会如何克服？"

来访者可能会提到一些实际障碍，但也可能会提到决策平衡中"改变成本"的部分。

- "无聊和寂寞——如果我晚上没有任何事情做，我可以提前计划活动。"
- "高度焦虑——我可以打电话给我的妈妈或姐姐，我可以听些轻音乐，我可以出去散步。"
- "过度运动的强烈冲动——我可以给朋友打电话并相约在咖啡店喝咖啡。"

在完成改变计划工作表（如果来访者正在考虑改变）后，临床治疗师可以总结说："我只是想感谢你愿意如此坦率地谈论你的饮食习惯以及如何将这些习惯融入你的生活。"最后的评论将取决于来访者是否以及在多大程度上考虑改变。例如，如果来访者正在考虑改变，临床治疗师可能会说："我听到你真的想在饮食方面做些改变，并且你想立即开始行动。我们谈到了你可以做的不同的事情，你认为最好的方式是……我说的对吗？你本周愿意采取哪些步骤？"如果来访者已经表达了大量的维持话语并且尚未考虑改变，那么临床治疗师应该尊重来访者的自主权。例如，临床治疗师可能会说："我知道你现在对改变你的饮食习惯不太感兴趣，这是你的选择。你是最了解自己的人。如果你将来对此有更多的思考，随时欢迎你再过来，我很乐意再次和你谈谈。"然后临床治疗师可以通过询问结束："今天谈论你的饮食习惯如何？我们今天谈论了很多事情，我们花一些时间来反思是有帮助的。"

# 问题和建议的解决方案

鉴于许多进食障碍的症状具有自我协调性，以及这些症状所具有的价值和重要功能，动机式访谈通常是解决关于改变的矛盾心理和使来访者参与治疗的有用方法。来访者和临床治疗师建立合作性的治疗关系，来访者被视为自我经验的专家，治疗师致力于促进来访者做出改变的自主权。在诸如厌食症等更严重的进食障碍中，保持合作性的立场可能会带来额外的挑战。例如，来访者可能必须遵守某些规定才能继续留在日间医院项目中，因此可能没有相同的能力来行使自己的自主权。在最极端的情况下，重症患者可能需要强制住院以让病情稳定。在这些情况下，治疗的某些方面，比如强制性体重恢复等，可能被视为"不可谈判的治疗项目"。在实施不可谈判的治疗项目时，使用动机式访谈立场至关重要。不可谈判的治疗项目需要有一个明确的理由，可预测并始终如一地实施，并最大化来访者的自主权（Geller & Srikameswaran, 2006）。三级护理的进食障碍患者报告了对动机式访谈立场的明确偏爱，与临床治疗师使用指导性的立场相比，他们认为动机式访谈的立场更易接受，更有可能鼓励他们继续接受治疗并遵循治疗建议（Geller, Brown, Zaitsoff, Goodrich, & Hastings, 2003）。因此，建议临床治疗师尽早在治疗中讨论不可谈判的治疗项目及相关理由，并为来访者提供一系列选择，以增强他们的自主感。例如，为了让病情稳定的住院患者恢复体重，可以从各种各样的膳食中进行选择，他可以把饮用膳食补充剂当成替代品，而如果他不能进食或饮用膳食替代品，也可以接受鼻饲喂养。同理，对于在日间医院项目中每天需要摄入一定热量以恢复体重的来访者，在制订膳食计划时，可以提供一些选择。

在治疗进食障碍中经常出现的另一个问题是，与每种症状处于不同改变阶段的来访者合作。例如，来访者可能已经准备好停止暴饮暴食，但在减少饮食限制或补偿行为方面存在矛盾心理或仍处于前意向阶段。除非因医疗原因不能这样（即饮食限制或补偿行为严重到需要立即干预的程度），与来访者所处的改变阶段保持一致，并尊重其自主权，从而实现对个人有意义的治疗目标是有帮助的。这种方法可以促进合作性的工作联盟，并增强来访者对改变的自我效能感，从而增加来访者参与治疗并考虑改变其他进食障碍症状的可能性。

## 经验性研究

很少有研究考察独立的动机式访谈干预对进食障碍的影响，然而，迄今为止进行的研究表明，动机式访谈可以有效改善暴饮暴食和心理社会功能。在一项研究中，患有完全或亚阈值的神经性贪食症或暴食症的大学生被随机分配到接受动机式访谈+自助手册的组与仅接受自助手册处理的组，与后者相比，前者在4个月时报告了更高的改变准备度和更高的暴饮暴食戒断率（24%：9%）（Dunn et al., 2006）。在另一项研究中，从社区招募的患有暴食症的女性被随机分配到接受动机式访谈+自助手册组和仅接受自助手册处理的组，与后者相比，前者在4个月的随访期内报告了更高的暴饮暴食戒断率（28%：11%），以及在暴饮暴食、抑郁症、自尊和生活质量上更大的改善（Cassin et al., 2008）。这些研究的结果很有希望，然而，应该指出的是，这两项研究都将动机式访谈与单独的自助手册进行了比较，而不是将其与其他积极治疗进行比较。

动机式访谈也被用作对临床样本中住院病人、日间病人和门诊病人进食障碍治疗的预处理，旨在提高改变准备度和治疗参与度，以及预防脱落和改善缓解率。

一项早期的预研究报告称，神经性厌食症和神经性贪食症患者在进入专门的进食障碍治疗前参加了四次动机式访谈干预，他们在整个治疗过程中改善了对改变的准备度、抑郁和自尊（Feld, Woodside, Kaplan, Olmsted, & Carter, 2001）。在6周内没有报告进食病理学上的改善，可能是因为干预没有明确关注行为改变，然而大多数（90%）参与者在动机式访谈干预后参加了专门的进食障碍治疗。同样，最近的对住院患者样本进行的研究表明，动机式访谈并不能改善进食病理，但确实增加了改变的准备度和治疗参与度。针对患有神经性厌食症的住院患者进行的一项研究表明，在研究期间，接受四次动机式访谈干预作为常规治疗辅助手段的个体与仅接受常规治疗的个体相比，改变准备度从"低"变为"高"的比例更高，而常规治疗组中有较大比例的个体退出了研究（Wade, Frayne, Edwards, Robertson, & Gilchrist, 2009），然而，在完成治疗的个体中，动机式访谈组和常规治疗组在进食病理方面没有差异。另一项研究报告说，与单独治疗相比，参与四次动机式访谈小组干预作为常规治疗的辅助治疗的住院患者并未在进食病理方面比仅接受常规治疗的患者获得更大的改善，然而，动机式访谈干预促进了更高的治疗参与度和延续性（Dean, Yonyz, Rieger, & Thornton, 2008）。

一项随机对照试验考察了动机式访谈在三级护理的进食障碍人群中的疗效，报告称动机式访谈组和对照组在进食病理和抑郁症方面都表现出类似的改善，然而，在6周和3个月的随访中，动机式访谈组被评为"高度矛盾的"个体的比例比对照组更少（Geller et al., 2011）。对照组中观察到的改善可能至少部分归因于两组的参与者都完成了评估改变的准备度、动机的准备度以及动机访谈（Geller et al., 2001），这个访谈与单次动机式访谈干预有一些相似之处。一项更早的研究也支持这一理论，报告称，参与动机性评估的厌食症青少年在评估后动机增强，80%的人参加了门诊认知行为疗法计划（Gowers & Smyth, 2004）。此外，那些在评估后动机增强的个体在6周内体重增加更多。

　　一项随机对照试验针对神经性贪食症患者比较了分别接受四次动机式访谈和认知行为疗法的效果，报告称在治疗的前4周内，动机式访谈在降低暴饮暴食、呕吐和泻药滥用的频率方面与认知行为疗法一样有效，尽管动机式访谈关注动机而不是症状减少（Treasure et al., 1999）。在随后进行的两个阶段的随机对照试验中，患有神经性贪食症和其他类型进食障碍的患者在第一阶段被随机分配到接受四次动机式访谈或认知行为疗法的组，作为第2阶段中8次个体或小组认知行为疗法的预处理，报告称两组在症状改变或治疗完成/脱落方面没有差异（Katzman et al., 2010）。具体而言，所有的组都报告了在暴饮暴食、呕吐和泻药滥用方面的显著改善。

# 总　结

　　动机式访谈似乎特别适合治疗进食障碍，因为进食障碍的症状往往具有重要和有价值的功能，患有进食障碍的个体往往对改变行为（例如，饮食限制、暴饮暴食、呕吐、泻药使用、过度运动）和认知（例如，对体型和体重的过度重视）感到矛盾。最近的一项系统性综述得出结论，动机式访谈在治疗进食障碍方面具有潜力，特别是对改变准备度的影响（MacDonald, Hibbs, Corfield, & Treasure, 2012）。这项综述指出，研究设计和方法上的异质性限制了对不同研究进行比较的可能性。然而，迄今为止的大部分研究表明，动机式访谈有可能增加改变患者做出改变的准备度、改善进食病理和社会心理功能（如抑郁、焦虑、自尊、生活质量），特别是在暴饮暴食和进行补偿行为的人群中。动机式访谈也被证明可以增加神经性厌食症患者的改变准备度，然而，迄今为止进行的研究报告发现对进食病理学的影响相对较小。这一发现部分归因于神经性厌食症患者症状更严重（例如，住院和三级护理人群与非临床社区样本相比），或动机式访谈主要以团体形式提供给神经性厌食症患者，使其更难以根据每个人的独特需求进行个性化的干预。

动机式访谈并非旨在成为所有临床问题的"解决方案"（Miller & Rollnick, 2013）。事实证明，它可以提高改变准备度和治疗参与度，然而，为了改善进食病理和心理社会功能，许多有中度至重度进食障碍的个体可能需要循证的"以行动为导向"的治疗作为动机式访谈的辅助治疗。值得注意的是，动机式访谈的立场和技巧越来越多地被纳入循证的进食障碍治疗中，包括认知行为疗法和辩证行为疗法。动机式访谈与其他循证的干预措施的整合似乎是临床实践和实证研究中特别有成效的领域。

# 参考文献

American Psychiatric Association. (2013). *Diagnostic and statistical manual of mental disorders* (5th ed.). Arlington, VA: Author.

Bewell, C. V., & Carter, J. C. (2008). Readiness to change mediates the impact of eating disorder symptomatology on treatment outcome in anorexia nervosa. *International Journal of Eating Disorders*, 41, 368-371.

Cassin, S. E., & von Ranson, K. M. (2007). Is binge eating experienced as an addition? *Appetite*, 49, 687-690.

Cassin, S. E., von Ranson, K. M., Heng, K., Brar, J., & Wojtowicz, A. E.

(2008). Adapted motivational interviewing for women with binge eating disorder: A randomized controlled trial. *Psychology of Addictive Behaviors*, 22, 417-425.

Dean, H. Y., Touyz, S. W., Rieger, E., & Thornton, C. E. (2008). Group motivational enhancement therapy as an adjunct to inpatient treatment for eating disorders: A preliminary study. *European Eating Disorders Review*, 16, 256-267.

Dunn, E. C., Neighbors, C., & Larimer, M. E. (2006). Motivational enhancement therapy and self-help treatment for binge eaters. *Psychology of Addictive Behaviors*, 20, 44-52.

Fairburn, C. G. (1995). *Overcoming binge eating*. New York: Guilford Press.

Fairburn, C., Cooper, Z., Doll, H., O'Connor, M. E., Palmer, R. L., & Grave, R. D. (2013). Enhanced cognitive behaviour therapy for adults with anorexia nervosa: A UK-Italy study. *Behaviour Research and Therapy*, 51(1), R2-R8.

Feld, R., Woodside, D. B., Kaplan, A. S., Olmsted, M. P., & Carter, J. (2001). Pretreatment motivational enhancement therapy for eating disorders: A pilot study. *International Journal of Eating Disorders*, 29, 393-400.

Festinger, L. (1957). *A theory of cognitive dissonance*. Stanford, CA: Stanford University Press.

Geller, J., Brown, K. E., & Srikameswaran, S. (2011). The efficacy of a brief motivational intervention for individuals with eating disorders: A randomized controlled trial. *International Journal of Eating Disorders*, 44, 497-505.

Geller, J., Brown, K., Zaitsoff, S., Goodrich, S., & Hastings, F. (2003). Collaborative versus directive interventions in the treatment of eating disorders: Implications for care providers. *Professional Psychology: Research and Practice*, 34, 406-413.

Geller, J., Cockell, S. J., & Drab, D. L. (2001). Assessing readiness for change in the eating disorders: The psychometric properties of the Readiness and Motivation Interview. *Psychological Assessment*, 13,

189-198.

Geller, J., Drab-Hudson, D., Whisenhunt, B., & Srikameswaran, S. (2004). Readiness to change dietary restriction predicts outcomes in the eating disorders. *Eating Disorders: The Journal of Treatment and Prevention*, 12, 209-224.

Geller, J., & Srikameswaran, S. (2006). Treatment non−negotiables: Why we need them and how to make them work. *European Eating Disorders Review*, 14, 212-217.

Gold, M. S., Frost-Pineda, K., & Jacobs, W. S. (2003). Overeating, binge eating, and eating disorders as addictions. *Psychiatric Annals*, 33, 117-122.

Gowers, S. G., & Smyth, B. (2004). The impact of a motivational assessment interview on initial response to treatment in adolescent anorexia nervosa. *European Eating Disorders Review*, 12, 87-93.

Katzman, M. A., Bara-Carril, N., Rabe-Hesketh, S., Schmidt, U., Troop, N., & Treasure, J. (2010). A randomized controlled two-stage trial in the treatment of bulimia nervosa, comparing CBT versus motivational enhancement in phase 1 followed by group versus individual CBT in phase 2. *Psychosomatic Medicine*, 72, 656-663.

MacDonald, P., Hibbs, R., Corfield, F., & Treasure, J. (2012). The use of motivational interviewing in eating disorders: A systematic review. *Psychiatry Research*, 200, 1-11.

Miller, W. R., & Rollnick, S. (2013). *Motivational interviewing: Helping people change* (3rd ed.). New York: Guilford Press.

National Institute for Health and Care Excellence. (2004). *Eating disorders: Core interventions in the treatment and management of anorexia nervosa, bulimia nervosa, and related disorders*. London: National Institute for Health and Care Excellence.

Rieger, E., Touyz, S., Schotte, D., Beumont, P., Russell, J., Clarke, S., et al. (2000). Development of an instrument to assess readiness to recover in anorexia nervosa. *International Journal of Eating Disorders*, 28, 387-396.

Serpell, L., & Treasure, J. (2002). Bulimia nervosa: Friend or foe? The pros and cons of bulimia nervosa. *International Journal of Eating Disorders*, 32, 164-170.

Serpell, L., Treasure, J., Teasdale, J., & Sullivan, V. (1999). Anorexia nervosa: Friend or foe? *International Journal of Eating Disorders*, 25, 177-186.

Treasure, J. L., Katzman, M., Schmidt, U., Troop, N., Todd, G., & de Silva, P. (1999). Engagement and outcome in the treatment of bulimia nervosa: First phase of a sequential design comparing motivation enhancement therapy and cognitive behavioral therapy. *Behavior Research and Therapy*, 37, 405-418.

Wade, T. D., Frayne, A., Edwards, S-A., Robertson, T., & Gilchrist, P. (2009). Motivational change in an inpatient anorexia nervosa population and implications for treatment. *Australian and New Zealand Journal of Psychiatry*, 43, 235-243.

Wilson, G. T. (1991). The addiction model of eating disorders: A critical analysis. *Advances in Behavior Research and Therapy*, 13, 27-72.

Wilson, G. T. (2005). Psychological treatment of eating disorders. *Annual Review of Clinical Psychology*, 1, 439-465.

Wilson, G. T., & Fairburn, C. G. (2007). Eating disorders. In P. E. Nathan & J. M. Gordon (Eds.), *Guide to treatments that work* (3rd ed., pp.559-592). New York: Oxford University Press.

第十五章

# 结论和未来方向

哈尔·阿克维茨

威廉·R.米勒

斯蒂芬·罗尔尼克

　　直到最近，大多数动机式访谈的研究和实践主要集中在问题性饮酒、物质使用问题和与健康有关的问题。一些综述支持动机式访谈在这些问题上的有效性（e.g., Hettema, Steele, & Miller, 2005; Lundahl & Burke, 2009）。本书第一版（Arkowitz, Westra, Miller, & Rollnick, 2008）的一个目标是证明动机式访谈对其他临床问题的潜在价值，包括焦虑、抑郁、赌博和进食障碍。本书探讨了此后的发展。

　　当第一版问世时，该领域的出版物还比较稀少，大部分呈现的研究还是初步的，通常包括单组研究和个案报告。此后，研究人员使用动机式访谈来解决不同的问题，并采用更严谨的研究设计。本书的章节说明了这些进展。

　　动机式访谈可以以多种方式使用，反映了其他疗法所缺乏的灵活性。例如，动机式访谈已经被用来激励人们寻求心理健康问题的治疗，并作为其他疗法的辅助手段来解决出现的阻抗问题。它已被用作其他循证心理治疗的预处理，甚至成为实施其他治疗方法的综合性框架的一部分。

大多数情况下，动机式访谈作为治疗方法的一部分被广泛应用，这些治疗方法还包括其他若干治疗元素。事实上，本书中的大多数章节都阐明了这种治疗方法。然而，这些应用使得评估动机式访谈对治疗结果的具体贡献变得困难。为了确定这一点，我们需要进行研究，将接受包括动机式访谈的治疗方法的组和另一个接受没有动机式访谈的治疗方法的组进行比较。

许多人将动机式访谈的一种应用称为"独立"疗法。但是，"独立"的概念变得模糊，因为在计划过程中，动机式访谈的一个常见部分是与来访者合作开发和实施积极治疗以解决目标问题。如果来访者无法提出计划，治疗师可能会提供一系列选项供来访者选择，包括认知行为疗法。在某些情况下，行动阶段的治疗会继续使用动机式访谈，而在其他情况下，治疗中并没有使用动机式访谈。因此，动机式访谈通常与其他治疗方法结合使用，正如本书所示。只有在单独使用它来增加改变动机或参与其他治疗，它才是"独立"疗法。

本书作者提供的数据表明，动机式访谈及其相关程序可以对提供心理健康治疗的方式产生积极影响。尽管如此，仍有很多有待研究的地方，包括动机式访谈何时以及如何改善来访者的参与度、治疗维持率和治疗效果。

# 动机式访谈的传播

在许多尚未被理解的动机式访谈问题中，有一个是为什么它传播得如此迅速。自第一本关于动机式访谈的书（Miller & Rollnick, 1991）出版以来，基于它的研究数量呈指数增长，已经发表了超过200个随机临床试验，还有更多正在进行中。动机式访谈的采用迅速传播到成瘾领域，也是其首先应用的领域，然后传播到医疗保健和健康促进、矫正、社会工作，最近还包括牙科和教育领域。本书代表了动机式访谈的另一组应用，作为心理健康服务中治疗的一部分。

动机式访谈吸引力的一个来源是，它直接解决了长期困扰助人者专业领域的动机性问题，但在心理治疗文献中却没有得到足够的重视。通常来访者被指责为"缺乏动机""不依从""阻抗"，并且因为"没有遵循"照料者的建议而受到指责。在成瘾治疗领域，治疗师的态度有时甚至会拒绝对有生命危险的人进行治疗，直到他们充分"准备好"。帮助者的内心知道这种情况是有问题的。动机式访谈的一个贡献是认识到增强改变动机是治疗师工作的重要组成部分。不是等待足够的痛苦使人"准备好"接受治疗，或者因为他们"缺乏动机"或"不依从"而拒绝来访者，而是有可能唤起来访者改变的动机。这使得对更广泛的人群进行治疗成为可能，并且可能可以比原本更早地进行治疗。这是心理健康领域特别及时的发展，使一些没有接受治疗或不愿意接受特定所需治疗的人参与到治疗中来。

动机式访谈的方法也促进了治疗视角的转变。治疗师不再试图弥补缺陷并灌输缺失的动机，而是唤起已存在于来访者内心的动机。这是召唤已有的动机而非创造动机。当人们遭受痛苦时，问题通常不是缺乏动力——而是对改变的矛盾心理：他们想要改变，又不想改变。动机式访谈就是要解决这种矛盾心理，使其往要改变的方向上发展。动机式访谈的实践为临床治疗师提供了一种愉快的解脱，不再需要与来访者关于改变进行"角力"。认为让来访者改变是治疗师的责任，这个观点对治疗师来说是相当大的负担和职业挫折的重要来源。在这种情况下，你是改变的拥护者，但你必须打败守卫来访者现状的恶龙。这是一场非常艰难的战斗。动机式访谈重新定义了助人者的工作——从角力到共舞。与来访者的动机工作不再是权力斗争或意志较量，而是一种协作努力。

动机式访谈之所以能快速和持续传播并扩展到新的实践领域，还因为它经常能在相对较少的咨询次数中取得一定程度的成功（Burke, Arkowitz, & Menchola, 2003; Hettema et al., 2005）。伯克及其同事（2003）发现，在他们回顾的研究中，来访者平均接受的动机式访谈的咨询次数为两次，最多的为四次。这些简短的治疗产生了实质性的治疗效果。在MATCH项目（MATCH项目组，1997，1998）中，接受四次基于动机式访谈的治疗（动机增强疗法）的患者以及12次其他成熟疗法（认知行为疗法和12步骤疗法）的患者的治疗结果一样好。当然，还需要将四次的动机式访谈与这些其他疗法的四次咨询进行比较，以确定动机式访谈是否确实更快起效。同样，在英国的酒精治疗试验（UKATT研究小组，2005）中发现，三次动机增强疗法与八次涉及家庭的行为疗法效果相当。本书中讨论的大多数动机式访谈干预措施也相当简短，从一次到四次不等。关于动机式访谈是否存在"剂量效应"以使更长时间的治疗产生更大的效果是一个有趣的问题。至少有证据表明，单次动机式访谈咨询的效果不如两次或更多次咨询好（Rubak, Sandbaek, Lauritzen, & Christensen, 2005）。

动机式访谈快速传播的另一个原因是它有助于将人本主义精神带回心理治疗领域。动机式访谈主要基于以人为中心的治疗（Rogers, 1959），并保留了其人本主义精神和风格，强调治疗关系的治愈力量。相比之下，手册化的认知行为疗法强调技术而不是关系（Miller & Moyers, in press）。在实践当中，人们通常将动机式访谈与认知行为疗法结合使用，这表明这两种方法是兼容的。一些研究（Burns & Nolen-Hoeksema, 1992; Carlin, 2014）已经表明，共情和动机式访谈的某些要素是认知行为疗法能取得疗效的原因。因此，除了将人本主义带回治疗领域之外，有证据表明，通过这样做我们可以提高认知行为疗法和其他治疗方法的有效性。

在过去十年，阿克维茨在一个强调认知行为疗法的研究生项目中向学生教授动机式访谈的临床研究实习课程。该实习课程非常受欢迎，动机式访谈的人本主义精神激发了这门课大多数学生的热情。课程评价反映了他们对动机式访谈强调人的独特性、深入了解和理解来访者以及建立基于关怀和共情的治疗关系的兴奋之情。

复杂治疗方法的快速传播也带来了问题。传播会导致方法的变化。临床治疗师总是根据自己的风格、实践和人性模型来调整方法。适应是传播过程的自然组成部分（Rogers, 2003）。然后就会出现一些问题，即在不失去核心本质或功效的情况下，哪些调整是可行的。动机式访谈较差的保真度可能会削弱疗效（Miller & Rollnick, 2014）。

此外，治疗师通常会通过非正式的方式自学新方法，可能是通过阅读或从同事那里学习，可能存在很多误解。我们曾见证过临床治疗师的实践和培训师教授的"动机式访谈"与我们理解的动机式访谈的精神和方法相去甚远。动机式访谈关键要素的变化，如准确的共情，可能会影响治疗结果（Moyers & Miller, 2013）。如果临床治疗师能够有效做到尊重处于困境中的人，从某种意义上讲，它是否属于动机式访谈无关紧要。然而，将一个并不是同样的干预称为同一个干预可能会给想要学习它的人和对治疗起效果的原因的解释带来困扰（Miller & Rollnick, 2009）。

临床治疗师和环境的差异会导致动机式访谈的有效性产生很大差异。即使在高度控制的临床试验中，来访者的治疗结果也会因提供动机式访谈的临床治疗师不同而有很大差异（多模式治疗项目研究小组，1998）。在解决特定问题时，动机式访谈并不是在所有试验中都同样有效，它的效果在多站点试验中甚至会因站点不同而不同（Carroll et al., 2006）。这种变异性并不是动机式访谈独有的，但在迄今的研究中确实是动机式访谈的特征。这引出了一个问题，即是什么导致了临床治疗师和研究站点之间的这些效果差异（Miller & Rollnick, 2014）。这个问题的答案有助于我们更好地理解动机式访谈和心理治疗有效成分的真实性质。

人们可能会认为像动机式访谈这样的简短干预对于问题不太严重的来访者来说更加有效。然而，迄今为止发表的研究很少有证据表明情况如此，一些研究则表明相反的情况，即动机式访谈对问题严重程度更高的来访者效果更好（e.g., Handmaker, Miller, & Manicke, 1999; Mc-Cambridge & Strang, 2004; Westra, Arkowitz, & Dozois, 2009）。与症状较轻的患者相比（Miller, Benefield, & Tonigan, 1993），在症状较严重的患者中（Bien, Miller, & Boroughs, 1993; Brown & Miller, 1993）观察到了更大的组间效应量。动机式访谈在不同严重程度和问题领域的适用性和灵活性似乎进一步增加了这种方法的吸引力。

## 动机式访谈有效的关键因素是什么

每种心理疗法都包含迷信元素，这些元素被认为是重要的，但实际上是可选的、不起作用的，甚至可能是有害的。挑战在于将创始人和实践者的信念与临床结果的现实区分开来。这种区分最好不是通过坐在椅子上辩论或个案经验来达成，而是通过专门设计用于检验假设和控制人类偏见的科学方法。心理治疗的哪些组成部分或过程确实是促进改变的"有效成分"？

在这方面，临床科学在理解心理治疗如何以及为何起作用方面处于相对年轻的阶段。除了支持针对特定问题的特定方法的有效性的研究之外，还对假设的可能让各种疗法产生疗效的一般因素进行了关注（e.g., Arkowitz, 1997, 2002）。在提出的一般因素中，治疗关系（Lambert & Barley, 2002）和共情（Bohart, Elliott, Greenberg, & Watson, 2002; Miller & Moyers, in press；Moyers & Miller, 2013）受到了最多关注，并且已经证明，无论使用何种治疗方法，这两个因素对治疗结果都有重大影响。

动机式访谈是一种有趣的混合体，因为其假设的一些"有效成分"与通常被认为是一般因素的东西重叠。例如，准确的共情从一开始就被认为是动机式访谈的基本技能（Miller, 1983）。共情通常也被视为"共同"或"非特异性"因素，这两种观点都是错误的（Miller & Moyers，待发表）。由于治疗师共情技能差异很大，因此目前尚不清楚在实践中作为"共同"因素的共情起多大作用，而将这样的因素视为"非特异性"因素仅仅意味着我们还没有做好功课来明确、研究和教授将它们当成治疗结果的重要决定因素。迄今为止的研究表明，关系因素和特定因素都会影响动机式访谈的有效性（Miller& Rose, 2009）。

# 这是动机式访谈吗

几年前，在一个电视广告中，一个小孩看着父母在汤锅里搅拌，迫不及待地问道："这是汤吗？"在通过逐步逼近动机式访谈临床方法培训临床治疗师的过程中，我们也遇到了类似的挑战。每当我们被要求为临床试验中提供的动机式访谈干预提供保真度检查时，同样的问题就会出现。治疗师尽最大努力践行我们所传授的方法，然后问题就变成："这是动机式访谈吗？"

辨别什么不是动机式访谈可能更容易（Miller & Rollnick, 2009）。痛苦的早期经验告诉我们，临床治疗师可以采用动机式访谈的特定技术，但从我们的角度来看，却完全忽略了该方法的本质。他们有歌词但没有音乐。他们发出了与动机式访谈一致的回应，但却不是动机式访谈。在一项关于培训的研究中，米勒和同事（Miller & Mount, 2001）发现，在参加工作坊之后，临床治疗师将一些与动机式访谈一致的行为（例如反映式倾听）融入他们现有的实践中，但这种改变太小而无法对来访者真正产生影响。然而，他们相信他们已经学会并且正在实践动机式访谈。

因此，动机式访谈的基本精神，就是合作、接纳、共情和唤起（Miller & Rollnick, 2013）。动机式访谈的基本精神反过来阐明了动机式访谈不是什么。不是让专家告诉人们应该做什么或必须做什么；不是不留情面地逼迫来访者看到与他们自己看到的不同的现实；不是填补人们缺漏的部分；也不是欺骗人们去做他们不想做的事情。虽然动机式访谈的目的是帮助人们探索可能困难和痛苦的现实，并面对自己的选择，但它并不是通常意义上的"对抗性的"。动机式访谈的"精神"并不模糊。观察者在听咨询录音时可以可靠地评估其存在（Moyers, Martin, Catley, Harris, & Ahluwalia, 2003），而这些整体评分可以预测更好的来访者治疗结果，这种预测超过了动机式访谈的特定行为（Moyers, Miller, & Hendrickson, 2005）。

米勒和罗尔尼克（2014）明确了将干预措施视为动机式访谈的三个条件：

1. 治疗应明确包含在理论上或经验上与动机式访谈产生疗效相关的成分。在构成动机式访谈的四个过程（Miller & Rollnick, 2013）中，参与（以人为中心的关系技能）、聚焦（明确定义的改变目标）和唤起（引发和加强来访者的改变话语）的过程应同时存在，才能被视为动机式访谈。
2. 在进行治疗实践之前，应对治疗提供者进行充足且有明确考核标准的动机式访谈能力培训。
3. 在整个研究中要通过对实践的可靠编码来记录治疗的保真度，并以可以与其他试验中的技能水平进行比较的方式做报告。

在200多篇已发表的"动机式访谈"的临床试验中，只有一小部分符合这三个标准。

# 为什么动机式访谈有效：三个假设

研究动机式访谈的哪些组成部分对其有效性至关重要，指向了一个更基本的问题：为什么这种方法有效？随着动机式访谈的发展，出现了各种假设来解释其影响。有趣的是，它们对如何实践动机式访谈提出了稍有不同的建议。所有建议都假设动机式访谈精神的存在。

第一个假设是人们确实可以说服自己做出改变。在某种程度上，人们改变话语表达的同时，他们往往会朝着实际行为改变的方向发展。相反，在来访者反对改变的情况下，他们可能会继续以前的行为。从这一二元论可以看出，治疗师应该以不同程度寻求唤起和强化改变话语，同时也要以最小化来访者阻抗和反对改变话语的方式进行咨询。这些构想是动机式访谈的最初前提（Miller, 1983），也反映在米勒和罗尔尼克关于这个主题的书中（1991, 2002, 2013）。这可能被称为动机式访谈的技术假设，强调不同程度地引发改变话语的重要性（Miller & Rose, 2009）。

关于动机式访谈有效性的第二个假设可称为关系假设（Miller & Rose, 2009; Norcross & Lambert, 2011）。从这个角度来看，动机式访谈的有效性主要是因为治疗师提供了潜在的人本主义精神，也就是卡尔·罗杰斯所描述的接纳和肯定的以人为中心的氛围（Rogers, 1980; Truax & Carkhuff, 1967）。正是咨询关系的质量起到了治疗作用，当治疗师提供这种促进氛围时，来访者自然会朝着积极改变的方向发展。这基本上是非指导性的以人为中心的咨询的基本理论（Rogers, 1959）。以人为中心的治疗效果的研究与此观点一致（e.g., Elliott, Greenberg, & Lietaer, 2004）。

动机式访谈的第三种解释可称为"冲突解决"假设。在这个观点中，重要的是治疗师要彻底探索来访者矛盾心理的两个方面：改变的理由和维持现状的理由（Engle & Arkowitz; 2006; Greenberg, Rice, & Elliott, 1993）。这与第一个（技术）假设的不同之处在于，强调了来访者表达和探索反对改变的动机至关重要：维持现状的好处以及改变的不利之处。从这个角度来看，如果不能唤起来访者这些反对改变以及支持改变的理由，那么咨询将是不完整的（并且无效的）。假设是，当来访者在共情的和接纳的氛围中平等地探索他们的困境的两个方面时，他们自然倾向于解决他们的矛盾心理。从这个意义上说，冲突解决假设与关系假设重叠，但在有意和策略性地唤起矛盾心理的两个方面上与纯粹的以人为中心的观点不同。

这三个因果假设确实引出了关于动机式访谈过程与结果之间关系的潜在冲突和可验证的预测。有研究证据表明，关系组成部分比如共情确实可以促进行为改变（Bohart et al., 2002; Burns & Nolen-Hoeksema, 1992; Miller & Baca, 1983; Miller, Taylor, & West, 1980; Moyers & Miller, 2013; Valle, 1981）。还有明确的证据表明，咨询中的改变话语确实预测了后续的行为改变，并且在动机式访谈咨询期间表达的反对改变或维持话语的数量与改变成反比（e.g., Amrhein, Miller, Yahne, Palmer, & Fulcher, 2003 ; Miller et al., 1993; Moyers et al., 2007）。实验研究和相关研究都表明，来访者的改变话语和反对改变（维持）话语的平衡显然受到与动机式访谈一致的实践的影响（Glynn & Moyers, 2010; Keeley et al., 2014; Moyers & Martin, 2006; Moyers, Miller et al., 2005; Romano & Peters, 待发表；Vader, Walters, Prabhu, Houck, & Field, 2010）。还有证据表明，动机式访谈的这一技术组成部分增加了有效性，这一增加是以人为中心的关系组成部分不能解释的（Lincourt, Kuettel, & Bombardier, 2002）。在随机临床试验（Sellman, Sullivan, Dore, Adamson, & MacEwan, 2001）中，相对于对照组，动机式访谈显著减少了重度饮酒行为，而非指导性的反映式倾听则没有。

冲突解决假设在引出和彻底探索来访者的反对改变动机方面的重视程度有所不同。决策权衡（DB）干预会彻底而平等地探讨利弊，而动机式访谈则不同程度地唤起支持改变的陈述。开发决策权衡最初的目的是帮助人们做出艰难的决定而不去试图影响他们选择的方向（Janis & Mann, 1977）。然而，决策权衡有时也被用于促进特定方向的改变，部分原因是在跨理论研究中发现，人们在意向（矛盾心理）阶段会报告说他们会考虑改变的利弊（Prochaska, 1994; Prochaska, Norcross, & DiClemente, 1994）。有矛盾心理的人会仔细考虑利弊这一事实并不令人惊讶，但这并不能证明这样做有助于他们摆脱矛盾心理。从前文所述的动机式访谈研究的角度来看，有意唤起和探索利弊会加剧而非解决矛盾心理。

对临床结果研究的全面性综述（Miller & Rose, in press）发现，当矛盾的人接受决策权衡干预时，对改变的承诺会减少。对于那些已经决定改变的人来说，决策权衡似乎通过合理化他们唤起和决定改变的话语来增强对改变的承诺。因此，当来访者想要改变但还存在矛盾心理时，我们不建议使用决策权衡干预。决策权衡仍然是一个合适的临床工具，其开发的目的是避免临床治疗师影响来访者的选择，同时帮助来访者做决定（Miller & Rollnick, 2013）。

# 将动机式访谈与认知行为疗法结合

鉴于认知行为疗法在各种临床问题上的显著作用和有效性，值得思考如何将动机式访谈与认知行为疗法整合或结合起来。这种组合或整合有很多值得推荐的地方。大部分认知行为疗法中的工作都假定这个人有动力去改变，因此通常从行动阶段开始。除了极少数例外（e.g.,

Leahy, 2002），认知行为疗法没有专门解决动机、阻抗或矛盾的问题。也许，通过在认知行为疗法中增加动机式访谈，更多的来访者可以留在认知行为疗法中并在治疗任务中积极合作，从而产生更好的治疗结果。

动机式访谈和认知行为疗法结合的最明确方式之一是将动机式访谈作为认知行为疗法的预处理。韦斯特拉和同事的工作（见第四章）指出，动机式访谈的预处理有可能提升焦虑症来访者对后续认知行为疗法的参与度和治疗效果。科纳斯等人（Connors, Walitzer & Dermen, 2002）同样发现在治疗酗酒中，动机式访谈作为预处理对后续包括认知行为疗法的多方面治疗的积极效果。他们还发现，与在早期研究中被证明有效的另一种预处理（角色诱导访谈）相比，动机式访谈预处理更有效。动机式访谈预处理的次数可以根据来访者对参与认知行为疗法的准备程度进行调整。例如，阿姆利恩等人（Amrhein et al., 2003）发现，三分之二的来访者对单次的动机式访谈咨询反应良好，但剩下三分之一的来访者被迫在单次咨询中完成该过程时表现出逆转。

动机式访谈不仅可以用作认知行为疗法的预处理，还可以在治疗过程中当来访者出现矛盾心理时作为辅助手段使用。在治疗期间随时都有可能出现与低动力和阻抗相关的问题。当出现这样的问题时，治疗师可以根据需要在一次咨询内或在额外的一次或多次咨询中切换到动机式访谈，以解决阻抗并增加改变的动机（参见 Boswell, Bentley, & Barlow，见第二章）。最后，动机式访谈可以作为进行认知行为疗法的综合框架。这种综合心理疗法是为 COMBINE 研究开发的，这是一项针对酒精依赖治疗的多站点试验。联合行为干预从动机增强疗法开始，然后在动机式访谈整体临床风格下提供一系列认知行为疗法模块（Miller, 2004）。试验结果显示，接受这种心理疗法或药物疗法

（纳曲酮）或两者同时接受的患者的结果显著优于未接受心理治疗的安慰剂药物组（Anton et al., 2006）。

关于认知行为疗法的大部分内容都在讲述具体的技术。然而，关于认知行为疗法的风格的内容很少，但需要了解的却很多。也就是说，认知行为疗法文献中的大部分焦点都集中在做什么而不是如何去做。认知行为疗法文献中关于如何在整个治疗过程中培养和维持积极和合作的工作关系的内容惊人地少。也许动机式访谈的精神可以为认知行为疗法提供一种关系背景，从而增强治疗的效果。然而，应该强调的是，动机式访谈精神并非动机式访谈方法独有，也不等同于动机式访谈方法本身。因此，使用动机式访谈精神来进行认知行为疗法并不是两种方法的真正整合。只有同时使用动机式访谈的精神以及过程和方法，才能实现真正的融合。在认知行为疗法中采用这些动机式访谈的不同用法有助于提高参与度和治疗效果，可能其他疗法也是如此。

对于愤怒、不情愿和有矛盾心理的来访者来说，这种风格可能尤为重要（Karno & Longabaugh, 2005）。在这种情况下，保护自主权、引导来访者思考可能有助于治疗的东西或治疗师如何提供帮助，以及引出反馈可能对吸引来访者参与治疗尤为重要。仅以一个例子来说明，来访者往往对参与暴露疗法非常矛盾（参见Zuckoff, Balán, & Simpson, 第三章）。对于这样的来访者，高度的共情和肯定、呈现不一致，以及顺应阻抗可能对于克服这些僵局至关重要。

关于哪些进行认知行为疗法的方式有助于实现良好（和不良）的治疗结果的问题还有待研究。认知行为疗法中的过程研究对于阐明促进认知行为疗法参与的关系原则尤为重要。一项研究发现，治疗师的共情质量强烈预测了认知行为疗法对饮酒问题的治疗结果（Miller et al., 1980）。韦斯特拉等人（Marcus, Westra, Angus & Stala, 2007）研究了患有广泛性焦虑障碍（GAD）的来访者参与认知行为疗法的经历。他们发现，有良好治疗结果的来访者一致地将治疗师描述为实现目标的"导师"，并明确将其与预期的更具指导性的风格进行对比。一位来访者评论说："她［治疗师］是一位教师，但不是一位导演。"另一位来访者指出："我认为［治疗］会更多以意见为基础，但是治疗更关乎我而不是她。"罗尔尼克、米勒和巴特勒（2008）将动机式访谈的这种指导风格描述为介于指导-权威风格和跟随-被动主义风格之间。将动机式访谈的精神和方法结合或整合到认知行为疗法中可能有助于实现更积极的参与和更好的治疗结果。

## 动机式访谈中的测量和机制

迄今为止，动机式访谈研究中的一个重要问题是经常缺少对所提供和测试的治疗方法的清晰说明（Burke et al., 2003）。仅仅遵从手册或描述预期的干预是不够的。即使经过仔细培训和督导，动机式访谈的实施也可能有很大差异。因此，记录实际提供的内容至关重要。做到这一点的黄金标准是常规记录动机式访谈咨询内容并对咨询内容进行系统编码。几种编码系统已经为此目的开发出来（Lane et al., 2005; Madson & Campbell, 2006; Madson, Campbell, Barrett, Brondino, & Melchert, 2005; Miller & Mount, 2001; Moyers et al., 2003; Moyers, Martin, Manuel, Hendrickson, & Miller, 2005）。这种编码还允许对治疗过程和结果之间的关系进行有意义的分析（Moyers, Miller et al., 2005）。

尽管动机式访谈咨询已经存在良好的编码系统，但动机式访谈有效性的机制仍未得到充分理解（Romano & Peters, in press）。改变动机是一个复杂的潜在构念，有许多不同的用于测量的维度。改变话语（和它的反面，维持话语）就是这样的一个变量，它在动机式访谈与行为改变之间起中介作用，但仍然只解释了相对较小的变异。问题或风险认知（Miller & Tonigan, 1996）和希望（Snyder, 1994; Yahne & Miller, 1999）是其他经常被引用的组成部分。另一个有希望的线索是由佩尔蒂埃等人（Pelletier, Tuson & Haddad, 1997）基于德西等人（Deci & Ryan, 1985）的自我决定理论开发的关于治疗动机的自我报告测量，包括内在动机。

矛盾心理是动机式访谈中另一个动机性构念和关键概念。一种关于矛盾心理的操作性定义是对改变的利弊的"决策权衡"的测量（Ma et al., 2002; Miller & Rose, in press; Velicer, DiClemente, Prochaska, & Brandenburg, 1985），有学者（McConnaughy, Prochaska & Velicer, 1983）开发了一种对改变阶段的测量方法，改变阶段来源于称为罗得岛大学改变评估的跨理论模型。虽然它没有直接测量矛盾心理，但一些改变的早期阶段可能与之相关。需要进一步研究来理解和测量矛盾心理的构念。

# 剩余的问题

还有许多其他与动机式访谈相关的问题需要解决。下面，我们列出了一些我们遇到的主要问题。这个列表并非详尽无遗。事实上，在研究中通常会在回答一个问题后又出现更多问题，因此这个列表只是一个激发研究人员和从业人员思考动机式访谈的开始。

● **除了物质滥用和健康相关问题外，动机式访谈对其他问题的有效性如何？** 由本书作者开展的研究或综述表明，动机式访谈可能对各种临床问题都有效。对于尚未对动机式访谈进行充分测试的领域，仍然需要进行随机试验和其他设计严谨的研究来回答这个问题。令人欣慰的是，已经有很多章节使用了严谨的研

究设计。然而，这里提出的问题并不像看起来那么简单。如上
所述，动机式访谈通常与其他治疗方法结合使用。这可能是手
册化治疗（Boswell, Bentley, & Barlow，第二章）的一部分，也
可能发生在动机式访谈的计划和行动阶段。因此，通常很难考
察动机式访谈对治疗结果的贡献。

● **使用动机式访谈的不同方式都有效吗？** 本书各章说明了动机式
访谈方法的灵活性。它被用作预处理或作为一种完整疗法使用。
它还与其他治疗方法结合使用，并且可以以"切换"方式使用，
即在实施其他类型的治疗方案时如果遇到与阻抗相关的问题，
可以切换为动机式访谈。此外，动机式访谈还可以作为融合其
他治疗方法的综合框架。动机式访谈可以在小组中使用（Wag-
ner & Ingersoll, 2013），也可以用于个人咨询。动机式访谈的这
些不同用法需要在针对不同人群和临床问题的精心设计的研究
中进一步发展和评估。

● **动机式访谈何时足够？** 面对面的比较研究通常发现，动机式访
谈与强度更大的循证疗法（比如认知行为疗法）在治疗结果上
差异很小或没有差异（e.g., Babor&Del Boca, 2003; UKATT研究
团队, 2005）。从这个意义上说，动机式访谈可以作为"最小治
疗"对照组，就像药物治疗研究中的安慰剂组一样。这种比较
研究可以阐明更简短的动机式访谈干预何时足够，并且可以有
助于确定哪些特征的来访者需要进行强度更大的治疗。当然，
对强度更低的治疗不产生反应并不能保证强度更大的治疗是有
效的。那些对动机式访谈等强度更低的干预无反应的来访者可
以随机分配到不同程度的进一步治疗中。

● **动机式访谈是否优于等待组？** 在负担过重的治疗系统中，等待
组是常见的；然而，将患者列入等待组意味着不期待他们做出
改变，因此这种做法可能是有害的。Harris和米勒（1990）在一
项随机试验中发现，立即提供单次咨询和自助材料的问题饮酒

者与分配到门诊治疗的来访者表现出的改变相当，而等待组则没有改变。值得评估的是，立即进行的短期干预（比如动机式访谈）是否会让相当大比例的来访者产生改变，从而减少等待组人数，并再次进一步明确哪些特征的来访者需要额外治疗。

● **动机式访谈会影响其他结果吗？** 除了评估动机式访谈对目标症状的影响之外，研究还可以确定它是否会改善其他因素，如治疗维持、依从性、工作联盟、相关问题的改变以及维持话语如何随时间变化。这些问题可以在比较性和叠加性研究设计中提出。

● **动机式访谈对某些人比其他人更有效吗？** 多模式治疗项目的一些结果表明，愤怒预测了动机式访谈的积极结果。这一发现还需要被复制。此外，还需要研究其他个体差异（例如反应性、对改变的预期），以确定个人特征如何与治疗相互作用以影响结果。另外，正如我们前面所讨论的，一些研究表明，那些问题更严重的人比那些问题较轻的人表现更好（e.g., Handmaker et al., 1999; McCambridge & Strang, 2004; Westra et al., 2009）。已经处于"行动"阶段并为改变做好准备的来访者可能会因为花费太多时间在唤起上而不是立即转向计划过程而拖慢进展。这一观察结果表明，需要对动机式访谈的适用领域进行更多的研究。

● **治疗师的哪些特征与动机式访谈的高效使用相关？** 显然，治疗师在使用动机式访谈时的效果差异很大。这些差异的原因是什么？共情似乎是一项关键技能，不仅在动机式访谈中，在更普遍的临床结果中也是如此（Moyers & Miller, 2013）。迄今为止的努力还没有发现能够预测治疗师学习动机式访谈能力的相关特质、教育或社会人口学变量（Miller, Yahne, Moyers, Martinez, & Pirritano, 2004）。

● **动机式访谈对不同人群的有效性如何？** 动机式访谈对不同年龄组的有效性是有差异的吗？目前尚不清楚动机式访谈需要达到什么

年龄或发展水平才能有效。对青少年的有效性已经得到充分证实；但对年幼的儿童情况还不太清晰，对他们而言对父母和照料者的干预可能更为重要。同样，在老年人或神经心理受损人群中对动机式访谈做出反应需要哪些认知能力？动机式访谈对脑损伤人群有效性的初步研究令人鼓舞（Bombardier & Rimmele, 1999; Rimmele & Bombardier, 1998）。一项元分析（Hettema et al., 2005）发现，种族预测了动机式访谈在结果研究中的有效性，少数族裔样本的效应量是白人"多数"样本的两倍。

● **动机式访谈在伴侣、家庭和团体治疗中的效果如何？** 当治疗不仅针对一个人而是针对多个来访者时，动机式访谈对结果有何影响（Wagner & Ingersoll, 2012）？

● 动机式访谈治疗时间越长，治疗效果越好吗？ 大多数动机式访谈研究涉及的是一至四次咨询的相对简短的接触。如前所述，有证据表明，一次动机式访谈的平均效果不如两次或多次，但目前尚不清楚什么长度或强度的动机式访谈是最佳的，不同人群又有何差异。

● **问题相关的常规化反馈在动机式访谈中的作用是什么？** 动机式访谈与动机增强疗法之间的本质差异是增加了与常模相比的个人评估反馈。这种"检查"形式已用于解决酒精问题（Hester, Squires, & Delaney, 2005; Miller, Sovereign, & Krege, 1988）、大麻问题（Martin, Copeland, & Swift, 2005）和家庭问题（Morrill et al., 2011; O'Leary, 2001; Slavert et al., 2005; Uebelacker, Hecht, & Miller, 2006; Van Ryzin, Stormshak, & Dishion, 2012）。评估反馈不是动机式访谈的必要组成部分，但可能会增加对动机的影响。值得探讨的是，这些反馈如何与动机式访谈的关系和技术组成部分相互作用以影响改变。这种反馈在焦虑、情绪或进食障碍等其他问题中是否有作用？

● **培训动机式访谈的最佳方式是什么？** 早期研究（e.g., Miller &

Mount, 2001; Miller et al., 2004）发现，广泛使用的教授动机式访谈的入门工作坊形式只对参与者的后续实践产生很小的影响。关于如何帮助临床治疗师熟练掌握动机式访谈的文献非常丰富且迅速增加。根据观察，实践的指导和反馈似乎在获得和维持动机式访谈技能方面至关重要。

● 在某些问题上，培训来访者掌握动机式访谈是否有益？临床上，阿克维茨培训来访者掌握用动机式访谈方式处理和解决涉及配偶或儿童的问题，其重点不在于增加改变话语和提升改变动机，而是培训人们以动机式访谈的方式与他人相处。在许多有婚姻矛盾和儿童行为问题的个案中，配偶和父母试图通过对抗、说服或胁迫的方式让对方改变他们认为是错误的东西。也就是说，他们专注于"纠正本能"。通常这种方法会导致需求-回避模式，另一方变得更具防御性或从互动中完全退出（Christensen, Eldridge, Catta-Preta, Lim & Santagata, 2006; Eldridge, Sevier, Jones, Atkins, & Christensen, 2007）。教导伴侣或父母在这些环境中使用动机式访谈方法有助于避免这些困难并使人们能够以更具建设性的方式互动（e.g., Smeerdijk et al., 2014）。

## 总　结

我们希望本书继续激发对动机式访谈的创新和扩展应用。本书各章代表了动机式访谈的创造性和灵活应用，及其在各种临床问题中的应用。针对不同问题、人群和不同形式（例如，作为一种预处理或在一个综合框架中使用）的动机式访谈的有效性的实验研究数量虽然很少，但正在迅速增长。我们希望这种趋势能够持续下去，而且看起来确实会。如果这本书能够成为此类研究和实践的催化剂，那么我们就达成了目标。

# 参考文献

Amrhein, P. C., Miller, W. R., Yahne, C. E., Palmer, M., & Fulcher, L. (2003). Client commitment language during motivational interviewing predicts drug use outcomes. *Journal of Consulting and Clinical Psychology*, 71, 862-878.

Anton, R. F., O'Malley, S. S., Ciraulo, D. A., Cisler, R. A., Couper, D., Donovan, D. M., et al. (2006). Combined pharmacotherapies and behavioral interventions for alcohol dependence. The COMBINE study: A randomized controlled trial. *JAMA*, 295, 2003-2017.

Arkowitz, H. (1997). Integrative theories of change. In S. Messer and P. Wachtel (Eds.), *Theories of psychotherapy: Origins and evolution* (pp. 227-288). Washington, DC: American Psychological Association.

Arkowitz, H. (2002). An integrative approach to psychotherapy based on common processes of change. In J. Lebow (Ed.), *Comprehensive handbook of psychotherapy: Vol. 4.* Integrative and eclectic therapies (pp. 317-337). New York: Wiley.

Arkowitz, H., Westra, H. A., Miller, W. R., & Rollnick, S. (Eds.). (2008). *Motivational interviewing in the treatment of psychological problems*. New York: Guilford Press.

Babor, T. F., & Del Boca, F. K. (Eds.). (2003). *Treatment matching in alcoholism*. Cambridge, UK: Cambridge University Press.

Barlow, D. H., Farchione, T. J., Fairholme, C. P., Ellard, K. K., Boisseau, C. L., Allen, L. B., et al. (2011), *Unified Protocol for Transdiagnostic Treatment of Emotional Disorders: Therapist guide*. New York: Oxford University Press.

Bien, T. H., Miller, W. R., & Boroughs, J. M. (1993). Motivational interviewing with alcohol outpatients. *Behavioural and Cognitive Psychotherapy*, 21, 347-356.

Bohart, A. S., Elliott, R., Greenberg, L. S., & Watson, J. C. (2002). Empathy. In J. C. Norcross (Ed.), *Psychotherapy relationships that work:*

*Therapist contributions and responsiveness to patients*. New York: Oxford University Press.

Bombardier, C. H., & Rimmele, C. T. (1999). Motivational interviewing to prevent alcohol abuse after traumatic brain injury: A case series. *Rehabilitation Psychology*, 44, 52-67.

Brown, J. M., & Miller, W. R. (1993). Impact of motivational interviewing on participation and outcome in residential alcoholism treatment. *Psychology of Addictive Behaviors*, 7, 211-218.

Burke, B. L., Arkowitz, H., & Menchola, M. (2003). The efficacy of motivational interviewing: A meta-analysis of controlled clinical trials. *Journal of Consulting and Clinical Psychology*, 71, 843-861.

Burns, D., & Nolen−Hoeksema, S. (1992). Therapeutic empathy and recovery from depression: A structural equation model. *Journal of Consulting and Clinical Psychology*, 92, 441-449.

Carlin, E. (2014). The effect of a motivational interviewing relational stance on symptomatic improvement, dropout, and the Working Alliance in Cognitive Therapy for Depression. Unpublished doctoral dissertation, University of Arizona, Tucson.

Carroll, K. M., Ball, S. A., Nich, C., Martino, S., Frankforter, T. L., Farentinos, C., et al. (2006). Motivational interviewing to improve treatment engagement and outcome in individuals seeking treatment for substance abuse: A multisite effectiveness study. *Drug and Alcohol Dependence*, 81, 301-312.

Christensen, A., Eldridge, K. A., Catta-Preta, A. B., Lim, V. R., & Santagata, R. (2006). Cross-cultural consistence of the demand/withdraw interaction pattern in couples. *Journal of Marriage and Family*, 68(4), 1029-1044.

Connors, G. J., Walitzer, K. S., & Dermen, K. H. (2002). Preparing clients for alcoholism treatment: Effects on treatment participation and outcomes. *Consulting and Clinical Psychology*, 70, 1161 − 1169.

Deci, E. L., & Ryan, R. M. (1985). *Intrinsic motivation and self-determination in human behavior*. New York: Plenum.

Eldridge, K. A., Sevier, M., Jones, J., Atkins, D. C., & Christensen, A. (2007). Demand-withdraw communication in severely distressed, moderately distressed, and nondistressed couples: Rigidity and polarity during relationship and personal problem discussions. *Journal of Family Psychology*, 21(2), 218-226.

Elliott, R., Greenberg, L. S., & Lietaer, G. (2004). Research on experiential psychotherapies. In C. R. Snyder & R. E. Ingram (Eds.), *Handbook of psychological change: Psychotherapy processes and practices for the 21st century* (pp. 493-539). New York: Wiley.

Engle, D., & Arkowitz, H. (2006). *Ambivalence in psychotherapy: Facilitating readiness to change*. New York: Guilford Press.

Glynn, L. H., & Moyers, T. B. (2010). Chasing change talk: The clinician's role in evoking client language about change. *Journal of Substance Abuse Treatment*, 39, 65-70.

Greenberg, L. S., Rice, L. N., & Elliott, R. (1993). *Facilitating emotional change: The moment-by-moment process*. New York: Guilford Press.

Handmaker, N. S., Miller, W. R., & Manicke, M. (1999). Findings of a pilot study of motivational interviewing with pregnant drinkers. *Journal of Studies on Alcohol*, 60, 285-287.

Harris, K. B., & Miller, W. R. (1990). Behavioral self-control training for problem drinkers: Components of efficacy. *Psychology of Addictive Behaviors*, 4, 82-90.

Hester, R. K., Squires, D. D., & Delaney, H. D. (2005). The drinker's check-up: 12-month outcomes of a controlled clinical trial of a stand-alone software program for problem drinkers. *Journal of Substance Abuse*, 28, 159-169.

Hettema, J., Steele, J., & Miller, W. R. (2005). Motivational interviewing. Annual Review of Clinical Psychology, 1, 91-111. Janis, I. L., & Mann, L. (1977). *Decision making: A psychological analysis of conflict, choice and commitment*. New York: Free Press.

Karno, M. P., & Longabaugh, R. (2005). An examination of how therapist directiveness interacts with patient anger and reactance to predict alcohol use. *Journal of Studies on Alcohol*, 66, 825-832.

Keeley, R. D., Burke, B. L., Brody, D., Dimidjian, S., Engel, M., Emsermann, C., et al. (2014). Training to use motivational interviewing techniques for depression: A cluster randomized trial. *Journal of the American Board of Family Medicine*, 27(5), 621-636.

Lambert, M., & Barley, D. E. (2002). Research summary on the therapeutic relationship and psychotherapy. In J. Norcross (Ed.), *Psychotherapy relationships that work* (pp. 17-36). New York: Oxford University Press.

Lane, C., Huws-Thomas, M., Hood, K., Rollnick, S., Edwards, K., & Robling, M. (2005). Measuring adaptations of motivational interviewing: The development and validation of the behavior change counseling index (BECCI). *Patient Education and Counseling*, 56, 166-173.

Leahy, R. L. (2002). *Overcoming resistance in cognitive therapy*. New York: Guilford Press.

Lincourt, P., Kuettel, T. J., & Bombardier, C. H. (2002). Motivational interviewing in a group setting with mandated clients: A pilot study. *Addictive Behaviors*, 27, 381-391.

Lundahl, B., & Burke, B. L. (2009). The effectiveness and applicability of motivational interviewing: A practice−friendly review of four meta-analyses. *Journal of Clinical Psychology*, 65, 1232-1245.

Ma, J., Betts, N. M., Horacek, T., Geoorgiou, C., White, A., & Nitzke, S. (2002). The importance of decisional balance and self-efficacy in relation to stages of change for fruit and vegetable intakes by young adults. *American Journal of Health Promotion*, 16, 157-166.

Madson, M. B., & Campbell, T. C. (2006). Measures of fidelity in motivational enhancement: A systematic review. *Journal of Substance Abuse Treatment*, 31, 67-73.

Marcus, M., Westra, H.A., Angus, L., & Stala, D. (201). Client experiences of cognitive behavioural therapy for generalized anxiety disorder: A qualitative analysis. *Psychotherapy Research*, 21, 447-461.

Madson, M. B., Campbell, T. C., Barrett, D. E., Brondino, M. J., & Melchert,

T. P. (2005). Development of the Motivational Interviewing Super-vision and Training Scale. *Psychology of Addictive Behaviors*, 19, 303-310.

Martin, G., Copeland, J., & Swift, W. (2005). The adolescent cannabis checkup: Feasibility of a brief intervention for young cannabis users. *Journal of Substance Abuse Treatment*, 29, 207-213.

McCambridge, J., & Strang, J. (2004). The efficacy of single-session motivational interviewing in reducing drug consumption and perceptions of drugrelated risk and harm among young people: Results from a multi-site cluster randomized trial. *Addiction*, 99, 39-52.

McConnaughy, E. A., Prochaska, J. O., & Velicer, W. P. (1983). Stages of change in psychotherapy: Measurement and sample profiles. *Psychotherapy:Theory, Research and Practice*, 20, 368-375.

Miller, W. R. (1983). Motivational interviewing with problem drinkers. *Behavioural Psychotherapy*, 11, 147-172.

Miller, W. R. (Ed.). (2004). *Combined Behavioral Intervention manual: A clinical research guide for therapists treating people with alcohol abuse and dependence* (COMBINE Monograph Series, Vol.1. DHHS No. 04-5288). Bethesda, MD: National Institute on Alcohol Abuse and Alcoholism.

Miller, W. R., & Baca, L. M. (1983). Two-year follow-up of bibliotherapy and therapist-directed controlled drinking training for problem drinkers. *Behavior Therapy*, 14, 441-448.

Miller, W. R., Benefield, R. G., & Tonigan, J. S. (1993). Enhancing motivation for change in problem drinking: A controlled comparison of two therapist styles. *Journal of Consulting and Clinical Psychology*, 61, 455-461.

Miller, W. R., & Mount, K. A. (2001). A small study of training in motivational interviewing: Does one workshop change clinician and client behavior? *Behavioural and Cognitive Psychotherapy*, 29, 457-471.

Miller, W. R., & Moyers, T. B. (in press). The forest and the trees: Relational and specific factors in addiction treatment. *Addiction*.

Miller, W. R., & Rollnick, S. (1991). *Motivational interviewing: Preparing people to change addictive behavior*. New York: Guilford Press.

Miller, W. R., & Rollnick, S. (2002). *Motivational interviewing: Preparing people for change* (2nd ed.). New York: Guilford Press.

Miller, W. R., & Rollnick, S. (2009). Ten things that motivational interviewing is not. *Behavioural and Cognitive Psychotherapy*, 37, 129-140.

Miller, W. R., & Rollnick, S. (2013). *Motivational interviewing: Helping people change* (3rd ed.). New York: Guilford Press.

Miller, W. R., & Rollnick, S. (2014). The effectiveness and ineffectiveness of complex behavioral interventions: Impact of treatment fidelity. *Contemporary Clinical Trials*, 37(2), 234-241.

Miller, W. R., & Rose, G. S. (2009). Toward a theory of motivational interviewing. *American Psychologist*, 64, 527-537.

Miller, W. R., & Rose, G. S. (in press). Motivational interviewing and decisional balance: Contrasting responses to client ambivalence. *Behavioural and Cognitive Psychotherapy*.

Miller, W. R., Sovereign, R. G., & Krege, B. (1988). Motivational interviewing with problem drinkers: II. The Drinker's Check-up as a preventive intervention. *Behavioural Psychotherapy*, 16, 251-268.

Miller, W. R., Taylor, C. A., & West, J. C. (1980). Focused versus broad spectrum behavior therapy for problem drinkers. *Journal of Consulting and Clinical Psychology*, 48, 590-601.

Miller, W. R., & Tonigan, J. S. (1996). Assessing drinkers' motivation for change: The Stages of Change Readiness and Treatment Eagerness Scale (SOCRATES). *Psychology of Addictive Behaviors*, 10, 81-89.

Miller, W. R., Yahne, C. E., Moyers, T. B., Martinez, J., & Pirritano, M. (2004). A randomized trial of methods to help clinicians learn motivational interviewing. *Journal of Consulting and Clinical Psychology*, 72, 1050-1062.

Morrill, M. I., Eubanks-Fleming, C. J., Harp, A. G., Sollenberger, J. W., Darling, E. V., & Cordova, J. V. (2011). The marriage check-up: Increasing access to marital health care. *Family Process*, 50, 471-485.

Moyers, T. B., & Martin, T. (2006). Therapist influence on client language during motivational interviewing sessions. *Journal of Substance Abuse Treatment*, 30, 245-252.

Moyers, T. B., Martin, T., Catley, D., Harris, K. J., & Ahluwalia, J. S. (2003). Assessing the integrity of motivational interventions: Reliability of the Motivational Interviewing Skills Code. *Behavioural and Cognitive Psychotherapy*, 31, 177-184.

Moyers, T. B., Martin, T., Christopher, P. J., Houck, J. M., Tonigan, J. S., & Amrhein, P. C. (2007). Client language as a mediator of motivational interviewing efficacy: Where is the evidence? *Alcoholism: Clinical and Experimental Research*, 31(Suppl,), 40S-47S.

Moyers, T. B., Martin, T., Manuel, J. K., Hendrickson, S. M. L., & Miller, W. R. (2005). Assessing competence in the use of motivational interviewing. *Journal of Substance Abuse Treatment*, 28, 19-26.

Moyers, T. B., & Miller, W. R. (2013). Is low therapist empathy toxic? *Psychology of Addictive Behaviors*, 27, 878-884.

Moyers, T. B., Miller, W. R., & Hendrickson, S. M. L. (2005). How does motivational interviewing work? Therapist interpersonal skill predicts client involvement within motivational interviewing sessions. *Journal of Consulting and Clinical Psychology*, 73, 590-598.

Norcross, J. C., & Lambert, M. J. (2011). Psychotherapy relationships that work, II. *Psychotherapy*, 48(1), 4-8.

O' Leary, C. C. (2001). *The early childhood family check-up: A brief intervention for at-risk families with preschool-aged children*. Doctoral dissertation, University of Oregon, Eugene.

Pelletier, L. G., Tuson, K. M., & Haddad, N. K. (1997). Client Motivation for Therapy Scale: A measure of intrinsic motivation, extrinsic motivation, and amotivation for therapy. *Journal of Personality Assessment*, 68, 414-435.

Prochaska, J. O. (1994). Strong and weak principles for progressing from precontemplation to action on the basis of twelve problem behaviors. *Health Psychology*, 13, 47-51.

Prochaska, J. O., Norcross, J., & DiClemente, C. (1994). *Changing for good: A revolutionary six-stage program for overcoming bad habits and moving your life positively forward*. New York: Avon.

Project MATCH Research Group. (1997). Matching alcoholism treatments to client heterogeneity: Project MATCH post-treatment drinking outcomes. *Journal of Studies on Alcohol*, 58, 7-29.

Project MATCH Research Group. (1998). Therapist effects in three treatments for alcohol problems. *Psychotherapy Research*, 8, 455-474.

Rimmele, C. T., & Bombardier, C. H. (1998). Motivational interviewing to prevent alcohol abuse after TBI. *Rehabilitation Psychology*, 43(2), 182-183.

Rogers, C. R. (1959). A theory of therapy, personality, and interpersonal relationships as developed in the client-centered framework. In S. Koch (Ed.), *Psychology: The study of a science: Vol. 3. Formulations of the person and the social contexts* (pp. 184-256). New York: McGraw-Hill.

Rogers, C. R. (1980). A way of being. Boston: Houghton Mifflin. Rogers, E. M. (2003). *Diffusion of innovations* (5th ed.). New York: Free Press.

Rollnick, S., Miller, W. R., & Butler, C. (2008). *Motivational interviewing in health care: Helping people change*. New York: Guilford Press.

Romano, M., & Peters, L. (in press). Understanding the process of motivational interviewing: A review of the relational and technical hypotheses. *Psychotherapy Research*.

Rubak, S., Sandbaek, A., Lauritzen, T., & Christensen, B. (2005). Motivational interviewing: A systematic review and meta-analysis. *British Journal of General Practice*, 55, 305-312.

Sellman, J. D., Sullivan, P. F., Dore, G. M., Adamson, S. J., & MacEwan, I. (2001). A randomized ontrolled trial of motivational enhancement therapy (MET) for mild to moderate alcohol dependence. *Journal of Studies on Alcohol*, 62, 389-396.

Slavert, J. D., Stein, L. A. R., Klein, J. L., Colby, S. M., Barnett, N. P., & Monti, P. M. (2005). Piloting the family check-up with incarcerated adolescents and their parents. *Psychological Services*, 2, 123-132.

Smeerdijk, M., Keet, R., de Haan, L., Barrowclough, C., Linszen, D., & Schippers, G. (2014). Feasibility of Teaching Motivational interviewing to parents of young adults with recent-onset schizophrenia and co-occurring cannabis use. *Journal of Substance Abuse Treatment*, 46, 340-345.

Snyder, C. R. (1994). *The psychology of hope*. New York: Free Press.

Truax, C. B., & Carkhuff, R. R. (1967). *Toward effective counseling and psychotherapy*. Chicago: Aldine.

Uebelacker, L. A., Hecht, J., & Miller, I. W. (2006). The family check-up: A pilot study of a brief intervention to improve family functioning in adults. *Family Process*, 45, 223-236.

UKATT Research Team. (2005). Effectiveness of treatment for alcohol problems: Findings of the randomised UK alcohol treatment trial (UKATT). *British Medical Journal*, 331, 541-544.

Vader, A. M., Walters, S. T., Prabhu, G. C., Houck, J. M., & Field, C. A. (2010). The language of motivational interviewing and feedback: Counselor language, client language, and client drinking outcomes. *Psychology of Addictive Behaviors*, 24(2), 190-197.

Valle, S. K. (1981). Interpersonal functioning of alcoholism counselors and treatment outcome. *Journal of Studies on Alcohol*, 42, 783-790.

Van Ryzin, M. J., Stormshak, E. A., & Dishion, T. J. (2012). Engaging parents in the family check-up in middle school: Longitudinal effects on family conflict and problem behavior through the high school transition. *Journal of Adolescent Health*, 50(6), 627-633.

Velicer, W. F., DiClemente, C. C., Prochaska, J.O., & Brandenburg, N. (1985). Decisional balance measure for assessing and predicting smoking status. *Journal of Personality and Social Psychology*, 48, 1279-1289.

Wagner, C. C., & Ingersoll, K. S. (2012). *Motivational interviewing in groups*. New York: Guilford Press.

Westra, H. A., Arkowitz, H., & Dozois, D. J. A. (2009). Adding a motivational interviewing pretreatment to cognitive behavioral therapy for generalized anxiety disorder: A preliminary randomized controlled trial. *Journal of Anxiety Disorders*, 23, 1106-1117.

Yahne, C. E., & Miller, W. R. (1999). Evoking hope. In W. R. Miller (Ed.), *Integrating spirituality into treatment: Resources for practitioners* (pp. 217-233). Washington, DC: American Psychological Association

**图书在版编目（CIP）数据**

动机式访谈：理论与实践：原书第二版 /（美）哈
尔·阿克维茨（Hal Arkowitz），（美）威廉·R. 米勒
（William R. Miller），（英）斯蒂芬·罗尔尼克
（Stephen Rollnick）主编；唐苏勤，向振东，夏明慧译．
重庆：重庆大学出版社，2024.8. --（鹿鸣心理·心理
咨询师系列）. -- ISBN 978-7-5689-4660-5

Ⅰ. B841

中国国家版本馆 CIP 数据核字第 2024QH1492 号

**动机式访谈：理论与实践（原书第二版）**

DONGJISHI FANGTAN：LILUN YU SHIJIAN（YUANSHU DIERBAN）

［美］哈尔·阿克维茨（Hal Arkowitz）
［美］威廉·R. 米勒（William R. Miller）　　主编
［英］斯蒂芬·罗尔尼克（Stephen Rollnick）
　　　　唐苏勤　向振东　夏明慧　译

鹿鸣心理策划人：王　斌
责任编辑：赵艳君　　装帧设计：赵艳君
责任校对：谢　芳　　责任印制：赵　晟

\*

重庆大学出版社出版发行
出版人：陈晓阳
社址：重庆市沙坪坝区大学城西路 21 号
邮编：401331
电话：(023)88617190　88617185(中小学)
传真：(023)88617186　88617166
网址：http://www.cqup.com.cn
邮箱：fxk@cqup.com.cn(营销中心)
全国新华书店经销
重庆市正前方彩色印刷有限公司印刷

\*

开本：720mm×1020mm　1/16　印张：31　字数：418 千
2024 年 9 月第 1 版　　2024 年 9 月第 1 次印刷
ISBN 978-7-5689-4660-5　定价：136.00 元